Statik der Formänderungen von Vollwandtragwerken

Von

Ing. Leopold Herzka

Wien

Mit zahlreichen Beispielen, 28 Tabellen
und 122 Textabbildungen

Wien

Springer-Verlag

1948

ISBN-13: 978-3-211-80051-5   e-ISBN-13: 978-3-7091-7709-9
DOI: 10.1007/978-3-7091-7709-9

Vorwort.

Tragwerke, die besonderen Belastungen oder außergewöhnlichen Krafteinwirkungen ausgesetzt sind, durch die Kühnheit ihrer Konstruktion bzw. eine nicht alltägliche Zweckbestimmung sich auszeichnen, endlich solche, die aus neuartigem, noch nicht genügend durchforschtem Material bestehen, werden unmittelbar vor Übergabe an den Betrieb einer amtlichen Belastungsprobe unterzogen, die in bestimmten Zeitabschnitten wiederholt wird (periodische Erprobung). In Verbindung mit den Ergebnissen einer plangemäßen Überprüfung stehen uns damit ausreichende Anhalte zur Abgabe eines zutreffenden Urteiles über die Güte des in Frage stehenden Bauwerkes zur Verfügung. Die periodischen Deformationsmessungen an bereits im Betriebe stehenden Tragwerken geben wieder Aufschluß über zwischenzeitlich etwa entstandene, optisch nur schwer wahrnehmbare Mängel an lebenswichtigen Traggliedern, mit deren Bestehen immer dann zu rechnen ist, wenn im Vergleiche mit den Ergebnissen vorangegangener Proben unzulässig große Deformationen auftreten. Die Wichtigkeit und Notwendigkeit solcher diagnostisch unentbehrlichen Messungen wurde schon früh erkannt. Fehldiagnosen sind allerdings nicht ausgeschlossen, besonders wenn die verschiedenen Faktoren, die das Meßergebnis maßgeblich beeinflussen, nicht richtig gedeutet und gegeneinander abgeschätzt werden. Hier setzt die ebenso schwierige wie verantwortungsvolle Tätigkeit des mit der Prüfung und Erprobung betrauten Ingenieurs ein, der daher nicht nur über gründliches Wissen und reiche Erfahrung, sondern darüber hinaus auch über gewisse *technischdiagnostische Fähigkeiten* verfügen müßte. Andernfalls besteht, wie die Erfahrung lehrt, die nicht unbegründete Befürchtung, daß z. B. Rekonstruktionen angeordnet werden, die, abgesehen von den Kosten, zumindest abwegig, wenn nicht gar systemwidrig sein können.

Die notwendige Voraussetzung für fachlich vertretbare Folgerungen ist an das Vorhandensein einer *geeigneten Vergleichsbasis* geknüpft; als solche gilt, weil im Wesen der Probebelastung gelegen, die tunlichst genaue Kenntnis der theoretisch richtig erfaßten Formänderungsgrößen. Das bis in die letzte Zeit vorherrschende Bestreben, geeignete Verfahren zu ihrer Ermittlung zur Verfügung zu stellen, ist schon vom Standpunkte einer einwandfreien Entwurfsbearbeitung begreiflich; denn es ist vielfach geboten, sich über die Größe der in Frage kommenden Deformationen schon *vor* Ausführung bzw. Belastung des Tragwerkes ein zutreffendes Urteil zu bilden, um erforderlichenfalls die statischen Untersuchungen durch jene der Formänderung zu ergänzen und diese bei der endgültigen Bemessung zu berücksichtigen bzw. als maßgeblich für die Verstärkung, Verbesserung oder gar Abänderung des gewählten Tragsystems heranzuziehen. Solche Vorberechnungen sind notwendig, wenn z. B. durch die besondere Zweckbestimmung des Bauwerkes die Einhaltung bestimmter, durch behördliche Vorschriften oder auf Grund von Erfahrungen festgelegter Deformationsmaße gefordert wird.

Es muß als Mangel empfunden werden, daß für die Errechnung von Formänderungsgrößen vollwandiger Tragwerke eine einheitliche und einfache Lösung bisher nicht angegeben wurde, obzwar die aus der Arbeitsgleichung abgeleitete Grundformel das Bestehen einer solchen vermuten läßt. Das nachstehend entwickelte, rein mathematische Verfahren, das sich zwanglos aus der Interpretation eines der Biegelinie eingeschriebenen Polygons ergibt und als *Biegelinie-Polygon-Verfahren (BPV)* bezeichnet werde, wird dieser Forderung gerecht; es führt ohne Rücksicht auf die Art der Belastung — gleichgültig, ob die Tragwerksteile konstantes bzw. stetig veränderliches oder selbst *gestuftes* Trägheitsmoment aufweisen — zu einer im Gebrauche einfachen Lösung und gestattet die Ableitung geschlossener Formeln sowohl zur Berechnung von auf *Biegung* als auch auf *Knickung* beanspruchter Träger. Endlich ermöglicht dieses Verfahren die *durchbiegungsgemäße Bemessung von Trägern bei vorgegebenem Biegungspfeil.*

Die Ableitung des BPV führt zwanglos zur Verwendung des in die Statik eingeführten Begriffes der dimensionslosen und richtungsfreien ideellen Kräfte, der *elastischen Gewichte*, deren in einem bestimmten Punkte auftretende Querkräfte bzw. Momente unmittelbar das Maß der gefragten Verdrehung oder Durchbiegung angeben.

Die 1938 begonnene Bearbeitung und buchmäßige Zusammenfassung des behandelten Wissenszweiges fiel sohin in die tragischeste Epoche Europas (zweiter Weltkrieg); sie war nicht zuletzt dadurch gekennzeichnet, daß politisch Verfolgte, zu denen auch ich gehörte, ihrer persönlichen Freiheit und aller bürgerlichen Rechte beraubt waren. In der hiedurch bedingten seelischen Vereinsamung und erzwungenen Abgeschlossenheit bot meine Forscherarbeit die erwünschte, wenn auch zwischenzeitig oft labile Stütze, die Nöte der Zeiten zu überdauern.

Ich übergebe mein Buch der Fachwelt mit dem Wunsche, das darin entwickelte Verfahren — dessen Einfachheit, Brauchbarkeit bzw. Verläßlichkeit an zahlreichen, meist dem neuzeitlichen Fachschrifttum entnommenen, vollständig durchgerechneten Beispielen nachgeprüft wurde — möge sich in die Praxis einbürgern und darüber hinaus zu weiterer Forschertätigkeit anregen.

Die Durchsicht und Korrektur der Druckbögen besorgte mein langjähriger Mitarbeiter Herr Dipl.-Ing. Dr. Josef Schreier. Ich fühle mich verpflichtet, ihm für seine Tätigkeit meinen Dank auszusprechen; ebenso gebührt dem Verlage für sein verständnisvolles Eingehen auf meine zahlreichen, im Zuge der Drucklegung aufscheinenden Wünsche und insbesondere für die hervorragende satz- und drucktechnische Buchausstattung meine vollste Anerkennung.

Wien, September 1948.

Ing. Leopold Herzka.

Inhaltsverzeichnis.

I. Einleitung.

Die Größe der Verformungen irgendwie belasteter Tragwerke ist vom verwendeten Baustoff und den Eigenheiten, bezw. der Lagerung des Tragwerksystems abhängig; ihr Maß wird zumeist mit Hilfe der nur von den Momenten bedingten Arbeitsgleichung:

$$\delta = \int \frac{M\,M'\,ds}{EJ}$$

bestimmt. Der oft beträchtliche Beitrag aus den Wärmewirkungen, den Normal- und Querkräften wird mit Vorteil durch einen gesonderten Rechnungsgang nachträglich ermittelt.

Die Geschlossenheit obiger Grundformel, die ohne Rücksicht auf Form, Belastung und Querschnittsgestaltung des Tragwerkes für sämtliche Deformationsarten gilt, läßt das Bestehen eines allgemein gültigen Verfahrens vermuten. Dieses Ziel wurde meines Wissens trotz vielfacher Versuche noch nicht in befriedigender Weise erreicht. Die zahlreichen bisher bekannten, teils rein mathematischen, teils graphischen oder kombinierten Methoden, — erwähnt seien nur die von *Mohr, Nehls, Müller-Breslau,* und von neueren jene von *Abeles [1]*[1], *Kammer [16], Schroeter [25], Vincenz [29], Wanke [30e],* — die unter gewissen Voraussetzungen oft überraschend einfach das gestellte Problem lösen, stellen eigentlich Sonderlösungen dar, die, auf verschiedenen Gedankengängen aufgebaut, jeweils ein besonderes Studium erfordern.

Das nachstehend entwickelte *Biegelinien-Polygon-Verfahren,* über dessen Wesen erstmalig a. a. O. berichtet wurde (12, k), löst das gegenständliche Problem mit den einfachsten Mitteln auf durchwegs *einheitlicher* Grundlage; es stützt sich auf in der Statik allgemein gebräuchliche Grundsätze und liefert fast unmittelbar den genauen mathematischen Ausdruck für die gesuchten Deformationen.

---

[1] Hinweise auf benütztes oder bezogenes Schrifttum, das am Schlusse übersichtlich zusammengestellt ist, sind durch in Klammer gesetzte Bezugszahlen gekennzeichnet.

II. Biegelinien-Polygon-Verfahren (BPV).

Dem frei gelagert gedachten Träger (Abb. 1 a) entspricht für eine vorgegebene Belastung die Momentenlinie (Abb. 1 b) und die *tatsächliche Biegelinie* (Abb. 1 c); denkt man sich den Träger an beliebiger, *vor allem aber
an allen Stellen der Unstetigkeit* (sprunghafte Änderung der *Höhe*, Einzel-
lastangriff) und *am Orte der zu suchenden Durchbiegung*, z. B. f_2, *durchschnitten* und die einzelnen Trägerteile l_1, l_2... durch eingeschaltete *Gelenke* 1, 2..., die sämtlich auf der Biegelinie liegen, wieder verbunden,
so entsteht der dieser Linie *eingeschriebene Polygonzug* A, 1, 2, ... B.
Infolge der in den Gelenken wirksamen Endmomente M_1, M_2,... und der
auf die Trägerstücke l_1, l_2,... allenfalls *entfallenden Streckenbelastungen*
erfahren die Polygonseiten gewisse Endverdrehungen τ, z. B. die Seite l_1
die Verdrehung $_l\tau_1$ (links vom Gelenk 1) und l_2 eine solche von $_r\tau_1$ (rechts

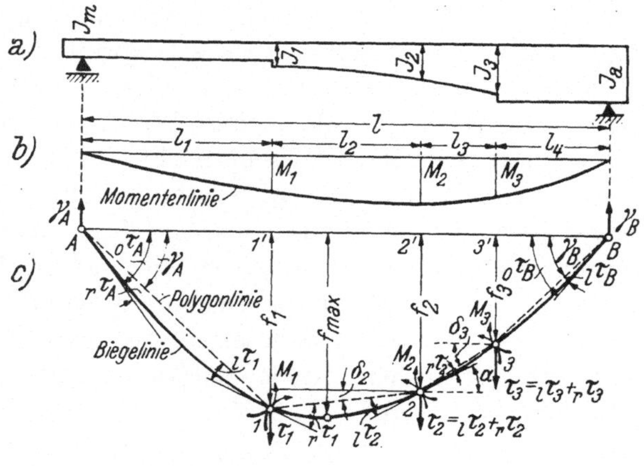

Abb. 1

hiervon). Die Summe der in *einem* Gelenke „k" auftretenden Verdrehungen
beträgt allgemein: $\tau_k = (_l\tau_k + {}_r\tau_k)$.   Soll in den Gelenkstellen wieder
Kontinuität bestehen, so müssen die Schenkel der von den Polygonseiten
abgetragenen Verdrehungswinkel auf einer Geraden liegen (gemeinsame
Tangente an die Biegelinie). Bezeichnet man die *Sehnendrehwinkel der
Trägerendteile* mit γ_A und γ_B, so gilt die rein geometrische Beziehung

$$\gamma_A + \gamma_B = \Sigma\,\tau\,. \tag{1}$$

Sie folgt unmittelbar aus der Winkelsumme eines n-Eckes:

$$\frac{\pi}{2}\,(n-2) = \gamma_A + \gamma_B + \sum_{k=2}^{k=(n-1)}\left(\frac{\pi}{2} - \tau_k\right) = \gamma_A + \gamma_B + \frac{\pi}{2}\,(n-2) - \Sigma\,\tau\,.$$

Links steht der allgemeine Ausdruck hiefür, rechts als Funktion von γ und τ. Wegen der Kleinheit der Winkelmaße darf gesetzt werden: $\sin \tau \approx \operatorname{tg} \tau \approx \tau$; $\cos \tau \approx 1$; dies gilt auch für γ.
Für den zu suchenden Biegepfeil f_2 entnimmt man unmittelbar Abb. 1 c:

$$f_2 = f_1 - l_2\,\delta_2 = f_3 + l_3\,\delta_3, \tag{2}$$

wobei

$$f_1 = l_1\,\gamma_A \text{ und } f_3 = l_4\,\gamma_B\,.$$

δ_2 und δ_3 sind die ideellen Stabdrehwinkel von l_2 bezw. l_3.
Ersichtlich ist

$$\delta_2 = -\gamma_A + \tau_1\,, \quad \delta_3 = \gamma_B - \tau_3,$$

damit aus Gl. (2)

$$\gamma_A\,(l_1 + l_2) - \gamma_B\,(l_3 + l_4) = l_2\,\tau_1 - l_3\,\tau_3 \tag{3}$$

Gl. (1) mit $(l_3 + l_4)$ multipliziert liefert durch Verknüpfung mit Gl. (3)

$$\gamma_A = \frac{l_2 + l_3 + l_4}{l}\cdot\tau_1 + \frac{l_3 + l_4}{l}\cdot\tau_2 + \frac{l_4}{l}\cdot\tau_3,$$

ebenso gilt $\tag{4}$

$$\gamma_B = \frac{l_1}{l}\cdot\tau_1 + \frac{l_1 + l_2}{l}\cdot\tau_2 + \frac{l_1 + l_2 + l_3}{l}\cdot\tau_3\,.$$

Bezeichnet man, wie üblich, die τ-Werte als *elastische Gewichte*, (von *Müller-Breslau* mit ω bezeichnet), so stellen die *Sehnenstabdrehwinkel* γ_A und γ_B auch schon die *elastischen Auflagerdrücke* aus diesen Gewichten dar. Hiebei wird vorausgesetzt, daß sie in Richtung der Durchbiegung, also senkrecht zur Balkenachse wirken. Nach Abb. 1 c beträgt die *gesuchte Durchbiegung*:

$$f_2 = l_1\,\gamma_A - l_2\,\delta_2$$

und mit dem Werte für δ_2

$$\underline{f_2 = (l_1 + l_2)\,\gamma_A - l_2\,\tau_1} \tag{5}$$

Dafür läßt sich auch schreiben Gl. (4)

$$f_2 = \frac{l_1\,(l_3 + l_4)}{l}\cdot\tau_1 + \frac{(l_1 + l_2)\,(l_3 + l_4)}{l}\cdot\tau_2 + \frac{(l_1 + l_2)\,l_4}{l}\cdot\tau_3\,. \tag{6}$$

Gl. (5) und (6) *stellen ersichtlich jene Biegungsmomente dar, die durch die in gewissen ausgezeichneten, im übrigen aber frei gewählten Trägerpunkten angreifenden elastischen Gewichte an der Stelle der zu suchenden Durchbiegung hervorgerufen werden.*
Die *nachträgliche* Bestimmung der *Durchbiegung* f_m im beliebigen Punkte m' der Gelenkstrecke $l_i = (i - 1)' - i'$ (Abb. 2) läßt sich gleichfalls mit Hilfe der Gl. (6) berechnen. Es besteht:

$$f_m = f_m{}' + \varDelta f_m$$

und mit den gewählten Bezeichnungen:

$$f_m{}' = \frac{1}{l_i}\,(v\,f_{(i-1)} + u\,f_i)$$

$f_{(i-1)}$, f_i sind die bekannten Durchbiegungen der Punkte $(i-1)'$ und i'; an Stelle der elastischen Teilgewichte $_r\tau_{(i-1)}$ und $_l\tau_i$, die *vor* Einschaltung des Gelenkes „m" in den Gelenken $(i-1)$ und i bestanden, treten die Teilgewichte $_r\overline{\tau}_{(i-1)}$ und $_l\overline{\tau}_i$; im Gelenke m wirkt τ_m. Dem neuen Biegelinien-Teilpolygon $(i-1)$, m, i sind nachstehende elastische Auflagerreaktionen zugeordnet:

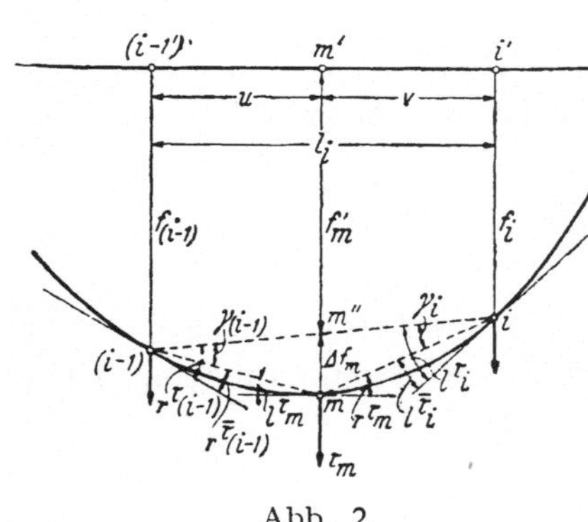

Abb. 2

$$\gamma_{(i-1)} = [_r\tau_{(i-1)} - {}_r\overline{\tau}_{(i-1)}],$$
$$\gamma_i = (_l\tau_i - {}_l\overline{\tau}_i)$$

Gemäß Gl. (1) und Gl. (4) besteht:

$$\tau_m = \gamma_{(i-1)} + \gamma_i, \qquad \tau_m u = \gamma_i l_i,$$
$$\tau_m v = \gamma_{(i-1)} l_i,$$

für die Teildurchbiegung:

$$\overline{m'' - m} = \Delta f_m = \gamma_i v =$$
$$= \gamma_{(i-1)} u = \tau_m \frac{u\,v}{l_i}$$

und für die *gesamte Senkung* des Punktes m':

$$f_m = \frac{1}{l_i}\,[u\,f_i + v\,f_{(i-1)} + u\,v\,\tau_m] \tag{6'}$$

Neigung „a" der Tangente in „2" der Biegelinie (Abb. 1 c)

$$\sphericalangle\,23\,B = \left(\frac{\pi}{2} - \tau_3\right) = \left(\frac{\pi}{4} - \gamma'_B\right) + \frac{\pi}{4} + (a + {}_r\tau_2)$$

daraus:

$$a = \gamma_B - (_r\tau_2 + \tau_3) \tag{7}$$

d. h. der Neigungswinkel a ergibt sich als *ideelle Querkraft* sämtlicher rechts vom Gelenke „2" wirkenden elastischen Gewichte.

Totale Verdrehung der Trägerenden.

Nach Erweiterung der γ-Werte um die durch etwaige Endmomente und allfällige Feldbelastungen der Trägerendstücke in A und B entstehenden Endverdrehungen $_r\tau_A$, bezw. $_l\tau_B$ (Abb. 1 c) findet sich:

$$_0\tau_A = \gamma_A + {}_r\tau_A$$
$$_0\tau_B = \gamma_B + {}_l\tau_B \tag{8}$$

Diese Beziehungen können u. a. auch zur Aufsuchung statisch unbestimmter Größen herangezogen werden.

III. Die elastischen Gewichte.

Dieser Begriff wurde von *Müller-Breslau* in die Statik eingeführt; nach Vorstehendem handelt es sich um die Summe der in einem Gelenk zweier zusammenstoßenden Trägerteile zufolge beliebiger Belastungen, bezw. Wärmeänderungen entstehenden Endverdrehungswinkel τ, also um dimensionslose Werte.

A. Die Endverdrehungswinkel.

Ihre Ableitung ist aus folgenden Beispielen zu ersehen: Mit der zulässigen Annahme $J=$ konst. ist es bei richtiger Anordnung und genügender Anzahl der Gelenke stets möglich, den Genauigkeitsgrad der Ergebnisse beliebig zu steigern. Für Träger mit gesetzmäßigem Verlauf der Trägheitsmomente lassen sich die Endverdrehungswinkel formelmäßig erfassen; die Auswertung ist je nach der bestehenden Gesetzmäßigkeit mehr oder weniger umständlich, zumindest aber zeitraubend. *[12 b, c, d, e, g.]* Man ersetzt, wie im Abschnitt XVI, B gezeigt wird, die betreffenden Trägerformen durch *ein- oder mehrfach gestufte Trägerstücke mit konstantem (mittleren) Trägheitsmoment.*

Für die Praxis genügt die Kenntnis der Endverdrehungsmaße für folgende Belastungsfälle:

a) *Das Trägerstück* $\overline{AB}$ (Abb. 3) *ist durch die Endmomente M_l und M_r belastet.* ($J=$ konst.) Die Endverdrehung rechts vom Gelenk (A) werde mit τ_r, links vom Gelenk (B) mit τ_l bezeichnet; dann besteht:

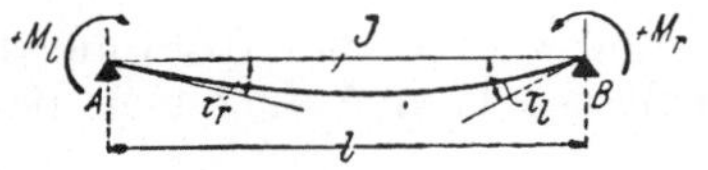

Abb. 3

$$\tau_r = \frac{l}{6\,EJ}\,(2\,M_l + M_r),$$

$$\tau_l = \frac{l}{6\,EJ}\,(2\,M_r + M_l) \tag{9}$$

und für $M_l = M_r = M$

$$\tau_0 = \frac{M\,l}{2\,EJ} \tag{10}$$

β) *Das Trägerstück* $\overline{AB}$ (Abb. 4) *ist durch eine veränderliche Streckenlast $f(q)$ und durch die Endmomente M_A und M_B belastet.* ($J=$ konst.) Die Gelenke sind so nahe zu legen, daß innerhalb dx keine Unstetigkeit aufscheint. Die beiderseits x liegenden Balkenelemente dx verdrehen sich infolge der Momente an der Zusammenschlußstelle x gemäß Gl. (9) um:

$$d\tau_x = \frac{dx}{6EJ}\,[2\,M_x + (M_x - d\,M_x)] + \frac{dx}{6EJ}\,[2\,M_x + (M_x + d\,M_x)]\,,$$

daraus nach Reduktion:

$$d\tau_x = \frac{M_x\,dx}{EJ}\,. \tag{11}$$

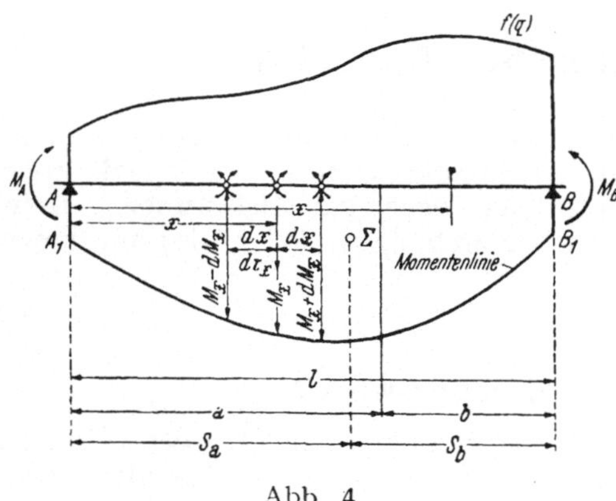

Abb. 4

Dieser Ausdruck darf als *differentiales elastisches Gewicht* bezeichnet werden.

Wirkt in x vorerst $d\tau_x$, so lautet Gl. (4)

$$d\gamma_A = \frac{(l - x)\,d\tau_x}{l} = $$

$$= \frac{M_x\,(l - x)\,dx}{EJl}$$

bezw.

$$d\gamma_B = \frac{x\,d\tau_x}{l} = \frac{M_x\,x\,dx}{EJl}$$

und bei Vollbelastung

$$\gamma_A = \frac{1}{EJl}\int_0^l M_x\,(l - x)\,dx = \frac{1}{EJl}\,F_m\,s_b\,,$$

$$\gamma_B = \frac{1}{EJl}\int_0^l M_x\,x\,dx = \frac{1}{EJl}\,F_m\,s_a \tag{4'}$$

s_a und s_b sind die Abstände des Schwerpunktes Σ der Momentfläche F_m, gemessen vom Auflager A, bezw. B. Ersichtlich besteht:

$$\gamma_A + \gamma_B = \frac{F_m}{EJ} \tag{4''}$$

und für symmetrische Laststellung:

$$\gamma_A = \gamma_B = \frac{F_m}{2\,EJ_m}$$

Ist der Träger *gleichmässig durch* q kg/m belastet, so ist:

$$F_m = \frac{2}{3}\,\frac{q\,l^2}{8}\,l = \frac{q\,l^3}{12}$$

und

$$\gamma_A = \gamma_B = \frac{q\,l^3}{24\,EJ}\,. \tag{12}$$

Einer *mittigen Belastung durch* P ist zugeordnet:

$$F_m = \frac{l}{2}\,\frac{P\,l}{4} = \frac{P\,l^2}{8}$$

und
$$\gamma_A = \gamma_B = \frac{P\,l^2}{16\,EJ} \tag{12'}$$

$\gamma)$ Der Träger ist durch eine *Dreieckslast* (Abb. 5) belastet, $M = 0$. Gesamtlast: $Q_b = \frac{1}{2}\,q_b\,l$; auf die Länge x entfällt mit: $q_x = \frac{x}{l}\,q_b$ die Teillast:

$$Q_x = Q_b \left(\frac{x}{l}\right)^2$$

Auflagerdruck: $A = 1/3\,Q_b$, Moment in x:

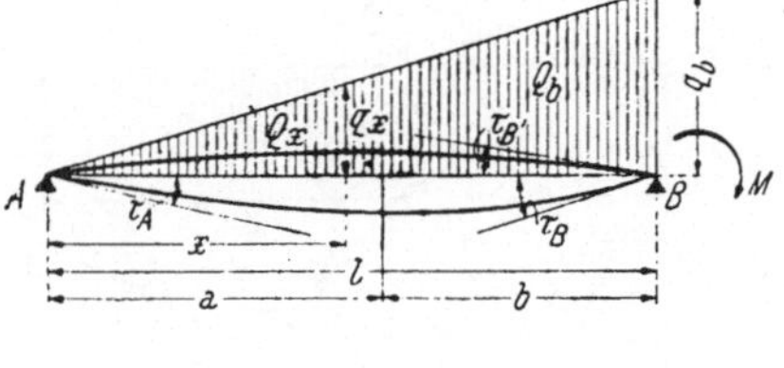

Abb. 5

$$M_x = \frac{1}{3}\,Q_b\,x - \frac{1}{3}\,Q_x\,x =$$
$$= \frac{1}{3}\,Q_b\,x\left[1 - \left(\frac{x}{l}\right)^2\right] =$$
$$= \frac{1}{6}\,q_b\,l\,x\left[1 - \left(\frac{x}{l}\right)^2\right]$$

Nach Gl. (11) hat man:

$$d\tau_x = \frac{q_b}{6\,EJ\,l}\,(l^2 - x^2)\,x\,dx$$

Summe der Endverdrehungswinkel:

$$\tau_A + \tau_B = \int_0^l d\tau_x = \frac{q_b}{6\,EJ\,l}\int_0^l (l^2 - x^2)\,x\,dx = \frac{q_b\,l^3}{24\,EJ} = \frac{Q_b\,l^2}{12\,EJ} \tag{13}$$

Endverdrehung in B:

$$\tau_B = \frac{1}{l}\int_0^l x\,d\tau_x = \frac{8\,Q_b\,l^2}{180\,EJ} = \frac{8\,q_b\,l^3}{360\,EJ}. \tag{14}$$

daraus:

$$\tau_A = \frac{Q_b\,l^2}{12\,EJ} - \tau_b = \frac{7\,Q_b\,l^2}{180\,EJ} = \frac{7\,q_b\,l^3}{360\,EJ} \tag{14'}$$

$\delta)$ *Trapezbelastung* (Abb. 6). Durch geeignete Verknüpfung der Gl. (12), (14) und (14'') entstehen die Endverdrehungen $(q_l \gtreqless q_r)$

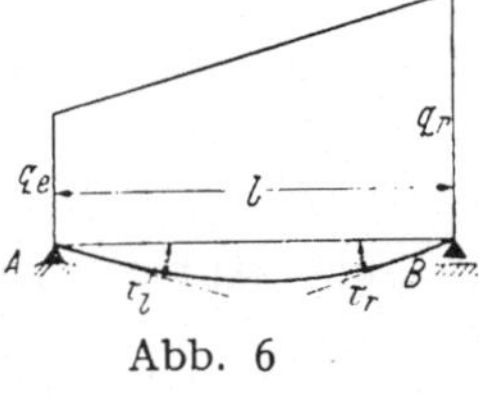

Abb. 6

$$\tau_l = \frac{l^3}{360\,EJ}\,(8\,q_l + 7\,q_r)$$
$$\tau_r = \frac{l^3}{360\,EJ}\,(7\,q_l + 8\,q_r) \tag{14''}$$

$\varepsilon)$ *Die Endverdrehungen τ_A und τ_B für den Freiträger (Abb. 7) sind anzugeben; derselbe ist in a/b durch das rechtsdrehende Moment M belastet. Das* Gelenk m liegt im Momentangriffspunkt.

Auflagerdrücke: $A = -\frac{M}{l}$, $B = +\frac{M}{l}$.

Teilmomente in „m"

$$M_a = - M \frac{a}{l}, \qquad M_b = + M \frac{b}{l}$$

In „m" hat die Biegelinie einen Wendepunkt; dort wirkt lt. Gl. (9):

$$\tau_m = {}_l\tau_a + {}_r\tau_b = \frac{a}{3\,EJ}\left(- M\,\frac{a}{l}\right) + \frac{b}{3\,EJ}\left(M\,\frac{b}{l}\right) = \frac{M\,(b-a)}{3\,EJ} \tag{a}$$

Elastische Auflagerdrücke:

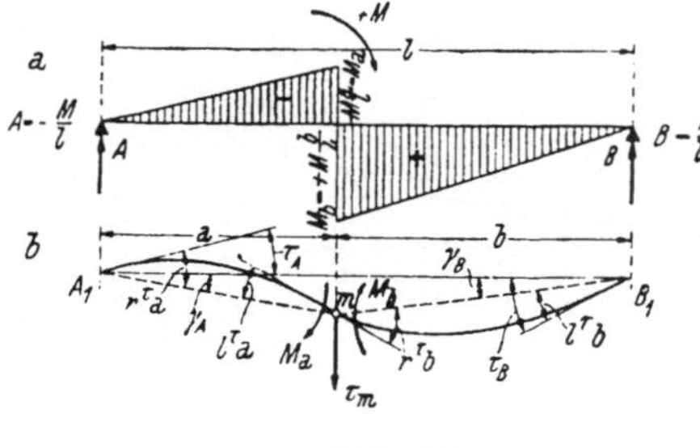

$$\gamma_A = \tau_m\,\frac{b}{l} = \frac{M\,(b-a)\,b}{3\,EJ\,l}$$

$$\gamma_B = \tau_m\,\frac{a}{l} = \frac{M\,(b-a)\,a}{3\,EJ\,l} \tag{b}$$

Abb. 7

Sie *bleiben* positiv, solange $b > a$; m senkt sich gegenüber $\overline{A_1\,B_1}$ um

$$\gamma_B\,a = \gamma_B\,b = \frac{M\,a\,b\,(b-a)}{3\,EJ\,l} \tag{c}$$

Endverdrehungswinkel: Gl. (8) ergibt:

$$\tau_A = \gamma_A + {}_r\tau_a = \frac{M\,(b-a)\,b}{3\,EJ\,l} + \frac{a}{6\,EJ}\left(- M\,\frac{a}{l}\right) = \frac{M\,(3\,b^2 - l^2)}{6\,EJ\,l}$$

$$\tau_B = \gamma_B + {}_l\tau_b = \frac{M\,(b-a)\,a}{3\,EJ\,l} + \frac{b}{6\,EJ}\left(M\,\frac{b}{l}\right) = \frac{M\,(l^2 - 3\,a^2)}{6\,EJ\,l} \tag{15}$$

Im besonderen ist $\tau_A \gtrless 0$, je nachdem $b \gtrless \dfrac{l\,\sqrt{3}}{3} = 0{\cdot}577\,l$; für $b = 0.577\,l$ schmiegt sich in A die Biegelinie tangentiell an die Balkenachse an; Endverdrehung in B: $\tau_B = 0.0772\,\dfrac{M\,l}{EJ}$.

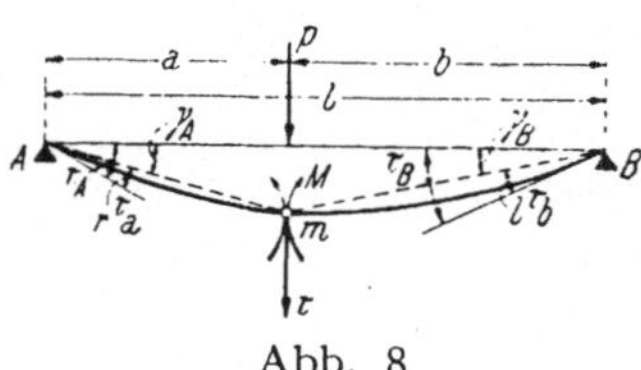

ζ) *Der Träger (Abb. 8) in a/b durch P belastet. Gefragt die Endverdrehungen.* Das Gelenk liegt an der Laststelle. Dort wirken $M = \dfrac{P\,a\,b}{l}$ und das elastische Ge-

Abb. 8

wicht: $\tau = \dfrac{a}{3\,EJ}\,M + \dfrac{b}{3\,EJ}\,M = \dfrac{P\,a\,b}{3\,EJ}$

Elastische Auflagerdrücke: $\gamma_A = \tau\,\dfrac{b}{l} = \dfrac{P\,a\,b^2}{3\,EJ\,l}$, $\gamma_B = \tau\,\dfrac{a}{l} = \dfrac{P\,a^2\,b}{3\,EJ\,l}$

Endverdrehungen (Gl. 8):

$$\tau_A = \gamma_A + {}_r\tau_a = \frac{P\,a\,b^2}{3\,EJ\,l} + \frac{a\,M}{6\,EJ} = \frac{P\,a\,b\,(l+b)}{6\,EJ\,l} = \frac{P\,b\,(l^2 - b^2)}{6\,EJ\,l},$$

$$\tau_B = \gamma_B + {}_l\tau_b = \frac{P\,a^2\,b}{3\,EJ\,l} + \frac{b\,M}{6\,EJ} = \frac{P\,a\,b\,(l+a)}{6\,EJ\,l} = \frac{P\,a\,(l^2 - a^2)}{6\,EJ\,l} \tag{16}$$

$a = b = l/2$ liefert den Wert Gl. (12').

B. Allgemeine Formeln für die elastischen Gewichte.

Das Trägerstück $\overline{(k-1)-(k+1)}$ *(Abb. 9) ist durch die Einzelkräfte* $P_{(k-1)}$, P_k *und* $P_{(k+1)}$ *und durch trapezförmige Laststreifen belastet. Gefragt ist das elastische Gewicht* τ_k *an der Stelle ,,k``.*

Wir legen am Orte der gefragten Durchbiegung, in den Lastangriffspunkten, endlich bei Streckenbelastung an Stellen etwa vorhandener Unstetigkeiten Gelenke ein. Die durch die Belastung in $(k-1)$, k und $(k+1)$ hervorgerufenen Biegungsmomente $M_{(k-1)}$, M_k und $M_{(k+1)}$ sind bekannt. Durch Anwendung der Gl. (9) gewinnt man:

$$\tau_k = \frac{l_k}{6\,E\,J_k}\,[M_{(k-1)} + 2\,M_k] +$$

$$+\; \frac{l_{(k+1)}}{6\,E\,J_{(k+1)}}\,[2\,M_k + M_{(k+1)}]$$

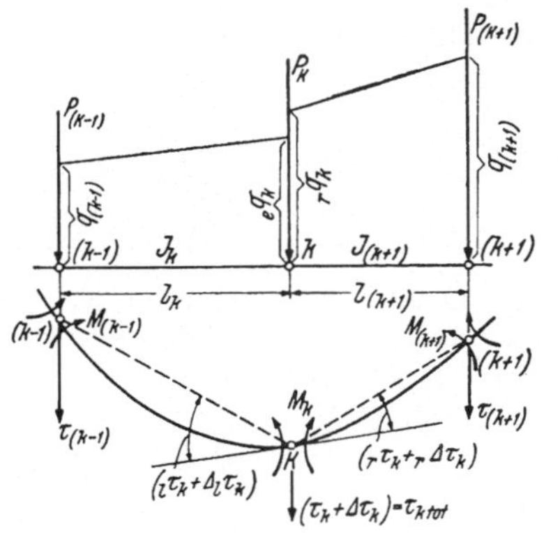

und nach Umformung die *Clapeyronsche* Dreimomentengleichung

$$\tau_k = \frac{1}{6\,E}\left\{\left(\frac{l_k}{J_k}\right)M_{(k-1)} + 2\left[\left(\frac{l_k}{J_k}\right) + \right.\right.$$

$$\left.\left. +\, \frac{l_{(k+1)}}{J_{(k+1)}}\right]M_k + \frac{l_{(k+1)}}{J_{(k+1)}}\,M_{(k+1)}\right\} \quad (17)$$

Sie geht mit: $l_k = l_{(k+1)}$, $J_k = J_{(k+1)}$ über in:

$$\tau_k = \frac{l_k}{6\,E\,J_k}\,[M_{(k-1)} + 4\,M_k + M_{(k+1)}] \qquad (17\text{ a})$$

Abb. 9

Dieser Ausdruck stimmt im Bau mit der *Simpsonschen* Flächenformel überein. Beide Gleichungen ergeben, wenn Einzellasten in Betracht kommen, absolut zutreffende Resultate. Liegt Streckenbelastung vor, so müssen die τ_k-Werte durch ein *zusätzliches elastisches Gewicht* $\Delta\tau_k$ ergänzt werden *[12e]*.[1] Dessen Größe gewinnt man unmittelbar aus Gl. (14''), aus

---

[1] *Wanke* (*30*) unternimmt es, anscheinend verleitet durch die mathematische Übereinstimmung der Gl. (17 a) mit der *Simpson*schen Flächenformel, diese und damit die elastischen Gewichte τ_k analytisch auszubauen. Sohin war vorauszusehen, daß die gewonnene, aus zwei Außengliedern und einem Mittelglied bestehende Formelgruppe, die gewissermaßen eine verbesserte *Simpson*sche Formel darstellt, nur bedingte Gültigkeit haben könne, ebenso wie die von *Kriwoschein [17]* auf dem gleichen Grundgedanken aufgebaute Formelgruppe (*zweite* Verbesserung). Schließlich leitet *Chmelka [7]* eine hier schon *dritte* verbesserte Formelgruppe ab, allerdings wieder unter Beibehaltung des *Wanke*schen Grundgedankens. Durch Hälftung der Intervalle l_k ist sie hinsichtlich des Genauigkeitsgrades den beiden vorgenannten Beziehungen überlegen; dieser Erfolg stand zu erwarten, da mit abnehmenden Intervallen der Einfluß der Streckenbelastung rasch abfällt, um bei differentialer Länge dl ganz abzuklingen. Jedenfalls ist es den genannten Autoren nicht gelungen, der Praxis ein zuverlässiges, dabei einfaches Verfahren zur Berechnung der tatsächlichen elastischen Gewichte an die Hand zu geben, was schon daraus hervorgeht, daß *Chmelka* auf Grund einer eingehenden Studie sich veranlaßt sieht, jeder der genannten Formelgruppen das ihnen entsprechende Anwendungsgebiet in einer vier Punkte umfassenden Gebrauchsanweisung abzugrenzen.

welcher sich die Summe der Endverdrehungen der im Punkte „k" aneinander stoßenden Streckenteile l_k und $l_{(k+1)}$ ergibt:

$$\Delta \tau_k = \frac{l_k^3}{360\,E\,J_k}\,[7\,q_{(k-1)} + 8\,{}_lq_k] + \frac{l^3_{(k+1)}}{360\,E\,J_{(k+1)}}\,[8\,{}_rq_k + 7\,q_{(k+1)}] \qquad (18)$$

bezw.

$$\Delta \tau_k = \frac{1}{360\,E}\left\{7\left(\frac{l_k^3}{J_k}\right)q_{(k-1)} + 8\left[\left(\frac{l_k^3}{J_k}\right){}_lq_k + \left(\frac{l^3_{(k+1)}}{J_{(k+1)}}\right){}_rq_k\right] + 7\left(\frac{l^3_{(k+1)}}{J_{(k+1)}}\right)q_{(k+1)}\right\}$$

$$(18\,\text{a})$$

Allgemeiner Ausdruck für das *elastische Zusatzglied*.
Bezeichnet man mit:

$$\overline{M}_k = \frac{1}{8}\,[7\,q_{(k-1)} + 8\,{}_lq_k]\,l_k^2,$$

$$(19)$$

$$\overline{M}_{(k+1)} = \frac{1}{8}\,[8\,{}_rq_k + 7\,q_{(k+1)}]\,l^2_{(k+1)}$$

die maximalen Feldmomente aus den in den eckigen Klammern stehenden ideellen Streckenlasten, so erhält Gl. (18) die Form einer Zweimomentengleichung:

$$\Delta \tau_k = \frac{1}{45\,E}\left[\frac{l_k}{J_k}\,\overline{M}_k + \frac{l_{(k+1)}}{J_{(k+1)}}\,\overline{M}_{(k+1)}\right] \qquad (18\,\text{b})$$

Einfacher in der Anwendung ist Gl. (18 a); sie lautet, wenn:

$${}_lq_k = {}_rq_k = q_k \quad \text{und} \quad J_{(k+1)} = J_k:$$

$$\Delta \tau_k = \frac{1}{360\,E\,J_k}\,\{7\,l_k^3\,q_{(k-1)} + 8\,[l_k^3 + l^3_{(k+1)}]\,q_k + 7\,l^3_{(k+1)}\,q_{(k+1)}\}$$

$$(18\,\text{c})$$

Durch Spezialisierung der q-Werte läßt sich jede Form der Streckenbelastung erfassen. Das wirkliche elastische Gewicht streckenbelasteter Träger beträgt damit:

$$\tau_{k\,tot} = \tau_k + \Delta\,\tau_k. \qquad (20)$$

IV. Anwendungsbeispiele.

A. Durchbiegung bei beliebiger Belastung.

1. *Last P in a/b* (*Abb.* 8 *und* 10).

Voraussetzung: $x < a$. In x und unter P Gelenke „1" und „2".

Momente: $M_1 = \dfrac{P\,x\,b}{l}$, $M_2 = \dfrac{P\,a\,b}{l}$

Elastische Gewichte: $\tau_1 = \dfrac{x}{3\,E\,J}\,M_1 +$

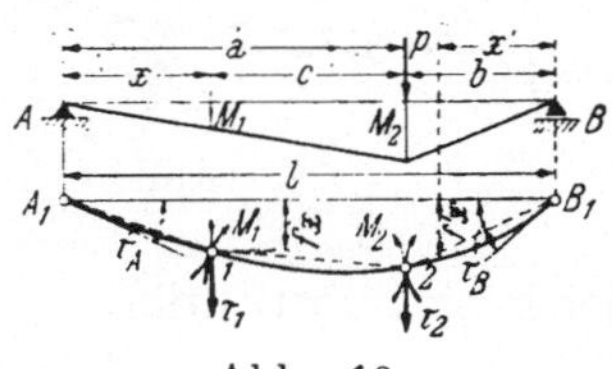

Abb. 10

$$+ \frac{c}{6\,E\,J}\,(2\,M_1 + M_2) =$$

$$= \frac{1}{6\,E\,J\,l}\,P\,b\,(l-b)\,(l-b+x),$$

$$\tau_2 = \frac{c}{6\,E\,J}\,(2\,M_2 + M_1) + \frac{b}{3\,E\,J}\,M_2 = \frac{1}{6\,E\,J\,l}\,P\,b\,[2\,l\,(l-b) - x\,(l-b) - x^2]$$

Durchbiegung in x Gl. (6):

$$f_x = \frac{x\,(l-x)}{l}\,\tau_1 + \frac{x\,.\,b}{l}\,\tau_2$$

Die Substitution liefert nach Reduktion:

$$f_x = \frac{P\,b\,x}{6\,E\,J\,l}\,(l^2 - x^2 - b^2) \tag{21}$$

Sinngemäß f_x' in x'; x' ist von B aus zu zählen:

$$f_x' = \frac{P\,a\,x'}{6\,E\,J\,l}\,(l^2 - x'^2 - a^2) \tag{21 a}$$

Senkung an der Laststelle ($x = a$ und $x' = b$):

$$f_{a/b} = \frac{P\,a^2\,b^2}{3\,E\,J\,l} \tag{21 b}$$

und in $a = b = l/2$:

$$f_{l/2} = \frac{P\,l^3}{48\,E\,J} \tag{21 c}$$

Größtwert f_{max} in x_0; $\dfrac{d\,f_x}{d\,x} = 0$ ergibt:

$$x_0 = \left(\frac{l^2 - b^2}{3}\right)^{1/2}$$

Damit aus Gl. (21):

$$f_{max} = \frac{P\,b}{3\,E\,J\,l} \left(\frac{l^2-b^2}{3}\right)^{3/2} = \frac{P\,b\,x_0^3}{3\,E\,J\,l} \tag{22}$$

$b = a = l/2$ entspricht $x_0 = l/2$ und für f_{max} wieder der Wert Gl. (21 c).

2. *Trägerteil l_i (Abb. 11) sei durch Endmomente $M_{(i-1)}$ und M_i ergriffen. Wo tritt f_{max} auf, wenn die Endpunkte sich um $f_{(i-1)}$, bezw. f_i gesenkt haben? ($J = konst$).*

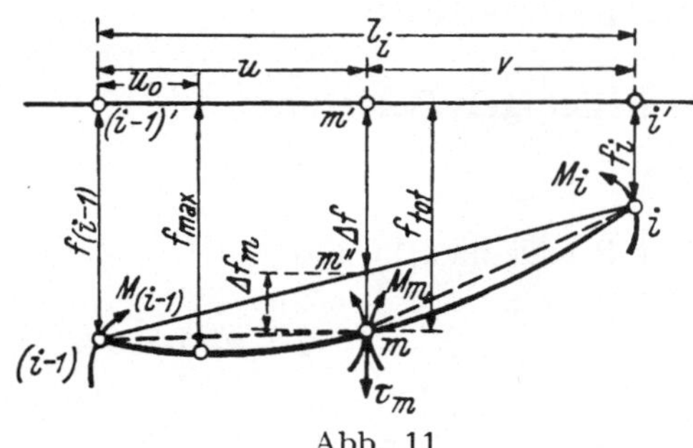

Abb. 11

Wir legen an beliebiger Stelle „m'' ein Gelenk ein; dort herrscht:

$$M_m = \frac{1}{l_i}\,(u\,M_i + v\,M_{(i-1)})$$

und das elastische Gewicht:

$$\tau_m = \frac{1}{6\,E J}\,[u\,(2\,M_m + M_{(i-1)}) + v\,(2\,M_m + M_i)]\,,$$

oder nach Substitution:

$$\tau_m = \frac{1}{6\,E J}\,[(2\,l_i - u)\,M_{(i-1)} + (l_i + u)\,M_i] \tag{23}$$

Der Abbildung entnimmt man:

$$\Delta f = f_{(i-1)} - \frac{u}{l_i}\,(f_{(i-1)} - f_i) = \frac{1}{l_i}\,(v\,f_{(i-1)} + u\,f_i)$$

Gl. (6) ergibt:

$$\overline{m - m''} = \Delta f_m = \frac{u\,(l_i - u)}{l_i}\,\tau_m$$

Totale Senkung in m':

$$f_{tot} = \Delta f + \Delta f_m = f_{(i-1)} - \frac{u}{l_i}\,(f_{(i-1)} - f_i) +$$
$$+ \frac{u\,(l_i - u)}{6\,E J\,l_i}\,[(2\,l_i - u)M_{(i-1)} + (l_i + u)\,M_i] \tag{24}$$

Die Lage u_0 für f_{max} folgt aus $\dfrac{df_{tot}}{du} = 0$; daher:

$$u_0^2 - 2\,u_0 l_i\,\frac{M_{(i-1)}}{(M_{(i-1)} - M_i)} =$$
$$= \frac{1}{3\,(M_{(i-1)} - M_i)}\,[6\,E\,J\,(f_{(i-1)} - f_i) - l_i^2\,(2\,M_{(i-1)} + M_i)] \tag{25}$$

Beispiel: $f_{(i-1)} = f_i = \Delta f$ und $M_{(i-1)} = M_i = M$ entspricht: $u_0 = 1/2\,l_i$; daher:

$$f_{max} = \Delta f + \frac{M\,l_i^2}{8\,E J}.$$

Der zweite Summand ist die Durchbiegung in Mitte der Stützweite l_i bei Belastung durch die Endmomente M. Gl. (23) ergibt nämlich für $u = v = l_i/2$;

$$\tau_m = \frac{M\,l_i}{2\,E\,J},$$

bezw. die Teildurchbiegung (Gl. 6)

$$\Delta f_m = \frac{M\,l_i^2}{8\,EJ} \qquad (26)$$

3. *Träger auf zwei Stützen freiliegend. Belastung nach (Abb. 4). Gefragt die Durchbiegung f in a/b.*
Nach Gl. (11) entstehen die Durchbiegungen:

$$d f_1 = \frac{b\,x}{l}\,d\tau_x \ \text{ für } \ x < a,$$

$$d f_2 = \frac{a\,(l-x)}{l}\,d\tau_x \ \text{ für } \ x > a$$

Demnach die totale Durchbiegung:

$$f = \frac{b}{l}\int_0^a x\,d\tau_x + \frac{a}{l}\int_a^l (l-x)\,d\tau_x \qquad (27)$$

Für gleichmäßige Belastung q kg/m besteht für x:

$$M_x = \frac{1}{2}\,q\,(l\,x - x^2)$$

$$d\tau_x = \frac{q}{2\,EJ}\,(l\,x - x^2)\,dx$$

und aus Gl. (27) die Durchbiegung:

$$f_{a/b} = \frac{q\,a\,b}{24\,EJ}\,(l^2 + a\,b) \qquad (28)$$

Für die Trägermitte ($a = b = l/2$) wird:

$$f = \frac{5\,q\,l^4}{384\,EJ} \qquad (28\ \text{a})$$

4. *Freiaufliegender Träger, (Abb. 12), ist mit q kg/m symmetrisch belastet. Durchbiegung f_1 in Trägermitte?*
a) *Allgemeines Verfahren.* Anordnung dreier Gelenke, eines in Feldmitte (m) und je eines (1) an den Lastenden.
Rechnungsgang:
Momente: $M_1 = 1/4\,q\,l_1\,(l - l_1)$, $M_m = 1/8\,q\,l_1\,(2\,l - l_1)$

Elastische Gewichte lt. Gl. (17) $\tau = \dfrac{1}{6\,EJ}\left(M_1\,l + M_m\,\dfrac{l_1}{2}\right)$

$$\tau_m = \frac{l_1}{6\,EJ}\,(M_1 + 2\,M_m)$$

Zusätzliche elastische Gewichte (Gl. 18 c)

$$\Delta\tau = \frac{q\,l_1^3}{192\,EJ}\,,\ \Delta\tau_m = \frac{q\,l_1^3}{96\,EJ} = 2\,\Delta\tau$$

Teildurchbiegungen. Infolge der Gelenkmomente entsteht lt. Gl. (6) der Näherungswert:

$$f_n = \frac{1}{4}\,[2\,(l-l_1)\,\tau + l\,\tau_m] = \frac{1}{192\,EJ}\,q\,l_1\,(2\,l - l_1)\,(2\,l^2 + l\,l_1 - l_1{}^2)$$

Die Streckenbelastung des Feldes l_1 liefert zusätzlich

$$\varDelta f_n = \frac{1}{4}\,[2\,(l-l_1)\,\varDelta\,\tau + l\,\varDelta\,\tau_m] = \frac{1}{2}\,\varDelta\,\tau\,(2\,l - l_1) = \frac{q\,l_1{}^3\,(2\,l - l_1)}{384\,EJ}$$

und die Durchbiegung f_I durch Addition:

$$f_I = \frac{q\,l_1}{384\,EJ}\,(8\,l^3 - 4\,l\,l_1{}^2 + l_1{}^3) \tag{29}$$

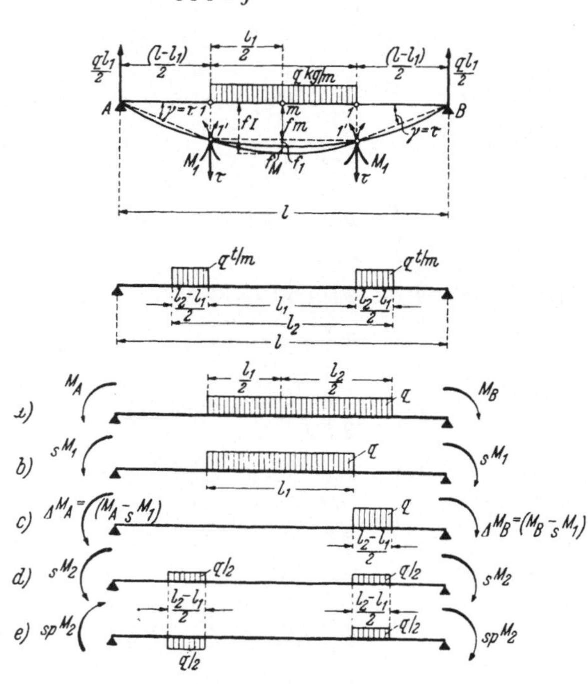

Abb. 12—14

b) *Vereinfachter Rechnungsgang.* Wird mit bekannten Durchbiegungswerten gerechnet, so vereinfacht sich der Rechnungsgang und kommt man mit zwei Gelenken „1" aus.
Wir haben dann:

$$M = \frac{1}{4}\,q\,l_1\,(l - l_1)$$

Elastische Gewichte Gl. (9 und 12):

$$\tau = \frac{(l-l_1)}{6\,EJ}\,M + \frac{l_1}{6\,EJ}\,(3\,M) + \frac{q\,l_1{}^3}{24\,EJ} = \frac{(l+2\,l_1)\,M}{6\,EJ} + \frac{q\,l_1{}^3}{24\,EJ}$$

Aus Gründen der Symmetrie ist $\tau = \gamma$; f_I setzt sich zusammen aus:
α) Der Durchbiegung des Trägerteiles l_1 infolge „q"

$$f_1 = \frac{5\,q\,l_1{}^4}{384\,EJ}$$

β) Der zusätzlichen Durchbiegung von l_1 infolge der Endmomente M Gl. (26):

$$f_M = \frac{M \, l_1^2}{8 \, E J}$$

γ) Der Durchbiegung f_m infolge Senkung der Biegelinie in „1“:

$$f_m = \overline{1 - 1'} = \frac{1}{2} \, (l - l_1) \, \gamma = \frac{1}{2} \, (l - l_1) \, \tau$$

Totale Senkung:

$$f_I = f_1 + f_M + f_m$$

Die Ausrechnung ergibt wieder den Wert Gl. (29).

5. *Ein Träger (Abb. 13) ist durch zwei symmetrisch liegende Streifenlasten q kg/m von der Länge: $1/2 \, (l_2 - l_1)$ belastet. Die Durchbiegung $\varDelta f$ in Feldmitte ist anzugeben.*

„$\varDelta f$“ findet sich ersichtlich als Differenz der Durchbiegungen, wie sie sich für die Längen l_2 und l_1 lt. Gl. (29) ergeben. f_{II} sei die Durchbiegung des auf die Länge l_2 belasteten Trägers, sohin:

$$\varDelta f = f_{II} - f_I$$

und nach Ausrechnung:

$$\varDelta f = \frac{q}{384 \, E J} \, [8 \, l^3 \, (l_2 - l_1) - 4 \, l \, (l_2^2 - l_1^2) + (l_2^3 - l_1^3)] \qquad (29\,\text{a})$$

6. *Der freiliegende Träger (Abb. 14 a) ist durch eine beliebig gelegene Streifenlast „q“ auf die Länge $1/2 \, (l_1 + l_2)$ belastet. Wie gross ist bei freier Lagerung die Senkung der Feldmitte?*

Die Einmessung des Laststreifens geschieht vorteilhaft auf die Trägermitte; die Last wird in einen symmetrischen Laststreifen von der Länge l_1 (Abb. 14b) und in einen Reststreifen von der Länge $\tfrac{1}{2}(l_2 - l_1)$ (Abb. 14 c) zerlegt. Der erstere erzeugt die Durchbiegung f_I, Gl. (29); der letztere wird in eine symmetrische Lastgruppe $2 \cdot \dfrac{q}{2} \dfrac{l_2 - l_1}{2}$,

(Abb. 14 d) und in die spiegelsymmetrische Lastgruppe gleicher Intensität, (Abb. 14 e), aufgelöst; diese hat auf die Durchbiegung in Feldmitte keinen Einfluß; die erstgenannte Lastgruppe liefert den Beitrag:

$$\varLambda f_{sym} = \frac{1}{2} \, (f_{II} - f_I)$$

Daher die Gesamtsenkung:

$$f_{tot} = f_I + \frac{1}{2} \, (f_{II} - f_I) = \frac{1}{2} \, (f_{II} + f_I)$$

oder nach Substitution:

$$f_{tot} = \frac{q}{768 \, E J} \, [8 \, l^3 \, (l_1 + l_2) - 4 \, l \, (l_1^3 + l_2^3) + (l_1^4 + l_2^4)] \qquad (29\,\text{b})$$

Mit $l_1 = l_2 = l$ entsteht Gl. (28 a); bei halbseitiger Belastung $(l_1 = 0, \, l_2 = l)$ wird $f_{tot} = \dfrac{5 \, q \, l^4}{768 \, E J}$.

7. *Für den im obigen Beispiel behandelten Träger bestehe beiderseitige Einspannung. Anzugeben ist die Senkung der Feldmitte.* Die Einspannungsmomente M_A und M_B werden als bekannt vorausgesetzt. Sie rufen eine Hebung $\hat{f}_M$ hervor, die von f_{tot} Gl. (29 b) abzuziehen ist, um $\hat{f}_{tot}$ zu erhalten. Die Rechnung wird vereinfacht durch Aufspaltung der Momente nach Abb. 14 b bis e. $_sM_1$ gelten für symmetrische Belastung auf die Länge l_1, $_\varDelta M_A = (M_A - {_sM_1})$ und $_\varDelta M_B = (M_B - {_sM_1})$ für unsymmetrische Laststellung, (Abb. 14 c); diese wird zerlegt und zwar lt. Abb. 14 d in einen symmetrischen Lastangriff, dem die Momente $_sM_2$ zugeordnet sind und in eine polarsymmetrische Lastgruppe mit den entgegengesetzt wirkenden Momenten $_{sp}M_2$, (Abb. 14 e).

Benötigt werden nur $_sM_1$ und $_sM_2$; $_{sp}M_2$ ist ohne Einfluß auf die Senkung in Feldmitte. Nach „Stahl im Hochbau", S. 407, 48. Beispiel *[27]* gilt für die Belastung nach Abb. 14 b, wenn mit Absolutwerten gerechnet wird:

$$_sM_1 = \frac{q\,l_1}{24\,l}\,(3\,l^2 - l_1{}^2) \tag{29 c}$$

und für die Streifenbelastung durch $1/2\,q$, (Abb. 14 d):

$$_sM_2 = \frac{q}{48\,l}\,[(3\,l^2 - l_2{}^2)\,l_2 - (3\,l^2 - l_1{}^2)\,l_1]. \tag{29 d}$$

Daher die Hebung lt. Gl. (26):

$$\hat{f}_M = \frac{l^2}{8\,EJ}\,({_sM_1} + {_sM_2}) = \frac{q\,l}{384\,EJ}\,[3\,l^2\,(l_1 + l_2) - (l_1{}^3 + l_2{}^3)] \tag{29e}$$

Bei Vollbelastung $(l_1 = l_2 = l)$ beträgt sie:

$$\hat{f}_{M,v} = \frac{q\,l^4}{96\,EJ} \tag{29 e'}$$

Totale Durchbiegung:

$$\hat{f}_{tot} = f_{tot} - \hat{f}_M = \frac{q}{768\,EJ}\,[(l_1{}^4 + l_2{}^4) + 2\,l^3\,(l_1 + l_2) - 2\,l\,(l_1{}^3 + l_2{}^3)] \tag{29 f}$$

Spezielle Fälle.

α) Belastung *symmetrisch* auf die Länge $l_1\,(= l_2)$:

$$_s\hat{f}_{tot} = \frac{q}{384\,EJ}\,(l_1{}^4 + 2\,l_1\,l^3 - 2\,l\,l_1{}^3) = \frac{q\,l^4}{384\,EJ}\left\{1 - \left[1 - \left(\frac{l_1}{l}\right)^2\right]\left[1 - \left(\frac{l_1}{l}\right)\right]^2\right\} \tag{29 g}$$

β) *Vollbelastung* $(l_1 = l)$:

$$_{vs}\hat{f}_{tot} = \frac{q\,l^4}{384\,EJ} \tag{29 h}$$

γ) *Einseitige Streifenlast* auf die Länge $1/2\,(l_2 - l_1)$, (Abb. 14 c). Man erhält die Einsenkung aus:

$$_e\hat{f}_{tot} = (\hat{f}_{tot} - {_s\hat{f}_{tot}}) = \frac{q}{768\,EJ}\,[(l_2{}^4 - l_1{}^4) + 2\,l^3\,(l_2 - l_1) - 2\,l\,(l_2{}^3 - l_1{}^3)] \tag{29h'}$$

Diese Formel gilt auch für eine *symmetrisch stehende Streifenlast* $1/2\,q$ kg/m von $1/2\,(l_2 - l_1)$ Länge (Abb. 14 d).

Halbseitige Belastung ergibt mit $l_1 = 0$, $l_2 = l$:

$$_e\hat{f}_{tot} = \frac{q\,l^4}{768\,EJ} \qquad (29\,\mathrm{h''})$$

Zahlenbeispiel.

Annahme: $l_1 = 0.4\,l$, $l_2 = 0.6\,l$.
Es ergeben sich der Reihe nach:

$$\text{aus Gl. (29 f):} \qquad \hat{f}_{tot} = 0{\cdot}7976\,\frac{q\,l^4}{384\,EJ}$$

$$\text{aus Gl. (29 g):} \qquad _s\hat{f}_{tot} = 0{\cdot}6876\,\frac{q\,l^4}{384\,EJ}$$

$$\text{aus Gl. (29 h):} \qquad _e\hat{f}_{tot} = 0{\cdot}1100\,\frac{q\,l^4}{384\,EJ}$$

und:

$$\hat{f}_{tot} = {_s\hat{f}_{tot}} + {_e\hat{f}_{tot}}$$

8. *Freiliegender, dreieckförmig über die ganze Länge belasteter Balken. Gefragt die Durchbiegung in a/b, Abb. 5.*
Nach III, γ besteht:

$$d\tau_x = \frac{q_b}{6\,EJl}\,(l^2 - x^2)\,x\,dx$$

Dies in Gl. (27) eingesetzt, ergibt:

$$f = \frac{q_b\,a}{360\,EJ\,l}\,(l^2 - a^2)\,(7\,l^2 - 3\,a^2) \qquad (30)$$

Der Größtwert tritt in:

$$a_0 = 0{\cdot}5193\,l$$

auf und beträgt:

$$f_{max} = 2{\cdot}358\,\frac{q_b\,l^4}{360\,EJ} = 2{\cdot}515\,\frac{q_b\,l^4}{384\,EJ}$$

In Trägermitte herrscht $f_m = 2{\cdot}5\,\dfrac{q_b\,l^4}{384\,EJ}$; der Unterschied ist belanglos ($0{\cdot}6\%$).

9. *Träger wie in Abb. 5, jedoch in B eingespannt, in A freiaufliegend. Gefragt sind: Einspannungsmoment M und Durchbiegung f in a/b.*
Bestimmung von M. Endverdrehung in B bei Feldbelastung. Lt. Gl. (14):

$$\tau_B = \frac{8\,Q_b\,l^2}{180\,EJ}$$

und infolge M Gl. (9):

$$\tau_M = -\frac{M\,l}{3\,EJ}$$

Einspannung vorhanden, wenn: $\tau_B + \tau_M = 0$, daraus

$$M = \frac{2 Q_b\, l}{15}$$

Durchbiegung: Für den frei gelagerten Balken gilt (Gl. 30):

$$f_{Q_b} = \frac{Q_b\, a}{180\, E J\, l^2} (l^2 - a^2)(7\, l^2 - 3\, a^2)$$

und wenn nur M wirkt, siehe Gl. (31 a), ($\varkappa = 0$):

$$f_M = -\frac{M\, a\,(l^2 - a^2)}{6\, E J\, l} = \frac{Q_b\, a\,(l^2 - a^2)}{45\, E J},$$

demnach:

$$f = f_{Q_b} - f_M = \frac{Q_b\, a\,(l^2 - a^2)^2}{60\, E J\, l^2}$$

Der Größtwert $f_{max} = 0{\cdot}00477\, \dfrac{Q_b\, l^3}{E J}$ liegt in $a_0 = \dfrac{l\,\sqrt{5}}{5} = 0{\cdot}447\, l$

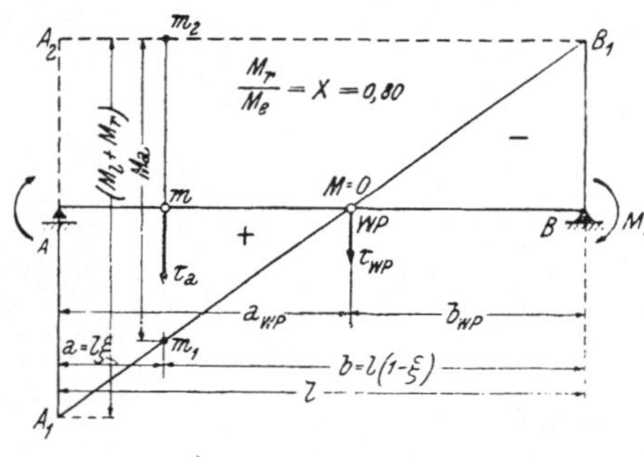

Abb. 15 a

In Feldmitte ($a = l/2$) besteht:

$$f_{l/2} = 0{\cdot}00469\, \frac{Q_b\, l^3}{E J}$$

Der Unterschied ist belanglos ($1{\cdot}7\,\%$).

10. *Freiliegender, durch Endmomente M_l und M_r belasteter Träger (Abb. 15 a). Gefragt: Durchbiegung f_a in a/b; Ort und Grösse von $f_{a\,max}$ und Durchbiegung f_{WP} im Momentnullpunkt.*

a) *Durchbiegung in a/b.* Gelenk „m" und τ_a in a/b; dieses wird aus der Differenz der Momentflächen $\overline{A_1\, A_2\, B_1}$ und $\overline{A\, A_2\, B_1\, B}$ bestimmt; $a = l\,\xi$.

$$M_a = \overline{m_1\, m_2} = (M_l + M_r)(1 - \xi),$$

$$\tau_a = \frac{a}{6\, E J}\,[2\, M_a + (M_l + M_r)] +$$
$$+ \frac{(l-a)}{6\, E J}\, 2\, M_a -$$
$$- \left[\frac{a}{6\, E J}\, 3\, M_r + \frac{(l-a)}{6\, E J}\, 3\, M_r\right] =$$
$$= \frac{l}{6\, E J}\,[(2 - \xi)\, M_l - (1 + \xi)\, M_r],$$

Abb. 15 b

$$f_a = \frac{a\,(l-a)}{l}\, \tau_a = \frac{l^2}{6\, E J}\, \xi\,(1 - \xi)\,[(2 - \xi)\, M_l - (1 + \xi)\, M_r] \qquad (31)$$

$f_{a\,max}$ in $a_0 = \xi_0\,l$; $\dfrac{df_a}{d\xi} = 0$ entspricht:

$$\xi_0{}^2 - 2\,\xi_0\,\frac{M_l}{(M_l + M_r)} = -\frac{(2\,M_l - M_r)}{3\,(M_l + M_r)}$$

bezw.

$$\xi_0 = \frac{1}{(M_l + M_r)}\left[M_l \pm \left(\frac{M_l{}^2 - M_l\,M_r + M_r{}^2}{3}\right)^{\!\tfrac12}\right] \tag{32}$$

b) *Durchbiegung im Momentnullpunkt* WP *(Abb. 15 a und 15 b):*

$$a_{WP} = \frac{M_l\,l}{(M_l + M_r)}\ , \quad \text{bezw.} \quad b_{WP} = \frac{M_r\,l}{(M_l + M_r)}$$

Elastisches Gewicht, (Abb. 15): $\tau_{WP} = \dfrac{a_{WP}}{6\,EJ}\,M_l - \dfrac{b_{WP}}{6\,EJ}\,M_r = \dfrac{(M_l - M_r)\,l}{6\,E}$,

Durchbiegung: $f_{WP} = \dfrac{a_{WP}\,b_{WP}}{l}\,\tau_{WP} = \dfrac{l^2}{6\,EJ}\dfrac{(M_l - M_r)\,M_l\,M_r}{(M_l + M_r)^2}$ $\tag{33}$

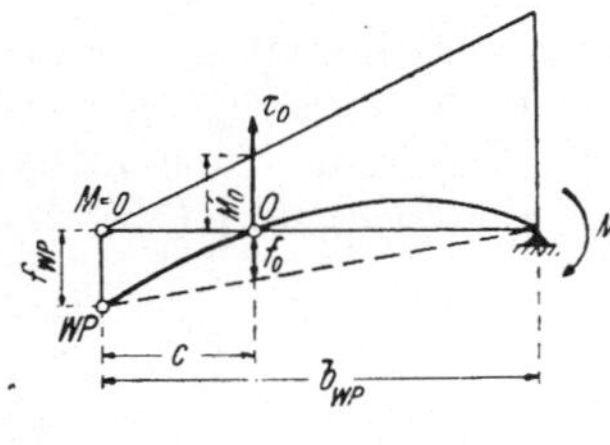

Abb. 16

c) *Schnittpunkt „0" der Biegelinie mit der Stabachse (Abb. 15 b und 16).*

Der Abstand c des Schnittpunktes „0" folgt aus der Bedingung, daß die Hebung f_0 infolge M_r gleich ist der anteiligen Senkung von f_{WP}. Abb. 16 entnimmt man:

$$f_0 = f_{WP}\,\frac{(b_{WP} - c)}{b_{WP}} \tag{a}$$

Das Moment M_r erzeugt in „0" das elastische Gewicht τ_0, das die Hebung:

$$f_0 = \frac{c\,(b_{WP} - c)}{b_{WP}}\,\tau_0 \tag{b}$$

hervorruft. Durch Gleichsetzung entsteht:

$$f_{WP} = \tau_0\,c \tag{c}$$

Elastisches Gewicht. $\tau_0 = \dfrac{c}{6\,EJ}\,2\,M_0 + \dfrac{(b_{WP} - c)}{6\,EJ}\,(2\,M_0 + M_r)$

und da: $M_0 = M_r\,\dfrac{c}{b_{WP}}$,

$$\tau_0 = \frac{1}{6\,EJ}\,M_r\,(b_{WP} + c) \tag{d}$$

f_{WP} ist durch Gl. (33) bestimmt; dies berücksichtigt, lautet Gl. (c):

$$c\,(b_{WP} + c) = \frac{M_l\,(M_l - M_r)\,l^2}{(M_l + M_r)^2}$$

bezw.

$$c = \frac{(M_l - M_r)}{(M_l + M_r)}\,l = (a_{WP} - b_{WP}) \tag{34}$$

$M_l = M_r$ ergibt $c = 0$, d. h. der Schnittpunkt „0" der Biegelinie fällt mit dem Momentnullpunkt zusammen.

Anwendungen.

Momente gleichwirkend, (Abb. 17).   Annahme: $M_l = \varkappa\, M_r$ und $\varkappa < 1$. In Gl. (31) und (32) ist das Vorzeichen von M_r zu ändern. Daher Gl. (32)

$$\xi_0 = \frac{1}{(1 - \varkappa)}\left[-\varkappa \pm \left(\frac{1 + \varkappa + \varkappa^2}{3}\right)^{\frac{1}{2}} \right] \tag{32 a}$$

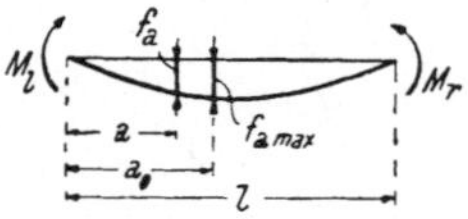

Das (—)Zeichen kommt nicht in Betracht. Gl. (31) lautet:

$$f_a = \frac{M_r l^2}{6 E J}\, \xi (1 - \xi)\,[(1 + 2\varkappa) + (1 - \varkappa)\,\xi] \tag{31 a}$$

Abb. 17

Mit der Abkürzung:

$$\omega_a = \xi_0 (1 - \xi_0)\,[(1 + 2\varkappa) + (1 - \varkappa)\,\xi_0]$$

wird:

$$f_{a\,max} = \frac{M_r l^2}{6 E J}\, \omega_a \tag{35}$$

Aus Tabelle 1 können für angenommene $\varkappa$ und die zugeordneten ξ_0 die zugehörigen ω_a entnommen werden; für zwischenliegende $\varkappa$ genügt geradlinige Interpolation. Für $M_r = \varkappa\, M_l$ behalten obige Formeln ihre Gültigkeit, nur ist ξ von B gegen A zu messen, in den Gl. (31 a) und (35) M_r durch M_l zu ersetzen.

Tab. 1. ξ_0- *und* ω_a-*Werte*

$\varkappa$	0.0	0.1	0.2	0.3	0.4	0.5	0.6	0.7	0.8	0.9	1.0
ξ_0	0.5774	0.5648	0.5536	0.5440	0.5353	0.5276	0.5204	0.5149	0.5097	0.5052	0.5000
ω_a	0.3849	0.4199	0.4554	0.4914	0.5277	0.5642	0.6011	0.6381	0.6752	0.7126	0.7500

Momente gegenwirkend, (Abb. 15).   Annahmen: $M_l > M_r$; $M_r = \varkappa\, M_l$, wobei $\varkappa < 1$.

Gl. (31) hat sohin die Form:

$$f_a = \frac{M_l l^2}{6 E J}\, \xi (1 - \xi)\,[(2 - \varkappa) - (1 + \varkappa)\,\xi] \tag{31 b}$$

$f_{a\,max}$ tritt auf in:

$$_{1,\,2}\bar{\xi}_0 = \frac{1}{1 + \varkappa}\left[1 \pm \left(\frac{1 - \varkappa + \varkappa^2}{3}\right)^{\frac{1}{2}} \right] \tag{32 b}$$

und hat den Wert

$$f_{a\,max} = \frac{M_l l^2}{6 E J}\, \bar{\omega}_a, \tag{34 a}$$

wenn:

$$\bar{\omega}_a = \bar{\xi}_0 (1 - \bar{\xi}_0)\,[(2 - \varkappa) - (1 + \varkappa)\,\bar{\xi}_0]$$

Tabelle 2 enthält für verschiedene $\varkappa$ die zugeordneten $\overline{\xi}_0$ und $\overline{\omega}_a$; Gl. (32 b) liefert für beide Vorzeichen brauchbare Wurzeln; das dem (+) Vorzeichen zugeordnete $_1\overline{\xi}_0$ ergibt durchwegs $+ _1\overline{\omega}_a$, demnach Senkungen; $_2\overline{\xi}_0$, das dem (—) Vorzeichen entspricht, nur für $\varkappa > \frac{1}{2}$ brauchbare und zwar negative $_2\overline{\omega}_a$; die Durchbiegung vollzieht sich nach aufwärts; ab $\varkappa > \frac{1}{2}$ schneidet die Biegelinie die Balkenachse, (Abb. 15 a).
Obige Gleichungen gelten auch für $M_r > M_l$; die Einmessung der Durchbiegung durch $\overline{\xi}_0$ hat sodann von B aus gegen A zu erfolgen.

Tabelle 2

$\varkappa$	0.0	0.1	0.2	0.3	0.4	0.5	0.6	0.7	0.8	0.9	1.0
$_1\overline{\xi}_0$	0.4226	0.4084	0.3924	0.3745	0.3547	0.3333	0.3107	0.2863	0.2616	0.2365	0.2114
$_1\overline{\omega}_a$	0.3849	0.3505	0.3169	0.2842	0.2526	0.2222	0.1934	0.1662	0.1408	0.1175	0.0962
$_2\overline{\xi}_0$	—	—	—	—	—	1.0000	0.9396	0.8901	0.8496	0.8162	0.7886
$_2\overline{\omega}_a$	—	—	—	—	—	0	0.0059	0.0209	0.0421	0.0676	0.0962
$\omega_{WP} = \dfrac{(1-\varkappa)\varkappa}{(1+\varkappa)^2}$	0.000	0.07438	0.1111	0.12426	0.12245	0.1111	0.09375	0.07266	0.04938	0.02493	0.000
$\dfrac{b_{WP}}{l} = \dfrac{\varkappa}{1+\varkappa}$	—	—	—	—	—	0.3333	0.375	0.4118	0.4444	0.4737	0.5000
$\dfrac{c}{l} = \dfrac{(1-\varkappa)}{(1+\varkappa)}$	—	—	—	—	—	0.3333	0.2500	0.1765	0.1111	0.0526	0.00

Verschiebung f_{WP} des Momentnullpunktes.

Abstand vom Auflager A: $a_{WP} = \dfrac{l}{(1+\varkappa)}$.

$$f_{WP} = \frac{(1-\varkappa)\varkappa}{(1+\varkappa)^2}\frac{M_l\,l^2}{6\,EJ} = \omega_{WP}\frac{M_l\,l^2}{6\,EJ} \qquad (33\text{ a})$$

ω_{WP} ist aus Tabelle 2 zu entnehmen; der Größtwert entsteht, wenn $\varkappa = \frac{1}{3}$, bezw. $a_{WP} = \frac{3}{4}\,l$; damit erhält man:

$$f_{WPmax} = \frac{M_l\,l^2}{48\,EJ}.$$

Endverdrehungen der Biegelinie. (Gl. a):

$$\tau_A = \frac{l}{6\,EJ}(2\,M_l + M_r) = \frac{M_l\,l}{6\,EJ}(2-\varkappa),$$

$$\tau_B = \frac{l}{6\,EJ}(2\,M_r + M_l) = \frac{M_l\,l}{6\,EJ}(1-2\,\varkappa)$$

τ_A ist stets $(+)$; τ_B bleibt es, solange $\varkappa < \frac{1}{2}$ und geht für $\varkappa = \frac{1}{2}$ in die Null über; es bleibt sodann negativ.

Der Schnittpunkt „0" der Biegelinie mit der Balkenachse hat vom Momentnullpunkt den Abstand Gl. (35):

$$c = \frac{(1 - \varkappa)}{(1 + \varkappa)}\, l$$

Der Beiwert zu l ist gleichfalls der Tabelle 2 zu entnehmen.

Zahlenbeispiel.

a) M_l und M_r gleichwirkend; $\varkappa = 0{\cdot}8$, $M_l = 0{\cdot}8\, M_r$, (Abb. 17).

Tabelle 1 entnimmt man: $\xi_0 = 0.5097$, $\omega_a = 0.6752$; $f_{a\,max} = 0.6752\,\dfrac{M_r\, l^2}{6\,EJ}$

β) wie oben, jedoch M_r gegenwirkend (Abb. 15 und 15 a). $M_r = 0{\cdot}8\, M_l$. Tab. 2 ergibt:

$$_1\bar{\xi}_0 = 0.2616, \quad _1\bar{\omega}_a = 0.1408; \quad _1 f_{a\,max} = 0.1408\,\frac{M_l\, l^2}{6\,EJ}\ \text{(Senkung)},$$

$$_2\bar{\xi}_0 = 0.8496, \quad _2\bar{\omega}_a = -0.0421; \quad _2 f_{a\,max} = -0.0421\,\frac{M_l\, l^2}{6\,EJ}\ \text{(Hebung)},$$

$$\omega_{WP} = 0.04938; \quad f_{WP} = 0.04938\,\frac{M_l\, l^2}{6\,EJ}\,.$$

$c = 1/9$, ferner:

$$\tau_A = +1{\cdot}2\,\frac{M_l\, l}{6\,EJ}, \quad \tau_B = -0{\cdot}6\,\frac{M_l\, l}{6\,EJ}$$

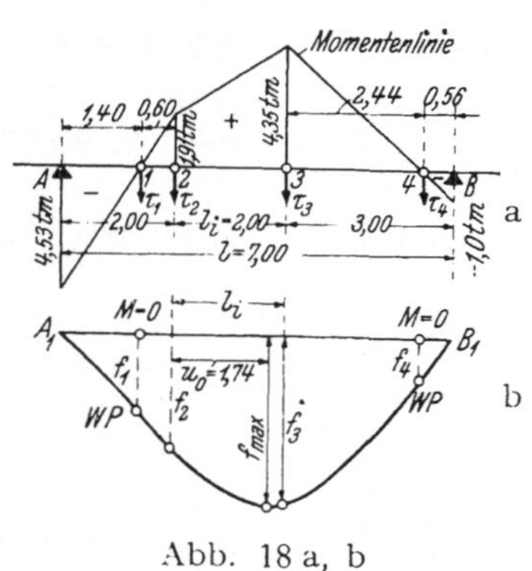

Abb. 18 a, b

11. *In Abb. 18 a ist die Momentenlinie für das Trägerstück $\overline{A\,B}$ eingezeichnet. Zu bestimmen sind die Durchbiegungen in den Bruchpunkten der Momentenlinie, die Biegelinie und die grösste Durchbiegung* ($EJ = konst$).[28] In 1, 2, 3 und 4 werden Gelenke eingelegt. Mit den in der Abb. eingetragenen Momenten (tm) und Längen (m) lauten die $6EJ$-fachen elastischen Gewichte, Gl. (9):

$$6\,EJ\,\tau_1 = 1{\cdot}4\,(-4{\cdot}53 + 0{\cdot}00) + 0{\cdot}6\,(0{\cdot}00 + 1{\cdot}91) = -6.0{\cdot}866$$

$$6\,EJ\,\tau_2 = 0{\cdot}6\,(2.1{\cdot}91 + 0{\cdot}00) + 2{\cdot}0\,(2.1{\cdot}91 + 4{\cdot}35) = +6.3{\cdot}105$$

$$6\,EJ\,\tau_3 = 2{\cdot}0\,(2.4{\cdot}35 + 1{\cdot}91) + 2{\cdot}44\,(2.4{\cdot}35 + 0{\cdot}00) = +6.7{\cdot}075$$

$$6\,EJ\,\tau_4 = 2{\cdot}44\,(0{\cdot}00 + 4{\cdot}35) + 0{\cdot}56\,(0{\cdot}00 - 1{\cdot}00) = +6.1{\cdot}675$$

Durchbiegungen: (Stützweite $l = 7{\cdot}0$ m). Nach Gl. (6) besteht:

$$f_1 = \frac{1}{7\,EJ}\,(1{\cdot}4.5{\cdot}6.\tau_1 + 1{\cdot}4.5{\cdot}0\,\tau_2 + 1{\cdot}4.3{\cdot}0\,\tau_3 + 1{\cdot}4.0{\cdot}56\,\tau_4) = \frac{6{\cdot}568}{EJ}$$

$$f_2 = \frac{1}{7\,EJ}\,(1{\cdot}4.5{\cdot}0\,\tau_1 + 2{\cdot}0.5{\cdot}0\,\tau_2 + 2{\cdot}0.3{\cdot}0\,\tau_3 + 2{\cdot}0.0{\cdot}56\,\tau_4) = \frac{9{\cdot}902}{EJ}$$

$$f_3 = \frac{1}{7\,EJ}\,(1{\cdot}4.3{\cdot}0\,\tau_1 + 2{\cdot}0.3{\cdot}0\,\tau_2 + 4{\cdot}0.3{\cdot}0\,\tau_3 + 4{\cdot}0.0{\cdot}56\,\tau_4) = \frac{14{\cdot}806}{EJ}$$

$$f_4 = \frac{1}{7\,EJ}\,(1{\cdot}4.0{\cdot}56\,\tau_1 + 2{\cdot}0.0{\cdot}56\,\tau_2 + 4{\cdot}0.0{\cdot}56\,\tau_3 + 6{\cdot}44.0{\cdot}56\,\tau_4) = \frac{3{\cdot}527}{EJ}$$

Mit diesen Werten und $EJ = 1$ wurde die Biegelinie, Abb. 18 b aufgetragen. Der Größtwert liegt zwischen f_2 und f_3; dessen Lage u_0 folgt aus
Gl. (25). Wir setzen: $l_i = 2{\cdot}0$, $M_{(i-1)} = 1{\cdot}91$ tm, $M_i = 4{\cdot}35$ tm; ferner
besteht:

$$6\,EJ\,f_{(i-1)} = 6\,EJ\,f_2 = 6.9{\cdot}902,$$
$$6\,EJ\,f_i = 6\,EJ\,f_3 = 6.14{\cdot}806$$

Nach Substitution in Gl. (25) gewinnt man:

$$u_0{}^2 + 2.1{\cdot}566\,u_0 = 8.484$$

mit der Wurzel: $u_0 = 1.74$ m; damit aus Gl. (24):

$$f_{max} = \frac{14{\cdot}945}{EJ}$$

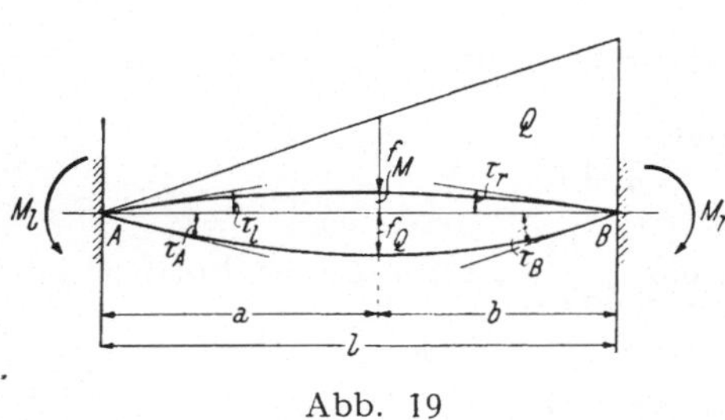

Abb. 19

Es ist gegenüber f_3 um $0{\cdot}9\%$
größer.

*12. Der beiderseits eingespannte
Träger ist durch eine Dreieckslast
Q gemäss Abb. 19 ergriffen; zu
bestimmen sind die Einspannungs-
Momente M_l und M_r und die
Durchbiegung in $a = l\,\xi$; $J = konst.$*

Einspannungsmomente.

Im Freiträger entstehen die Endverdrehungswinkel, Gl. (14) und (14'):

$$\tau_A = \frac{7\,Q\,l^2}{180\,EJ}, \qquad \tau_B = \frac{8\,Q\,l^2}{180\,EJ}$$

Die Einspannungsmomente rufen hervor, Gl. (9):

$$\tau_l = \frac{l}{6\,EJ}\,(2\,M_l + M_r); \quad \tau_r = \frac{l}{6\,EJ}\,(M_l + 2\,M_r)$$

Volle Einspannung bedingt:

$$\tau_A - \tau_l = \frac{7\,Q\,l^2}{180\,EJ} - \frac{l}{6\,EJ}\,(2\,M_l + M_r) = 0,$$

$$\tau_B - \tau_r = \frac{8\,Q\,l^2}{180\,EJ} - \frac{l}{6\,EJ}\,(M_l + 2\,M_r) = 0,$$

daraus die Momente:

$$M_l = \frac{Q\,l}{15}, \quad M_r = \frac{Q\,l}{10} \tag{a}$$

Durchbiegung. Durch die Momente entsteht in $a = l\,\xi$ mit $\varkappa = \dfrac{M_l}{M_r} = {}^2/_3$

lt. Gl. (31) die Hebung:

$$f_M = \frac{M_r\, l^2}{18\, EJ}\, \xi\,(1 - \xi)\,(7 + \xi) = \frac{Q\, l^3}{180\, EJ}\, \xi\,(1 - \xi)\,(7 + \xi),$$

durch die Dreieckslast Q gemäß Gl. (30) die Senkung:

$$f_Q = \frac{Q\, l^3}{180\, EJ}\, \xi\,(1 - \xi^2)\,(7 - 3\,\xi^2),$$

die gefragte Durchbiegung daher:

$$f = f_Q - f_M = \frac{Q\, l^3}{60\, EJ}\, \xi^2\,(1 - \xi)^2\,(2 + \xi) \tag{b}$$

Das Maximum tritt in $a_0 = l\,\xi_0$ auf; aus $\dfrac{df}{d\xi} = 0$ folgt:

$$\xi_0^2 + \xi_0 = \frac{4}{5}$$

mit der Wurzel: $\xi_0 = 0.5247$; mit $Q = q\, l/2$, entsteht aus Gl. (6):

$$f_{max} = 0\cdot5025\, \frac{q\, l^4}{384\, EJ} \tag{c}$$

In Trägermitte wird für $\xi = \tfrac{1}{2} : f = 0.5\, \dfrac{q\, l^4}{384\, EJ}$; mit dieser Formel kann stets gerechnet werden.

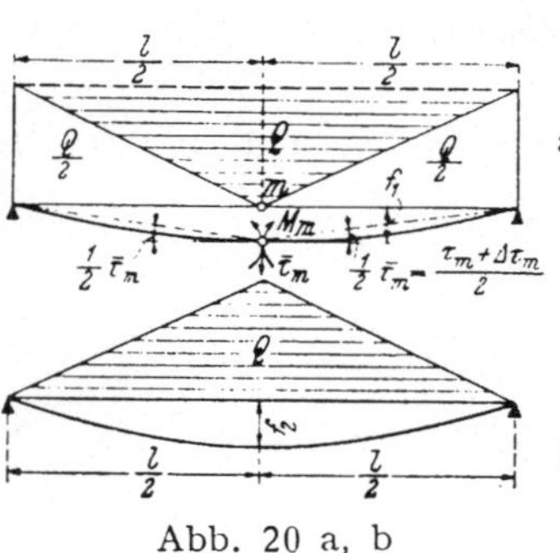

Abb. 20 a, b

13. *Freiaufliegender Träger. Symmetrische Dreieckslast (Abb. 20a und 20b). Gefragt ist die Durchbiegung in Feldmitte.*

a Ein Gelenk „m" in Feldmitte genügt. Daselbst wirkt das Moment (aus der nicht schraffierten Belastung), (Abb. 20a):

$$M_m = \frac{Q}{2}\, \frac{l}{2} - \frac{Q}{2}\, \frac{2}{3}\, \frac{l}{2} = \frac{Q\,l}{12}$$

Elastisches Gewicht:

$$\tau_m = 2\,\frac{\left(\dfrac{l}{2}\right)}{3\, EJ}\, M_m = \frac{Q\, l^2}{36\, EJ}$$

Dazu kommt das zusätzliche elastische Gewicht $\varDelta\,\tau_m$ aus der Feldbelastung der beiden Trägerhälften; es beträgt mit Bezug auf Gl. (14'), wenn l durch $l/2$ und Q_b durch $Q/2$ ersetzt werden:

$$\varDelta\,\tau_m = 2\,\tau_A = 2\,\frac{7\,Q\, l^2}{1440\, EJ} = \frac{7\,Q\, l^2}{720\, EJ}$$

Die Durchbiegung lt. Gl. (6):

$$f_1 = \frac{\left(\dfrac{l}{2}\right)\left(\dfrac{l}{2}\right)}{l}\,(\tau_m + \varDelta\,\tau_m)$$

beträgt nach Ausrechnung:

$$f_1 = \frac{3\,Q\,l^3}{320\,EJ} = 3.6\,\frac{Q\,l^3}{384\,EJ} \tag{36}$$

Die Durchbiegung f_2 für dachförmige Belastung, (Abb. 20 b) läßt sich aus der Differenz der Durchbiegungen für die Vollast (2 Q) und f_1 berechnen.

$$f_2 = \frac{5\,(2\,Q)\cdot l^3}{384\,EJ} - \frac{3.6\,Q\,l^3}{384\,EJ} = \frac{Q\,l^3}{60\,EJ} \tag{36 a}$$

14. *Der Freiträger (Abb. 21) trägt eine beiderseits um a = 2·0 m überhängende Dreieckslast, Stützweite l = 12·0 m. Spezifische Belastung am rechten Träger-ende q = 0·9 t/m. J = konst. Gefragt ist die Durchbiegung in 0·2 l, 0·5 l und 0·8 l [7].*

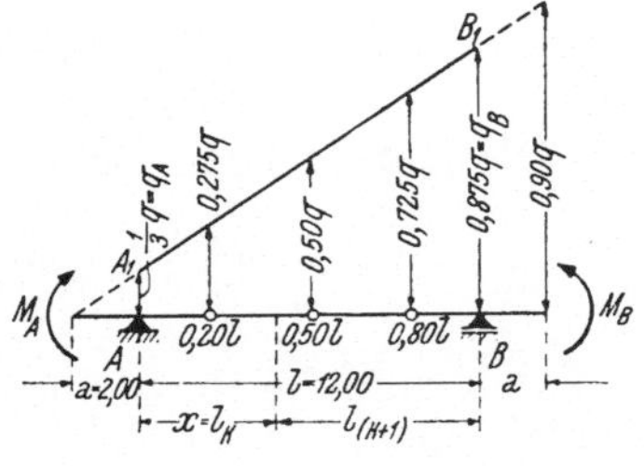
Abb. 21

Die Berechnung erfolgt gesondert für die zwischen den Auflagern A und B liegende Trapezlast und die durch die überhängende Belastung geweckten Endmomente M_A und M_B.

a) Hebung infolge M_A und M_B. Mit den Eintragungen, (Abb. 21), findet sich:

$$M_A = -\frac{1}{2}\,q_A\,\frac{a^2}{3} = -\frac{q\,l^2}{1728}, \quad M_B = 23\,M_A; \quad \varkappa = \frac{M_A}{M_B} = \frac{1}{23}$$

An einer beliebigen Stelle $\xi = x/l$ beträgt die Hebung, Gl. (31)

$$_M f_\xi = \frac{M_B\,l^2}{6\,EJ}\,\xi\,(1-\xi)\,[(1+2\,\varkappa) + (1-\varkappa)\,\xi]$$

Die Sonderwertung ergibt:

$$_M f_\xi = -\frac{25\,ql^4}{10368\,EJ}\,\xi\,(1-\xi)\,(1+0·88\,\xi),$$

woraus z. B. für $\xi = 0·2$:

$$_M f_{0·2}^{(m)} = -\frac{8·467}{EJ}$$

β) Durchbiegung für Trapezbelastung. Sie setzt sich zusammen aus:
β₁) der alleinigen Wirkung der Schnittmomente M_k. Es genügt die Vorkeh-rung *eines* Gelenkes an der Stelle der zu suchenden Durchbiegung. Da die Endmomente $M_{(k-1)} = M_{(k+1)} = 0$, vereinfacht sich Gl. (17) zu:

$$\tau_k = \frac{2}{6\,EJ}\,[l_k + l_{(k+1)}]\,M_k = \frac{M_k\,l}{3\,EJ}, \tag{37}$$

sohin die angenäherte Durchbiegung in „k", Gl. (6):

$$_n f_k = \frac{l_k\,l_{(k+1)}}{l}\,\tau_k = \frac{l_k\,l_{(k+1)}}{3\,EJ}\,M_k \tag{38}$$

Das Moment $M_k = 4·4064$ tm wurde für $\xi = 0·2$ in üblicher Weise be-stimmt; mit $l_k = 0·2\,l$, $l_{(k+1)} = 0·8\,l$ folgt:

$$_n f_{0·2}^{(m)} = \frac{33·8412}{EJ}$$

β_2) *der Streckenbelastung der Teile l_k und $l_{(k+1)}$*.   In Betracht kommt Gl. (18 c); nun ist lt. Abb. 21:

$$q_{(k-1)} = 0\cdot125\, q, \quad q_k = 0\cdot275\, q \quad \text{und} \quad q_{(k+1)} = 0\cdot875\, q, \quad \text{wobei} \quad q = 0\cdot9 \ \text{t/m}.$$

Damit:

$$\Delta\, \tau_{0.2} = \frac{18\cdot51984}{EJ}$$

und der zusätzliche Durchbiegungsbeitrag:

$$\Delta\, f^{(m)}_{0\cdot2} = \frac{(0\cdot2\, l)\,(0\cdot8\, l)}{l}\, \Delta\, \tau_{0.2} = \frac{35\cdot558}{EJ}$$

Die *totale* Durchbiegung stellt sich daher auf:

$$f^{(m)}_{0\cdot2\,tot} = {}_M f^{(m)}_{0\cdot2} + {}_n f^{(m)}_{0\cdot2} + \Delta\, f^{(m)}_{0\cdot2} = \frac{60\cdot932}{EJ}$$

Aus Tab. 3 sind die Rechnungsergebnisse für die Stellen $0\cdot2\, l$, $0\cdot5\, l$ und $0\cdot8\, l$ zu entnehmen.

Tabelle 3.

Ort der gefragten Durchbiegung $l_k,\ l_{(k-1)}$	M_k	Durchbiegung $_n f^{(m)}_k = \dfrac{1}{EJ} K_1$ $K_1 =$	Durchbiegung zufolge des Moments M_k tm der Streckenbelastung in t m			Durchbiegung $\Delta f^{(m)}_k = \dfrac{1}{EJ} K_2$ $K_2 =$	Hebung $_M f^{(m)}_k = \dfrac{1}{EJ} K_3$ $K_3 =$	Totale Durchbiegung $f^{(m)}_{k\,tot} = \dfrac{1}{EJ} K_4$ $K_4 =$
			$q_{(k-1)}$	q_k	$q_{(k+1)}$			
$(0.2\,l), (0.8\,l)$	4.4064	33.8412		0.275 q		35.558	— 8.467	60.932
$(0.5\,l), (0.5\,l)$	8.1000	97.2000	0.125 q	0.500 q	0.875 q	24.300	—16.199	105,301
$(0.8\,l), (0.2\,l)$	5.9616	45.7851		0.725 q		29.1382	—12.247	62.676

Die gefundenen $f_{k\,tot}$ decken sich vollkommen mit den aus der Arbeitsgleichung bestimmten Ergebnissen.

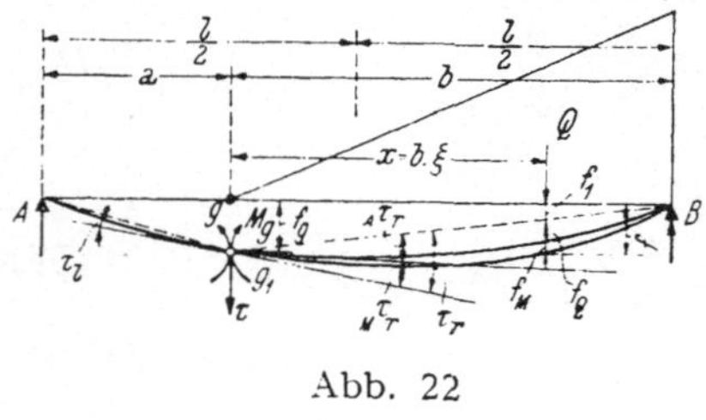

Abb. 22

15. *Träger mit teilweiser Dreieckslast Q laut Abb. 22. Anzugeben sind Ort und Größe der maximalen Durchbiegung ($J = konst.$).*

Es genügt die Vorkehrung eines Gelenkes „g" in der Dreieckspitze. Es bestehen folgende Beziehungen:

Auflagerdruck: $A = \dfrac{Q\, b}{3\, l}$,

Moment im Gelenke „g": $M_g = A\, a = \dfrac{Q\, a\, b}{3\, l}$

Elastisches Gewicht τ in „g"; es besteht aus drei Teilen:

$$_M\tau_l = \tau_l = \frac{a}{3\,E\,J}\,M_g \quad , \quad _M\tau_r = \frac{b}{3\,E\,J}\,M_g.$$

Der Dreieckslast Q, Gl. (14') entspricht:

$$_A\tau_r = \frac{7\,Q\,b^2}{180\,E\,J}$$

daher durch Zusammenlegung

$$\tau = \tau_l + {}_M\tau_r + {}_A\tau_r = \frac{Q\,b}{180\,E\,J}\,(20\,a + 7\,b)$$

Durchbiegung im Gelenk: $f_g = \frac{a\,b}{l}\,\tau = \frac{Q\,a\,b^2}{180\,E\,J\,l}\,(20\,a + 7\,b)$ (39)

Durchbiegung in $b\,\xi = x$.

α) Teildurchbiegung f_1, geometrisch aus f_g:

$$f_1 = f_g\,\frac{(b - x)}{b} =$$

$$= \frac{Q\,a\,b^2\,(20\,a + 7\,b)}{180\,E\,J\,l}\,(1 - \xi)$$

β) Beitrag der Dreieckslast Q gemäß Gl. (30):

$$f_Q = \frac{Q\,b^3}{180\,E\,J}\,\xi\,(1 - \xi^2)\,(7 - 3\,\xi^2)$$

γ) M_g erzeugt lt. Gl. (31), wenn $M_r = M_g$, $l = b$, $a = (b - x)$ und $\varkappa = 0$ gesetzt werden:

$$f_M = \frac{x\,(b - x)\,(2\,b - x)}{6\,E\,J\,b}\,M_g =$$

$$= \frac{Q\,a\,b^3}{18\,E\,J\,l}\,\xi\,(1 - \xi)\,(2 - \xi)$$

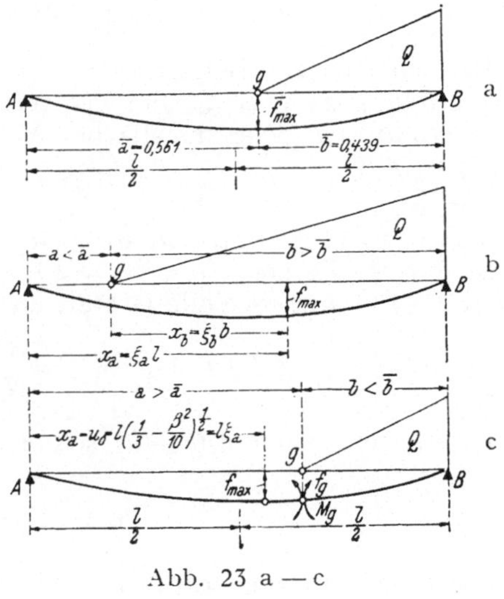

Abb. 23 a — c

Gesamtdurchbiegung:

$$f = f_1 + f_Q + f_M = \frac{Q\,b^3}{180\,E\,J\,l}\left[\frac{a}{b}\,(20\,a + 7\,b) + \right.$$

$$\left. + 10\,a\,\xi\,(2 - \xi) + l\,\xi\,(1 + \xi)\,(7 - 3\,\xi^2)\right](1 - \xi) \tag{40}$$

f_{max} liege *innerhalb* der Dreieckslast. Der Abstand vom Gelenk betrage: $x_b = b\,\xi_b$, (Abb. 23 b); aus $\dfrac{df}{d\xi} = 0$ findet sich:

$$\xi_b{}^4 - 2\,\frac{b}{l}\,\xi_b{}^2 - 4\,\frac{a}{l}\,\xi_b = \frac{1}{15\,l\,b}\,(20\,l^2 + 33\,b^2 - 60\,l\,b) \tag{41}$$

Bei Einmessung von f_{max} auf den Auflagerpunkt A ist zu setzen:

$$x_u = l\,\xi_a = a + b\,\xi_b,$$

bezw.

$$\xi_a = 1 - \frac{b}{l}\,(1 - \xi_b)$$

ξ_b in Gl. (40) eingeführt, ergibt f_{max}; die Grenze, bis zu der es innerhalb „b" liegt, ist durch $\xi_b = 0$ gekennzeichnet und das Durchbiegungsmaximum fällt mit der Dreiecksspitze „g" zusammen, (Abb. 23 a). Dieser Lage entspricht die Lastlänge $\bar{b}$; sie ergibt sich durch Nullsetzung der rechten Seite der Gl. (40)

$$20\,l^2 + 33\,\bar{b}^2 - 60\,\bar{b}\,l = 0$$

mit: $\bar{b} = 0\text{·}439\,l$, bezw. $\bar{a} = 0\text{·}561\,l$. Durch Substitution in Gl. (40) folgt ($\xi_b = 0$):

$$f_{max} = \frac{Q\,\bar{a}\,\bar{b}^2}{180\,EJ\,l}\,(20\,\bar{a} + 7\,\bar{b}) = 1\text{·}546\,\frac{Q\,l^3}{180\,EJ} \tag{42}$$

Der zugeordnete Belastungsfall ist in Abb. 23 a dargestellt. Solange $b < \bar{b}\,(a > \bar{a})$ tritt f_{max} im lastfreien Teil auf (Abb. 23 c); sonst liegt es innerhalb der Belastungsfläche (Abb. 23 b).

Ort und Größe von f_{max} für $a > \bar{a}$. Der zwischen A und g fallende Größtwert ist aus Gl. (24), die Lage u_0, bezogen auf A, aus Gl. (25) zu berechnen; hiebei ist zu setzen: $l_i = a$, $M_i = M_g = Q\,a\,b/3\,l$, $M_{(i-1)} = 0$; $f_i = f_g$, Gl. (39) $f_{(i-1)} = 0$. Ferner: $u_0 = x_a = l\,\xi_a$ und $b = \beta\,l$. Gl. (24) nimmt folgende Gestalt an:

$$u_0{}^2 = \frac{1}{3\,M_g}\,(6\,EJ\,f_g + a^2\,M_g) = \frac{a^2}{3} + \frac{2\,EJ\,f_g}{M_g} = \frac{a^2}{3} + \frac{b}{30}\,(20\,a + 7\,b)$$

Ersetzt man a durch $(l - b)$, so entsteht mit $\beta = b/l$:

$$u_0 = l\,\xi_a = l\left(\frac{1}{3} - \frac{\beta^2}{10}\right)^{\!1/2} \tag{43}$$

$\beta = 0$ ($b = 0$) zugeordnet ist, wie im zehnten Beispiel, der Extremwert $u_{0max} = 0\text{·}5774\,l$.

Für den Durchbiegungsgrößtwert erhält man aus Gl. (24):

$$f_{max} = \frac{Q\,l^3}{180\,EJ}\,\pi \tag{44}$$

darin bedeutet:

$$\pi = 20\,\beta\left(\frac{1}{3} - \frac{\beta^2}{10}\right)^{\!3/2} \tag{45}$$

Aus Tab. 4 können bis zum Grenzwerte $\beta = \bar{b}/l = 0\text{·}439$ die den einzelnen β zugeordneten $\xi_a = \dfrac{x_a}{l} = \dfrac{u_0}{l}$ und π entnommen werden. Zwischenwerte sind durch gradlinige Interpolation zu bestimmen.

$$Tabelle\ 4.$$

$\beta = \left(\dfrac{b}{l}\right)$	0·00	0·10	0·20	0·30	0·40	**0·439**	0·493	0·5628	0·6552	0·7810	1·000
$\xi_b = \left(\dfrac{x_b}{l}\right)$	—	—	—	—	—	0·000	0·10	0·20	0·30	0·40	0·5193
$\xi_a = \left(\dfrac{x_a}{l}\right)$	0·5773	0·5764	0·5738	0·5695	0·5633	**0·561**	0·5563	0·5498	0·5414	0·5314	0·5193
π	0·0000	0·3830	0·756	1·108	1·430	**1·546**	1·694	1·865	2·053	2·234	2·358

Wie vorstehend, jedoch $a < \bar{a}$, (*Abb.* 23 *b*). Es empfiehlt sich, statt ξ_b aus
Gl. (41) zu bestimmen, zu einem angenommenen ξ_b die zugeordnete
Länge „*b*" zu berechnen; wir benützen folgende Hilfswerte:

$$m = \xi_b{}^4 - 4\,\xi_b + 4$$
$$p = 2\,\xi_b{}^2 - 4\,\xi + 2·2$$

Dann lautet Gl. (41)

$$\beta^2 - \frac{m}{p}\,\beta + \frac{4}{3\,p} = 0,$$

daraus:

$$\beta = \frac{m}{2\,p}\left[1 - \left(1 - \frac{16\,p}{3\,m^2}\right)^{\!1/2}\right] \tag{46}$$

Für $\xi_b = 0$ wird $m = 4$ und $p = 2·2$ und damit wie früher $\beta = 0·439$;
der zweite Grenzfall ist gegeben durch $\beta = 1$, d. h. $b = l\ (a = 0)$, also
für volle Trägerbelastung; dem entspricht nach Gl. (41): $\xi_b = 0.5193 = \xi_a$.
Die Durchbiegung f_{max} ist aus Gl. (40) zu
berechnen, die sich wieder auf die Form
Gl. (44) bringen läßt; der Beiwert π folgt
unmittelbar aus Gl. (40); für verschiedene
ξ_b wurden die zugehörenden β und π berechnet, ebenso die Einmessungswerte ξ_a,
die den Ort der größten Durchbiegung mit
Bezug auf das Auflager A festlegen; das Ergebnis ist in der Tabelle 4 zusammengestellt.

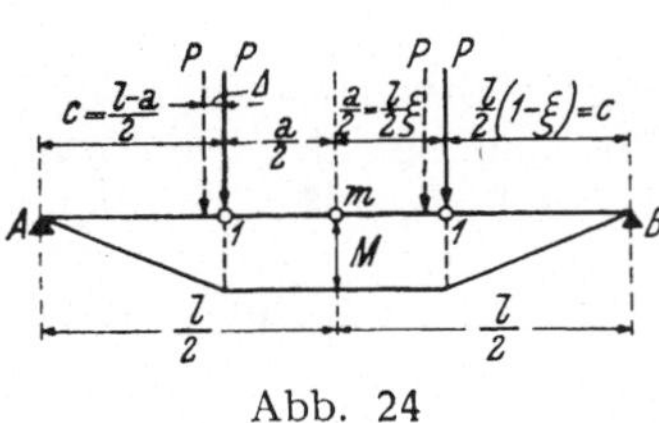

Abb. 24

16. *Durchbiegungsverhältnisse von Kranbahnträgern.*
a) Belastung symmetrisch durch zwei im Abstande a stehende Lasten P.
Gefragt die Durchbiegung in Trägermitte, (*Abb.* 24).
Maßgebendes Moment ($a = l\,\xi$):

$$M = \frac{P\,l}{2}\,(1 - \xi)$$

In den Lastpunkten „1" und in Feldmitte „*m*" werden Gelenke eingelegt;
dort wirken die elastischen Gewichte:

$$\tau_1 = \frac{\left(\frac{l}{2}\right)(1-\xi)}{3\,EJ}\,M + \frac{\left(\frac{l}{2}\right)\xi}{6\,EJ}\,3\,M = \frac{M\,l}{12\,EJ}\,(2+\xi),$$

$$\tau_m = 2\,\frac{\left(\frac{l}{2}\right)\xi}{6\,EJ}\,3\,M = \frac{M\,l\,\xi}{2\,EJ}$$

Durchbiegung in Feldmitte:

$$f_1 = 2\,\frac{\left(\frac{l}{2}\right)(1-\xi)\left(\frac{l}{2}\right)}{l}\,\tau_1 + \frac{\left(\frac{l}{2}\right)\left(\frac{l}{2}\right)}{l}\,\tau_m = \frac{l}{2}\,(1-\xi)\,\tau_1 + \frac{l}{4}\,\tau_m$$

$$f_1 = \frac{P\,l^3}{24\,EJ}\,\psi_1 \tag{47}$$

wobei:

$$\psi_1 = \frac{1}{2}\,(1-\xi)\,[3-(1-\xi)^2] \tag{47'}$$

Tab. 5 dient zur Aufsuchung der ψ_1 für einzelne ξ.

Tabelle 5.

ξ	0·0	0·1	0·2	0·3	0·4	0·5	0·586
ψ_1	1·0	0·9855	0·9440	0·8785	0·7920	0·6875	0·5855
ψ_2	1·0	0·9821	0·9320	0·8549	0·7560	0·6406	0·5322
ψ_3	1·0	0·9824	0·9325	0·8552	0·7564	0·6408	0·5336
μ	$^1/_3$	0·3159	0·2977	0·2793	0·2584	0·2345	0·2104

Gl. (47) wird zur Berechnung des Durchbiegungsgrößtwertes für zwei in festem Abstand stehende Gleichlasten benützt, jedoch als *Näherungsformel* bezeichnet [Stahl im Hochbau", 10. Aufl. 1938, S. 398]. Sie liefert aber *tatsächlich den Größtwert.*

Beweis. Verschiebt man die Lastgruppe $P-P$ um $\varDelta$ nach links, so läßt sich die Durchbiegung in „m" mit Hilfe der Gl. (21), bezw. (21 a) als Summe der Teildurchbiegungen $\varDelta\,f_l$ und $\varDelta\,f_r$ bestimmen. Für den Lastangriff „links" gilt:

$$\varDelta f_l = \frac{P(c-\varDelta)\frac{l}{2}}{6\,EJ\,l}\left[l^2-(c-\varDelta)^2-\frac{l^2}{4}\right] = \frac{P(c-\varDelta)}{12\,EJ}\left[\frac{3}{4}\,l^2-(c-\varDelta)^2\right]$$

und für den Lastangriff „rechts":

$$\varDelta f_r = \frac{P(c+\varDelta)\frac{l}{2}}{6\,EJ\,l}\left[l^2-(c+\varDelta)^2-\frac{l^2}{4}\right] = \frac{P(c+\varDelta)}{12\,EJ}\left[\frac{3}{4}\,l^2-(c+\varDelta)^2\right]$$

Totale Durchbiegung:

$$f_1' = (\Lambda\, f_l + \Delta\, f_r) = \frac{P\,c}{12\,EJ}\left(\frac{3}{2}\,l^2 - 2\,c^2 - 6\,\Delta^2\right)$$

Das Maximum entsteht, wenn $\Delta = 0$, also für symmetrische Belastung. Setzt man $c = 1/2\,(l - a)$, so geht f_1' in den Wert f_1 der Gl. (47) über.

β) Die Kräftegruppe steht bezüglich des Momentes in der ungünstigsten Last-stellung. Gefragt ist die Durchbiegung in Trägermitte (Abb. 25 a). Einge-führt wird: $a = l\,\xi,\ c = \dfrac{2\,l - a}{4} = \dfrac{l}{4}\,(2 - \xi),\ \left(c - \dfrac{a}{2}\right) = \dfrac{l}{4}\,(2 - 3\,\xi)$.

Der Reihe nach ergibt sich:

$$M_1 = M_{max} = \frac{P\,l}{8}\,(2 - \xi)^2,$$

$$M_2 = \frac{P\,l}{8}\,[(2 - \xi)^2 - 4\,\xi^2], \qquad (48)$$

$$M_m = \frac{P\,l}{2}\left(1 - \frac{1}{2}\,\xi\right)$$

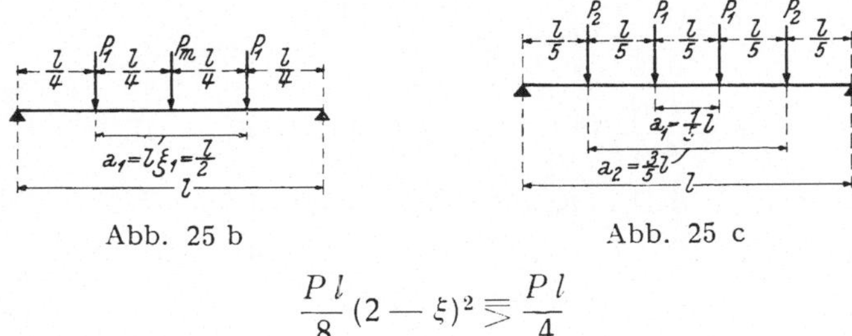

Abb. 25 a

Diese Gleichungen gelten nur so lange als M_{max} größer ist als das durch *eine* Einzellast P erzeugte Moment:

Abb. 25 b

Abb. 25 c

$$\frac{P\,l}{8}\,(2 - \xi)^2 \gtreqless \frac{P\,l}{4}$$

Der maximale Lastabstand a_0, bezw. ξ_0 beträgt sohin: $\xi_0 = \dfrac{a_0}{l} = 0.5858$

Durchbiegung in Trägermitte, Gl. (21 und 21 a)

$$f_2 = \frac{P\,\dfrac{(2\,l - a)}{4}\,\dfrac{l}{2}}{6\,EJ\,l}\left[l^2 - \left(\frac{2\,l - a}{4}\right)^2 - \frac{l^2}{4}\right] +$$

$$+ \frac{P\,\dfrac{(2\,l - 3\,a)}{4}\,\dfrac{l}{2}}{6\,EJ\,l}\left[l^2 - \left(\frac{2\,l - 3\,a}{4}\right)^2 - \frac{l^2}{4}\right]$$

Abb. 25 d

und nach Substitution und Reduktion:

$$f_2 = \frac{P\,l^3}{24\,EJ}\,\psi_2, \qquad (49)$$

wobei:

$$\psi_2 = 1 - (15 - 7\,\xi)\,\frac{\xi^2}{8} \qquad (49')$$

Die Beiwerte ψ_2 sind gleichfalls der Tab. 5 zu entnehmen.

γ) *Die Lage und Größe der Durchbiegung sind für die maßgebende (linke)
Last P zu bestimmen*, (Abb. 25 a). Die Gelenke liegen in den Laststellen.
Elastisches Gewicht im Lastpunkt „1":

$$\tau_1 = \frac{c}{3\,EJ}\,M_1 + \frac{a}{6\,EJ}\,(2\,M_1 + M_2) = \frac{P\,l^2}{96\,EJ}\,[(2 - \xi)^2\,(2 + 5\,\xi) - 8\,\xi^3],$$

im Lastpunkt „2":

$$\tau_2 = \frac{a}{6\,EJ}\,(2\,M_2 + M_1) + \frac{\left(c - \dfrac{a}{2}\right)}{3\,EJ}\,M_2 =$$

$$= \frac{P\,l^2}{96\,EJ}\,[(2 - \xi)^2\,(2 + 3\,\xi) - 4\,(2 + \xi)\,\xi^2]$$

Durchbiegung: Im Gelenke „1"

$$f_1' = \frac{c\,(l - c)}{l}\,\tau_1 + \frac{c\left(c - \dfrac{a}{2}\right)}{l}\,\tau_2 = \frac{P\,l^3}{384\,EJ}\,(2 - \xi)^2\,[(2 + \xi)^2 - 8\,\xi^2]$$

Im Gelenke „2"

$$f_2' = \frac{c\left(c - \dfrac{a}{2}\right)}{l}\,\tau_1 + \frac{c\left(c - \dfrac{a}{2}\right)\left(l - c + \dfrac{a}{2}\right)}{l}\,\tau_2 =$$

$$= \frac{P\,l^3}{384\,EJ}\,(2 + \xi)\,(2 - 3\,\xi)[(2 + \xi)^2 - 12\,\xi^2]$$

Der Größtwert f_{3max} tritt in u_0 auf. Maßgebend ist Gl. (25); wir führen ein:
$l_i = a = l\,\xi$; $f_{(i-1)} = f_1'$; $f_i = f_2'$, $M_{(i-1)} = M_1$, $M_i = M_2$ und

$$u_0 = \mu\,a = \mu\,l\,\xi$$

$$(f_1' - f_2') = \frac{P\,l^3}{48\,EJ}\,\xi^2\,(4 - 5\,\xi^2)$$

Gl. (25) lautet nunmehr:

$$u_0^2 - 2\,a\,u_0\,\frac{M_1}{(M_1 - M_2)} = [6\,EJ\,(f_1' - f_2') - a^2\,(2\,M_1 + M_2)]\,\frac{1}{3\,(M_1 - M_2)}$$

Die Ausrechnung ergibt nach Substitution mit μ als Unbekannte:

$$\mu^2 - 2\,\mu\,\frac{(2 - \xi)^2}{4\,\xi^2} = -\frac{(2 - \xi)\,(1 - \xi)}{3\,\xi^2} \tag{a}$$

Der Größtwert folgt aus Gl. (24)

$$f_{3\,max} = \frac{P\,l^3}{24\,EJ}\,\psi^3, \tag{46}$$

wobei zu setzen ist:

$$\psi_3 = \frac{1}{2}\left\{\frac{1}{8}\,(2 - \xi)^2\,[(2 + \xi)^2 - 8\,\xi^2] + \right.$$

$$\left. + \mu\,\xi^2\,[4\,(2 - \xi)\,(1 - \xi) - 3\,\mu\,(2 - \xi)^2 + 4\,\mu^2\,\xi^2]\right\} \tag{50}$$

Die ψ_3 sind der Tab. 5 zu entnehmen; man erkennt, daß:

$$\psi_1' > \psi_3 > \psi_2,$$

d. h. *die größte Durchbiegung tritt stets bei symmetrischer Laststellung in Trägermitte auf.*

Aus dem gleichfalls tabellarisierten μ findet sich für f_{3max} unmittelbar auch die Lage $u_0 = \mu\, a$.

Der Unterschied in den Ergebnissen nach Gl. (47) und (50) wächst mit ξ und beträgt für den Grenzwert $\xi_0 = 0.586$ rund 9.7 %.

17. *Berechnung der in Feldmitte auftretenden Durchbiegung eines durch mehrere Lastpaare $(P_k - P_k)$ symmetrisch ergriffenen Trägers $(J = konst.)$. (Regelfälle.)*

f_{max} läßt sich durch Addition der Teildurchbiegungen f_k der einzelnen Lastpaare berechnen.

$$f_{max} = \Sigma\, f_k \tag{47'}$$

Für ein Lastpaar gilt Gl. (47'), wenn deren Abstand $a_k = \xi_k\, l$ mißt, l — Stützweite:

$$f_k = \frac{P_k\, l^3}{48\, EJ}\, (1 - \xi_k)\, [3 - (1 - \xi_k)^2] \tag{47''}$$

Regelfälle:

α) *Last in Feldmitte.* $P_m = 2\, P_k$; $a_k = \xi_k = 0$; daher:

$$f_m = \frac{P_m\, l^3}{48\, EJ} \tag{a}$$

β) *Zwei Lasten in den Drittelpunkten.* $a = l/3$; $\xi = 1/3$. Gl. (47'') ergibt:

$$f_{1/3} = \frac{23}{648}\, \frac{P\, l^3}{EJ} \tag{b}$$

γ) *Drei Lasten in den Viertelpunkten,* (Abb. 25 b). Mittellast P_m; für die Lastengruppe $(P_1 - P_1)$ ist $\xi_1 = \tfrac{1}{2}$; sohin:

$$f_{1/4} = \frac{P_m\, l^3}{48\, EJ} + \frac{P_1\, l^3}{48\, EJ}\, (1 - \xi_1)\, [3 - (1 - \xi_1)^2] = \frac{l^3}{48\, EJ}\left(P_m + \frac{11}{8}\, P_1\right). \tag{c}$$

und wenn: $P_1 = P_m = P$:
$$f_{1/4} = \frac{19}{384}\, \frac{P\, l^3}{EJ} \tag{c_1}$$

δ) *Vier Lasten in den Fünftelpunkten,* (Abb. 25 c).

Nach Abb. besteht: Für die Lastgruppe $(P_1 - P_1)\ldots\xi_1 = 1/5$ und für $(P_2 - P_2)\ldots\xi_2 = 3/5$

Die Summation liefert:

$$f_{1/5} = \frac{l^3}{48\, EJ}\left(\frac{236}{125}\, P_1 + \frac{142}{125}\, P_2\right). \tag{d}$$

und wenn: $P_1 = P_2 = P$:

$$f_{1/5} = \frac{63}{1000}\, \frac{P\, l^3}{EJ} \tag{d_1}$$

ε) Sind mehr als zwei Lastgruppen vorhanden, so genügt es, die Durchbiegung für jene Ersatzlast q zu berechnen, die in Feldmitte das gleiche

Moment erzeugt wie die Einzellasten. Man hat dann für *fünf*, bezw. *sechs* symmetrisch stehende Lasten P die Beziehungen:

$$P = \frac{1}{6}\, q\, l, \text{ bezw. } \frac{7}{48}\, q\, l$$

Nach Einführung in die genauen Formeln entsteht:

$$f_{\nu_6} = \frac{11}{144}\frac{P\,l^3}{E\,J} = 0{\cdot}978\,\frac{5\,q\,l^4}{384\,E\,J}, \tag{e}$$

$$f_{\nu_5} = \frac{123}{1372}\frac{P\,l^3}{E\,J} = 1{\cdot}004\,\frac{5\,q\,l^4}{384\,E\,J}. \tag{f}$$

wobei die letzte Beziehung aus der bezüglichen Gleichlast q gefunden wurde; die Übereinstimmung ist eine mehr als ausreichende.

ζ) Gl. (47′) läßt sich auf jede zur Trägermitte *unsymmetrische* Belastung anwenden, wenn die Durchbiegung in *Trägermitte* gefragt ist. Man zerlegt die Belastung P nach Abb. 25 d in einen symmetrischen und polarsymmetrischen Lastangriff; der letztere hat auf die Durchbiegung keinen Einfluß. Gl. (47′) behält ihre Gültigkeit, wenn P durch $P/2$ ersetzt wird und kann als Grenzfall zur Berechnung der Durchbiegung für die Gleichlast „q" herangezogen werden; man hat nur P durch $dP = \tfrac{1}{2}\,q\,l\,d\xi$ zu ersetzen und erhält:

$$f = \frac{q\,l^4}{96\,E\,J}\int_0^1 (1-\xi)\,[3-(1-\xi)^2]\,d\xi = \frac{5\,q\,l^4}{384\,E\,J}.$$

B. Trägerdurchbiegung infolge von Drehmomenten (J=konst.)

Allgemeines.

Die Durchbiegung läßt sich unmittelbar nach dem BPV, einfacher jedoch nach der von *Schwätzer [26]* nachstehend entwickelten Methode ermitteln.

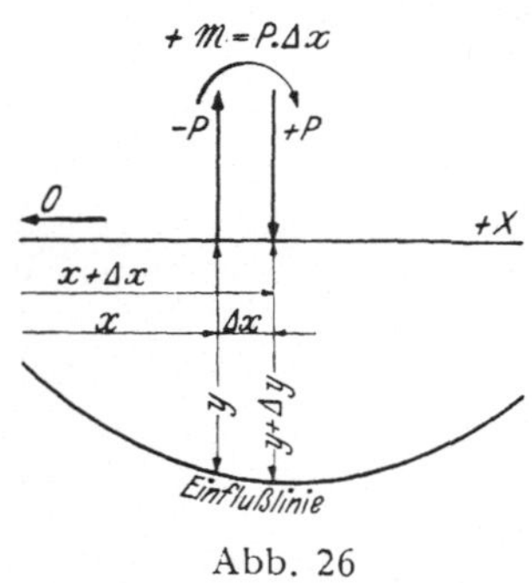

Abb. 26

Auf den in Abb. 26 dargestellten Träger wirke im Abstande $(x + \Delta x)$ von „0" die nach abwärts gerichtete Kraft P; der ihr zugeordnete Einflußwert sei:

$$(y + \Delta y) = P\varphi\,(x + \Delta x)$$

Der im Abstand x nach oben wirkenden Kraft P entspreche:

$$- y = - P\,\varphi(x)$$

Durch Verbindung entsteht:

$$\Delta y = P\,[\varphi\,(x + \Delta x) - \varphi(x)] =$$
$$= P\Delta x\,\frac{\varphi\,(x + \Delta x) - \varphi(x)}{\Delta x}$$

Setzt man: $P\,\Delta x = \mathfrak{M} = Drehmoment$, bezeichnet mit:
$\Delta y = y_{\mathfrak{M}} = $ den Einflußwert des Drehmomentes $\mathfrak{M}$ und geht zur Grenze über, so folgt:

$$y_{\mathfrak{M}} = \mathfrak{M}\,\varphi'(x) \tag{51}$$

Dies besagt: *Aus dem Einflußwert $y = P \varphi(x)$ für die Last P erhält man den Einflußwert $y_\mathfrak{M}$ für das an gleicher Stelle wirkende Drehmoment $\mathfrak{M}$, wenn P durch $\mathfrak{M}$ und $\varphi(x)$ durch den ersten Differentialquotienten $\varphi'(x)$ ersetzt werden.*

Gl. (51) gilt bei dem angenommenen positiven Zählungssinn von x für ein *rechtsdrehendes* Moment $\mathfrak{M}$; für linksdrehendes $\mathfrak{M}$ ist dieses mit dem negativen Vorzeichen in die Gleichung einzuführen.

Handelt es sich um die Berechnung von *Durchbiegungen*, so ist zu schreiben:

$$y_\mathfrak{M} = \frac{1}{2}\,\mathfrak{M}\,\varphi'(x) \tag{52}$$

Der Faktor $\frac{1}{2}$ rührt daher, daß es sich um eine Arbeit handelt, demnach für das von Null auf $\mathfrak{M}$ anwachsende Moment der Mittelwert in Betracht kommt.

Beispiele:

1. *Konsolträger mit P in x belastet. Die Durchbiegung für ein dort angreifendes Moment $\mathfrak{M}$ ist anzugeben.* Infolge P entsteht:

$$f_P = \frac{P\,x^3}{3\,EJ}$$

Aus $\varphi(x) = x^3$ folgt: $\varphi'(x) = 3\,x^2$;   daher aus Gl. (52) der bekannte Ausdruck:

$$f_\mathfrak{M} = \frac{1}{2}\frac{\mathfrak{M}\,x^2}{EJ} \tag{a}$$

2. *Der Freiträger, (Abb. 7), ist in a/b durch $\mathfrak{M}$ belastet; gefragt die Durchbiegung am Orte des Momentangriffes?*

Schwätzersche Methode. Unter der in a/b stehenden Last P entsteht lt. Gl. (21 *b*)

$$f_P = \frac{P\,a^2\,b^2}{3\,EJ\,l} = \frac{P}{3\,EJ\,l}\,a^2\,(l-a)^2,$$

$$\varphi(a) = a^2\,(l-a)^2,\quad \varphi'(a) = 2\,a\,(l-a)\,(l-2\,a),$$

daher die Durchbiegung:

$$f_\mathfrak{M} = \frac{\mathfrak{M}}{3\,EJ\,l}\,a\,(l-a)\,(l-2a) \tag{b}$$

BLP-Verfahren. Das elastische Gewicht ist bekannt. (III., ε), Gl. a.)

$$\tau_m = \frac{\mathfrak{M}\,(b-a)}{3\,EJ} = \frac{\mathfrak{M}\,(l-2\,a)}{3\,EJ},$$

demnach gemäß Gl. (6) wie oben:

$$f_\mathfrak{M} = \frac{a\,(l-a)}{l}\,\tau_m = \frac{\mathfrak{M}\,a\,(l-a)\,(l-2\,a)}{3\,EJ\,l}$$

Solange $a < l/2$ ist $f_\mathfrak{M}$ positiv; in a/b tritt eine Senkung auf, andernfalls eine Hebung.

Die Lage a_0 des Größtwertes folgt aus: $\dfrac{d f_{\mathfrak{M}}}{da} = 0$ mit:

$$a_0 = \frac{l}{2}\left(1 - \frac{\sqrt{3}}{3}\right) = 0{\cdot}211\, l.$$

Sohin aus Gl. (b):

$$f_{\mathfrak{M}max} = \frac{\mathfrak{M}\, l^2 \sqrt{3}}{54\, EJ} \tag{c}$$

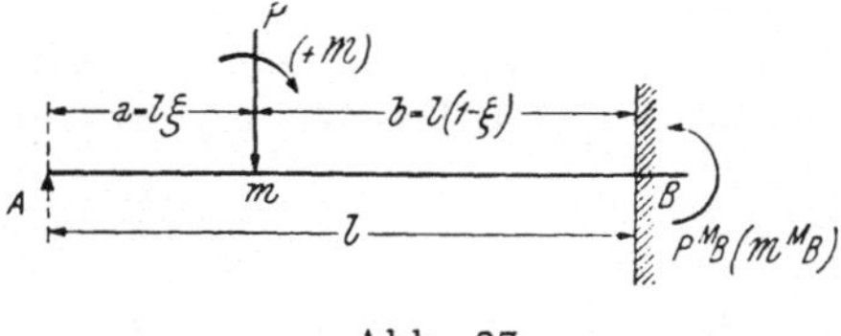

Abb. 27

3. *Der bei A freiliegende, bei B eingespannte Träger (Abb. 27) biegt sich unter der in a/b stehenden Last P um f_P durch. Die Durchbiegung $f_{\mathfrak{M}}$ infolge des an derselben Stelle wirkenden Momentes $\mathfrak{M}$ und der zugeordnete Durchbiegungsgrößtwert $f_{\mathfrak{M}max}$ sind zu bestimmen.*

P erzeugt lt. Abschn. C, fünftes Beispiel, Gl. (63 a), das Einspannungs-Moment $(a = l\,\xi)$:

$$_P M_B = -\frac{P\, a\, (l^2 - a^2)}{2\, l^2} = -\frac{P\, l}{2}\, \xi\, (1 - \xi^2), \tag{a}$$

den Auflagerdruck: $_P A = \dfrac{P\,(l-a)^2\,(2\, l + a)}{2\, l^3} = \dfrac{P}{2}\,(1 - \xi)^2\,(2 + \xi)$ (b)

und die Durchbiegung an der Laststelle, Gl. (71)

$$_P f = \frac{P\, a^2\, (l - a)^3\, (3\, l + a)}{12\, EJ\, l^3} = \frac{P\, l^3}{12\, EJ}\, \xi^2\, (1 - \xi)^3\, (3 + \xi). \tag{c}$$

Wirkt $\mathfrak{M}$ statt P, so ergibt sich der Reihe nach:
für das Moment $_{\mathfrak{M}}M_B$ (Einflußlinie):

$$\varphi(a) = a\,(l^2 - a^2); \quad \varphi'(a) = (l^2 - 3\, a^2)$$

und gemäß Gl. (51): $_{\mathfrak{M}}M_B = -\dfrac{\mathfrak{M}\,(l^2 - 3\, a^2)}{2\, l^2} = -\dfrac{\mathfrak{M}}{2}\,(1 - 3\,\xi^2)$ (53 a)

für den Auflagerdruck: $\varphi(a) = (l - a)^2\,(2\, l + a); \quad \varphi'(a) = -3\,(l^2 - a^2),$

und lt. Gl. (51): $_{\mathfrak{M}}A = -\dfrac{3}{2}\,\mathfrak{M}\,\dfrac{(l^2 - a^2)}{l^3} = -\dfrac{3\,\mathfrak{M}}{2\, l}\,(1 - \xi^2),$ (53 b)

damit die Teilmomente links und rechts vom Lastangriffspunkt „m":

$$M_l = {}_{\mathfrak{M}}A\, l\, \xi = -\frac{3\,\mathfrak{M}}{2}\, \xi\,(1 - \xi^2) \tag{53 c}$$

$$M_r = \mathfrak{M}\left\{1 - \frac{3}{2}\, \xi\,(1 - \xi^2)\right\} \tag{53 d}$$

schließlich besteht für die Durchbiegung in $a = l\,\xi$:

$$\varphi(a) = a^2\,(l - a)^3\,(3\, l + a); \quad \varphi'(a) = 6\, a\,(l - a)^2\,[(l - a)^2 - 2\, a^2]$$

und nach Gl. (52): $\mathfrak{m}f = \dfrac{\mathfrak{M}\, a\, (l-a)^2\, [(l-a)^2 - 2\, a^2]}{4\, E J\, l^3} =$

$$= \dfrac{\mathfrak{M}\, l^2}{4\, E J}\, (1-\xi)^2\, \xi\, [(1-\xi)^2 - 2\, \xi^2] \tag{53 e}$$

Mit der Abkürzung: $\omega_{\mathfrak{M}} = \xi\, (1-\xi)^2\, [(1-\xi)^2 - 2\, \xi^2]$

$$\mathfrak{m}f = \dfrac{\mathfrak{M}\, l^2}{4\, E J}\, \omega_{\mathfrak{M}} \tag{53 e'}$$

Tab. 6 enthält die nach ξ ausgewerteten Beiwerte der Gleichungen (53 a, 53 c, d und e), Abb. 28, ihren zeichnerischen Verlauf. Zu den im Tabellenkopf hervorgehobenen ξ ist zu bemerken:

1. $\xi = 1/6$ und $2/3$ ergeben sich fast genau aus:

$$\dfrac{d\omega_{\mathfrak{M}}}{d\xi} = 0 =$$
$$= 1 - 7\,\xi + 5\,\xi^2\,(1+\xi).$$

Diesen Wurzeln zugeordnet sind die der Tabelle zu entnehmenden Durchbiegungsgrößtwerte.

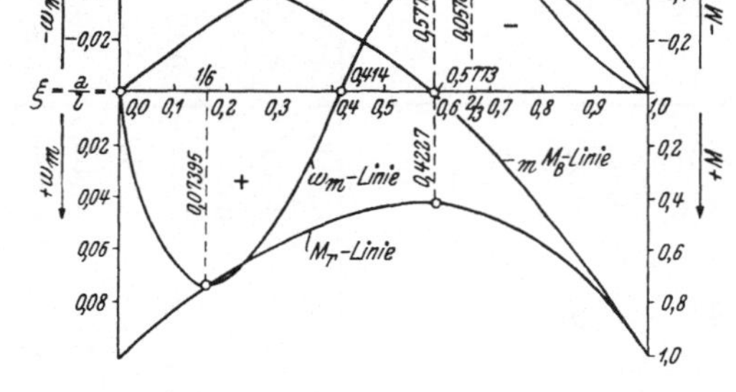

Abb. 28

2. $\xi = 1/3$. Das in $l/3$ stehende Moment $\mathfrak{M}$ erzeugt, wie sich nachweisen läßt, keine Verdrehung des Trägerendes A; die Biegelinie schmiegt sich daselbst tangentiell an die Balkenachse an.

3. $\xi = (\sqrt{2} - 1) = 0.414$ als Wurzel aus: $[(1-\xi)^2 - 2\,\xi^2] = 0$, Gl. (53 e) ergibt $\mathfrak{m}f = 0$.

4. $\xi = 0.5773 = \dfrac{\sqrt{3}}{3}$ entspricht $\mathfrak{m}M_B = 0$.

Sollen die Durchbiegungen in u/v (Abb. 2) und zwar abseits vom Lastangriffspunkt bestimmt werden, so kommt Gl. (6') zur Anwendung; Lage und Größe von f_{max} sind mit Hilfe der Gl. (24 und 25) zu berechnen.

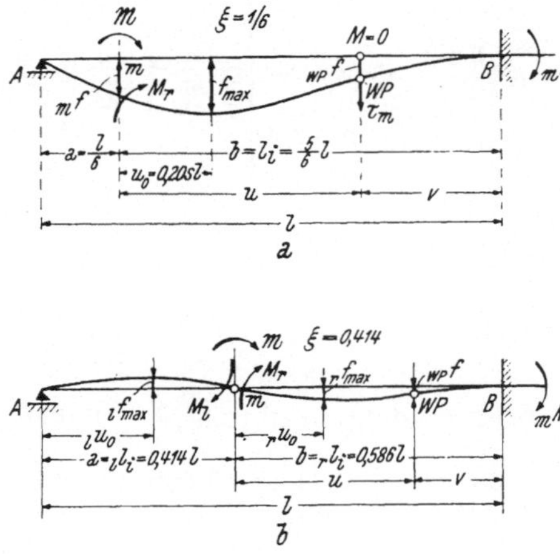

Abb. 29 a, b

Zahlenbeispiele.

a) *Der in* $a = l/6$ *durch* $\mathfrak{M}$ *belastete Träger (Abb. 29) ist hinsichtlich der Durchbiegungsverhältnisse zu untersuchen.* Nach Eintragung von $\mathfrak{m}f$ erkennt man, daß f_{max} rechts von „m" im Trägerteil $l_i = l\,(1-\xi) = 5/6\, l$ auftritt. Mit Bezug auf Abb. (11) und gemäß Tabelle 6 kommen folgende statischen Werte in Betracht:

38   Anwendungsbeispiele.

$$M_r = M_{(i-1)} = +\,0{\cdot}757\,\mathfrak{M}, \qquad {}_\mathfrak{m}M_B = M_i = -\,0{\cdot}4583\,\mathfrak{M},$$

$$_\mathfrak{m}f = f_{(i-1)} = 0{\cdot}07395\,\frac{\mathfrak{M}\,l^2}{4\,EJ}, \qquad f_i = 0.$$

Lage des Wendepunktes:

$$u = \frac{M_r\,l_i}{(M_r + {}_\mathfrak{m}M_B)} = 0{\cdot}52\,l, \qquad v = 0{\cdot}31\,l$$

Tabelle 6.

Beiwerte	$K =$	$\xi =$																	
		0·00	0·05	0·10	0·15	1/6	0·20	0·30	1/3	0·40	0·414	0·50	0·5773	0·60	2/3	0·70	0·80	0·90	1·00
${}_\mathfrak{m}M_B = K\,\mathfrak{M}$ Gl. (53 a)	$-\dfrac{1}{2}(1-3\,\xi^2)$	−0·5000	−0·49625	−0·48500	−0·46625	−0·4583	−0·44000	−0·36500	−0·3333	−0·26000	−0·24270	−0·12500	0·0000	+0·04000	+0·1666	+0·23500	+0·46000	+0·71500	+1·00000
$M_l = K\,\mathfrak{M}$ Gl. (53 c)	$-\dfrac{3}{2}\xi(1-\xi^2)$	0·00000	−0·07480	−0·1485	−0·21994	−0·24305	−0·288	−0·4095	−0·444	−0·504	−0·5146	−0·5625	−0·5773	−0·576	−0·555	−0·5355	−0·432	−0·2565	0·000
$M_r = K\,\mathfrak{M}$ Gl. (53 d)	$1-\dfrac{3}{2}\xi(1-\xi^2)$	1·0000	0·9252	0·8515	0·78006	0·75695	0·712	0·5905	0·5555	0·496	0·4854	0·4375	0·4227	0·424	0·445	0·4645	0·568	0·7435	1·000
${}_\mathfrak{m}f = K\dfrac{\mathfrak{M}\,l^2}{4\,EJ}$ Gl. (53 e)	$100\,\omega_\mathfrak{m} =$ $=100\,(1-\xi)^2$. $[(1-\xi)^2-2\,\xi^2]\,\xi$	0·000	+4·513	+6·399	+7·342	+7·395	+7·168	+4·557	+3·290	+0·576	0·000	−3·125	−5·037	−5·376	−5·761	−5·607	−3·968	−1·449	0·000

mit der örtlichen Durchbiegung, Gl. (6′): $\quad {}_{WP}f = \dfrac{v}{l_i}\,[f_{(i-1)} + u\,\tau_m]$

Elastisches Gewicht in u/v: $\tau_m = \dfrac{1}{6\,EJ}\,(u\,M_r + v\,{}_\mathfrak{m}M_B) = 0{\cdot}2516\,\dfrac{\mathfrak{M}\,l}{6\,EJ}$

Die Ausrechnung ergibt: $\quad {}_{WP}f = 0{\cdot}600\,\dfrac{\mathfrak{M}\,l^2}{4\,EJ}$

Die Lage u_0 des Durchbiegungsgrößtwertes f_{max} folgt aus Gl. (25): $u_0 = 0{\cdot}246\,l_i = 0{\cdot}205\,l,$

und damit aus Gl. (24): $f_{max} = 0{\cdot}121\,\dfrac{\mathfrak{M}\,l^2}{4\,EJ}$

Dieses Maß ist um rund 63 % größer als $_\mathfrak{m}f$; die verzerrte Biegelinie ist in der Abbildung dargestellt.

b) *Wie unter a), jedoch $\xi = 0{\cdot}414$, so daß* $_\mathfrak{m}f = 0$. Abb. (29 b.) Da die Biegelinie die Balkenachse in „m" schneidet, empfiehlt es sich, die Teilstücke $_l l_i$ und $_r l_i$ gesondert zu behandeln.

Linkes Teilstück $_l l_i = 0{\cdot}414\,l$; $f_{l(i-1)} = f_{li} = 0$.

Dasselbe steht unter dem Einfluß von $M_l = M_{li} = -\,0{\cdot}5146\ \mathfrak{M}$. Aus Tabelle 1 entnimmt man mit $\varkappa = 0$: $\xi_0 = \dfrac{_lu_0}{_ll_i} = 0{\cdot}5774$; daher ist die Lage von $_lf_{max}$ gegeben durch: $_lu_0 = 0{\cdot}5774\,_ll_i = 0{\cdot}238\ l$. Ferner hat man: $\omega_a = 0{\cdot}3849$ und damit, Gl. (34):

$$_lf_{max} = \frac{M_l\,_ll_i{}^2}{6\,EJ}\ \omega_a = -\,0{\cdot}0226\,\frac{\mathfrak{M}\,l^2}{4\,EJ}$$

Rechtes Teilstück $_rl_i = 0{\cdot}586\ l$.
Dasselbe ist durch $M_r = M_{r(i-1)} = 0{\cdot}4854\ \mathfrak{M}$ und $_\mathfrak{m}M_B = {}_rM_i =$
$= -\,0{\cdot}2427\ \mathfrak{M} = \dfrac{M_r}{2}$ ergriffen.

Lage des Wendepunktes WP: $u = \dfrac{2}{3}\,_rl_i = 0{\cdot}391\ l$, $v = \dfrac{1}{3}\,_rl_i = 0{\cdot}195\ l$.

Lt. Tabelle 2 findet sich wegen $\varkappa = \frac{1}{2}$: $\omega_{WP} = {}^1/_9$ und sohin die Durchbiegung, Gl. (33 a):

$$_{WP}f = \frac{M_r\,_rl_i{}^2}{6\,EJ}\ \omega_{WP} = 0{\cdot}01235\,\frac{\mathfrak{M}\,l^2}{4\,EJ}$$

Die Einmessung von $_rf_{max}$ erfolgt lt. Tabelle 2 durch:

$$_1\bar{\xi}_0 = \frac{_rM_0}{_rl_i} = {}^1/_3, \quad _ru_0 = \frac{1}{3}\,_rl_i = 0{\cdot}195\ l$$

Der Durchbiegungsgrößtwert stellt sich lt. Gl. (34 a) wegen $\bar\omega_a = {}^2/_9$ auf:

$$_rf_{max} = \frac{M_r\,_rl_i{}^2}{6\,EJ}\ \bar\omega_a = 0{\cdot}0247\,\frac{\mathfrak{M}\,l^2}{4\,EJ}$$

Mit Hilfe der berechneten Durchbiegungen wurde die Biegelinie genügend genau in Abb. (29 b) eingetragen.

4. *Träger beiderseits eingespannt. Zu bestimmen ist die Durchbiegung in a/b, wenn die Belastung durch P, bezw. durch das Moment* $\mathfrak{M}$ *erfolgt.*
Rechnungsgang. Einspannungsmomente:

$$M_l = -\frac{P\,a\,b^2}{l^2}, \quad M_r = -\frac{P\,a^2\,b}{l^2}$$

Moment unter der Last: $M_P = \dfrac{2\,P\,a^2\,b^2}{l^3}$

Das Gelenk werde in den Lastpunkt gelegt; dort entsteht das elastische Gewicht:

$$\tau = \frac{a}{6\,EJ}\,(2\,M_P + M_l) + \frac{b}{6\,EJ}\,(2\,M_P + M_r) = \frac{P\,a^2\,b^2}{3\,EJ\,l^2}$$

Durchbiegung in a/b: $_Pf = \dfrac{a\,b}{l}\,\tau = \dfrac{P\,a^3\,b^3}{3\,EJ\,l^3} = \dfrac{P\,a^3\,(l-a)^3}{3\,EJ\,l^3}$

Durchbiegung infolge $\mathfrak{M}$. Da: $q\,(a) = a^3\,(l-a)^3$, besteht:
$$q'\,(a) = 3\,a^2\,(l-a)^2\,(l-2\,a)$$

und sohin:

$$\mathfrak{m}f = \frac{1}{2}\,\frac{\mathfrak{M}}{3\,EJ\,l^3}\;\varphi'(a) = \frac{\mathfrak{M}}{2\,EJ\,l^3}\,a^2\,(l-a)^2\,(l-2\,a)$$

Die Linie der $\mathfrak{m}f$ verläuft spiegelsymmetrisch zur Trägermitte, woselbst $\mathfrak{m}f - 0$. In $a = l/4$ wird:

$$\mathfrak{m}f = \frac{9\,\mathfrak{M}\,l^2}{1024\,EJ}\,,$$

wogegen in $a = \tfrac{3}{4}$ eine ebenso große Hebung auftritt. Der Durchbiegungs-größtwert liegt im Abstand $a_0 = \dfrac{l}{2}\left(1 \pm \dfrac{\sqrt{5}}{5}\right)$ vom Auflager A und beträgt:

$$\mathfrak{m}f_{max} = \pm\,\frac{\mathfrak{M}\,l^2\sqrt{5}}{250\,EJ}$$

C. Durchbiegung von durch Lamellen verstärkten Trägern.

1. Der durch zwei symmetrisch angeordnete Lamellenpaare verstärkte und mittig durch P belastete Träger (Abb. 30) biegt sich daselbst um das zu berechnende Maß f_m durch. Die elastischen Gewichte werden am Orte der Unstetigkeit und in Träger-mitte angeordnet; auftretende Momente:

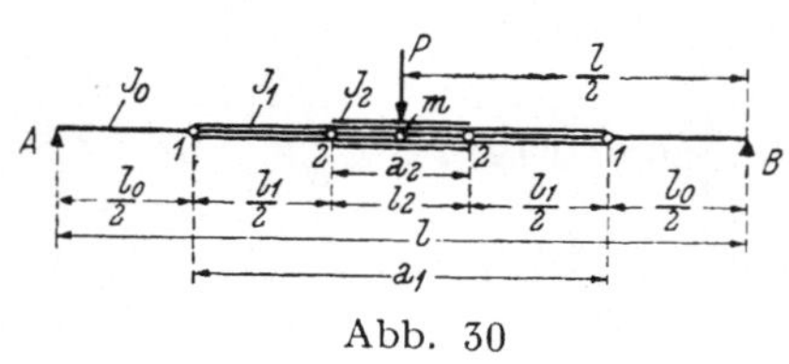

Abb. 30

$$M_1 = \frac{1}{4}\,Pl_0,\quad M_2 =$$
$$= \frac{1}{4}\,P\,(l_0 + l_1),\quad M_m = \frac{1}{4}\,Pl$$

Elastische Gewichte $\left(\hat{\mu}_0 = \dfrac{J_0}{J_0} - 1,\quad \hat{\mu}_1 = \dfrac{J_0}{J_1},\quad \hat{\mu}_2 = \dfrac{J_0}{J_2}\right)$

$$\tau_1 = \frac{l_0}{6\,EJ_0}\,M_1 + \frac{l_1}{12\,EJ_1}\,(2\,M_1 + M_2) = \frac{P}{24\,EJ_0}\left[l_0^2 + \frac{1}{2}\,\hat{\mu}_1\,l_1\,(3\,l_0 + l_1)\right],$$

$$\tau_2 = \frac{l_1}{12\,EJ_1}\,(2\,M_2 + M_1) + \frac{l_2}{12\,EJ_2}\,(2\,M_2 + M_m) =$$
$$- \frac{P}{48\,EJ_0}\,[\hat{\mu}_1\,l_1\,(3\,l_0 + 2\,l_1) + \hat{\mu}_2\,l_2\,(2\,l_0 + 2\,l_1 + l_2)],$$

$$\tau_m = 2\,\frac{l_2}{12\,EJ_2}\,(2\,M_m + M_2) = \frac{P}{24\,EJ_0}\,\hat{\mu}_2\,l_2\,(l_0 + l_1 + 2\,l)$$

Durchbiegung in Trägermitte, Gl. (6):

$$f_m = \frac{1}{2}\,l_0\tau_1 + \frac{1}{2}\,(l_0 + l_1)\,\tau_2 + \frac{1}{4}\,l\,\tau_m$$

Die Auswertung für zwei Lamellen ergibt:

$$f_m = \frac{P}{48\,EJ_0}\,\{l_0^3 + \hat{\mu}_1\,[(l_0 + l_1)^3 - l_0^3] + \hat{\mu}_2\,[l^3 - (l_0 + l_1)^3]\}$$

Nach Einführung der Lamellenlängen: $a_1 = (l - l_0)$, $a_2 = [l - (l_0 + l_1)]$ entsteht:

$$f_m = \frac{P\,l^3}{48\,EJ_0}\left\{\hat{\mu}_2 + (\hat{\mu}_0 - \hat{\mu}_1)\left[1 - \left(\frac{a_1}{l}\right)\right]^3 + (\hat{\mu}_1 - \hat{\mu}_2)\left[1 - \left(\frac{a_2}{l}\right)\right]^3\right\} \tag{54}$$

Ersichtlich lautet die Gebrauchsformel für „n" Lamellenpaare:

$$f_m = \frac{P\,l^3}{48\,EJ_0}\left\{\hat{\mu}_n + \sum_{k=1}^{k=n} (\hat{\mu}_{k-1} - \hat{\mu}_k)\left[1 - \left(\frac{a_k}{l}\right)\right]^3\right\} \tag{54'}$$

Obige Beziehung folgt *unmittelbar aus der Arbeitsgleichung*; die einzelnen Summenglieder stellen nämlich jene Durchbiegungsbeiträge dar, die sich ergeben, wenn innerhalb der Strecken $(a_{k-1} - a_k)$ mit konstantem (oder mittlerem) Trägheitsmoment $J_{(k-1)}$, bezw. $\hat{\mu}_{(k-1)}$ gerechnet wird.

Zahlenbeispiele:

a) Gegeben: $\dfrac{a_1}{l} = 0\cdot7$, $\quad \dfrac{a_2}{l} = 0\cdot3$, $\quad \hat{\mu}_1 = \dfrac{2}{3}$, $\quad \hat{\mu}_2 = \dfrac{1}{2}$.

Demnach (Gl. 54):

$$f_m = \frac{P\,l^3}{48\,EJ_0}\left[0\cdot5 + \left(1 - \frac{2}{3}\right)(1 - 0\cdot7)^3 + \left(\frac{2}{3} - \frac{1}{3}\right)(1 - 0\cdot3)^3\right] = 0\cdot566\,\frac{P\,l^3}{48\,EJ_0}$$

Für Zwecke des späteren Vergleiches empfiehlt sich, die Durchbiegung auf den stärksten Querschnitt zu beziehen, so daß wegen: $J_2 = 2\,J_0$:

$$f_m = 1\cdot132\,\frac{P\,l^3}{48\,EJ_2}$$

Der Beiwert $a = 1\cdot132$ werde als *Durchbiegungsbeiwert* bezeichnet.

β) *Ein Stahlträger, auf $l = 10$ m frei aufliegend, trägt in der Mitte $P = 2\cdot9$ t; die Durchbiegung darf — ohne Rücksicht auf das Eigengewicht — 2 cm nicht überschreiten. Die Dimensionierung ist für $\sigma_{zul} = 1400$ kg/cm² durchzuführen.* Es genügt I Nr.28; Eigengewicht $g = 48$ kg/m, $J_0 = 7590$ cm⁴, $W_0 = 542$ cm³, $E = 2\cdot1.10^6$ kg/cm².

$$M_{max} = \frac{P\,l}{4} + \frac{g\,l^2}{8} = 785000 \text{ kg/cm}$$

Tatsächliche Inanspruchnahme:

$$\sigma = \frac{M_{max}}{W_0} = 1450 \text{ kg/cm}^2 \; (> 1400)$$

Durchbiegung:

$$v f_0 \quad \frac{P\,l^3}{48\,EJ_0} = \underline{3.79 \text{ cm}} > 2.0 \text{ cm}$$

Der Grundquerschnitt muß verstärkt werden; vorgesehen werde ein Lamellenpaar ($n = 1$).

$$f_m = v f_0\left\{\hat{\mu}_1 + (1 - \hat{\mu}_1)\left[1 - \left(\frac{a_1}{l}\right)\right]^3\right\} \tag{54'}$$

β_1) *Angenommene Lamellenstärke* $2 \times \dfrac{200}{12}$ *mm. Gefragt die Länge a_1?*

Man findet: $J_1 = 17830$ cm^4, $\hat{\mu}_1 = \dfrac{J_0}{J_1} = 0{\cdot}426$; somit:

$$-\frac{f_m}{p f_0} = \frac{2{\cdot}0}{3{\cdot}79} = 0{\cdot}528 = \hat{\mu}_1 + (1 - \hat{\mu}_1)\left[1 - \left(\frac{a_1}{l}\right)\right]^3$$

Daraus die theoretische Lamellenlänge:

$$a_1 = l\left[1 - \left(\frac{0{\cdot}528 - \hat{\mu}_1}{1 - \hat{\mu}_1}\right)^{1/3}\right] = 0{\cdot}438\,l = \underline{4{\cdot}38\,\text{m}}$$

β_2) *Es soll mit einer bestimmten Lamellenlänge* $a_1' = 4{\cdot}0$ m *das Auslangen gefunden werden; deren Querschnittsdicke ist anzugeben, wenn die Breite von* 200 mm *beibehalten wird.* Man hat: $\dfrac{a_1'}{l} = 0{\cdot}4$; daher:

$$\hat{\mu}_1' \doteq \frac{0{\cdot}528 - \left[1 - \left(\dfrac{a_1'}{l}\right)\right]^3}{1 - \left[1 - \left(\dfrac{a_1'}{l}\right)\right]^3} = 0{\cdot}398 = \frac{J_0}{J_1'}$$

Erforderlich: $J_1' = 19500$ cm^4, bezw. ein Lamellenpaar $2 \times \dfrac{200}{14}$.

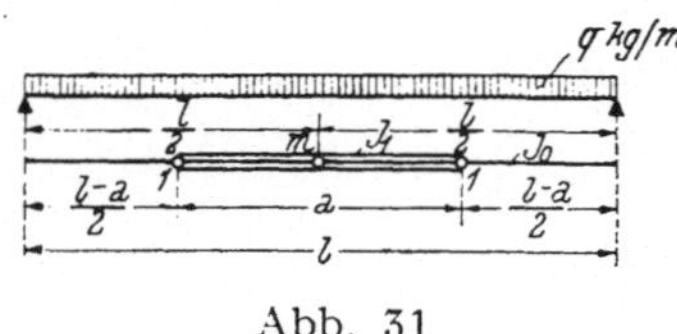

Abb. 31

2. *Gegeben ein durch ein Lamellenpaar verstärkter, gleichmäßig mit* q kg/m *belasteter Träger. Gefragt ist die Durchbiegung in Feldmitte, (Abb. 31).*

Im Punkte „m" und an den Lamellenenden sind Gelenke eingelegt; dort herrschen die Momente:

$$M_m = \frac{1}{8} q\, l^2, \quad M_1 = \frac{1}{8}\, q\,(l^2 - a^2)$$

und die elastischen Gewichte:

$$\tau_m = \frac{2\left(\dfrac{a}{2}\right)}{6\,E J_1}(2 M_m + M_1) + 2\,\frac{q\left(\dfrac{a}{2}\right)^3}{24\,E J_1} = \frac{q\,a\,(6\,l^2 - a^2)}{96\,E J_1}$$

$$\tau_1 = \frac{\dfrac{1}{2}(l-a)}{3\,E J_0}\,M_1 + \frac{\dfrac{1}{2}a}{6\,E J_1}(2 M_1 + M_m) + \frac{q\left(\dfrac{l-a}{2}\right)^3}{24\,E J_0} + \frac{q\left(\dfrac{a}{2}\right)^3}{24\,E J_1} =$$

$$= \frac{q\,(l-a)^2\,(5\,l + 3\,a)}{192\,E J_0} + \frac{3\,q\,a\,(2\,l^2 - a^2)}{192\,E J_1}$$

Die im Ansatz mit q behafteten Glieder stellen die zusätzlichen Endverdrehungen infolge q dar.

Durchbiegung, Gl. (6):

$$f_m = \frac{1}{2}(l-a)\,\tau_1 + \frac{1}{4}\,l\,\tau_m = \frac{l}{2}\left[(1-\xi)\,\tau_1 + \frac{1}{2}\,\tau_m\right],$$

wobei $\xi = (a/l)$; setzt man:

$$q f_0 = \frac{5\,q\,l^4}{384\,E J_0}\ , \quad \psi(\xi) = \xi\left[1 - \frac{1}{2}\,\xi - \frac{1}{3}\,\xi^2 + \frac{1}{4}\,\xi^3\right],$$

so entsteht nach Substitution:

$$f_m = {}_q f_0\,[1 - 2{\cdot}4\,(1 - \hat{\mu}_1)\,\psi(\xi)],$$

bezw. mit:

$$\psi_1(\xi) = 1 - 2{\cdot}4\,\psi(\xi) = (1 - \xi)^3\,(1 + 0{\cdot}6\,\xi) \qquad (55)$$

die allgemeine Durchbiegungsformel für „n" Lamellenpaare, die denselben Bau wie Gl. (54′) aufweist:

$$f_m = {}_q f_0\left[\hat{\mu}_n + \sum_{k=1}^{k=n} (\hat{\mu}_{k-1} - \hat{\mu}_k)\,\psi_1(\xi_k)\right] \qquad (56)$$

Für verschiedene ξ_k kann $\psi_1(\xi_k)$ unmittelbar der Tabelle 7 entnommen werden. Gl. (55) geht mit $\overline{\xi} = (1 - \xi)$, bezw. $\overline{a} = (l - a)$ über in

$$\psi_1(\xi) = \overline{\xi}^3\,(1{\cdot}6 - 0{\cdot}6\,\overline{\xi}) \qquad (55')$$

Tabelle 7.

$$\overline{\xi} = (1 - \xi);\ \psi_1(\xi) = (1 - \xi)^3\,(1 + 0{\cdot}6\,\xi) = \overline{\xi}^3\,(1{\cdot}6 - 0{\cdot}6\,\overline{\xi})$$

ξ	$\psi_1(\xi)$	ξ	$\psi_1(\xi)$	ξ	$\psi_1(\xi)$	ξ	$\psi_1(\xi)$	ξ	$\psi_1(\xi)$
0.01	0.9761	0.21	0.5551	0.41	0.2559	0.61	0.0810	0.81	0.0103
0.02	0.9525	0.22	0.5373	0.42	0.2443	0.62	0.0753	0.82	0.0087
0.03	0.9290	0.23	0.5195	0.43	0.2330	0.63	0.0699	0.83	0.0073
0.04	0.9059	0.24	0.5022	0.44	0.2220	0.64	0.0646	0.84	0.0062
0.05	0.8831	0.25	0.4852	0.45	0.2113	0.65	0.0596	0.85	0.0051
0.06	0.8605	0.26	0.4684	0.46	0.2009	0.66	0.0548	0.86	0.0042
0.07	0.8382	0.27	0.4520	0.47	0.1909	0.67	0.0504	0.87	0.0033
0.08	0.8160	0.28	0.4359	0.48	0.1811	0.68	0.0462	0.88	0.0026
0.09	0.7943	0.29	0.4202	0.49	0.1720	0.69	0.0421	0.89	0.0020
0.10	0.7727	0.30	0.4047	0.50	0.1625	0.70	0.0384	0.90	0.0015
0.11	0.7515	0.31	0.3896	0.51	0.1540	0.71	0.0348	0.91	0.0011
0.12	0.7306	0.32	0.3748	0.52	0.1453	0.72	0.0315	0.92	0.0008
0.13	0.7099	0.33	0.3604	0.53	0.1370	0.73	0.0283	0.93	0.0005
0.14	0.6895	0.34	0.3462	0.54	0.1289	0.74	0.0253	0.94	0.0003
0.15	0.6694	0.35	0.3323	0.55	0.1213	0.75	0.0226	0.95	0.0002
0.16	0.6496	0.36	0.3187	0.56	0.1139	0.76	0.0201	0.96	0.00010
0.17	0.6301	0.37	0.3056	0.57	0.1069	0.77	0.0178	0.97	0.00004
0.18	0.6109	0.38	0.2927	0.58	0.1000	0.78	0.0156	0.98	0.00001
0.19	0.5920	0.39	0.2801	0.59	0.0934	0.79	0.0136	0.99	0
0.20	0.5734	0.40	0.2678	0.60	0.0872	0.80	0.0118	1.00	0

Zahlenbeispiele:

α) Blechträger, gleichmäßig mit q kg/m belastet; er ist durch zwei Lamellen-paare verstärkt; Durchbiegung in Trägermitte? [25, 4. Beispiel.]

Annahmen: $\xi_1 = \left(\dfrac{a_1}{l}\right) = 0{\cdot}71$, $\xi_2 = \left(\dfrac{a_2}{l}\right) = 0{\cdot}27$;

$$\frac{J_1}{J_0} = \frac{1}{\hat{\mu}_1} = 1{\cdot}49, \quad \frac{J_2}{J_0} = \frac{1}{\hat{\mu}_2} = 2{\cdot}0, \quad \hat{\mu}_1 = 0{\cdot}67, \quad \hat{\mu}_2 = 0{\cdot}5$$

Tab. 7 entnimmt man:

$$\psi_1(\xi_1) = 0{\cdot}0348, \quad \psi_1(\xi_2) = 0{\cdot}452.$$

Gl. (56) lautet für zwei Lamellen:

$$f_m = {}_q f_0 \left[\hat{\mu}_2 + (1 - \hat{\mu}_1)\,\psi_1(\xi_1) + (\hat{\mu}_1 - \hat{\mu}_2)\,\psi_1(\xi_2)\right]$$

und ergibt mit obigen Werten:

$$f_m = 0{\cdot}5883\,{}_q f_0$$

Bezogen auf den mittleren Querschnitt ($\hat{\mu}_2 = 0{\cdot}5$) ergibt sich der *Durch-biegungsbeiwert* mit $\mathfrak{a} = 1{\cdot}1766$.

β) Wie unter α); Verstärkung durch vier Lamellenpaare. [25, 5. Beispiel.]

Gegeben: $\xi_1 = \left(\dfrac{a_1}{l}\right) = 0{\cdot}86$, $\xi_2 = \left(\dfrac{a_2}{l}\right) = 0{\cdot}76$, $\xi_3 = \left(\dfrac{a_3}{l}\right) = 0{\cdot}60$, $\xi_4 = \left(\dfrac{a_4}{l}\right) = 0{\cdot}35$

$$\frac{J_1}{J_0} = \frac{1}{\hat{\mu}_1} = 1{\cdot}36, \quad \frac{J_2}{J_0} = \frac{1}{\hat{\mu}_2} = 1{\cdot}75, \quad \frac{J_3}{J_0} = \frac{1}{\hat{\mu}_3} = 2{\cdot}16, \quad \frac{J_4}{J_0} = \frac{1}{\hat{\mu}_4} = 2{\cdot}6$$

Damit: $(1 - \hat{\mu}_1) = 0{\cdot}2647$, $(\hat{\mu}_1 - \hat{\mu}_2) = 0{\cdot}1639$, $(\hat{\mu}_2 - \hat{\mu}_3) = 0{\cdot}1084$,

$$(\hat{\mu}_3 - \hat{\mu}_4) = 0{\cdot}0784, \quad \hat{\mu}_4 = 0.3846$$

Aus Tab. 7 entnimmt man:

$$\psi_1(\xi_1) = 0{\cdot}0042, \quad \psi_1(\xi_2) = 0{\cdot}0201, \quad \psi_1(\xi_3) = 0{\cdot}0872, \quad \psi_1(\xi_4) = 0{\cdot}3323$$

Gl. (56) lautet für vier Lamellenpaare:

$$f_m = {}_q f_0 \big[\hat{\mu}_4 + (1 - \hat{\mu}_1)\,\psi_1(\xi_1) + (\hat{\mu}_1 - \hat{\mu}_2)\,\psi_1(\xi_2) + (\hat{\mu}_2 - \hat{\mu}_3)\,\psi_1(\xi_3) +$$
$$+ (\hat{\mu}_3 - \hat{\mu}_4)\,\psi_1(\xi_4)\big]$$

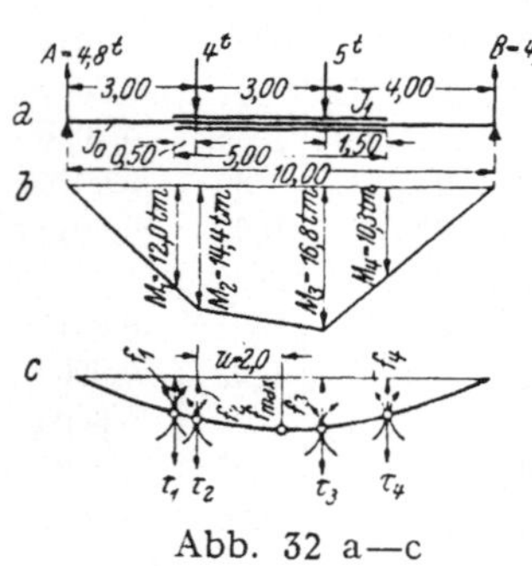

Abb. 32 a—c

Die Ausrechnung ergibt:

$$f_m = 0{\cdot}424\,{}_q f_0 = 0{\cdot}424\,\frac{5\,q\,l^4}{384\,E J_0}$$

Bezogen auf J_4 ergibt sich der *Durchbiegungs-beiwert* mit

$$\mathfrak{a} = 0{\cdot}424 \cdot 2{\cdot}6 = \underline{1{\cdot}102}$$

3. *Der 10 m lange aus I 36 bestehende Träger ist durch je eine obere und untere Gurtplatte 220 × 10 mm von 5·0 m Länge verstärkt. Die größte Durchbiegung für die dargestellte Be-lastung ist zu bestimmen (Abb. 32).* Nach „Stahlbaukalender" 1937, S. 79, dem dieses Beispiel entnommen ist, wurde $f_{max} = 2{\cdot}04$ cm gefunden.

Gegeben: $J_0 = 19610$ cm⁴, $J_1 = 34670$ cm⁴, $\dfrac{J_1}{J_0} = 1{\cdot}77$;   aus Abb. 32 b sind die Momentwerte, aus Abb. 32 c die Anordnung der Gelenke zu entnehmen.

Elastische Gewichte:

$$\tau_1 = \frac{2\cdot5}{3\,EJ_0}\,12\cdot0 + \frac{0\cdot5}{6\,EJ_1}\,(2\,.\,12\cdot0 + 14\cdot4) = \frac{125\cdot4}{6\,EJ_1}$$

$$\tau_2 = \frac{0\cdot5}{6\,EJ_1}\,(2\,.\,14\cdot4 + 12\cdot0) + \frac{3\cdot0}{6\,EJ_1}\,(2\,.\,14\cdot4 + 16\cdot8) = \frac{157\cdot2}{6\,EJ_1}$$

$$\tau_3 = \frac{3\cdot0}{6\,EJ_1}\,(2\,.\,16\cdot8 + 14\cdot4) + \frac{1\cdot5}{6\,EJ_1}\,(2\,.\,16\cdot8 + 10\cdot5) = \frac{210\cdot15}{6\,EJ_1}$$

$$\tau_4 = \frac{1\cdot5}{6\,EJ_1}\,(2\,.\,10\,5 + 16\cdot8) + \frac{2\cdot5}{3\,EJ_0}\,10\cdot5 = \frac{149\cdot625}{6\,EJ_1}$$

Es genügt, die Durchbiegungen f_2 und f_3 zu bestimmen, da der größte Wert f_{max} zwischen diesen liegen wird. Nach Gl. (6) ist:

$$f_2 = \frac{2\cdot5.7\cdot0}{10\cdot0}\,\tau_1 + \frac{3\cdot0.7\cdot0}{10}\,\tau_2 + \frac{3\cdot0.4\cdot0}{10}\,\tau_3 + \frac{3\cdot0.2\cdot5}{10}\,\tau_4\,,$$

$$f_3 = \frac{2\cdot5.4\cdot0}{10}\,\tau_1 + \frac{3\cdot0.4\cdot0}{10}\,\tau_2 + \frac{6\cdot0.4\cdot0}{10}\,\tau_3 + \frac{6\cdot0.2\cdot5}{10}\,\tau_4\,.$$

Daher mit:

$$6\,EJ_1\,f_2 = 913\cdot97, \quad 6\,EJ_1\,f_3 = 1042\cdot84$$

und $EJ_1 = 2\cdot1\,.\,10^6\,.\,34670\ \text{kgcm}^2 = 7280\ \text{tm}^2$

$$f_2 = \underline{2\cdot09\ \text{cm}}, \quad f_3 = \underline{2\cdot39\ \text{cm}}$$

Die Lage von f_{max} im Felde $l_i = 3.0$ m ergibt sich aus Gl. (25) mit $u_0 = 2.0$ m, dessen Größe mit $2\cdot51$ cm, Gl. (24); es überschreitet um 18% den in der Quelle angegebenen Wert.

4. *Der Träger (Abb. 33) ist in den Drittelpunkten durch P belastet; anzugeben ist die Durchbiegung in Trägermitte.*

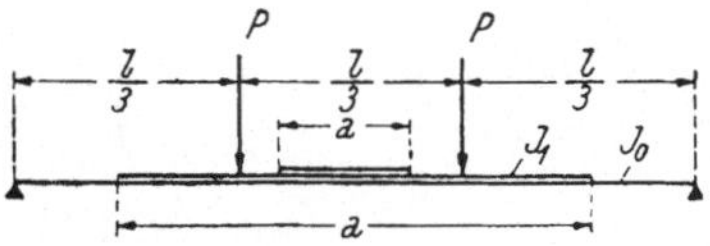

a) Die Lamellenenden liegen außerhalb der Lasten. Die Rechnung ergibt, ähnlich wie im 1. Beispiel, da für konstantes J_0 (*A*, 17 β):

Abb. 33

$$_Pf_0 = \frac{23\,P\,l^3}{648\,EJ_0}\,,$$

bei Vorhandensein von „n" Lamellenpaaren:

$$_nf_m = {}_Pf_0\left[\hat{\mu}_n + \frac{27}{23}\sum_{k=1}^{k=n}(\hat{\mu}_{k-1}-\hat{\mu}_k)\left(1-\frac{a_k}{l}\right)^3\right] \tag{57}$$

β) *Die Lamellen enden innerhalb der beiden Lasten.* Die Entwicklung führt für n_1 Lamellenpaare zu der Formel:

$$_{n_1}f_m = {}_Pf_0\left\{\hat{\mu}_{n_1} + \frac{27}{23}\sum_{k=1}^{k=n_1}(\hat{\mu}_{k-1}-\hat{\mu}_k)\left[\left(1-\frac{a_k}{l}\right)^2 - \frac{4}{27}\right]\right\} \tag{58}$$

γ) Liegen gleichzeitig beide Fälle vor und kommen z. B. für a) zwei Paare, für β) ein Paar in Betracht, so entsteht nachstehende Bestimmungsgleichung:

$$f_{tot} = Pf_0\left\{(\hat\mu_2 + \hat\mu_3) + \frac{27}{23}\left[(1 - \hat\mu_1)\left(1 - \frac{a_1}{l}\right)^3 + (\hat\mu_1 - \hat\mu_2)\left(1 - \frac{a_2}{l}\right)^3 + \right.\right.$$

$$\left.\left. + (\hat\mu_2 - \hat\mu_3)\left\{\left(1 - \frac{a_3}{l}\right)^2 - \frac{4}{27}\right\}\right]\right\} \tag{59}$$

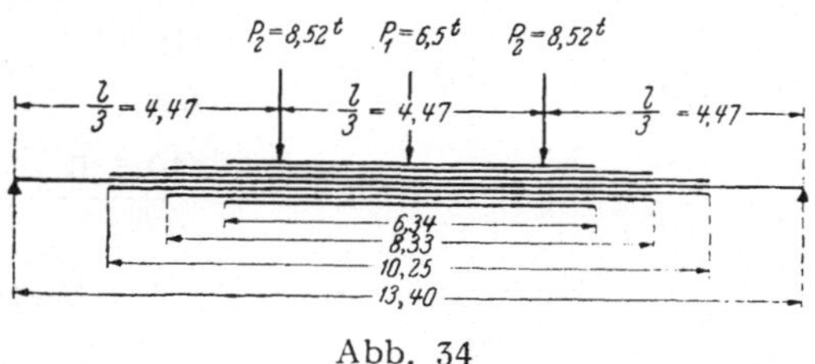

Abb. 34

Zahlenbeispiele.

Der durch drei Lamellenpaare verstärkte Träger (Abb. 34) ist in der Mitte durch $P_1 = 6{\cdot}5$ t, in den Drittelpunkten durch je $P_2 = 8{\cdot}25$ t belastet. Die Lamellenenden liegen außerhalb der Lasten. Anzugeben ist die Durchbiegung in Trägermitte. [25, 6. Beispiel.]

Gegeben: $J_0 = 5{\cdot}315 \cdot 10^5\,\text{cm}^4$, $E = 2{\cdot}1 \cdot 10^6\,\text{kg/cm}^2$

$$J_0 : J_1 : J_2 : J_3 = 1 : 1{\cdot}38 : 1{\cdot}80 : 2{\cdot}20$$

$$\xi_1 = \left(\frac{a_1}{l}\right) = 0{\cdot}77, \quad \xi_2 = \left(\frac{a_2}{l}\right) = 0{\cdot}62, \quad \xi_3 = \left(\frac{a_3}{l}\right) = 0{\cdot}47,$$

ferner:

$$\hat\mu_1 = \frac{J_0}{J_1} = 0{\cdot}72, \quad \hat\mu_2 = \frac{J_0}{J_2} = 0{\cdot}56, \quad \hat\mu_3 = \frac{J_0}{J_3} = 0{\cdot}45$$

Für P_1 kommt Gl. (54'), für P_2 jedoch Gl. (57) zur Anwendung; somit:

$$f_{tot} = \frac{P_1 l^3}{48\,E J_0}\left\{[\hat\mu_3 + (1 - \hat\mu_1)(1 - \xi_1)^3 + (\hat\mu_1 - \hat\mu_2)(1 - \xi_2)^3 + \right.$$

$$\left. + (\hat\mu_2 - \hat\mu_3)(1 - \xi_3)^3]\right\} + \frac{23\,P_2 l^3}{648\,E J_0}\left\{\hat\mu_3 + \frac{27}{23}\left[(1 - \hat\mu_1)(1 - \xi_1)^3 + \right.\right.$$

$$\left.\left. + (\hat\mu_1 - \hat\mu_2)(1 - \xi_2)^3 + (\hat\mu_2 - \hat\mu_3)(1 - \xi_3)^3\right]\right\}$$

oder nach Vereinfachung:

$$f_{tot} = \frac{l^3}{24\,E J_0}\left\{\hat\mu_3\left(\frac{P_1}{2} + \frac{23}{27}P_2\right) + \right.$$

$$+ [(1 - \hat\mu_1)(1 - \xi_1)^3 + (\hat\mu_1 - \hat\mu_2)(1 - \xi_2)^3 + (\hat\mu_2 - \hat\mu_3)(1 - \xi_3)^3]\left.\left(\frac{P_1}{2} + P_2\right)\right\}$$

Die Rechnung ergibt:

$$f_{tot} = \frac{l^3}{24\,E J_0}\,(10510 \cdot 0{\cdot}45 + 11770 \cdot 0{\cdot}0286) = \frac{5066\,l^3}{24\,E J_0} = \frac{11260\,l^3}{24\,E J_3},$$

$$f_{tot} = \frac{5066 \cdot 13{\cdot}4^3 \cdot 10^6}{24 \cdot 2{\cdot}1 \cdot 10^6 \cdot 5{\cdot}315 \cdot 10^5} = 0{\cdot}455\ \text{cm} = \underline{4{\cdot}55}\ \text{mm}$$

in Übereinstimmung mit der bezogenen Quelle.

Die Durchbiegung $_0f_{tot}$ für konstantes $J_3 = \dfrac{J_0}{\mu_3}$ erhält man, da sämtliche $\xi = 1$, mit:

$$_0f_{tot} = \frac{l^3}{24\,EJ_3}\left(\frac{P_1}{2} + \frac{23}{27}\,P_2\right) = \frac{10510\,l^3}{24\,EJ_3}$$

Daher auch:

$$f_{tot} = 1{\cdot}071\,_0f_{tot}$$

Durchbiegungsbeiwert: $\mathfrak{a} = \underline{1.071}$

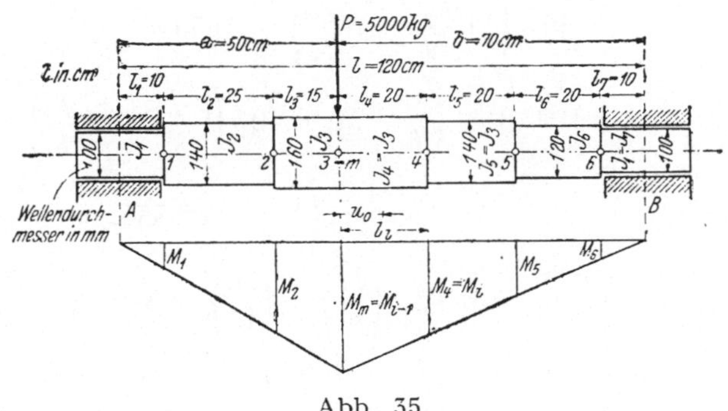

Abb. 35

4. *Die in Abb. 35 dargestellte Welle trägt in der Entfernung von 500 mm vom linken Auflager ein Schwungrad im Gewicht von P = 5000 kg. Ort und Größe der maximalen Durchbiegung sind anzugeben. Stützweite l = 1200 mm.* [31, S. 180.]

Gegeben: $J_1 = J_7 = \dfrac{\pi}{64}\,10^4,\ J_2 = J_5 = \dfrac{\pi}{64}\,14^4,\ J_3 = J_4 = J_m =$

$$= \frac{\pi}{64}\,16^4,\quad J_6 = \frac{\pi}{64}\,12^4,$$

Kerndurchmesser:

$$d_1 = d_7 = 10\,\text{cm},\ d_2 = d_5 = 14\,\text{cm},\ d_3 = d_4 = d_m = 16\,\text{cm},\ d_6 = 12\,\text{cm}.$$

Auflagerdrücke: $A = \dfrac{7}{12}\,P,\ B = \dfrac{5}{12}\,P.$

Momente:

$$M_1 = 10\,A,\ M_2 = 35\,A,\ M_m = 50\,A = 70\,B,\ M_4 = 50\,B,\ M_5 = 30\,B,\ M_6 = 10\,B.$$

Elastische Gewichte; sie wirken an den Stellen der Unstetigkeit.

$$\tau_1 = \frac{10}{3\,EJ_1}\,M_1 + \frac{25}{6\,EJ_2}\,(2\,M_1 + M_2) = 7\,\varrho\left(8\,\frac{J_m}{J_1} + 55\,\frac{J_m}{J_2}\right) = 1023\,\varrho,$$

$$\tau_2 = \frac{25}{6\,EJ_2}\,(2\,M_2 + M_1) + \frac{15}{6\,EJ_m}\,(2\,M_2 + M_m) =$$

$$= 56\,\varrho\left(10\,\frac{J_m}{J_2} + 9\,\frac{J_m}{J_m}\right) = 1260\,\varrho,$$

$$\tau_m = \frac{15}{6\,EJ_m}\,(2\,M_m + M_2) + \frac{20}{6\,EJ}\,(2\,M_m + M_4) = 1327\,\varrho,$$

$$\tau_4 = \frac{20}{6\,EJ_m}\,(2\,M_4 + M_m) + \frac{20}{6\,EJ_2}\,(2\,M_4 + M_5) =$$

$$= 40\,\varrho\left(17\,\frac{J_m}{J_m} + 13\,\frac{J_m}{J_2}\right) = 1570\,\varrho,$$

$$\tau_5 = \frac{20}{6\,EJ_2}\,(2\,M_5 + M_4) + \frac{20}{6\,EJ_6}\,(2\,M_5 + M_6) =$$

$$= 40\,\varrho\left(11\,\frac{J_m}{J_2} + 7\,\frac{J_m}{J_6}\right) = 1635\,\varrho,$$

$$\tau_6 = \frac{20}{6\,EJ_6}\,(2\,M_6 + M_5) + \frac{10}{3\,EJ_1}\,M_6 = 40\,\varrho\left(5\,\frac{J_m}{J_6} + 1\,\frac{J_m}{J_1}\right) = 872\,\varrho.$$

Darin bedeutet: $\varrho = \dfrac{25\,P}{72\,EJ_m}$; ferner: $\left(\dfrac{J_m}{J_1}\right) = 6{\cdot}5536,$

$$\left(\frac{J_m}{J_2}\right) = \left(\frac{16}{14}\right)^4 = 1{\cdot}705, \quad \left(\frac{J_m}{J_6}\right) = \left(\frac{16}{12}\right)^4 = 3{\cdot}1605$$

Durchbiegung. Unter der Last „P" entsteht:

$$f_m = \frac{10.70}{120}\,\tau_1 + \frac{35.70}{120}\,\tau_2 + \frac{50.70}{120}\,\tau_m + \frac{50.50}{120}\,\tau_4 + \frac{50.30}{120}\,\tau_5 + \frac{50.10}{120}\,\tau_6$$

und im Gelenk „4":

$$f_4 = \frac{10.50}{120}\,\tau_1 + \frac{35.50}{120}\,\tau_2 + \frac{50.50}{120}\,\tau_m + \frac{70.50}{120}\,\tau_4 + \frac{70.30}{120}\,\tau_5 + \frac{70.10}{120}\,\tau_6$$

Nach Substitution ergibt sich ($E = 2{\cdot}1 \cdot 10^6\ \mathrm{kg/cm^2}$):

$$f_m = \frac{1526000}{12}\,\varrho = 0{\cdot}0327\ \mathrm{cm} = 0{\cdot}327\ \mathrm{mm}$$

$$f_4 = \frac{1547000}{12}\,\varrho = 0{\cdot}0331\ \mathrm{cm} = 0{\cdot}331\ \mathrm{mm}$$

Zwischen diesen Werten liegt f_{max}; Gl. (25) fixiert dessen Lage; wir setzen: $M_{(i-1)} = M_m$, $M_i = M_4$, $f_m = f_{(i-1)}$, $f_4 = f_i$; $l_i = l_4$ und erhalten:

$$u_0^2 - 2\,u_0\,l_4\,\frac{M_m}{(M_m - M_4)} = \frac{1}{3\,(M_m - M_4)}\left[6\,EJ_m\,(f_m - f_4) - l_4^2\,(2\,M_m + M_4)\right].$$

Die Auswertung ergibt: $u_0^2 - 2.70\,u_0 = -1278{\cdot}8$

$$u_0 = 10\ \mathrm{cm} = \frac{l_4}{2}$$

Mit $a = 50\ \mathrm{cm}$ wird $(a + u_0) = 60\ \mathrm{cm} = l/2$; f_{max} liegt in Trägermitte. Dessen Größe wurde aus Gl. (24):

$$f_{max} = f_m - (f_m - f_4)\,\frac{u_0}{l_4} + \frac{u_0\,(l_4 - u_0)}{6\,EJ_m\,l_4}\left[(2\,l_4 - u_0)\,M_m + (l_4 + u_0)\,M_4\right]$$

mit: $f_{max} = 0.0366$ cm $= 0.37$ mm berechnet; *Winkel* findet (graphisch) einen um 9% geringeren Wert (0.34 mm).

5 a. *Der gemäß (Abb. 36 a) gelagerte und durch ein Lamellenpaar verstärkte Träger ist in x durch P belastet. Zu berechnen sind: Das Einspannungsmoment M_B, die Senkung der Laststelle und die Größe und der Ort der maximalen Durchbiegung.*

Einspannungsmoment M_B. Dem durch P belasteten Freiträger $\overline{A - B}$ entspricht die Momentlinie 36 b und die Biegelinie 36 c, dem Belastungszustand $M_B = 1$ die Biegelinie Abb. 36 d. Mit den gewählten Bezeichnungen besteht volle Einspannung, wenn:

$$M_B = \frac{\gamma_B + {}_l\tau_B}{\overline{\gamma}_B + {}_l\overline{\tau}_B}.$$

$$(60)$$

Die quer gestrichelten Werte gelten für den Belastungszustand $M_B = 1$. Zur Bestimmung der elastischen Gewichte genügt die Anordnung eines

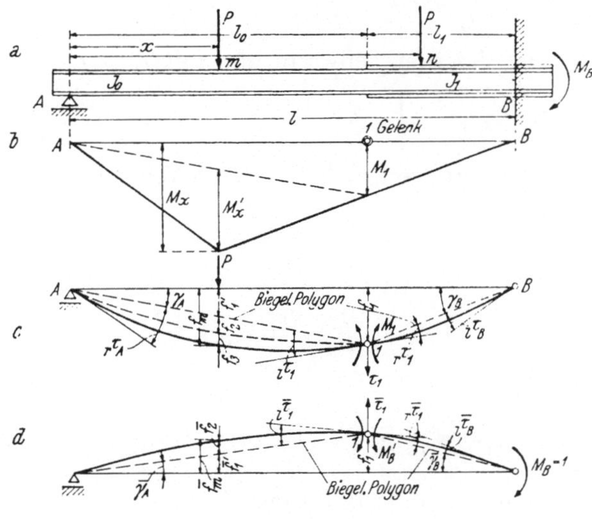

Abb. 36 a—d

Gelenkes im Lastangriffspunkt „m" und eines solchen am Beginn der Lamellenverstärkung. Sind die Endverdrehungen des Trägerstückes $\overline{A - 1}$ (Abb. 36 b) das durch P (oder eine sonstige Belastung) und das Endmoment M_1 ergriffen ist, bekannt, so lassen sich diese unmittelbar in den Rechnungsgang einbauen. Das Gelenk in „m" scheidet dann aus.

Die mit dem Gelenk „1" durchgeführte Rechnung für $x \gtrless l_0$, (Abb. 36 b) stellt sich wie folgt:

Im momentfrei gelagerten Trägerteil herrscht in x das Moment:

$$M_x{}' = \frac{P\,(l_0 - x)\,x}{l_0}$$

und in der Gelenkstelle „1", bezogen auf den ganzen Träger:

$$M_1 = \frac{P\,x\,l_1}{l},$$

bezw. im Punkte „m"

$$M_x = \frac{Px\,(l-x)}{l}\,.$$

Das elastische Gewicht τ_1 setzt sich aus nachstehenden Posten zusammen, (Abb. 36 c): Infolge P erfährt l_0 in „1" die Verdrehung, Gl. (16):

$$_l\tau_{1,\,P} = \frac{P\,x\,(l_0{}^2 - x^2)}{6\,E J_0\,l_0}$$

Hiezu treten zusätzlich die Wirkungen von M_1, deren Drehsinn Abb. 36 c zu entnehmen ist.

$$_l\tau_{1M} = \frac{l_0}{3\,E J_0}\,M_1 = \frac{P x\,l_0\,l_1}{3\,E J_0\,l}$$

$$_r\tau_{1,\,M} = \frac{l_1}{3\,E J_1}\,M_1 = \frac{P x\,l_1{}^2}{3\,E J_1\,l}$$

Durch Verknüpfung der drei Teilwerte und mit $\hat{\mu} = J_0/J_1$ gewinnt man:

$$\tau_1 = \frac{Px}{6\,E J_0\,l}\left[\frac{l}{l_0}\,(l_0{}^2 - x^2) + 2\,l_1\,(l_0 + \hat{\mu}\,l_1)\right] \tag{61}$$

damit der elastische Auflagerdruck in „B", (Abb. 36 c):

$$\gamma_B = \tau_1\frac{l_0}{l}$$

Ferner besteht noch:

$$_l\tau_B = \frac{l_1}{6\,E J_1}\,M_1 = \frac{P\,l_1{}^2\,x}{6\,E J_1\,l} \tag{62}$$

Daher das Zählerglied, Gl. (60):

$$\gamma_B + {}_l\tau_B = \frac{Px}{6\,E J_0\,l^2}\,[\hat{\mu}\,l^3 + (1 - \hat{\mu})\,(3\,l - 2\,l_0)\,l_0{}^2 - l\,x^2] \tag{60 a}$$

Berechnung des Nenners, Gl. (60), für den Zustand: $M_B = 1$, (Abb. 36 d):

Im Gelenk „1" wirkt das Moment: $M_{B}' = \frac{l_0}{l}\,1$; damit der Reihe nach:

$$\overline{\tau}_1 = \frac{l_0}{3\,E J_0}\frac{l_0}{l}1 + \frac{l_1}{6\,E J_1}\left[2\frac{l_0}{l}1 + 1\right] = \frac{1}{6\,E J_0\,l}\,[2\,l_0{}^2 + \hat{\mu}\,l_1\,(l + 2\,l_0)] \tag{61 a}$$

$$_l\overline{\tau}_B = \frac{l_1}{6\,E J_1}\left[2.1 + \frac{l_0}{l}1\right] = \frac{\hat{\mu}\,l_1\,(2\,l + l_0)}{6\,E J_0\,l} \tag{62 a}$$

$$\overline{y}_B = \tau_1\frac{l_0}{l}$$

Nennerglied, Gl. (60): $\overline{y}_B + {}_l\overline{\tau}_B = \dfrac{1}{3\,E J_0\,l^2}\,[\hat{\mu}\,l^3 + (1 - \hat{\mu})\,l_0{}^3]$ (60 b)

Die Einflußlinie für das Einspannungsmoment lautet mit:

$$\xi = \frac{x}{l}\quad \text{und}\quad \lambda = \frac{l_0}{l}\,:$$

$$_0M_B = \frac{P\,l}{2}\,\frac{[\hat{\mu} + (1 - \hat{\mu})\,(3 - 2\,\lambda)\,\lambda^2 - \xi^2]\,\xi}{[\hat{\mu} + (1 - \hat{\mu})\,\lambda^3]} \tag{63}$$

Sie geht für $\hat{\mu} = 1$ (konstantes Trägheitsmoment) über in:

$$_0M_{B\,konst} = \frac{P\,l}{2}\,(1 - \xi^2)\,\xi \tag{63 a}$$

Von der Ableitung der Formeln für den Fall $x \gtreqless l_0$ (Last im verstärkten Trägerteil l_1) wird abgesehen. Bezüglich der Endverdrehungen im freiliegenden Trägerstück $\overline{1 - B}$, (Abb. 36 a), ist zu bemerken, daß in B zusätzlich noch die durch P erzeugte Verdrehung lt. Gl. (16):

$$_l\tau_{B,\,P} = \frac{P\,(x - l_0)\,[l_1{}^2 - (x - l_0)^2]\,\hat{\mu}}{6\,E\,J_0\,l_1}$$

zu berücksichtigen ist. Das in „1" wirkende elastische Gewicht wurde mit:

$$\tau_1 = \frac{P\,(l - x)}{6\,E\,J_0\,l}\left[2\,l_0{}^2 + \hat{\mu}\,l_1\,(l + 2\,l_0) - \hat{\mu}\,\frac{l}{l_1}\,(l - x)^2\right] \tag{61 b}$$

errechnet, die Einflußlinie für das Moment in B mit:

$$_1M_B = \frac{P\,l}{2}\cdot\frac{[2(1 - \hat{\mu})\,\lambda^3 + \hat{\mu}\,(1 + \xi)\,\xi]\,(1 - \xi)}{[\hat{\mu} + (1 - \hat{\mu})\,\lambda^3]} \tag{63 b}$$

Der Laststellung am Beginn der Verstärkung ($\xi = \lambda$) entspricht:

$$M_{B,\,\lambda} = \frac{P\,l}{2}\cdot\frac{[2\,\lambda^2 + \hat{\mu}\,(1 - \lambda)\,(1 + 2\,\lambda)]\,(1 - \lambda)\,\lambda}{[\hat{\mu} + (1 - \hat{\mu})\,\lambda^3]} \tag{63 c}$$

Durchbiegungen. Sie lassen sich aus der Differenz der Durchbiegung des mit P belasteten Freiträgers (Abb. 36 c) und der M_B-fachen Hebung des mit $M_B = 1$ ergriffenen Trägers (Abb. 36 d) bestimmen.

Last P im unverstärkten Trägerteil ($x \leqq l_0$).
Die Durchbiegung an der Stelle „1" findet sich unmittelbar aus:

$$f_{1\,tot} = (f_1 - {}_0M_B\bar{f}_1) = (\tau_1 - {}_0M_B\,\bar{\tau}_1)\,\frac{l_0\,l_1}{l} \tag{64}$$

τ_1, $\bar{\tau}_1$ und $_0M_B$ sind den bezüglichen Gleichungen (61), (61 a) und (63) zu entnehmen.
Die Durchbiegung f_m im Lastangriffspunkt „m" setzt sich aus nachstehenden Posten zusammen:
a) aus dem anteiligen Betrag der in x auftretenden Senkung zufolge f_1:

$$f_1{}' = f_1\,\frac{x}{l_0} = \tau_1\,\frac{l_0\,l_1}{l}\cdot\frac{x}{l_0} = \tau_1\,\frac{l_1}{l}\,x$$

β) aus der Durchbiegung des Trägers l_0 infolge P lt. Gl. (21 b):

$$f_2 = \frac{P\,x^2\,(l_0 - x)^2}{3\,E\,J_0\,l_0}$$

γ) aus dem vom links drehenden Gelenkmoment M_1 herrührenden Beitrag:

$$f_3 = \frac{x\,(l_0{}^2 - x^2)}{6\,E\,J_0\,l_0}\,M_1 \Big) = \frac{P\,l_1\,x^2\,(l_0{}^2 - x^2)}{6\,E\,J_0\,l_0\,l}$$

Der Faktor zu M_1 wurde aus Gl. (31 a) für $\varkappa = 0$ gewonnen. Durch Substitution und Addition entsteht:

$$f_{m\downarrow} = \frac{P\,x^2}{3\,E J_0\,l}\left[\,(l-x)^2 - (1-\hat\mu)\frac{l_1^3}{l}\,\right] \tag{65}$$

Hebungen: Für diese kommen nachstehende Teilbeträge in Betracht (Abb. 36 d):

$$\bar f_1{}' = \bar f_1\,\frac{x}{l_0} = \bar\tau_1\,\frac{l_0\,l_1}{l}\,\frac{x}{l_0} = \bar\tau_1\,\frac{l_1}{l_0}\,x.$$

Hiezu tritt zufolge $M_B{}'\,\big) = 1\,\dfrac{l_0}{l}$ die zusätzliche Hebung, Gl. (21 b):

$$\bar f_2 = \frac{x\,(l_0{}^2 - x^2)}{6\,E J_0\,l_0}\,M'_B = \frac{x\,(l_0{}^2 - x^2)}{6\,E J_0\,l}.$$

Die Auswertung liefert nach Verknüpfung für $M_B = 1$:

$$f_{m\uparrow} = \frac{x}{6\,E J_0\,l}\left[\,(l^2 - x^2) - (1-\hat\mu)\,(3\,l - 2\,l_1)\,\frac{l_1^2}{l}\,\right]. \tag{65 a}$$

Tatsächliche Durchbiegung von „m":

$$f_{m\,tot} = (f_{m\downarrow} - {}_0 M_B\,f_{m\uparrow}) \tag{66}$$

Die Last P liegt im verstärkten Teil $(x \gtreqless l_0)$.

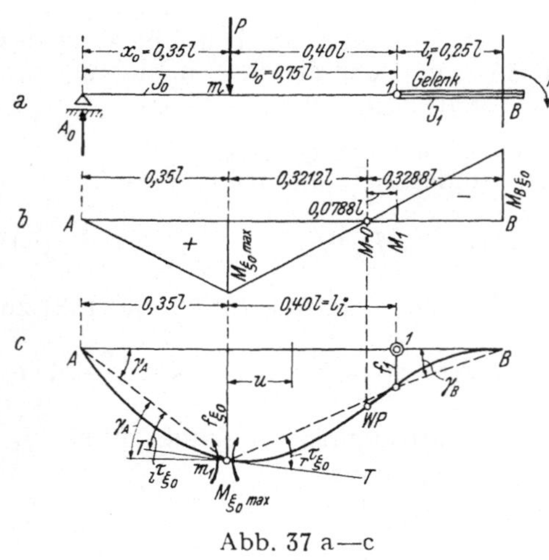

Abb. 37 a—c

Die Durchbiegung in „1" ist wieder aus Gl. (64) zu berechnen; τ_1 ist aus Gl. (61 b), $\bar\tau_1$ aus Gl. (61 a) zu bestimmen; $_1 M_B$ ist durch Gl. (63 b) gegeben: Von der Ableitung der Durchbiegung in „n" (Abb. 36) wird abgesehen. Die Rechnung ergibt folgende Werte:

$$f_{n\downarrow} = \frac{P\,(l-x)^2}{3\,E J_0\,l^2}\,[(1-\hat\mu)\,l_0{}^3 + \hat\mu\,l\,x^2)], \tag{67}$$

$$f_{n\uparrow} = \frac{(l-x)}{6\,E J_0\,l^2}\,[2\,(1-\hat\mu)\,l_0{}^3 + \hat\mu\,l\,x\,(l+x)]$$

und damit die totale Durchbiegung:

$$f_{n\,tot} = (f_{n\downarrow} - {}_1 M_B\,f_{n\uparrow}) \tag{68}$$

Zahlenbeispiel (Abb. 37).

Annahmen: $l_1 = \dfrac{l}{4}$, $\quad l_0 = \lambda\,l = \dfrac{3}{4}\,l$, $\quad \hat\mu = \dfrac{J_0}{J_1} = \dfrac{3}{4}$; Last P in $x = l\xi\ (x < l_0)$

Einflußlinie für das Einspannungsmoment, Gl. (63):

$$M_{B\xi} = \frac{Pl}{2}\,(1{\cdot}1233 - 1{\cdot}169\,\xi^2)\,\xi$$

bezw. für das Feldmoment in „x" $= l\,\xi$:

$$M_\xi - \frac{P\,x\,(l-x)}{l} - \frac{x}{l}\,M_{B\xi} = P\,l\,\xi\,[1 - 1{\cdot}5617\,\xi + 0{\cdot}5845\,\xi^3].$$

Der in $x_0 \approx 0{\cdot}35\,l$ auftretende Größtwert, dessen Lage aus:

$$\frac{dM_\xi}{d\xi} = 1 - 3{\cdot}1234\,\xi_0 + 2{\cdot}338\,\xi_0{}^3 = 0$$

berechnet wurde, beträgt: $M_{\xi_0\,max} = 0{\cdot}1675\,P\,l$, das zugeordnete Ein-spannungsmoment: $M_{B\xi_0} = 0.1715\,Pl$ und die Durchbiegung lt. Gl. (66), (65), (65 a):

$$f_{\xi_0} = 0.05233\,\frac{Pl^3}{6\,EJ_0} = \frac{6{\cdot}7\,Pl^3}{768\,EJ_0}.$$

In Abb. 37 b ist der Momentenverlauf, in Abb. 37 c die stark verzerrte Biegelinie dargestellt; zwecks genauerer Festlegung derselben wurde die Senkung des Gelenkpunktes „1" (Moment $M_1 = -\,0{\cdot}0411\,P\,l$) bestimmt. Gemäß Gl. (64) gilt für $x_0 = l\,\xi_0 = 0{\cdot}35\,l$:

$$f_1 = \frac{l_0\,l_1}{l}\,(\tau_1 - \overline{\tau}_1\,M_{B\xi_0})$$

Gl. (61) liefert:

$$\tau_1 = 0.3694\,\frac{P\,l^2}{6\,EJ_0},$$

Gl. (61 a) in Verbindung mit $M_{B\xi_0}$:

$$\tau_1\,M_{B\xi_0} = 0{\cdot}2733\,\frac{P\,l^2}{6\,EJ_0},$$

sohin

$$f_1 = 0{\cdot}018\,\frac{P\,l^3}{6\,EJ_0} = \frac{2{\cdot}304\,P\,l^3}{768\,EJ_0}.$$

Der Verlauf der Biegelinie läßt erkennen, daß f_{ξ_0} nicht auch der Größt-wert f_{max} sein muß; derselbe liegt rechts von m_1, da ersichtlich:

$$y_A > {}_l\tau_{\xi_0},$$

was übrigens auch aus folgenden Ansätzen zu entnehmen ist (Abb. 37 c):

$$\gamma_A = \frac{f_{\xi_0}}{0{\cdot}35\,l} = 0{\cdot}1495\,\frac{P\,l^2}{6\,EJ_0}$$

$$_l\tau_{\xi_0} = \frac{0{\cdot}35\,l}{3\,EJ_0}\,M_{\xi_0\,max} = 0{\cdot}1173\,\frac{P\,l^2}{6\,EJ_0}.$$

Für die Berechnung von u_0, bezw. f_{max} kommt das Feld $\overline{m-1} = l_i = 0{\cdot}4\,l$ in Betracht; Gl. (25) ergibt $u_0 = 0{\cdot}0032\,l$, d. h. daß f_{max} praktisch mit f_{ξ_0} zusammenfällt (f_{max} weicht von f_{ξ_0} um nur $0{\cdot}2\%$ ab).

5 b. *Das unter 5 a behandelte Beispiel ist unter der Annahme eines unverstärkten Trägers* ($\hat{\mu} = 1$) *zu behandeln* (*Abb. 38*). Es kommen nachstehende Beziehungen in Betracht, und zwar für das Einspannungsmoment in B:

$$M_{B\xi} = \frac{P\,l}{2}\,\xi\,(1 - \xi^2), \tag{63 a}$$

für den Auflagerdruck in „A":

$$A = P\,(1 - \xi) - \frac{1}{l}\,M_{B\xi} = \frac{P}{2}\,(2 + \xi)\,(1 - \xi)^2, \tag{69}$$

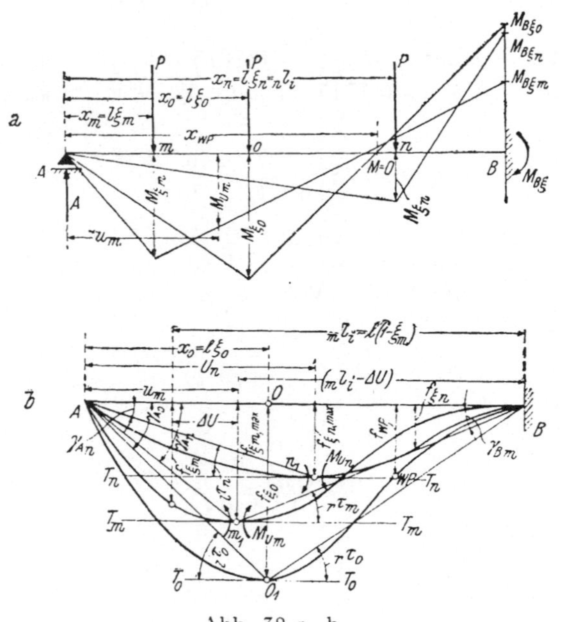

Abb 38 a, b

das Biegungsmoment in $x = l\,\xi$:

$$M_\xi = \frac{P\,l}{2}\,\xi\,(2 + \xi)\,(1 - \xi)^2 \tag{70}$$

und endlich für die Durchbiegung:

$$f_\xi = \frac{P\,l^3}{12\,EJ}\,\xi^2\,(3 + \xi)\,(1 - \xi)^3 \tag{71}$$

Jeder durch $x_m\,(x_n)$ gekennzeichneten Laststellung (Abb. 38 a) ist ein abseits in $u_m\,(u_n)$ auftretender Größtwert $f_{\xi\,m\,max}\,(f_{\xi\,n\,max})$ zugeordnet (Abb. 38 b). Wandert P gegen den durch $x_0 = l\,\xi_0$ bestimmten Punkt „0", so wächst $f_{\xi\,max}$ und erreicht daselbst den absolut größten Wert f_{ξ_0}; ξ_0 bestimmt sich aus:

$$\frac{df_\xi}{d\xi} = 0 = \xi_0^2 + 2\,\xi_0 - 1 \tag{a}$$

mit $\xi_0 = (\sqrt{2} - 1) = 0{\cdot}4142$; dieser Laststellung entsprechen:

$$M_{\xi_0} = M_{B\,\xi_0} = P\,l\,\xi_0{}^2, \tag{70 a}$$

$$f_{\xi_0} = f_{\xi\,max} = \frac{P\,l^3}{3\,EJ}\,\xi_0{}^4 = \frac{7{\cdot}535\,P\,l^3}{768\,EJ}\,. \tag{71 a}$$

Die Tangente $T_0 - T_0$ an die Biegelinie (0_1) muß $\parallel$ zur Stabachse verlaufen, d. h. wenn:

$$\gamma_{A,\,0} = \frac{f_{\xi_0}}{l\,\xi_0} = {}_l\tau_0 = \frac{l\,\xi_0}{3\,EJ}\,M_{\xi_0} = \frac{P\,l^2}{3\,EJ}\,\xi_0{}^2\,. \tag{72}$$

Zwecks genauerer Darstellung der Biegelinie (stark verzerrt) wurde die Durchbiegung des Momentnullpunktes in $x_{WP} = l\,\xi_{WP} = l\,\dfrac{\sqrt{2}}{2}$, die mit

$f_{\xi_{WP}} \approx \dfrac{3\,P\,l^3}{768\,EJ}$ berechnet wurde, herangezogen.

Lage und Größe von $f_{\xi\,max}$.

Steht P links von „0" $(x_m < x_0)$, so tritt $f_{\xi_{max}}$ rechts von P in $u_m > x_m$ auf; es empfiehlt sich, wenn $u_m = x_m + \varDelta\,u$ gesetzt wird, aus Gl. (25) $\varDelta\,u$ zu berechnen; für das in Betracht kommende Trägerstück $_m l_i = l\,(1 - \xi_m)$ (Abb. 38 b) gelten folgende Ansätze:

$$f_{(i-1)} = f_{\xi\,m},\quad f_i = 0;\quad M_{(i-1)} = M_{\xi\,m},\quad M_i = M_{B\,\xi_m}.$$

Gl. (25) ergibt:

$$\varDelta\,u = \frac{(1 - \xi_m)\,(1 - 2\,\xi_m - \xi_m{}^2)}{(3 - \xi_m{}^2)}\,l,$$

so daß:

$$u_m = \frac{(1 + \xi_m{}^2)}{(3 - \xi_m{}^2)}\,l\,. \tag{73}$$

Aus $\varDelta\,u = 0$, bezw. $l\,\xi_m = u_m$ folgt wieder der Wert ξ_0, Gl. (a). Der in u_m auftretende Größtbetrag $f_{\xi\,m\,max}$ kann entweder aus Gl. (25) oder einfacher aus der Beziehung, (Abb. 37 b)

$$f_{\xi\,m\,max} = \gamma_{B\,m}\,({}_m l_i - \varDelta\,u)$$

bestimmt werden, wobei (Abb. 38 b):

$$\gamma_{B\,m} = {}_r\tau_m = \frac{({}_m l_i - \varDelta\,u)}{6\,EJ}\,(2\,M_{u_m} - M_{B\,\xi_m})$$

Daher:

$$f_{\xi\,m\,max} = \frac{({}_m l_i - \varDelta\,u)^2}{6\,EJ}\,(2\,M_{u_m} - M_{B\,\xi_m}) \tag{74}$$

Nun ist (Abb. 38):

$$({}_m l_i - \varDelta\,u) = \frac{2\,l\,(1 - \xi_m{}^2)}{(3 - \xi_m{}^2)}$$

$$M_{u_m} = \frac{P}{2}\,(2 + \xi_m)\,(1 - \xi_m)^2\,u_m - P\,\varDelta\,u = \frac{P\,l}{2}\,\xi_m\,(1 - \xi_m{}^2) = M_{B\,\xi_m}$$

In Gl. (74) eingesetzt, entsteht:

$$f_{\xi_{m\,max}} = \frac{P\,l^3}{3\,EJ}\,\frac{\xi_m\,(1-\xi_m{}^2)^3}{(3-\xi_m{}^2)^2} \tag{74 a}$$

Z. B. ergibt sich für $\xi_m = 0{\cdot}2 : u_m \approx 0{\cdot}35\,l$, $f_{\xi_{m\,max}} = 1{\cdot}23\,f_{\xi_m}$; die größte Durchbiegung ist um 23% größer als f_{ξ_m}.

Für eine rechts von „0" in $x_n = l\,\xi_n$ angreifende Last P tritt $f_{\xi_{max}}$ in $u_n < x_n$ auf; die Berechnung von u_n im Trägerstück $x_n = {}_nl_i = l\,\xi_n$ erfolgt unter folgenden Annahmen (Abb. 38):

$$f_{(i-1)} = 0, \quad f_i = f_{\xi_n}; \quad M_{(i-1)} = 0, \quad M_i = M_{u_n} = A\,u_n, \quad [\text{Gl. (69)}].$$

Gl. (25) lautet nach Vereinfachung:

$$u_n{}^2 = \frac{1}{3\,M_i}\,(6\,EJf_i + {}_nl_i{}^2\,M_i) = 2\,EJ\,f_i + \frac{{}_nl_i{}^2}{3}$$

und ergibt:

$$u_n = l\left\{\frac{\xi_n}{2+\xi_n}\right\}^{1/2} \tag{75}$$

Gl. (24) reduziert sich auf:

$$f_{\xi_{n\,max}} = \frac{u_n}{{}_nl_i}\left\{f_i + \frac{{}_nl_i{}^2 - u_n{}^2}{6\,EJ}\,M_i\right\}. \tag{76}$$

Mit $M_i = M_{u_n} = \dfrac{P\,l}{2}\,(2+\xi_n)\,(1-\xi_n)^2\,u_n$

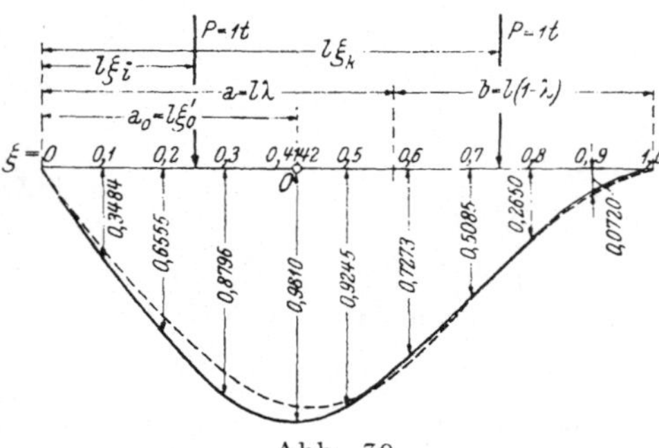

Abb. 39

folgt schließlich:

$$f_{\xi_{n\,max}} =$$
$$= \frac{P\,l^3}{6\,EJ}\,\xi_n\,(1-\xi_n)^2\left\{\frac{\xi_n}{2+\xi_n}\right\}^{1/2}. \tag{76 a}$$

Endlich findet sich, wie oben:

$$\gamma_{An} = {}_l\tau_n = \frac{P\,l^2}{6\,EJ}\,\xi_n\,(1-\xi_n)^2$$

und damit wieder:

$$f_{\xi_{n\,max}} = {}_l\tau_n\,u_n.$$

Ist z. B. $\xi_n = \dfrac{1}{2}$, so erhält man: $u_n = \dfrac{l}{\sqrt{5}}$, $f_{\xi_{n\,max}} = \dfrac{P\,l^3}{48\,EJ\,\sqrt{5}} = \dfrac{7{\cdot}15\,P\,l^3}{768\,EJ}$

6. *Einflußlinie der Durchbiegungen in „0" für eine wandernde Last $P = 1$ t,* (*Abb. 39*). Eine in $x_i = l\,\xi_i$ stehende Last erzeugt in $a = l\,\lambda > l\,\xi_i$ die Durchbiegung, lt. Gl. (64):

$$f_\lambda = (\tau_1 - M_B\,\bar\tau_1)\,\frac{a\,b}{l}.$$

Man erhält für $P = 1$ t und $\hat\mu = 1$:

aus Gl. (61): $\tau_1 = \dfrac{l^2\,\xi_i}{6\,EJ\,\lambda}\,[(2-\lambda)\,\lambda - \xi_i{}^2]$, aus Gl. (61 a): $\overline{\tau}_1 = \dfrac{l}{6\,EJ}\,(1 + \lambda)$

und aus Gl. (63): $_0M_B = \dfrac{l}{2}\,\xi_i\,(1 - \xi_i{}^2)$

Mit diesen Werten nimmt Gl. (64) folgende Form an:

$$_if_\lambda = \frac{l^3}{12\,EJ}\,(1 - \lambda)^2\,\xi_i\,[3\,\lambda - (2 + \lambda)\,\xi_i{}^2]. \tag{77}$$

Wirken links von „0" mehrere Lasten P_i, so beträgt die Durchbiegung:

$$_if_{\lambda\,tot} = \frac{l^3}{12\,EJ}\,(1 - \lambda)^2\,\sum P_i\,\xi_i\,[3\,\lambda - (2 + \lambda)\,\xi_i{}^2]. \tag{77 a}$$

Die Durchbiegung für eine rechts von „0" angreifende Last $P = 1$ t stellt sich durch Vertauschung von λ und ξ auf:

$$_kf_\lambda = \frac{l^3}{12\,EJ}\,\lambda\,(1 - \xi_k)^2\,[3\,\xi_k - (2 + \xi_k)\,\lambda^2] \tag{78}$$

und wenn mehrere Lasten P_k in Frage kommen:

$$_kf_{\lambda\,tot} = \frac{l^3}{12\,EJ}\,\lambda\,\sum P_k\,(1 - \xi_k)^2\,[3\,\xi_k - (2 + \xi_k)\,\lambda^2] \tag{78 a}$$

Gl. (77) und (78) stellen die gefragten Einflußlinien dar. Nach früherem kommt für die größte Durchbiegung $\lambda = \xi_0 = (\sqrt{2} - 1) = 0{\cdot}4142$ in Betracht. Damit erhält man die Einflußordinaten:

$$_if_{\xi_0} = \frac{l^3}{12\,EJ}\,(0{\cdot}4264\,\xi_i - 0{\cdot}8285\,\xi_i{}^3)\,, \tag{77 b}$$

$$_kf_{\xi_0} = \frac{l^3}{12\,EJ}\,(1 - \xi_k)^2\,(1{\cdot}1715\,\xi_k - 0{\cdot}1421). \tag{78 b}$$

Ihr Verlauf und die in den Zehntelpunkten entstehenden Ordinaten $100\,\eta$ sind der Abbildung zu entnehmen; allgemein besteht:

$$f_{\xi_0} = \frac{l^3}{EJ}\,\frac{\eta}{100}.$$

Die gestrichelte Linie entspricht $\lambda = \tfrac{1}{2}$; der Unterschied ist nicht groß, immerhin aber beachtlich.

Durchbiegung in $a = l\,\lambda$ infolge totaler Belastung durch die Gleichlast p t/m. Setzt man: $P = p\,dx = p\,l\,d\xi$, so erhält man lt. Gl. (77) und (78):

$$_pf_\lambda = \frac{p\,l^4}{12\,EJ}\left\{(1 - \lambda)^2\int_0^\lambda [3\,\lambda - (2 + \lambda)\,\xi^2]\,\xi\,d\xi + \lambda\int_\lambda^1 [3\,\xi - (2 + \xi)\,\lambda^2]\,(1 - \xi)^2\,d\xi\right\}$$

und nach Auswertung:

$$_pf_\lambda = \frac{p\,l^4}{48\,EJ}\,\lambda\,(1 + 2\,\lambda)\,(1 - \lambda)^2. \tag{79}$$

Der Größtwert tritt in $a_1 = 0.4215\,l$ ein, deckt sich fast genau mit der Durchbiegung in $a_0 = \xi_0\,l = 0.4142\,l$ und beträgt:

$$_pf_{\xi_0} = \frac{4{\cdot}16\,p\,l^4}{768\,EJ} \approx \frac{p\,l^4}{185\,EJ}.$$

D. Durchbiegung eines Vierendeelträgers.

Das in Abb. 40 dargestellte, im Obergurt mit $q_1 = 15.14$ t/m, *im Untergurt mit* $q_2 = 4.46$ t/m *gleichmäßig belastete Tragwerk ist sowohl gegen die Mitte als auch hinsichtlich der Abmessungen der Gurte und Ständer symmetrisch durchgebildet. Gefragt ist die Durchbiegung in Feldmitte.* Das Beispiel ist einem Aufsatze von *Dr. Abeles [1]* entnommen.

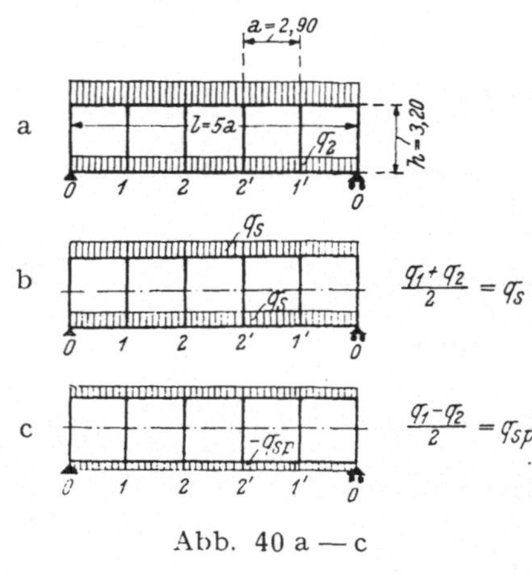

Die Belastungen werden in eine symmetrische, (Abb. 40 b) und in eine spiegelsymmetrische, (Abb. 40 c) umgeformt [2, 12 a bis 12 d], denen die Momentbilder (40 d) entsprechen. Soferne es sich um die Durchbiegung in Trägermitte handelt, kommt nur symmetrische Belastung in Frage, da die spiegelsymmetrische Belastung nur die Formänderung der einzelnen Rahmenfelder beeinflußt. Ferner genügt die Untersuchung nur *eines* Trägerviertels gemäß Abb. 41, in der die nach obiger Quelle berechneten Momente für Lastsymmetrie nach Größe und Vorzeichen eingetragen sind. Die Berechnung geschieht für konstantes

Abb. 40 a — c

J, und zwar sowohl für die Gurte als auch für die Ständer.

Belastungsspaltung. Symmetrische Belastung: $q_s = \dfrac{q_1 + q_2}{2} = 9\cdot 8$ t/m,

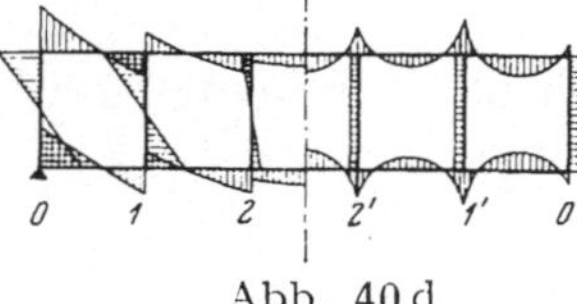

spiegelsymmetrische Belastung:

$$q_{sp} = \frac{q_1 - q_2}{2} = 5\cdot 34 \text{ t/m}$$

Abb. 40 d

Fußmomente (laut Quelle) für die Feldweite „*a*".

$$M_{\mathrm{I}} = -1\cdot 26\, q_s\, a^2, \quad M_{\mathrm{II}} = -1\cdot 14\, q_s\, a^2, \quad M_{\mathrm{III}} = -0\cdot 26\, q_s\, a^2.$$

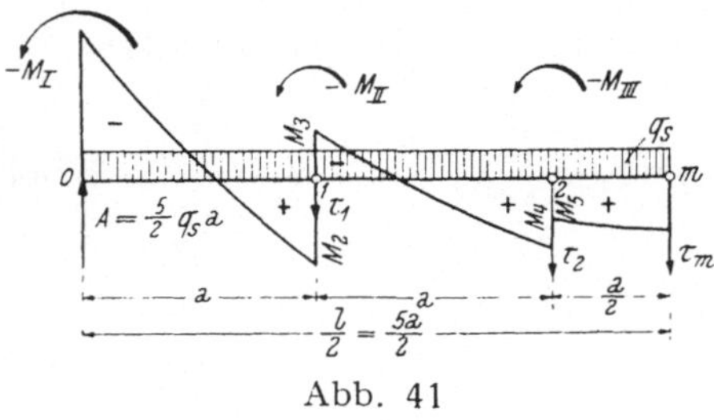

Auflagerdruck: $A = \dfrac{5}{2}\, q_s\, a.$

Weiter besteht:

$$M_2 = \frac{5}{2}\, q_s\, a^2 + M_{\mathrm{I}} - \frac{1}{2}\, q_s\, a^2 =$$
$$= +0\cdot 74\, q_s\, a^2$$

Abb. 41

$$M_3 = M_2 + M_{\mathrm{II}} = -0\cdot 40\, q_s\, a^2$$

$$M_4 = \frac{5}{2}\, q_s\, a\, 2\, a - q_s\, \frac{(2\, a)^2}{2} + M_{\mathrm{I}} + M_{\mathrm{II}} = +0\cdot 60\, q_s\, a^2$$

$$M_5 = M_4 + M_{\mathrm{III}} = +0\cdot 34\, q_s\, a^2$$

Endlich für die Trägermitte:

$$M_m = \frac{5}{2}\, q_s\, a\, \frac{5\,a}{2} - q_s \frac{5\,a}{2} \cdot \frac{5\,a}{4} + (M_\mathrm{I} + M_\mathrm{II} + M_\mathrm{III}) = +\,0{\cdot}465\, q\, a^2$$

Die Gelenke werden in die Mitte der Ständer und eines in Feldmitte (m) eingelegt; dort wirken folgende elastischen Gewichte:

$$\tau_1 = \frac{a}{6\,EJ}\,[(2\,M_2 + M_1) + (2\,M_3 + M_4)] + 2\,\frac{q_s\,a^3}{24\,EJ} = 0{\cdot}52\,\frac{q_s\,a^3}{6\,EJ}$$

$$\tau_2 = \frac{a}{6\,EJ}\,(2\,M_4 + M_3) + \frac{\dfrac{a}{2}}{6\,EJ}\,(2\,M_5 + M_m) + \frac{q_s\,a^3}{24\,EJ} +$$

$$+\,\frac{q_s\left(\dfrac{a}{2}\right)^3}{24\,EJ} = 1{\cdot}65375 \cdot \frac{q_s\,a^3}{6\,EJ}$$

$$\tau_m = 2\,\frac{\dfrac{a}{2}}{6\,EJ}\,(2\,M_m + M_5) + 2\,\frac{q_s\left(\dfrac{a}{2}\right)^3}{24\,EJ} = 1{\cdot}3325\,\frac{q_s\,a^3}{6\,EJ}\,.$$

Die Durchbiegung in Trägermitte (m) ergibt sich für die Stützweite $l = 5\,a$, wobei $a = 2{\cdot}9$ m, und bei vorhandener Symmetrie mit:

$$f = 2\,\frac{a\,\dfrac{5\,a}{2}}{5\,a}\,\tau_1 + 2\,\frac{2\,a\,\dfrac{5\,a}{2}}{5a}\,\tau_2 + \frac{\dfrac{5\,a}{2}\dfrac{5\,a}{2}}{5\,a}\,\tau_m,$$

$$f = (\tau_1 + 2\,\tau_2 + 1{\cdot}25\,\tau_m)\,a = 5{\cdot}493\,\frac{q_s\,a^4}{6\,EJ}\,.$$

Nach der bezogenen Quelle wurde der Beiwert mit $5{\cdot}62$ bestimmt. Mit $E = 1{,}400{.}000$ t/m², $J = 0{\cdot}076$ m⁴ entsteht:

$$f = 0.00359\ \text{m} = 3{\cdot}59\ \text{mm}.$$

Durchbiegung im Mittelrahmen für q_{sp}. Quelle [1] gibt das Endmoment mit $M_2 = -\,0{\cdot}077\, q_{sp}\, a^2$ an. Damit die Aufbiegung:

$$\Delta f_m = \frac{1}{8}\,M\,a^2 = -\,0{\cdot}077\,\frac{q_{sp}\,a^4}{8\,EJ}\,.$$

Die Gleichlast erzeugt:

$$\Delta f_{q_{sp}} = \frac{5}{384}\,\frac{q_{sp}\,a^4}{EJ}\,.$$

Daher die Riegeldurchbiegung:

$$f_m = \frac{q_{sp}\,a^4}{8\,EJ}\left(\frac{5}{48} - 0{\cdot}077\right) = 0{\cdot}0034\,\frac{q_{sp}\,a^4}{EJ}\,.$$

Das tatsächliche Trägheitsmoment des Riegels beträgt: $J = 0{\cdot}0685$ m⁴ (nach Quellenangabe); dies eingesetzt, stellt sich die Durchbiegung auf $f_m = 0{\cdot}01$ mm und darf vernachlässigt werden.

Wird auf besondere Genauigkeit Wert gelegt, so muß die Rechnung mit den tatsächlichen J erfolgen; sie kann noch dadurch gesteigert werden, daß man die Gelenke beiderseits der Ständeranschlüsse angeordnet denkt.

E. Auslenkung von Konsolträgern (J=konst.)

1. *Ein Kragträger ist im Abstande a vom Trägerende mit P belastet. Gefragt ist die Senkung des Trägerendes* (Abb. 42). Der Untersuchung wird ein Träger von der doppelten Stützweite „$2\,L$" zugrunde gelegt; er ist in der Mitte durch $2\,P$ belastet und durch die Einzellasten P im Gleichgewicht gehalten; an den freien Enden, die sich gegenüber A um f gesenkt haben, kann daher kein Auflagerdruck entstehen; das Trägerstück „a" verläuft gradlinig. Die Gelenke werden in „A" und im Lastangriff „m" vorgesehen. Dem Einspannungs-Moment $M = P\,l$ entsprechen die elastischen Gewichte:

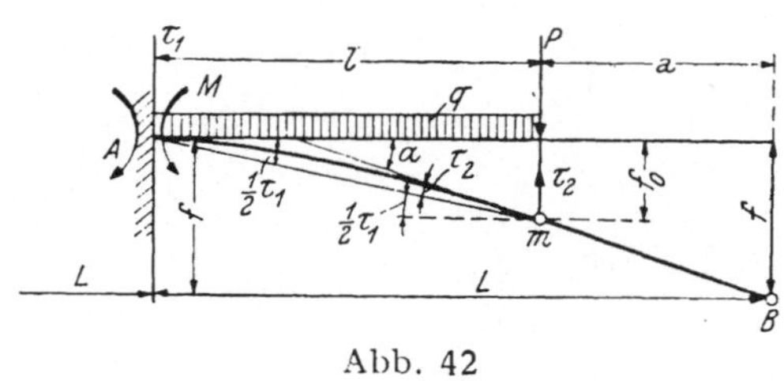

Abb. 42

$$\tau_1 = 2\,\frac{l}{3\,EJ}\,M, \quad \tau_2 = \frac{l}{6\,EJ}\,M.$$

Die *Hebung* in „A", beziehungsweise die *Senkung* in „B" stellt sich auf:

$$f = \frac{L}{2}\frac{L}{L}\,\tau_1 + 2\,\frac{L}{2}\frac{a}{L}\,\tau_2 = \frac{1}{2}\,L\,\tau_1 + a\,\tau_2 = \frac{M\,l}{6\,EJ}\,(a + 2\,L),$$

$$f = \frac{P\,l^2}{6\,EJ}\,(a + 2\,L). \tag{80}$$

Für $a = 0$ und $L = l$ entsteht der bekannte Ausdruck:

$$f_0 = \frac{P\,l^3}{3\,EJ}. \tag{80'}$$

Dieses Ergebnis läßt sich auch unmittelbar aus der Abb. herauslesen.

$$f_0 = \frac{1}{2}\,\tau_1\,l = \frac{1}{2}\,\frac{2\,l}{3\,EJ}\,M\,l = \frac{P\,l^3}{3\,EJ},$$

ebenso jenes des Endverdrehungswinkels „a":

$$a = \frac{1}{2}\,\tau_1 + \tau_2 = \frac{M\,l}{2\,EJ} = \frac{P\,l^2}{2\,EJ} \tag{81}$$

Gleichlast „q" kg/m ($a = 0$).
Dem Moment $M = 1/2\,q\,l^2$ entspricht in A das halbe elastische Gewicht:

$$\frac{1}{2}\,\tau_q = \frac{l}{3\,EJ}\,M_q = \frac{q\,l^3}{24\,EJ} = \frac{q\,l^3}{8\,EJ},$$

wobei das zweite Glied von der Feldbelastung herrührt; daher:

$$f_q = \frac{1}{2}\,\tau_q\,l = \frac{q\,l^4}{8\,EJ}. \tag{82}$$

2. *Der in A eingespannte Träger, (Abb. 43), ragt über B um $\overline{BC} = a$ hinaus; die Senkung des mit P belasteten freien Endes ist anzugeben.* Mit den gewählten Eintragungen entstehen die Auflagerdrücke:

$$A = -\frac{P a}{l} - \frac{M_A}{l}, \qquad B = \frac{P(a+l)}{l} + \frac{M_A}{l},$$

wobei M_A = Moment in A; in B herrscht $M_B = -P a$.
Der freien Auflagerung entspricht der Endverdrehungswinkel in A:

$$\tau_A = \frac{l}{6 E J} (2 M_A + M_B),$$

der bei voller Einspannung in die Null übergeht; daher

$$M_A = -\frac{1}{2} M_B = +\frac{1}{2} P a$$

und: $\quad A = -\dfrac{3 P a}{2 l}, \qquad B = P + \dfrac{3 P a}{2 l}, \qquad A + B = P.$

Die bei freier Auflagerung in A sich ergebende Biegelinie verlaufe von A über B nach C_1; gegenüber $\overline{AC_1}$ hebt sich B um f_B, wobei mit der Stützweite $(l + a)$ zu rechnen ist. In dem in „B" angenommenen Gelenk wirkt das elastische Gewicht:

$$\tau_B = {}_l\tau_B + {}_r\tau_B =$$
$$= -\frac{P a (3 l + 4 a)}{12 E J}.$$

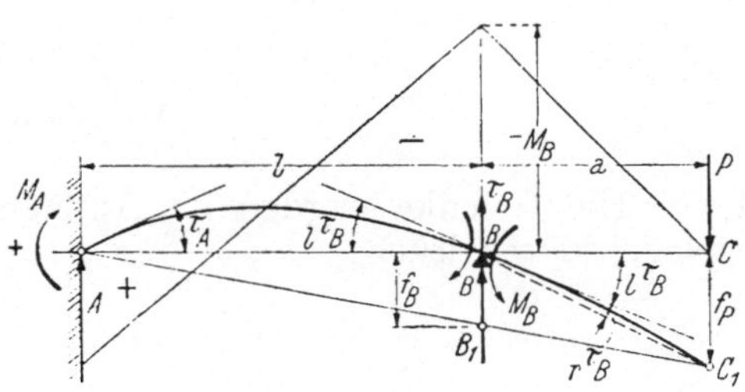

Abb. 43

Gesetzt wurde:

$${}_l\tau_B = \frac{l}{6 E J} (2 M_B + M_A) = -\frac{P l a}{4 E J}, \qquad {}_r\tau_B = \frac{a}{3 E J} M_B = -\frac{P a^2}{3 E J}$$

Hebung in B, bezogen auf $\overline{AC_1}$:

$$f_B = \frac{a l}{(l + a)} \tau_B = -\frac{P l a^2 (3 l + 4 a)}{12 E J (l + a)}.$$

Die Senkung f_P in C folgt aus der Ähnlichkeit der Dreiecke $A B B_1$ und $A C C_1$ mit:

$$f_P = |f_B| \frac{a + l}{l} = \frac{a l}{(l + a)} \tau_B \frac{(a + l)}{l} = a \tau_B,$$

$$f_P = \frac{P a^2 (3 l + 4 a)}{12 E J}. \tag{83}$$

3. *Der gemäß Abb. 44 a belastete Träger mit einseitiger Auskragung ist hinsichtlich der vertikalen Verschiebungen der Lastangriffspunkte zu untersuchen.* Auflagerdrücke: $A = 12{\cdot}0\,\text{t}$, $B = 2{\cdot}0\,\text{t}$; Momente: $M_A = -P_1 a = -20{\cdot}0\,\text{tm}$, $M_m = B b = +12.0\,\text{tm}$.

In Abb. 44 b ist eine ideelle Biegelinie eingezeichnet, die dem Fall entspricht, daß durchaus negative Momente (Auflagerdruck in „B" negativ) auftreten; da $B = + 2\cdot0$ t, liegt die Biegelinie unterhalb der Träger-

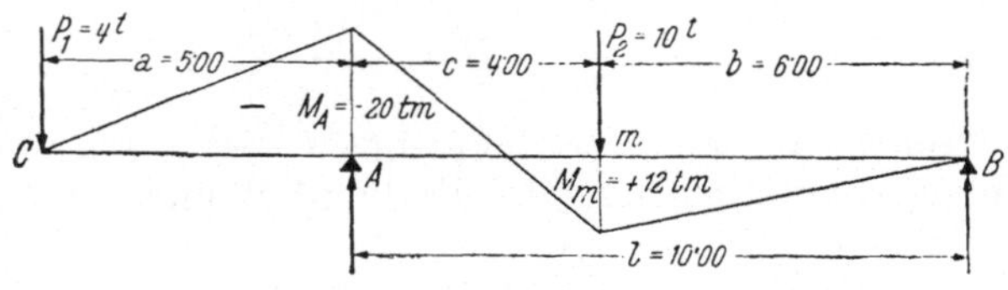

Abb. 44 a

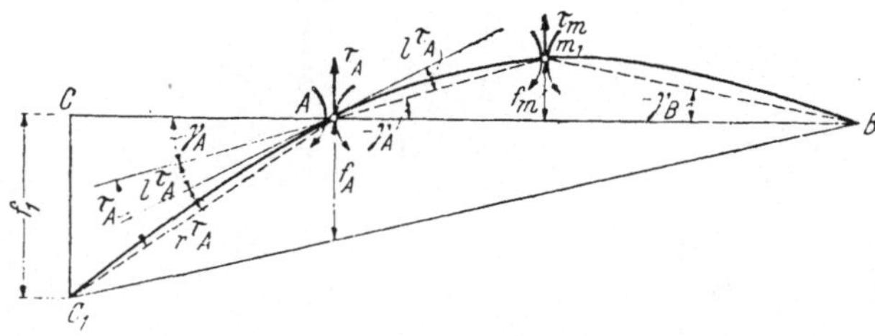

Abb. 44 b

achse. Die Gelenke werden im Auflager „A" und im Lastpunkt „m" eingelegt; dort wirken:

$$\tau_A = {}_l\tau_A + {}_r\tau_A = \frac{c}{6\,EJ}\,(2\,M_A + M_m) + \frac{a}{3\,EJ}\,M_A =$$

$$= \frac{1}{6\,EJ}\,[2\,(a + c)\,M_A + c\,M_m] = - \frac{312}{6\,EJ},$$

$$\tau_m = \frac{c}{6\,EJ}(2\,M_m + M_A) + \frac{b}{3\,EJ}\,M_m = \frac{1}{6\,EJ}\,[c\,M_A + 2\,(c + b)\,M_m] = + \frac{160}{6\,EJ}.$$

Nach früherem ist ferner:

$$\gamma_A = \tau_m\,\frac{b}{l} = + \frac{96}{6\,EJ}, \qquad \gamma_B = \tau_m\,\frac{c}{l} = + \frac{64}{6\,EJ}.$$

Gemäß unseren Annahmen entsprechen positiven Momenten positive elastische Gewichte und umgekehrt. In Abb. 44 b ist τ_A mit dem richtigen Vorzeichen, d. h. nach *oben* (*negativ*) wirkend eingezeichnet; γ_A, γ_B und τ_m müssen ihren Richtungssinn ändern; f_m fällt unter die Achse, der Lastpunkt senkt sich. Einem *negativen* elastischen Gewicht im Felde, z. B. $(-\gamma_A)$ entspricht eine *Hebung*, im Kragträger eine *Senkung*. Der Abb. 44 b entnimmt man:

Senkung des Punktes C (Dreieck CC_1A):

$$f_1 = a\,(\gamma_A + {}_l\tau_A + {}_r\tau_A) = a\,(\gamma_A + \tau_A) = - \frac{180}{EJ} \tag{84}$$

Verschiebung des Lastpunktes „m"; man findet (BPV):

$$f_m = \frac{bc}{l}\,\tau_m = + \frac{6\cdot4}{10}\,\frac{160}{6\,EJ} = + \frac{64}{EJ},$$

d. h. „m" fällt unter die Trägerachse.

Das BPV führt unmittelbar zur Senkung von C:

Aus dem Biegelinienpolygon $C_1 A\, m_1 B$ folgt für die Trägerlänge $(l + a)$ die Hebung f_A von A gegenüber $\overline{C_1 B}$:

$$f_A = \frac{a\,l}{(l+a)}\,\tau_A + \frac{a\,b}{(l+a)}\,\tau_m$$

und wegen:

$$f_1 = f_A\,\frac{l+a}{l}, \quad \tau_m\frac{b}{l} = \gamma_A\,,$$

$$f_1 = \frac{a}{l}\,(l\,\tau_A + b\,\tau_m) = a\,(\gamma_A + \tau_A) \tag{84}$$

4. *Die Trägerverbindung, Abb. 45* a, *ist am freien Ende durch* $P = 3{\cdot}6$ t *belastet; um wieviel senkt sich die Laststelle?* Dieses Beispiel ist dem „Stahlbau-Kalender" 1937, S. 82, entnommen. Darnach besteht der

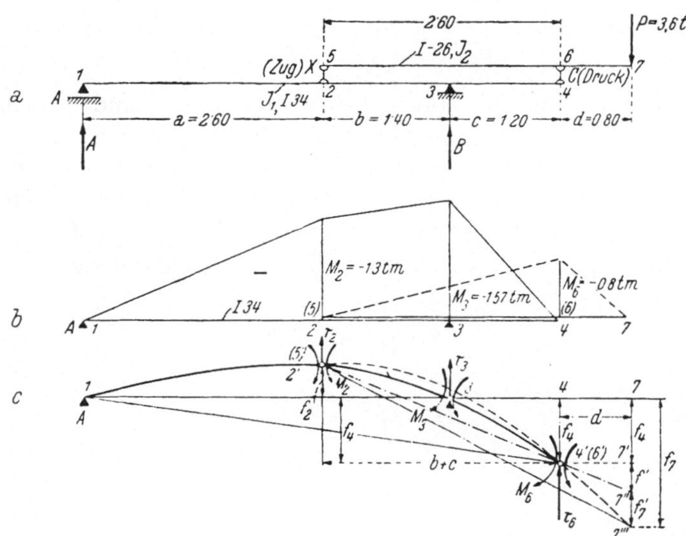

Abb. 45 a—c

Träger $\overline{1—4}$ aus I-Prof.-Nr. 34, $\overline{5—7}$ aus I-Prof.-Nr. 26; ferner ist $EJ_1 = 3297$ tm², $EJ_2 = 1205.4$ tm².

Die Verbindungskraft X ist statisch bestimmt. Es gelten folgende Beziehungen

$$P + X - C = 0$$

$$Xa + B\,(a + b) = C\,(a + b + c) = (P + X)\,(a + b + c)$$

Daraus:

$$B = \frac{1}{(a+b)}\,[P\,(a + b + c) + X\,(b + c)],$$

ferner:

$$A\,(a+b) + X\,b + (P+X)\,c = 0$$

daher

$$A = -\frac{1}{(a+b)}\,[P\,c + X\,(b+c)].$$

Nun ist:

$$A + B = P, \quad A + B + X - C = 0$$

und

$$X = \frac{d}{b+c}\,P.$$

Mit den Maßen der Abb. und $P = 1$ t entsteht:

$$X = \frac{0{\cdot}8}{2{\cdot}6} = {}^4/_{13}\,\text{t}, \quad C = {}^{17}/_{13}\,\text{t}, \quad B = 1{\cdot}5\,\text{t}, \quad A = -\,0{\cdot}5\,\text{t},$$

wobei $X =$ Zug, $C =$ Druck.

Momente: $M_2 = A\,a = -\,1{\cdot}30$ tm, $\qquad M_3 = -\,C\,c = -\,1{\cdot}57$ tm,
$$M_6 = -\,1\,d = -\,0{\cdot}80\ \text{tm}.$$

Die Momentlinien für die Träger $\overline{1-4}$ und $\overline{5-7}$ sind in Abb. 45 b
eingetragen, die Biegelinien in Abb. 45 c. Zu berechnen ist $f_7 = \overline{7-7'''}$;
beide Biegelinien haben die Stellen 2' (5') und 4' (6') gemeinsam. Punkt „2"
hebt sich um f_2, Punkt „4" senkt sich um f_4; durch die Gerade $\overline{2'-4'}$
wird auf der zur Trägerachse Senkrechten $\overline{7-7'''}$ das Stück $f' = \overline{7'-7''}$
abgeschnitten. $f_7' = \overline{7''-7'''}$ stellt die Durchbiegung des Kragträgers
$\overline{6-7}$ dar. Somit:

$$f_7 = f_4 + f' + f_7'.$$

Ferner:

$$f' : (f_2 + f_4) = d : (b+c),$$
$$f' = \frac{d\,(f_2+f_4)}{(b+c)} = \frac{0{\cdot}8}{2{\cdot}6}\,(f_2 + f_4).$$

und schließlich:

$$f_7 = f_7' + \frac{1}{13}\,(4\,f_2 + 17\,f_4) \qquad\qquad (85)$$

Berechnung von f_2 und f_4.
Gelenke in „2" und „3"; zugeordnete Trägerlänge $\overline{1-4} \approx \overline{1-4'}$.

Elastische Gewichte: $\tau_2 = \dfrac{a}{3\,E J_1}\,M_2 + \dfrac{b}{6\,E J_1}\,(2\,M_2 + M_3) = -\dfrac{12{\cdot}6}{6\,E J_1}$,

$$\tau_3 = \frac{b}{6\,E J_1}\,(2\,M_3 + M_2) + \frac{c}{3\,E J_1}\,M_3 = -\frac{9{\cdot}99}{6\,E J_1}.$$

Damit: $\quad f_2 = \dfrac{a\,b}{(a+b)}\,\tau_2 = -\dfrac{11{\cdot}47}{6\,E J_1}$

und gemäß Gl. (84): $f_4 = \dfrac{c}{(a+b)} [(a+b)\,\tau_3 + a\,\tau_2] = -\dfrac{21\cdot82}{6\,EJ_1}$.

Das zweite Glied in Gl. (85) stellt sich damit auf:

$$\frac{1}{13}(4\,f_2 + 17\,f_4) = -\frac{5\cdot34}{6\,EJ_1}.$$

Berechnung von $f_7{}'$: In Betracht kommt die gestrichelte Biegelinie und demnach eine Trägerlänge $(b + c + d)$; Gelenk in $(6')$; dort herrscht:

$$\tau_6 = \frac{(b+c)}{3\,EJ_2}\,M_6 + \frac{d}{3\,EJ_2}\,M_6 =$$

$$= \frac{(b+c+d)\,M_6}{3\,EJ_2} = -\frac{2\cdot72}{3\,EJ_2}$$

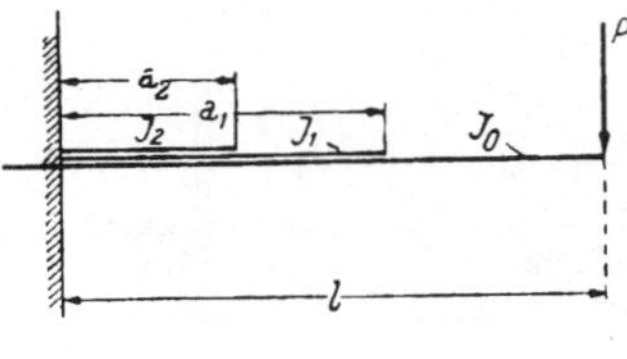

Nach Gl. (83) ist:

$$f_7{}' = d\,.\,\tau_6 = -\frac{0\cdot725}{EJ_2}$$

Abb. 46

Totale Durchbiegung (Senkung); mit Gl. (85) besteht:

$$f_{tot} = P\,f_7 = -3\cdot6\left(\frac{5\cdot34}{EJ_1} + \frac{0\cdot725}{EJ_2}\right) = -3\cdot6\,.\,0\cdot00222 = -0\cdot008\,\mathrm{m} = -8\ \mathrm{mm}$$

in Übereinstimmung mit dem Ergebnis der bezogenen Quelle.

F. Ausbiegung lamellenverstärkter Konsolen.

1. *Träger lt. Abb. 46 verstärkt und am freien Ende mit P belastet.*
α) *Indirektes Verfahren.* Der Konsolträger wird nach Abb. 47 zu einem *Schwebeträger* von der Länge „$2\,l$" erweitert; an der Einspannstelle wirkt die Stützkraft $2\,P$; an den Trägerenden treten keine Auflagerdrücke auf. Die Senkung f_k ist ebenso groß wie die Hebung des frei aufliegenden Trägers von der Stützweite „$2\,l$", der in der Mitte durch $(2\,P)$ belastet ist; sie läßt sich unmittelbar aus Gl. (54') berechnen, wenn darin P durch $(2\,P)$, l durch $(2\,l)$ und die Lamellenlänge a_k durch $(2\,a_k)$ ersetzt werden (Abb. 30); das Verhältnis $(a_k/l) = \xi$ bleibt unverändert. Für „n"-Lamellen ist demnach zu setzen:

$$f_k = \frac{(2\,P)\,(2\,l)^3}{48\,EJ_0}\left[\hat{\mu}_n + \sum_{k=1}^{k=n} (\hat{\mu}_{k-1} - \hat{\mu}_k)\,(1-\xi_k)^3\right]$$

$$f_k = \frac{P\,l^3}{3\,EJ_0}\left[\hat{\mu}_n + \sum_{k=1}^{k=n} (\hat{\mu}_{k-1} - \hat{\mu}_k)\,(1-\xi_k)^3\right] \tag{86}$$

$\dfrac{P\,l^3}{3\,EJ_0} = f_0$ gilt für konstantes Trägheitsmoment.

β) *Berechnung nach dem BPV (Abb. 47).* Gelenke in „m" und „$k(1)$", wenn ein Lamellenpaar vorhanden ist.
Momente $M_m = -\,P\,l$, $\quad M_1 = -\,P\,(l - a_1)$

Elastische Gewichte: Wir setzen: $\mu_0 = \dfrac{J_0}{J_0} = 1$, $\hat{\mu}_1 = \dfrac{J_0}{J_1}$, $\xi_1 = \dfrac{a_1}{l}$.

$$\tau_1 = -\frac{(l-a_1)}{3\,E\,J_0}\,P\,(l-a_1) - \frac{a_1\,\hat{\mu}_1}{6\,E\,J_0}\,[2\,P\,(l-a_1) + P\,l] =$$

$$= -\frac{P\,l^2}{6\,E\,J_0}\,[2\,(1-\xi_1)^2 + \hat{\mu}_1\,\xi_1\,(3-2\,\xi_1)],$$

$$\tau_m = -2\,\frac{a_1\,\hat{\mu}_1}{6\,E\,J_0}\,[2\,P\,l + P\,(l-a_1)] = -2\,\frac{P\,l^2\,\hat{\mu}_1}{6\,E\,J_0}\,\xi_1\,(3-\xi_1)$$

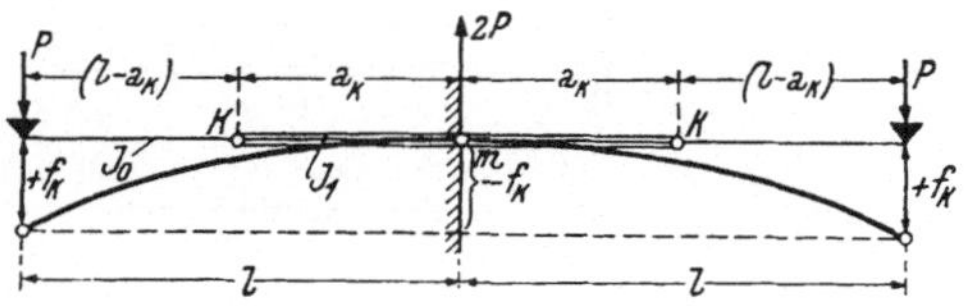

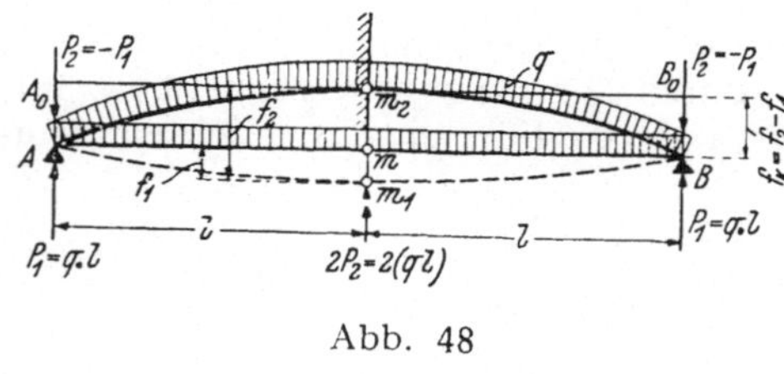

Abb. 47

Durchbiegung: Nach dem BPV besteht lt. Gl. (6):

$$f_1 = 2\frac{(l-a_1)\,l}{2\,l}\,\tau_1 + \frac{l\cdot l}{2\,l}\,\tau_m =$$

$$= l\,(1-\xi_1)\,\tau_1 + \frac{l}{2}\,\tau_m.$$

Die Substitution ergibt:

$$f_1 = -\frac{P\,l^3}{3\,E\,J_0}\,[(1-\xi_1)^3 + \hat{\mu}_1\,\xi_1\,(3-3\,\xi_1 + \xi_1{}^2)] =$$

$$= -\frac{P\,l^3}{3\,E\,J_0}\,\{\hat{\mu}_1 + \hat{\mu}_0\,(1-\xi_1)^3 - \hat{\mu}_1\,[1-3\,\xi_1 + 3\,\xi_1{}^2 - \xi_1{}^3]\}$$

und schließlich:

$$f_1 = -\frac{P\,l^3}{3\,E\,J_0}\,[\hat{\mu}_1 + (\hat{\mu}_0 - \hat{\mu}_1)\,(1-\xi_1)^3]$$

in Übereinstimmung mit Gl. (86), wenn $n = 1$; das negative Vorzeichen deutet darauf hin, daß die Trägermitte sich gehoben hat.

Abb. 48

2. *Der lamellenverstärkte Konsolträger, Abb. 46, ist mit q kg/m gleichmäßig belastet. Gefragt ist die Senkung f_k am Trägerende.* Zur Bestimmung der Senkung werden die Formeln, Gl. (56) und Gl. (54') herangezogen. Wir denken uns vorerst den freiaufliegenden Träger $\overline{A\,B} = 2\,l$, (Abb. 48), gleichmäßig mit q kg/m belastet; der Auflagerdruck ist dann $P_1 = q\,l$; die Trägermitte senkt sich um f_1 und gelangt von „m" nach m_1; wird der Träger in m_1 durch die Stützkraft $2\,P_2 = 2\,(q\,l)$ von unten nach oben belastet, so gelangt m_1 nach m_2; die Verschiebung beträgt $f_2 = \overline{m_1\,m_2}$; da sich die Reaktionen beider Belastungen wegen $P_2 = -P_1$ aufheben, befindet sich der Träger in schwebendem Gleichgewicht; es besteht Konsolwirkung, d. h.:

$$f_k = (f_2 - f_1)$$

Nun ist lt. Gl. (56):

$$f_1 = \frac{5\,q\,(2\,l)^4}{384\,EJ_0}\left[\hat{\mu}_n + \sum_{k=1}^{k=n}(\hat{\mu}_{k-1} - \hat{\mu}_k)\,\psi_1(\xi_k)\right]$$

und lt. Gl. (54'):

$$f_2 = \frac{2\,(q\,l)\,(2\,l)^3}{48\,EJ_0}\left[\hat{\mu}_n + \sum_{k=1}^{k=n}(\hat{\mu}_{k-1} - \hat{\mu}_k)\,(1 - \xi_k)^3\right]$$

damit:

$$f_k = \frac{q\,l^4}{24\,EJ_0}\left\{3\,\hat{\mu}_n + \sum_{k=1}^{k=n}(\hat{\mu}_{k-1} - \hat{\mu}_k)\,[(1 - \xi_k)^3 - 5\,\psi_1(\xi_k)]\right\}.$$

Wird berücksichtigt, daß Gl. (55):

$$\psi_1(\xi_k) = (1 - \xi_k)^3\,(1 + 0{\cdot}6\,\xi_k),$$

so vereinfacht sich obige Formel auf:

$$f_k = {}_q f_0\left[\hat{\mu}_n + \sum_{k=1}^{k=n}(\hat{\mu}_{k-1} - \hat{\mu}_k)\,(1 - \xi_k)^4\right], \tag{87}$$

wenn:

$${}_q f_0 = \frac{q\,l^4}{8\,EJ_0}\quad \text{die Senkung für konstantes } J \text{ ist, Gl. (82).}$$

Zahlenbeispiele.

3 a. Stahlkonsole. *Länge $l = 5{\cdot}0$ m; gefragt ist ihre Enddurchbiegung, wenn entweder α) eine Endbelastung von $P = 1{\cdot}4$ t, β) eine Gleichlast $q = 280$ kg/m besteht oder γ) beide Belastungen gleichzeitig wirken.* $\sigma_{zul} = 1600$ kg/cm², $E = 2{\cdot}1\,.\,10^6$ kg/cm².
Belastung $P = 1{\cdot}4$ t. Einspannungsmoment $M_P = P\,l = 700{,}000$ kgcm.

Erforderliches Widerstandsmoment: ${}_v W_0 = \dfrac{M_P}{\sigma_{zul}} = 437{\cdot}5$ cm³.

Es genügt I-Nr. 26 mit ${}_v J_0 = 5740$ cm⁴, ${}_v W_0 = 442$ cm³; daher $\sigma_{eff} = 1584$ kg/cm² und die Senkung:

$${}_P f_0 = \frac{P\,l^3}{3\,E\,{}_v J_0} = \underline{4{\cdot}84 \text{ cm}}.$$

Die Senkung werde mit $f_{zul} = 3{\cdot}5$ cm begrenzt; unter Beibehaltung des Grundprofiles ist eine Verstärkung nötig; sie erfolge durch ein Lamellenpaar. Gl. (86) lautet ($n = 1$):

$$f_{zul} = {}_P f_0\,[\hat{\mu}_1 + (1 - \hat{\mu}_1)\,(1 - \xi_1)^3].$$

Die kürzeste Lamelle $a_{min} = l\,\xi_{min}$ erhält man, wenn $\hat{\mu}_1 = 0$, d. h. ${}_v J_1 = \infty$, aus:

$$(1 - \xi_{min})^3 = \frac{f_{zul}}{{}_P f_0} = \overline{\varkappa} = \frac{3{\cdot}50}{4{\cdot}84} = 0{\cdot}723$$

mit:

$$a_{min} = l\,\xi_{min} = (1 - \overline{\varkappa}^{1/3})\,l = \underline{0\cdot51\ \text{m}.}$$

Diese Lamelle bewirkt volle Einspannung; für die Durchbiegung kommt nur die Länge:

$$l_1 = l - a_{min} = 4\cdot49\ \text{m}$$

in Frage. Allgemein sind die Lamellenmaße vorher anzunehmen und die zugeordneten Längen aus:

$$a_1 = l\,\xi_1 = \left\{1 - \left[\frac{(\overline{\varkappa} - \hat{\mu}_1)}{(1 - \hat{\mu}_1)}\right]^{1/3}\right\} l$$

zu bestimmen. Nachstehend sind für eine angenommene Lamellenbreite und -dicke die zugeordneten Längen „a" ohne Überlänge (für den Lamellenanschluß) zusammengestellt.

Lamellen in mm: $2\times160/10$, $2\times160/12$, $2\times160/15$, $2\times160/20$.

$$_vJ_1\ \text{cm}^4:\quad 11.260,\qquad 12.850,\qquad 14.830,\qquad 18.310,\qquad \infty$$

$$\frac{_vJ_0}{_vJ_1} = \hat{\mu}_1:\quad 0\cdot510,\qquad 0\cdot477,\qquad 0\cdot387,\qquad 0\cdot314,\qquad 0$$

$$\xi_1:\quad 0\cdot2425,\qquad 0\cdot2068,\qquad 0\cdot1816,\qquad 0\cdot1584,\qquad 0\cdot102$$

Lamellenlänge
in m: $a_1 = l\,\xi_1:$ $1\cdot202$, $1\cdot034$, $0\cdot908$, $0\cdot792$, $0\cdot510$

Die schwächeren Lamellen erfordern weniger Material, jedoch mehr Nietarbeit.

Belastung: $q = 280\ \text{kg/m}$. Moment. $M_q = 1/2\,q\,l^2 = 350{,}000$ kgcm; erforderliches Widerstandsmoment: $_rW_0' = \dfrac{M_q}{\sigma_{zul}} = 218\cdot8$ cm³; es genügt

I-Nr. 20; $_vJ_0 = 2140\ \text{cm}^4$, $_vW_0 = 214\ \text{cm}^3$, $\sigma_{eff} = 1635\ \text{kg/cm}^2$;

$$_qf_0 = \frac{q\,l^4}{8\,E\,_vJ_0} = \underline{4\cdot87\ \text{cm}.}$$

Falls gefordert wird, daß $f_{zul} \lesseqgtr 3\cdot5$ cm, ist die Verstärkung unter Annahme *eines* Lamellenpaares aus Gl. (87) zu bestimmen ($n = 1$):

$$f_{zul} = {}_qf_0\,[\hat{\mu}_1 + (1 - \hat{\mu}_1)\,(1 - \xi_1)^4].$$

Die kürzeste Lamelle ergibt für $\hat{\mu}_1 = 0$; demnach:

$$(1 - \xi_{min})^4 = \overline{\varkappa} = \frac{f_{zul}}{_qf_0} = 0\cdot718$$

und damit

$$a_{m,n} = l\,\xi_{min} = \underline{0\cdot395\ \text{m}.}$$

Die einzelnen $\hat{\mu}_1$ zugeordneten Lamellenlängen wurden aus:

$$a_1 = l\,\xi_1 = l\left[1 - \left(\frac{\overline{\varkappa} - \hat{\mu}_1}{1 - \hat{\mu}_1}\right)^{1/4}\right]$$

bestimmt und nachstehend zusammengestellt.

Lamellen in mm: $2 \times 150/10$, $2 \times 150/12$, $2 \times 150/15$, $2 \times 150/20$, .

$$_vJ_1 \text{ cm}^4: \qquad 5450, \qquad 6190, \qquad 7050, \qquad 9420, \qquad \sim$$

$$\frac{_vJ_0}{_vJ_1} = \hat{\mu}_1: \qquad 0{\cdot}393, \qquad 0{\cdot}345, \qquad 0{\cdot}291, \qquad 0{\cdot}227, \qquad 0$$

$$\xi_1: \qquad 0{\cdot}1446, \qquad 0{\cdot}1313, \qquad 0{\cdot}1191, \qquad 0{\cdot}1073, \quad 0{\cdot}079$$

Lamellenlänge

in m: a_1: $0{\cdot}723$, $0{\cdot}657$, $0{\cdot}596$, $0{\cdot}537$, $0{\cdot}395$

Die dünneren Lamellen sind vom Standpunkte der Materialökonomie vorzuziehen.

Belastung durch $P = 1{\cdot}4$ t *und* $q = 280$ kg/m. $M = M_P + M_q = 1050{,}000$ kgcm. Erforderliches Widerstandsmoment: $_vW_0' = 656$ cm³. Es genügt: I-Nr. 30 mit $_vJ_0 = 9800$ cm⁴, $_vW_0 = 653$ cm³.

Durchbiegung: $f_0 = \dfrac{P\,l^3}{3\,E\,_vJ_0} + \dfrac{q\,l^4}{8\,E\,_vJ_0} = \dfrac{P\,l^3}{3\,E\,_vJ_0}\left(1 + \dfrac{3}{8}\dfrac{q\,l}{P}\right) = {_Pf_0}\left(1 + \dfrac{3}{8}\dfrac{q\,l}{P}\right)$

Da: $_Pf_0 = 2{\cdot}834$ cm, $\dfrac{3}{8}\dfrac{q\,l}{P} = 0{\cdot}375$, ergibt sich: $f_0 = 2{\cdot}834 \cdot 1{\cdot}375 = 3{\cdot}896$ cm.

Die Verstärkung ist so zu wählen, daß $f_{zul} \lesseqgtr \dfrac{l}{250} = 2$ cm; sie soll durch ein Lamellenpaar erfolgen; es kommen Gl. (86) und (87), bezw. deren Summe in Betracht.

$$f_{zul} = {_Pf_0}\left\{ \hat{\mu}_1\left(1 + \frac{3}{8}\frac{q\,l}{P}\right) + (1 - \hat{\mu}_1)(1 - \xi_1)^3\left[1 + \frac{3}{8}\frac{q\,l}{P}(1 - \xi_1)\right]\right\}.$$

Die Bedingungsgleichung zur Aufsuchung von ξ_1 lautet mit:

$$\overline{\varkappa} = \frac{f_{zul}}{_Pf_0} = 0{\cdot}7057:$$

$$(1 - \xi_1)^3\left[1 + \frac{3}{8}\frac{q\,l}{P}(1 - \xi_1)\right] = \frac{\overline{\varkappa} - \hat{\mu}_1\left(1 + \dfrac{3\,q\,l}{8\,P}\right)}{(1 - \hat{\mu}_1)}. \tag{88}$$

Im besonderen folgt mit $\hat{\mu}_1 = 0$ der Wert ξ_{min} für die kürzeste Lamelle aus:

$$(1 - \xi_{min})^3\left[1 + \frac{3}{8}\frac{q\,l}{P}(1 - \xi_{min})\right] = \overline{\varkappa},$$

und mit den speziellen Werten:

$$(1 - \xi_{min})^3\,[1 + 0{\cdot}375\,(1 - \xi_{min})] = 0{\cdot}7057.$$

Durch Versuch wurde $\xi_{min} \approx 0{\cdot}19$ gefunden.

Daher die kürzeste Lamelle: $a_{min} = 0{\cdot}19 \cdot 5{\cdot}0 = 0{\cdot}95$ m. Die übrigen Lamellenlängen folgen aus Gl. (88); sie lautet:

$$(1 - \xi_1)^3\,[1 + 0{\cdot}375\,(1 - \xi_1)] = \frac{0{\cdot}7057 - 1{\cdot}375\,\hat{\mu}_1}{(1 - \hat{\mu}_1)}.$$

Nachfolgend sind zu einzelnen angenommenen Lamellendimensionen die zugeordneten Längen ausgewiesen; die erste Kolonne ergibt sich aus der

Bedingung, daß $\xi_1 = 1$, d. h. die Lamelle reicht über die ganze Länge $l = 5\cdot0$ m; es besteht dann, Gl. (88):

$$\hat{\mu}_1 = \frac{\overline{\varkappa}}{1 + \dfrac{3\,q\,l}{8\,P}} = \frac{f_{zul}}{P f_0\left(1 + \dfrac{3\,q\,l}{8\,P}\right)}$$

und nach Sonderwertung $\hat{\mu}_1 = 0.513$.

Lamellen in mm: $2 \times 200/9\cdot65$, $2 \times 200/10$, $2 \times 200/12$, $2 \times 200/15$.

$_v J_1$ in cm⁴:	19100,	19410,	21490,	24690,	
$\hat{\mu}_1$:	0·513,	0·505,	0·456,	0·397,	0
ξ_1:	1·0,	0·725,	0·505,	0·400,	0·19
$a_1 = l\,\xi_1$ in m:	5·0,	3·625,	2·525,	2·00,	0·95

Über die zweckmäßigste Wahl von a_1 ist gesondert zu entscheiden.

3 b. *Der Auslegeträger einer Eisenbahnbrücke liege in seinen Abmessungen vor (Abb. 49 a) Stützweite $\overline{AB} = l = 20\cdot0$ m, Ausladung $\overline{BC} = l_1 = 7\cdot5$ m. Für die Belastung und Laststellung (Abb. 49 b) sind die Verschiebung und die Verdrehung des Kragendes C, ferner die Biegelinie zu bestimmen.*[1] *Vorberechnungen.*

Biegungsmomente. Der Momentenverlauf ist aus Abb. 49 d zu entnehmen, ebenso die je Träger in den Lastangriffspunkten und an den Stellen der sprungweisen Änderung der Trägheitsmomente wirkenden Momente.

Trägheitsmomente (Abb. 49 c). Auf den unverstärkten Grundquerschnitt mit $J_A = 980.000$ cm⁴ bezogen, besteht bei Vorhandensein eines Lamellenpaares, bezw. für den Querschnitt in und nächst der Stütze B: $J_1 = 1\cdot351\,J_A$, für zwei Lamellenpaare $J_2 = 1\cdot686\,J_A$; für jede der beiden Schrägen nächst B wird mit dem Mittelwert $J_3 = 1/2\,(J_A + J_1) = 1\cdot176\,J_A$ gerechnet. Elastische Gewichte τ_k. Sie wirken in den Lastangriffspunkten und an den Lamellenenden (Gelenken); ihre Einmessung geschieht (Abb. 49 e) durch a_k oder $b_k = (l - a_k)$, bezw. durch a_k' oder $b_k' = (l_1 - a_k')$; der Abstand zweier Gelenke i und k beträgt $(a_k - a_i) = a_{ik} = (b_i - b_k)$. Nach früherem stellt sich z. B. das Gewicht τ_3 (Abb. 49 d und e) auf:

$$\tau_3 = \frac{a_{2,3}}{6\,E J_1}\,(2\,M_3 + M_2) + \frac{a_{3,4}}{6\,E J_2}\,(2\,M_3 + M_4)$$

und auf den Grundquerschnitt bezogen:

$$\tau_3 = \frac{1}{6\,E J_A}\left[\frac{a_{2,3}}{1\cdot351}\,(2\,M_3 + M_2) + \frac{a_{3,4}}{1\cdot686}\,(2\,M_3 + M_4)\right].$$

Mit $a_{2,3} = (a_3 - a_2) = 1\cdot5$ m, $a_{3,4} = (a_4 - a_3) = 2.0$ m, $M_2 = 86\cdot4375$ tm, $M_3 = 122\cdot156$ tm, $M_4 = 169\cdot781$ tm wird:

$$6\,E J_A \cdot \tau_3 = 858\cdot45 \approx 860\ \text{tm}^2 = \dot\tau_3$$

Zusammenstellung der $6\,E J_A \cdot \tau_k = \dot\tau_k$-Werte

$\dot\tau_1 = 462\cdot5 \approx 460$ tm², $\dot\tau_2 = 563\cdot0 \approx 560$ tm², $\dot\tau_3 = 858\cdot45 \approx 860$ tm²

$\dot\tau_4 = 1019\cdot3 \approx 1020$ tm², $\dot\tau_5 = 1003\cdot6 \approx 1000$ tm², $\dot\tau_6 = 1052\cdot1 \approx 1050$ tm²

---

[1] *Foerster* „Taschenbuch für Ingenieure." V. Auflage, S. 302/303.

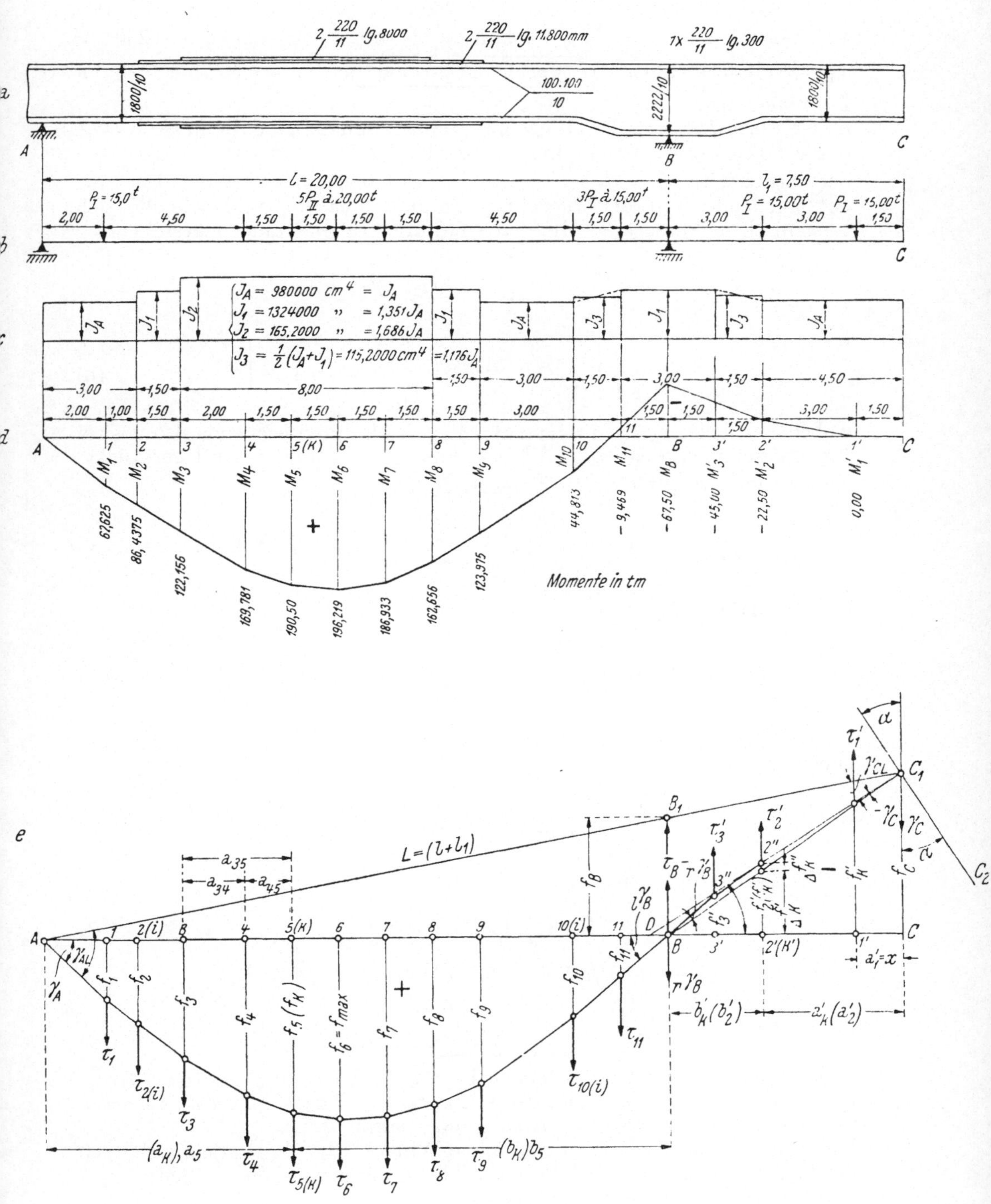

Abb. 49 a — e

$\dot{\tau}_7 = 984\cdot5 \approx 980\,\text{tm}^2$, $\dot{\tau}_8 = 953\cdot95 \approx 950\,\text{tm}^2$, $\dot{\tau}_3{}' = -318\cdot35 \approx -320\,\text{tm}^2$

$\dot{\tau}_9 = 1329\cdot25 \approx 1330\,\text{tm}^2$, $\dot{\tau}_{10} = 741\cdot35 \approx 740\,\text{tm}^2$, $\dot{\tau}_2{}' = -249\cdot8 \approx -250\,\text{tm}^2$

$\dot{\tau}_{11} = -118\cdot5 \approx -120\,\text{tm}^2$, $\boxed{\dot{\tau}_B = -360\cdot25 \approx -360\,\text{tm}^2,}$ $\dot{\tau}_1{}' = -33\cdot75 \approx -35\,\text{tm}^2$

Deformationen.

α) *Gebrauchsformeln.* Die Biegelinie (Polygonlinie) habe die in Abb. 49 e dargestellte Form; es empfiehlt sich, der Untersuchung den Träger von der Stützweite $L = (l + l_1) = \overline{AC_1} \approx \overline{AC}$ zugrundezulegen. Der $\overline{TC}$ entsprechende Teil der Biegelinie verläuft *gradlinig* und schließt sich tangentiell an diese an. Mit den gewählten Bezeichnungen besteht:

$$\sum_1^n \tau_k + \sum_{1'}^{n'} \tau_k{}' - \tau_B = \gamma_{AL} + \gamma_{CL}, \tag{a}$$

$$\gamma_{AL} = \frac{1}{L}\left[\sum_1^n \tau_k (l_1 + b_k) + \sum_{1'}^{n'} \tau_k{}' a_k{}' - \tau_B l_1 \right], \tag{b}$$

wobei sämtliche τ_k $(\tau_k{}')$, ausgenommen τ_B, nach unten wirkend, also positiv vorausgesetzt wurden; γ_{AL} und γ_{CL} sind die elastischen Auflagerdrücke. Nach früherem gilt für den Träger $\overline{AB} = l$:

$$\sum_1^n \tau_k = (\gamma_A + {}_l\gamma_B); \quad \gamma_A = \frac{1}{l}\sum_1^n \tau_k b_k, \quad {}_l\gamma_B = \frac{1}{l}\sum_1^n \tau_k a_k, \tag{c}$$

für den Träger $\overline{BC_1} = l_1 = \overline{BC}$:

$$\sum_{1'}^{n'} \tau_k{}' = (\gamma_C + {}_r\gamma_B); \quad \gamma_C = \frac{1}{l_1}\sum_{1'}^{n'} \tau_k{}' b_k{}', \quad {}_r\gamma_B = \frac{1}{l_1}\sum_{1'}^{n'} \tau_k{}' a_k{}' \tag{c'}$$

Der Stützpunkt B hat von $\overline{AC_1}$ einen Abstand f_B, der nach Gl. (6) gegeben ist durch:

$$f_B = \overline{BB_1} = \frac{l_1}{L}\sum_1^n \tau_k a_k + \frac{l}{L}\sum_1^n \tau_k{}' a_k{}' - \frac{l\, l_1}{L}\,\tau_B,$$

bezw. wegen Gl. (c) und (c'):

$$f_B = \frac{l\, l_1}{L}({}_l\gamma_B + {}_r\gamma_B - \tau_B). \tag{d}$$

Damit die *Verschiebung* f_C von C aus (Abb. 49 e), wegen:

$$|f_C| : |f_B| = L : l,$$

$$|f_C| = ({}_l\gamma_B + {}_r\gamma_B - \tau_B)\, l_1, \tag{89}$$

d. h. der absolute Wert der vertikalen Verschiebung (Hebung) des freien Kragträgerendes ist durch das Moment aus den über der Stütze wirkenden elastischen Gewichten bezüglich des Verschiebungsortes bestimmt.

Die *Endverdrehung* von C ist durch den Winkel $CC_1 C_2 = \alpha$, demnach auch durch die Neigung der an die elastische Linie gezogenen Tangente $C_1 D$ gegeben; Abb. 49 e entnimmt man:

$$\sphericalangle CC_1 C_2 = \alpha = (\gamma_{AL} + \gamma_{CL} - \gamma_A).$$

Hiefür läßt sich nach Einführung der bezüglichen Werte der Gl. (a) und (c) schreiben:

$$a = \frac{1}{l} \sum_1^n \tau_k\, a_k + \sum_1^{n'} \tau_k' - \tau_B,$$

bezw.

$$a = {}_l\gamma_B + \sum_1^{n'} \tau_k' - \tau_B. \tag{90}$$

Die Biegelinie.

Trägerteil $\overline{AB} = l$. Die Durchbiegungen f_k lassen sich als Momente entweder nach Gl. (6) berechnen oder bei bekannten Auflagerkräften γ_A und ${}_l\gamma_B$ einfacher aus:

$$f_k = \gamma_a\, a_k - \sum_{i=1}^{i=(k-1)} \tau_i\,(a_k - a_i),$$

bezw. $\tag{91}$

$$f_k = {}_l\gamma_B\, b_k - \sum_{i=n}^{i=(k+1)} \tau_i\,(b_k - b_i).$$

Trägerteil $\overline{BC} = l_1$. Es treten durchwegs Hebungen f_k' auf; sie ergeben sich als Summe zweier Glieder:

$$|f_k'| = \varDelta|f_k'| + \varDelta|f_k''|$$

$\varDelta|f_k''|$ rührt her von der Hebung des Punktes K' gegenüber $\overline{BC}$; $\varDelta f_k'$ ergibt sich als aliquoter Teil von $|f_C|$ (Abb. 49 c).
Z. B. findet sich die Hebung $|f_2'|$ in $2'$, wenn von B ausgegangen wird:

$$|f_2'| = [-\,{}_r\gamma_B\, b_2' + \tau_3'\,(b_2' - b_3')] + |f_C|\frac{b_2'}{l_1}$$

und nach Ausrechnung:

$$|f_2'| = [{}_l\gamma_B - \tau_B]\, b_2' + \tau_3'\,(b_2' - b_3').$$

Das Bildungsgesetz ist ersichtlich; so ist z. B.:

$$|f_1'| = ({}_l\gamma_B - \tau_B)\, b_1' + \tau_3'\,(b_1' - b_3') + \tau_2'\,(b_1' - b_2')$$

und $\tag{92}$

$$|f_C| = ({}_l\gamma_B - \tau_B)\, l_1 + \tau_3'\,(l_1 - b_3') + \tau_2'\,(l_1 - b_2') + \tau_1'\,(l_1 - b_1').$$

Die letzte Beziehung ergibt nach Auswertung wieder Gl. (89). Die gleichen Ergebnisse findet man, wenn von C_1 ausgegangen wird. Der Rechnungsgang für $|f_2'|$ stellt sich wie folgt:

$$|f_2'| = [-\,\gamma_C\, a_2' + \tau_1'\,(a_2' - a_1')] + |f_C|\frac{l_1 - a_2'}{l_1} =$$

$$= |f_C| - a_2'\left(\gamma_C + \frac{|f_C|}{l_1}\right) + \tau_1'\,(a_2' - a_1').$$

Nach Substitution der Werte für γ_C und $|f_C|$ erhält man, Gl. (c'), (89):

$$|f_2'| = |f_C| - \left(\iota\gamma_B + \sum_1^3 \tau_k' - \tau_B\right) a_2' + \tau_1'\,(a_2' - a_1')$$

und mit Bezug auf Gl. (90):

$$|f_2'| = |f_C| - a\,a_2' + \tau_1'\,(a_2' - a_1') \tag{93}$$

Ähnlich ist:

$$|f_3'| = |f_C| - a\,a_3' + \tau_1'\,(a_3' - a_1') + \tau_2'\,(a_3' - a_2')\,.$$

Für die Stütze muß $|f_B'| = 0$ sein; tatsächlich ergibt die Auswertung:

$$|f_B'| = |f_C| - a\,l_1 + \tau_1'\,(l_1 - a_1') + \tau_2'\,(l_1 - a_2') + \tau_3'\,(l_1 - a_3') = 0\,.$$

β) *Berechnung der zahlenmäßigen Deformationsgrößen.* Mit den Eintragungen in Abb. 49 e und den schon bekannten $6\,EJ_A\,\tau_k = \dot{\tau}_k$-Werten findet sich:

$$
\begin{aligned}
a_1 &= 2{\cdot}0 \text{ m}, & b_1 &= 18{\cdot}0 \text{ m}, & \dot{\tau}_1\,a_1 &= 920 \text{ tm}^3 \\
a_2 &= 3{\cdot}0 \text{ m}, & b_2 &= 17{\cdot}0 \text{ m}, & \dot{\tau}_2\,a_2 &= 1{,}680 \text{ tm}^3 \\
a_3 &= 4{\cdot}5 \text{ m}, & b_3 &= 15{\cdot}5 \text{ m}, & \dot{\tau}_3\,a_3 &= 3{,}870 \text{ tm}^3 \\
a_4 &= 6{\cdot}5 \text{ m}, & b_4 &= 13{\cdot}5 \text{ m}, & \dot{\tau}_4\,a_4 &= 6{,}630 \text{ tm}^3 \\
a_5 &= 8{\cdot}0 \text{ m}, & b_5 &= 12{\cdot}0 \text{ m}, & \dot{\tau}_5\,a_5 &= 8{,}000 \text{ tm}^3 \\
a_6 &= 9{\cdot}5 \text{ m}, & b_6 &= 10{\cdot}5 \text{ m}, & \dot{\tau}_6\,a_6 &= 9{,}975 \text{ tm}^3 \\
a_7 &= 11{\cdot}0 \text{ m}, & b_7 &= 9{\cdot}0 \text{ m}, & \dot{\tau}_7\,a_7 &= 10{,}780 \text{ tm}^3 \\
a_8 &= 12{\cdot}5 \text{ m}, & b_8 &= 7{\cdot}5 \text{ m}, & \dot{\tau}_8\,a_8 &= 11{,}875 \text{ tm}^3 \\
a_9 &= 14{\cdot}0 \text{ m}, & b_9 &= 6{\cdot}0 \text{ m}, & \dot{\tau}_9\,a_9 &= 18{,}620 \text{ tm}^3 \\
a_{10} &= 17{\cdot}0 \text{ m}, & b_{10} &= 3{\cdot}0 \text{ m}, & \dot{\tau}_{10}a_{10} &= 12{,}580 \text{ tm}^3 \\
a_{11} &= 18{\cdot}5 \text{ m}, & b_{11} &= 1{\cdot}5 \text{ m}, & \dot{\tau}_{11}a_{11} &= -2{,}220 \text{ tm}^3 \\
a_1' &= 1{\cdot}5 \text{ m}, & b_1' &= 6{\cdot}0 \text{ m}, & \dot{\tau}_1'a_1' &= -52{\cdot}5 \text{ tm}^3 \\
a_2' &= 4{\cdot}5 \text{ m}, & b_2' &= 3{\cdot}0 \text{ m}, & \dot{\tau}_2'a_2' &= -1{,}125{\cdot}0 \text{ tm}^3 \\
a_3' &= 6{\cdot}0 \text{ m}, & b_3' &= 1{\cdot}5 \text{ m}, & \dot{\tau}_3'a_3' &= -1{,}920{\cdot}0 \text{ tm}^3\,.
\end{aligned}
$$

Ferner, Gl. (c) und (c'):

$$\sum_1^{11} \tau_k = \frac{8{,}830}{6\,EJ_A},\qquad \sum_1^{11} \tau_k\,a_k = \frac{82{,}710}{6\,EJ_A},\qquad \iota\gamma_B = \frac{1}{l}\sum_1^{11} \tau_k\,a_k = \frac{4{,}135{\cdot}5}{6\,EJ_A};$$

$$\sum_1^3 \tau_k' = -\frac{605}{6\,EJ_A},\qquad \sum_1^3 \tau_k'\,a_k' = -\frac{3{,}097{\cdot}5}{6\,EJ_A},\qquad {}_\iota\gamma_B = \frac{1}{l_1}\sum_1^3 \tau_k'\,a_k' = -\frac{413{\cdot}0}{6\,EJ_A};$$

$$\gamma_A = \sum_1^{11} \tau_k - \iota\gamma_B \approx \frac{4690}{6\,EJ_A},\qquad \gamma_C = \frac{1}{l_1}\sum_1^3 \tau_k'\,b_k' = -\frac{192{\cdot}0}{6\,EJ_A}\;;\qquad \tau_B = -\frac{360}{6\,EJ_A}\,.$$

Hebung des Trägerendes „C", Gl. (89):

$$|f_C| = (\iota\gamma_B + {}_\iota\gamma_B - \tau_B)\,l_1 = \frac{3362{\cdot}5}{1235000}\ 7500 = \underline{20{\cdot}4\ \text{mm}}\,.$$

Das Maß der *Endverdrehung*, Gl. (90):

$$\widehat{a} = {}_l\gamma_B + \sum_{1}^{3} \tau_k{}' - \tau_B = \frac{3170{\cdot}5}{1235000} = \underline{0{\cdot}00257}\,(a = 8'49'').$$

Durchbiegungen.

Im Träger $\overline{AB} = l$. Die Berechnung erfolgt gemäß Gl. (91). Nachstehend die Ergebnisse:

$f_1 = 7{\cdot}6$ mm, $\quad f_4 = 20{\cdot}0$ mm, $\qquad f_7 = 22{\cdot}9$ mm, $\quad f_{10} = 10{\cdot}2$ mm,

$f_2 = 10{\cdot}8$ mm, $\quad f_5 = 22{\cdot}2$ mm, $\qquad f_8 = 21{\cdot}4$ mm, $\quad f_{11} = 5{\cdot}0$ mm.

$f_3 = 15{\cdot}4$ mm, $\quad \underline{f_6 = 23{\cdot}2\ \text{mm}}\ (f_{max}), \quad f_9 = 18{\cdot}8$ mm,

Im Kragarm $\overline{BC} = l_1$. Die Hebungen ergeben sich aus Gl. (92) mit:

$$f_3{}' = -b_3{}'({}_l\gamma_B - \tau_B) = -\frac{(4135{\cdot}5 - 360{\cdot}0)}{1235000}\,1500 \approx \underline{-4{\cdot}6\ \text{mm}}$$

und:

$$f_2{}' = \frac{(-3775{\cdot}5\,.\,3000 + 320\,.\,1500)}{1235000} \approx \underline{-8{\cdot}8\ \text{mm}}.$$

Zu dem gleichen Resultat führt auch Gl. (93). Endlich liefert diese:

$$|f_1{}'| = |f_c| - a\,a_1{}' = 20{\cdot}40 - 0{\cdot}00257\,.\,1500 \approx \underline{16{\cdot}6\ \text{mm}}.$$

Dieser Ausdruck läßt sich unmittelbar aus Abb. 49 e ablesen, wenn man berücksichtigt, daß die Biegelinie auf die Länge $a_1{}'$ nach einer Geraden verläuft; für $a_1{}' = 0$ wird $|f_1{}'| = f_c$.

G. Durchbiegung eines Stahlmastes mit gegen das freie Ende gradlinig verjüngtem Stegblech.

Ein Stahlmast von $l = 10{\cdot}0$ m Höhe (Abb. 50 a) ist einem Spitzenzug von $1{\cdot}0$ t ausgesetzt; er darf sich um höchstens $f_{zul} \lessgtr 0{\cdot}7$ cm ausbiegen. $\sigma_{zul} = 1400$ kg/cm². *Das Stegblech verjüngt sich gradlinig. $E = 2{\cdot}1\,.\,10^6$ kg/cm².* Nach einem in „Die Bautechnik" 1927, H. 42[1], gemachten Vorschlag, dem die nachstehenden Angaben entnommen sind, wird vorerst gradliniger Verlauf der Trägheitsmomente vorausgesetzt (Abb. 51). Für eine beliebige Stelle x gilt, wenn J_a das Trägheitsmoment am Mastfuß ist: $J_x = (x/l)\,J_A$ und die Durchbiegung in x:

$$f_x = \int \frac{M\,M'}{E\,J_x}\,dx\,.$$

Da: $M = P\,x$, $M' = \dfrac{dM}{dx} = x$ entsteht an der Mastspitze:

$$f = \frac{P\,l}{E\,J_a} \int_0^l x\,dx = \frac{P\,l^3}{2\,E\,J_a},$$

---

[1] L. Kulka: „Die Querschnittsermittlung biegungssteifer Tragwerksteile bei gegebener Durchbiegung."

Soll $f_{zul} = 7$ mm sein, so wird mit $l = 1000$ cm, $P = 1000$ kg:

$$J_a = \frac{P\,l^3}{2\,E\,f_{zul}} \approx 340.000 \ \text{cm}^4.$$

Dem gewählten Querschnitt (Abb. 50) entspricht: $J_a = 343.000$ cm⁴, $W = 8880$ cm³, so daß ($M_a = P\,l$)

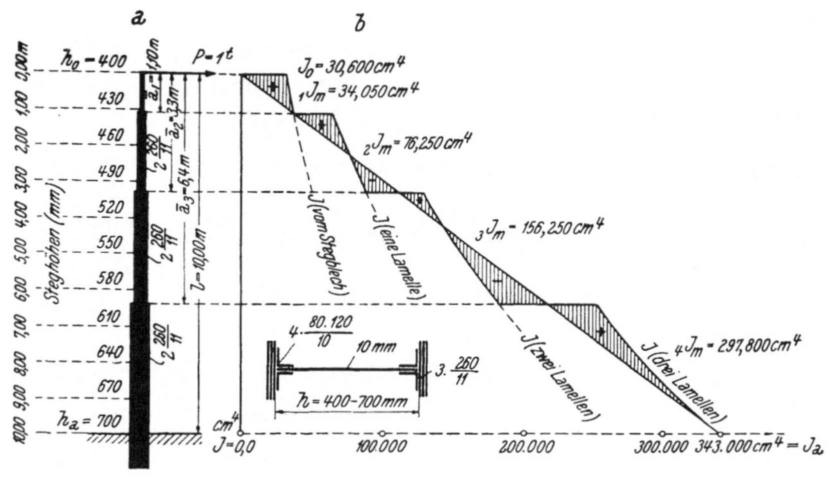

Abb. 50 a, b

$$\sigma = \frac{M_a}{W} = 1126 \ \text{kg/cm}^2 \ (< 1400 \ \text{kg/cm}^2).$$

Das Stegblech verjüngt sich von $h_a = 700$ mm auf $h_o = 400$ mm; die Länge der Lamellen ist so zu wählen, daß $f_{zul} \gtreqless 7$ mm; hiebei wird folgender Vorgang eingehalten: Man berechnet die tatsächlichen J-Linien, wie sie sich bei Anordnung von 1, 2 und 3 Lamellen ergeben, und trägt sie in die Zeichnung ein (Abb. 50 a, b); hiebei genügt die Berechnung weniger Punkte. Sodann wird versuchsmäßig ein angenäherter Flächenausgleich zwischen dem gradlinigen J-Verlauf und jenem der tatsächlichen Trägheitsmomente hergestellt; daraus ergibt sich die aus der Abb. 50 b ersichtliche Materialverteilung.

Abb. 51

Innerhalb jeder gleichlamelligen Strecke darf ausreichend genau mit einem mittleren Trägheitsmoment gerechnet werden. In der folgenden Übersicht, Tab. 8, sind die rechnerischen Grundlagen zur Bestimmung der elastischen Gewichte eingetragen. Diese, ebenso die Momente, greifen an den jeweiligen Lamellenenden an. Die in Klammer gesetzten Zahlen sind der bezogenen Quelle entnommen. *Durchbiegung am Mastende.* Nach dem B.P.V. lautet die Beziehung in Hinsicht auf Abb. 52

$$f = 2\,\frac{\bar{a}_1 l}{2\,l}\,\tau_1 + 2\,\frac{\bar{a}_2 l}{2\,l}\,\tau_2 + 2\,\frac{\bar{a}_3 l}{2\,l}\,\tau_3 + \frac{l\,l}{2\,l}\,\tau_a$$

oder:

$$f = \bar{a}_1\,\tau_1 + \bar{a}_2\,\tau_2 + \bar{a}_3\,\tau_3 + \frac{l}{2}\,\tau_a \qquad (94)$$

Elastische Gewichte.

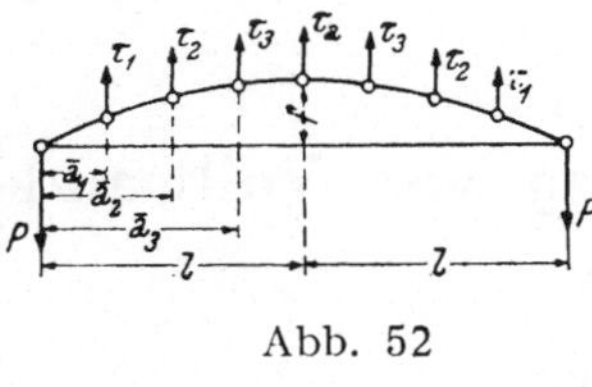

Abb. 52

$$\tau_1 = \frac{\bar{a}_1}{3\,E\,_1J_m}\,M_1 + \frac{(\bar{a}_2 - \bar{a}_1)}{6\,E\,_2J_m}\,(2\,M_1 + M_2) =$$
$$= 0{\cdot}0001824\,(0{\cdot}000161)$$

$$\tau_2 = \frac{(\bar{a}_2 - \bar{a}_1)}{6\,E\,_2J_m}\,(2\,M_2 + M_1) +$$
$$+ \frac{(\bar{a}_3 - \bar{a}_2)}{6\,E\,_3J_m}\,(2\,M_2 + M_3) = 0{\cdot}000381\,(0{\cdot}000357)$$

$$\tau_3 = \frac{(\bar{a}_3 - \bar{a}_2)}{6\,E\,_3J_m}\,(2\,M_3 + M_2) + \frac{(l - \bar{a}_3)}{6\,E\,_4J_m}\,(2\,M_3 + M_a) = 0{\cdot}000473\,(0{\cdot}000489)$$

$$\tau_a = 2\,\frac{(l - \bar{a}_3)}{6\,E\,_4J_m}\,(2\,M_a + M_3) = 0{\cdot}000507\,(0{\cdot}000536).$$

Nach Substitution in Gl. (94) und Ausrechnung findet sich, daß $f_{zul} = 7$ mm;
die gesamte Lamellenlänge stellt sich auf: $2 \times 19{\cdot}2 = 38{\cdot}4$ m.

Tabelle 8.

Abstand d. Lamellen- endes von Mastkopf $\bar{a}$ in m	Lamellenlängen $(l - \bar{a})$ in m	Momente in tm	Mittlere Trägheits- momente in cm⁴	$6\,E\,J_m$ tm²
$\bar{a}_1 = 1{\cdot}10\,(1{\cdot}05)$	$8{\cdot}90\,(8{\cdot}95)$	$M_1 = 1{\cdot}10\,(1{\cdot}05)$	$_1J_m = 34050$ (33600)	$42900\,(42300)$
$\bar{a}_2 = 3{\cdot}30\,(3{\cdot}05)$	$6{\cdot}70\,(6{\cdot}95)$	$M_2 = 3{\cdot}30\,(3{\cdot}05)$	$_2J_m = 76250$ (74600)	$96100\,(94000)$
$\bar{a}_3 = 6{\cdot}40\,(6{\cdot}25)$	$3{\cdot}60\,(3{\cdot}75)$	$M_3 = 6{\cdot}40\,(6{\cdot}25)$	$_3J_m = 156250$ (153100)	$196900\,(192000)$
	$\Sigma = 19{\cdot}2\,(19{\cdot}65)$	$M_a = 10{\cdot}0\,(10{\cdot}0)$	$_4J_m = 297800$ (291700)	$375200\,(367500)$

V. Durchbiegungsgemäße Bemessung von Vollwandträgern aus Stahl.

A. Freiaufliegende Träger.

a) *Momentgemäß bemessene Träger.* Sie sind dadurch gekennzeichnet, daß die zulässige Inanspruchnahme σ_{zul} an der Stelle des Momentgrößtwertes ausgenützt ist, die Lamellenlängen a_m *momentgemäß*, d. h. nach dem tatsächlichen Momentverlauf (Materialverteilung) abgelängt sind und die Durchbiegung f innerhalb gewisser Grenzen keiner Einschränkung unterworfen ist.

b) *Durchbiegungsgemäß bemessene Träger.* Die Größe der Durchbiegung f_{zul} ist gegeben und darf nicht überschritten werden. Die Lamellenlängen a_d sind *durchbiegungsgemäß* zu bemessen; hiebei kann $a_d \gtrless a_m$; für die konstruktive Durchbildung kommt der größere Wert in Betracht.

Ist $f > f_{zul}$ und soll die Trägerart a) in die zweitgenannte übergehen, d. h. $f \gtreqless f_{zul}$, so ist eine Verstärkung vorzusehen; diese kann unter Beibehaltung der Trägerhöhe h durch Verlängerung, Verstärkung oder Verbreiterung der schon berechneten Gurtplatten, eventuell durch Aufbringung neuer Lamellen geschehen, wobei es zulässig ist, etwa vorhandene Stoßdecklamellen (auch sonstige Stoßdeckelemente) in die Rechnung einzubeziehen. Die effektive Inanspruchnahme sinkt hiedurch, besonders bei gedrückten Profilen, oft wesentlich unter σ_{zul} hinab; der Träger wird unwirtschaftlich. Das *gleichzeitige* Zusammentreffen von σ_{zul} und f_{zul} wäre anzustreben. Dies ist bei einer ganz bestimmten Höhe möglich, die folgerichtig als *durchbiegungsgemäße Höhe h_d* bezeichnet werden möge; allenfalls sind die momentgemäßen Lamellenlängen a_m durchbiegungsgemäß zu verbessern.

Bei zu niedrigem Profil $h < h_d$, fällt a_m unter Beibehaltung des Lamellenquerschnittes kleiner aus als a_d. Mit wachsender Höhe h nimmt die statisch notwendige Länge a_m ab, ebenso a_d; bei einer ganz bestimmten Höhe $h \approx h_d$ wird $a_m = a_d$. Für $h > h_d$ wird $a_d < a_m$.

Unter Umständen ist es erwünscht, a_m beizubehalten; eine Verstärkung der Lamellen muß platzgreifen. Von dieser Maßnahme wird man nach Tunlichkeit Gebrauch machen, umsomehr als dadurch im allgemeinen die Wirtschaftlichkeit der Konstruktion günstig beeinflußt wird. Die effektive Inanspruchnahme σ_{eff} wird kleiner ausfallen als σ_{zul}. Die Größe f_{zul} ist durch Vorschriften geregelt und als Teil χ der Stützweite l angegeben:

$$f_{zul} \gtreqless \frac{l}{\chi}$$

χ schwankt je nach Bedeutung und Zweck des Tragwerkes in erheblichen Grenzen; z. B. wird gefordert für frei aufliegende Vollwandträger des

Hochbaues: $\chi = 300$ ($l > 5{\cdot}0$ m), bezw. $\chi = 500$ ($l > 7{\cdot}0$ m); für einbetonierte Walzträger: $\chi = 200$, für solche des *Brückenbaues*: $\chi = 900$, für einbetonierte Walzträger $\chi = 700$.

Für *Krag*(Konsol-)*träger* wird meist $\chi = 250$, für *Maste* $\chi = 50$ vorgeschrieben.

Der Durchbiegungsbeiwert „$\mathfrak{a}$". Die Durchbiegung „f" eines Trägers, verstärkt durch abgesetzte Gurtplatten, läßt sich angenähert aus:

$$f = \mathfrak{a}\, f_C = \mathfrak{a}\, f_{Co}\, \hat{\mu}_n \tag{95}$$

berechnen; f_{Co} ist die Durchbiegung für das *unverstärkte* Grundprofil (Trägheitsmoment J_0), f_C gilt für den über die *ganze Stützweite* durch „n"-Lamellen verstärkten Träger (Trägheitsmoment J_n); endlich setzen wir: $\hat{\mu}_n = \dfrac{J_0}{J_n} < 1$. „$\mathfrak{a}$" wurde bereits a. a. O. (C, 1 a) als *Durchbiegungsbeiwert* bezeichnet; er ist größer als die Einheit und gibt das Maß der Vergrößerung der Durchbiegung an unter Berücksichtigung der Lamellenabtreppungen. Wie aus den Formeln im Abschnitt IV, C und F, zu entnehmen ist, darf:

$$\mathfrak{a} = \mathfrak{F}\,(\xi,\,\hat{\mu})$$

gesetzt werden. Diese Funktion ist z. B. für Gleichlast q, Gl. (56), recht einfach und bleibt es auch für gewisse (symmetrische) Belastungsfälle. Sie wird umständlich für beliebige Belastungsarten. In solchen Fällen begnügt man sich mit einem Mittelwert $\mathfrak{a} = 1{\cdot}1$ für Freiträger und mit $\mathfrak{a} = 1{\cdot}2$ für Konsolträger. Wie aus den Beispielen in Abschnitt C zu entnehmen ist, schwankt $\mathfrak{a}$ innerhalb ziemlicher Grenzen; bei genauer Rechnung kann es notwendig sein, einen zutreffenderen Mittelwert zur Verfügung zu haben. Hiezu dient Gl. (56). Setzt man $q f_0 = f_{Co}$, so entsteht:

$$f = f_{Co}\hat{\mu}_n \left[1 + \frac{\sum\limits_{k=1}^{k=n} (\hat{\mu}_{k-1} - \hat{\mu}_k)\,\psi_1\,(\xi_k)}{\hat{\mu}_n} \right].$$

Demnach der Durchbiegungsbeiwert:

$$\mathfrak{a} = 1 + \frac{\sum\limits_{k=1}^{k=n} (\hat{\mu}_{k-1} - \hat{\mu}_k)\,\psi_1(\xi_k)}{\hat{\mu}_n} \tag{96}$$

Diese Beziehung gilt streng genommen für Gleichlast, liefert aber für jede über den Träger gleichmäßiger verteilte Belastung brauchbare Werte. Voraussetzung ist, daß die Trägerhöhe nicht wesentlich von der durchbiegungsgemäßen abweicht und die Längen a_m und a_d nicht weit von einander abstehen.

Nachstehend mögen die Ergebnisse des Beispieles Abb. 34 mit Hilfe Gl. (96) nachgeprüft werden. (C, Zahlenbeispiel.)

Durchbiegung in Feldmitte:

$$f_{Co} = \frac{l^3}{48\,E J_0}\left(P_1 + \frac{46}{27}\,P_2\right).$$

Mit $J_0 = 5{\cdot}315 \cdot 10^5$ cm^4, $E = 2{\cdot}1 \cdot 10^6$ kg/cm^2 entsteht: $f_{c_0} = 0{\cdot}9438$ cm und wegen: $\hat{\mu}_3 = 0{\cdot}45$: $f_c = \hat{\mu}_3 f_{c_0} = 0{\cdot}425$ cm $= 4{\cdot}25$ mm.

Weiter hat man (Tab. 7):

$$\hat{\mu}_1 = 0{\cdot}72, \quad \xi_1 = 0{\cdot}77, \quad \psi_1(\xi_1) = 0{\cdot}0178; \quad (1 - \hat{\mu}_1)\,\psi_1(\xi_1) = 0{\cdot}00498,$$
$$\hat{\mu}_2 = 0{\cdot}56, \quad \xi_2 = 0{\cdot}62, \quad \psi_1(\xi_2) = 0{\cdot}0753; \quad (\hat{\mu}_1 - \hat{\mu}_2)\,\psi_1(\xi_2) = 0{\cdot}01205,$$
$$\hat{\mu}_3 = 0{\cdot}45, \quad \xi_3 = 0{\cdot}47, \quad \psi_1(\xi_3) = 0.1909; \quad \underline{(\hat{\mu}_2 - \hat{\mu}_3)\,\psi_1(\xi_3) = 0{\cdot}02100}$$
$$\Sigma\,(\hat{\mu}_{k-1} - \hat{\mu}_k)\,\psi_2(\xi_k) = \underline{0{\cdot}03803}$$

und schließlich den Durchbiegungsbeiwert:

$$\mathfrak{a} = 1 + \frac{0{\cdot}03803}{0{\cdot}45} = \underline{1{\cdot}0845}.$$

Der genaue Wert wurde mit $\mathfrak{a} = 1.071$ errechnet (Abweichung $+ 1.2\%$). Die Durchbiegung stellt sich auf:

$$f = \mathfrak{a}\,f_c = 1{\cdot}0844 \cdot 4{\cdot}25 = \underline{4{\cdot}61\ \text{mm}}$$

Die durchbiegungsgemäße Höhe „h_d". Das maximale Moment in oder nächst der Feldmitte betrage, wenn die Wirkung bewegter Lasten durch den Stoßbeiwert $\varphi\ (> 1)$ berücksichtigt wird:

$$M_{max} = \varphi\,M_P + M_g$$

und die Durchbiegung

$$f_c = \varphi\,f_P + f_g$$

Ersetzt man M_P durch die Wirkung einer Ersatzlast: $q = \dfrac{8\,M_P}{l^2}$, so gewinnt man:

$$f_P = \frac{5\,q\,l^4}{384\,EJ_v} = \frac{5\,M_P\,l^2}{48\,EJ_v} \tag{a}$$

und mit $M_g = {}^1/_8\,g l^2$:

$$f_g = \frac{5\,M_g\,l^2}{48\,EJ_v}.$$

Daher totale Durchbiegung:

$$f_c = \frac{5\,(\varphi\,M_P + M_g)\,l^2}{48\,EJ_v}$$

Sohin:

$$\sigma_{zul} = \frac{M_{max}}{W_n} = \frac{(\varphi\,M_P + M_g)\,h_d}{2\,i\,J_v}, \tag{96}$$

$$f_{zul} = \frac{l}{\chi} = \mathfrak{a}\,f_c = \frac{5\,l^2\,(\varphi\,M_P + M_g)\,\mathfrak{a}}{48\,EJ_v}, \tag{97}$$

wenn: $i = \dfrac{J_n}{J_v} = \dfrac{\text{nutzbares}}{\text{volles}}$ Trägheitsmoment.

Demnach:

$$W_n = \frac{2\,J_n}{h_d} = \frac{2\,i\,J_v}{h_d}$$

Ersichtlich ist $i < 1$, für geschweißte Konstruktion $i = 1$.

Durch Verknüpfung obiger Gleichungen und mit der Abkürzung:

$$\mathfrak{h} = \mathfrak{a}\, \mathfrak{i}\, \chi \frac{\sigma_{zul}}{E} \qquad (98)$$

stellt sich die Mindesthöhe auf:

$$h_d = \frac{5}{24}\, \mathfrak{h}\, l. \qquad (99)$$

Diese Formel gilt, wenn der Trägerdimensionierung und der Durchbiegungsberechnung der gleiche Belastungszustand zugrunde liegt.
Bei Belastungsproben begnügt man sich vielfach mit der Feststellung der Durchbiegung unter ruhender Last; sie muß sohin kleiner ausfallen als f_{zul} und beträgt wegen $\varphi = 1$ (im Zähler):

$$f_1 = f_{zul} \frac{M_P + M_g}{\varphi\, M_P + M_g}$$

und bei Vernachlässigung von M_g:

$$f_1 = \frac{1}{\varphi}\, f_{zul}.$$

Genauere Berechnung der durchbiegungsgemäßen Höhe $\overline{h}_d$. Zugrunde gelegt wird die tatsächliche Belastung. Die Kräfte werden auf die Balkenmitte durch $1/2\, a_k = 1/2\, l\, \xi_k$ (Abb. 25c) bezogen. a_k ist der gegenseitige Abstand zweier symmetrisch stehenden Lasten $\tfrac{1}{2}\, P_k$, welche in Trägermitte dieselbe Durchbiegung erzeugen wie die im Abstande $\tfrac{1}{2}\, a_k$ angreifende Last P_k.
Moment und Durchbiegung in Feldmitte, Gl. (47) und (47'):

$$\left. \begin{aligned} M_P &= \frac{l}{4}\, \Sigma\, P_k\, \mathfrak{B}_k \\[2ex] f_P &= \frac{l^3}{96\, E J_v}\, \Sigma\, P_k\, \mathfrak{A}_k \end{aligned} \right\} \qquad (100)$$

wenn:

$$\mathfrak{B}_k = (1 - \xi_k), \quad \mathfrak{A}_k = (1 - \xi_k)\,[3 - (1 - \xi_k)^2]. \qquad (101)$$

Die Gl. (96) und (97) lauten damit:

$$\sigma_{zul} = \frac{\varphi \dfrac{l}{4}\, \Sigma\, P_k\, \mathfrak{B}_k + M_g}{2\, \mathfrak{i}\, J_v}\, \overline{h}_d, \qquad (96')$$

$$\frac{l}{\chi} = \frac{\mathfrak{a}\, l^2\, (\varphi\, l\, \Sigma\, P_k\, \mathfrak{A}_k + 10\, M_g)}{96\, E J_v}. \qquad (97')$$

Durch Verknüpfung erhält man:

$$\overline{h}_d = \frac{0\cdot 4\, \Sigma\, P_k\, \mathfrak{A}_k + 0\cdot 5\, gl}{\varphi\, \Sigma\, P_k\, \mathfrak{B}_k + 0\cdot 5\, gl}\, h_d \qquad (102)$$

oder bei Vernachlässigung von „g":

$$_0\overline{h}_d = \frac{0\cdot 4\, \Sigma\, P_k\, \mathfrak{A}_k}{\Sigma\, P_k\, \mathfrak{B}_k}\, h_d \qquad (103)$$

Tabelle 9 dient zur Berechnung der Σ-Ausdrücke.

Tabelle 9.

$\frac{1}{2}\xi_k$	0·0	0·05	0·10	0·125	0·15	$\frac{1}{6}$	0·20	0·25	0·3	0·35	0·4	0·45	0·5
ξ_k	0·0	0·10	0·20	0·25	0·30	$\frac{1}{3}$	0·40	0·50	0·60	0·70	0·8	0·9	1·0
$\mathfrak{B}_k = 1-\xi_k$	1·0	0·9	0·8	0·75	0·70	$\frac{2}{3}$	0·60	0·50	0·40	0·30	0·20	0·10	0·00
$\mathfrak{A}_k$	2·00	1·971	1·888	1·828	1·757	1·7037	1·584	1·375	1·136	0·873	0·592	0·299	0·00

Anwendungsbeispiele.

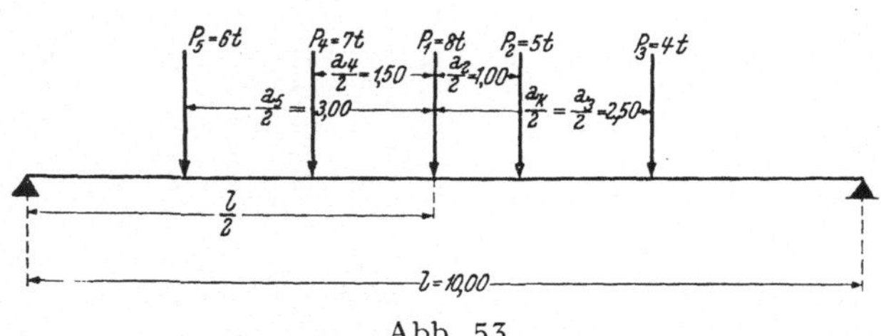

Abb. 53

1. *Für den in Abb. 53 dargestellten Belastungsfall sind die durchbiegungsgemäße Höhe und die Durchbiegung in Feldmitte zu bestimmen;* $l = 10$ m; $J_v =$ *konstant.*

Aus der Abb. ist zu entnehmen:

$$P_1 = 8{\cdot}0\,\mathrm{t}, \quad P_2 = 5{\cdot}0\,\mathrm{t}, \quad P_3 = 4{\cdot}0\,\mathrm{t}, \quad P_4 = 7{\cdot}0\,\mathrm{t}, \quad P_5 = 6{\cdot}0\,\mathrm{t}$$

$$a_1 = 0{\cdot}0, \quad a_2 = 2{\cdot}0\,\mathrm{m}, \quad a_3 = 5{\cdot}0\,\mathrm{m}, \quad a_4 = 3{\cdot}0\,\mathrm{m}, \quad a_5 = 6{\cdot}0\,\mathrm{m}$$

$$\xi_1 = 0{\cdot}0, \quad \xi_2 = 0{\cdot}2, \quad \xi_3 = 0{\cdot}5, \quad \xi_4 = 0{\cdot}3, \quad \xi_5 = 0{\cdot}6$$

Stoßzahl: $\varphi = 1$.

$$\Sigma\,P_k\,\mathfrak{B}_k = 21{\cdot}3\,\mathrm{t}, \quad \Sigma\,P_k\,\mathfrak{A}_k = 50{\cdot}055\,\mathrm{t}$$

Durchaus gleichen Lasten P entspricht:

$$P\,\Sigma\,\mathfrak{B}_k = 3{\cdot}4\,P\,\mathrm{t}, \quad P\,\Sigma\,\mathfrak{A}_k = 8{\cdot}156\,P\,\mathrm{t}$$

Durchbiegung: Gl. (100) ergibt:

$$f_P = \frac{50{\cdot}055\,l^3}{96\,EJ_v}, \text{ bezw. für gleiche Lasten } P: {}_1f_P = 8{\cdot}156\,\frac{P\,l^3}{96\,EJ_v}$$

Angenäherte Durchbiegung nach Gl. (a):

Moment, Gl. (100):

$$M_P = \frac{l}{4}\,\Sigma\,P_k\,\mathfrak{B}_k = 21{\cdot}3\,\frac{l}{4} \text{ und für gleiche } P: {}_1M_P = \frac{l}{4}\,3{\cdot}4\,P$$

Daher angenähert:

$$f'_P = \frac{5\,M_P\,l^2}{48\,EJ_v} = 53{\cdot}25\,\frac{l^3}{96\,EJ_v}, \text{ bezw.: } {}_1f'_P = \frac{5\,{}_1M_P\,l^2}{48\,EJ_v} = 8{\cdot}5\,\frac{P\,l^3}{96\,EJ_v}$$

Die Näherungsrechnung liefert etwas größere Werte; der Unterschied ist belanglos, besonders bei Vorhandensein gleich großer Lasten.

Bestimmung von $\bar{h}_d$. Annahme: $g = 0$, $\varphi = 1$; h_d gegeben, Gl. (99). Nach Gl. (103) gilt für die Belastung laut Abb. 50:

$$_0\bar{h}_d = \frac{0\cdot4\,.\,50\cdot055}{21\cdot3}\,h_d = 0\cdot94\,h_d$$

und wenn alle $P_k = P$

$$_0\bar{h}'_d = \frac{0\cdot4\,.\,8\cdot156\,P}{3\cdot4\,P}\,h_d = 0\cdot96\,h_d.$$

Die Differenz ist belanglos.

2. *Ein Träger ist in den Drittelpunkten durch die Lasten P ergriffen. Anzugeben ist die durchbiegungsgemäße Höhe $\bar{h}_d$ ($J = konstant$).*

Gegeben: $a_1/l = \xi_1 = {}^1/_3$; demnach $\mathfrak{B}_1 = 2\,(1 - {}^1/_3) = 4/3$ und laut Tabelle 9: $\mathfrak{A}_1 = 2\,.\,1\cdot7037 = 3\cdot4074$.

Gl. (103) ergibt:

$$_0\bar{h}_d = \frac{0\cdot4\,.\,3\cdot4074\,P}{\dfrac{4}{3}\,P}\,h_d = 1\cdot02\,h_d$$

und Gl. (102), wenn $g = 0$:

$$\bar{h}_d = \frac{1\cdot363\,\varphi\,P}{1\cdot333\,\varphi\,P}\,h_d = 1\cdot03\,h_d\,.$$

Mindesthöhen symmetrisch durch Einzellasten P belasteter Vollwandträger aus Stahl, die bei Ausnützung von σ_{zul} eine vorgegebene Durchbiegung f_{zul} aufweisen.

Die Rechnung wurde für verschiedene Lastgruppen (bis zu sechs Lasten P) durchgeführt und die Ergebnisse in die Tab. 10 eingetragen. Sie enthält u. a. die Werte für die Durchbiegung in Feldmitte   Aus der Kolonne für $_0\bar{h}_d$

Tabelle 10.

Belastung	Gegenseitiger Lastabstand	Moment M_P in Feldmitte	Momentgleichwert $q = \dfrac{8\,M_P}{l^2}$	Durchbiegung in Feldmitte $f_P = C\,\dfrac{P\,l^3}{E\,J_r}$ — C	$\mathfrak{A}$	$\mathfrak{B}$	$_0\bar{h}_d = K\,h_d$ — K	$\bar{h}_d = \dfrac{a\,\varphi\,P + 0\cdot5\,gl}{b\,\varphi\,P + 0\cdot5\,gl}\,h_d$ — $a =$	$b =$	Anmerkung
P	0	$\dfrac{P\,l}{4}$	$\dfrac{2\,P}{l}$	$\dfrac{1}{48}$	2	1	$0\cdot8$	$0\cdot8$	$1\cdot0$	$h_d = \dfrac{5}{24}\,\mathfrak{h}\,l;\ \mathfrak{h} = a\,i\,\chi\left(\dfrac{\sigma_{zul}}{E}\right)$
$2\,P$	$\dfrac{l}{3}$	$\dfrac{P\,l}{3}$	$\dfrac{8\,P}{3\,l}$	$\dfrac{23}{648}$	$\dfrac{92}{27}$	$\dfrac{4}{3}$	$1\cdot02$	$1\cdot363$	$1\cdot33$	
$3\,P$	$\dfrac{l}{4}$	$\dfrac{P\,l}{2}$	$\dfrac{4\,P}{l}$	$\dfrac{19}{384}$	$\dfrac{19}{4}$	2	$0\cdot95$	$1\cdot90$	$2\cdot00$	
$4\,P$	$\dfrac{l}{5}$	$\dfrac{3\,P\,l}{5}$	$\dfrac{24\,P}{5\,l}$	$\dfrac{63}{1000}$	$\dfrac{756}{125}$	$\dfrac{12}{5}$	$1\cdot008$	$2\cdot4192$	$2\cdot40$	
$5\,P$	$\dfrac{l}{6}$	$\dfrac{3\,P\,l}{4}$	$\dfrac{6\,P}{l}$	$\dfrac{11}{144}$	$\dfrac{22}{3}$	3	$0\cdot978$	$2\cdot933$	$3\cdot00$	
$6\,P$	$\dfrac{l}{7}$	$\dfrac{6\,P\,l}{7}$	$\dfrac{48\,P}{7\,l}$	$\dfrac{123}{1372}$	$\dfrac{2952}{343}$	$\dfrac{24}{7}$	$1\cdot004$	$3\cdot4425$	$3\cdot4425$	

entnimmt man, daß die Werte mit wachsender Lastzahl sich rasch der Einheit nähern, so daß bei mehr als drei Lasten schon mit der durchbiegungsgemäßen Höhe h_d nach Gl. (99) gerechnet werden darf. Diese Vereinfachung gilt in großer Annäherung für jede beliebige Lastgruppierung bis herab zu drei Lasten.

Die durchbiegungsgemäßen Gurtplattenlängen. Für eine vorliegende Materialverteilung wird vorerst die Durchbiegung f in Feldmitte ermittelt. Ist $f > f_{zul}$, so sind die Gurtplatten, — meistens dürfte es sich um die oberste handeln, — zu verlängern oder zu verstärken. Dieser versuchsmäßige Vorgang ist zu wiederholen, bis $f \gtreqless f_{zul}$. Er läßt sich wie folgt umgehen:
Die tatsächliche Belastung werde durch eine Ersatzlast „q" ersetzt, die in Feldmitte die gleiche Durchbiegung wie erstere erzeugt; dann besteht, bezogen auf das durchgehende volle Grundprofil $_0J_v$ und für die Eigenlast „g" kg/m:

$$f_{c_0} = \frac{5\,(q + g)\,l^4}{384\,E\,_0J_v}$$

Gl. (56) lautet, wenn „m"-Gurtplatten vorhanden sind und die Länge der obersten zu bestimmen ist:

$$f_{zul} = f_{c_0}\left[\hat{\mu}_m + \sum_{k=1}^{k=m-1}(\hat{\mu}_{k-1} - \hat{\mu}_k)\,\psi'_1(\xi_k) + (\hat{\mu}_{m-1} - \hat{\mu}_m)\,\psi'_1(\xi_m)\right].$$

Mit der Abkürzung:

$$\overline{\varkappa} = \frac{f_{zul}}{f_{c_0}}$$

ergibt sich ξ_m für die durchbiegungsgemäße Lamellenlänge $a_d = l\,\xi_m$ aus:

$$\psi'_1(\xi_m) = \frac{\overline{\varkappa} - \hat{\mu}_m - \sum_{k=1}^{k=m-1}(\hat{\mu}_{k-1} - \hat{\mu}_k)\,\psi'_1(\xi_k)}{(\hat{\mu}_{m-1} - \hat{\mu}_m)} \tag{104}$$

ξ_m entnimmt man unmittelbar der Tabelle 7.
Soll jedoch bei gegebener Länge a_m, demnach bekanntem ξ_m, die Verstärkung der m-ten Lamelle bestimmt werden, also: $_mJ_v = \dfrac{_0J_v}{\hat{\mu}_m}$, so hat man:

$$\hat{\mu}_m = \frac{\overline{\varkappa} - \sum_{k=1}^{k=m-1}(\hat{\mu}_{k-1} - \hat{\mu}_k)\,\psi_1(\xi_k) - \hat{\mu}_{m-1}\,\psi_1(\xi_m)}{1 - \psi_1(\xi_m)}. \tag{104'}$$

Die Resultate werden umso zutreffender ausfallen, je besser die tatsächliche Momentenlinie sich jener infolge einer Gleichlast anpaßt; dies trifft in guter Annäherung bei gleichmäßig über den Träger verteilten Lasten zu. Für symmetrische Lastverteilung lassen sich die Lamellenverstärkungen aus geschlossenen Formeln berechnen, die allerdings bei mehr als drei Lasten recht umständlich ausfallen. Nachstehend folgen die Formeln für eine, bezw. zwei Lasten P.

Last P in Trägermitte; Eigenlast „g" kg/m. Abkürzungen:

$$T_k = (1 - \xi_k)^3 + \frac{5\,gl}{8\,P}\,\psi_1\,(\xi_k),$$

$$p f_0 = \frac{P\,l^3}{48\,E_0 J_v}\,, \quad g f_0 = \frac{5\,g\,l}{8\,P}\,p f_0\,;\quad \overline{\varkappa} = \frac{f_{zul}}{p f_0}\,.$$

Durch Verknüpfung der Gl. (54′) und (56) folgt für die Ablängung der *m*-ten Lamelle:

$$T_m = (1 - \xi_m)^3 + \frac{5\,g\,l}{8\,P}\,\psi_1(\xi_m) = \frac{\overline{\varkappa} - \hat{\mu}_m\left(1 + \frac{5}{8}\frac{g\,l}{P}\right) - \sum\limits_{k=1}^{k=m-1}(\hat{\mu}_{k-1} - \hat{\mu}_k)\,T_k}{(\hat{\mu}_{m-1} - \hat{\mu}_m)}\,.$$

$$\tag{105}$$

Die rechte Seite ist bekannt, so daß:

$$(1 - \xi_m)^3 + \frac{5}{8}\frac{g\,l}{P}\,\psi_1\,(\xi_m) = A \tag{105′}$$

ξ_m läßt sich mit Hilfe der Tabelle 7 versuchsmäßig leicht finden; darf das 2. Glied auf der linken Seite vernachlässigt werden, so entsteht näherungsweise:

$$_n\xi_m = 1 - A^{1/3}.$$

Ersichtlich ist stets: $\xi_m > {}_n\xi_m$; man hat daher einen Anhaltspunkt für die aus Tabelle 7 zu entnehmenden $\psi_1\,(\xi_m)$; sodann kann aus Gl. (105) das genaue ξ_m berechnet werden. Die Verstärkung des Lamellenquerschnittes findet sich aus:

$$\hat{\mu}_m = \frac{\overline{\varkappa} - \sum\limits_{k=1}^{k=m-1}(\hat{\mu}_{k-1} - \hat{\mu}_k)\,T_k - \hat{\mu}_{m-1}\,T_m}{\left(1 + \frac{5\,g\,l}{8\,P}\right) - T_m}\,. \tag{105″}$$

Zwei gleiche Lasten P in den Drittelpunkten. Eigenlast g kg/m. Vorausgesetzt werde, daß die Gurtplatten außerhalb der Lasten enden. Abkürzungen:

$$\overline{T}_k = (1 - \xi_k)^3 + \frac{5\,g\,l}{16\,P}\,\psi_1\,(\xi_k)$$

$$p f_0 = \frac{23\,P\,l^3}{648\,E_0 J_v}\,, \quad g f_0 = \frac{135\,g\,l}{368\,P}\,p f_0\,, \quad \overline{\varkappa} = \frac{f_{zul}}{f_0} = \frac{648\,E_0 J_v}{23\,P\,l^2\,\chi}\,.$$

Aus den (Gl. (56) und (57) findet sich für die Länge der obersten (*m*-ten) Lamelle:

$$\overline{T}_m = (1 - \xi_m)^3 + \frac{5\,g\,l}{16\,P}\,\psi_1\,(\xi_m) = \frac{\dfrac{24\,E_0 J_v}{\chi\,P\,l^2} - \hat{\mu}_m\left(\dfrac{23}{27} + \dfrac{5\,g\,l}{16\,P}\right) - \sum\limits_{k=1}^{k=m-1}(\hat{\mu}_{k-1} - \hat{\mu}_k)\,\overline{T}_k}{(\hat{\mu}_{m-1} - \hat{\mu}_m)}$$

$$\tag{106}$$

und für ihre Verstärkung:

$$\hat{\mu}_m = \frac{\dfrac{24\,E_0 J_v}{\chi\,P\,l^2} - \sum_{k=1}^{k=m-1}(\hat{\mu}_{k-1} - \hat{\mu}_k)\,\overline{T}_k - \hat{\mu}_{m-1}\,\overline{T}_m}{\left(\dfrac{23}{27} + \dfrac{5\,g\,l}{16\,P}\right) - \overline{T}_m}. \tag{106'}$$

Zahlenbeispiele.

1. Ein freiaufliegender Vollwandträger (Stahl), Stützweite $l = 1{\cdot}00$ m, ist durch $P = 9{\cdot}0$ t $(12{\cdot}0$ t$)$ mittig belastet; er ist durchbiegungsgemäß für

$$f_{zul} = \frac{l}{500} = 2{\cdot}0 \text{ cm } (\chi = 500) \text{ und } \sigma_{zul} = 1400 \text{ kg/cm}^2 \text{ zu bemessen } (\varphi = 1).$$

Das Eigengewicht ist zu berücksichtigen.
Annahmen: $g = 100$ kg/m, $\mathfrak{a} \approx 1{\cdot}1$, $i = 0{\cdot}8$, $E = 2{\cdot}1 \cdot 10^6$ kg/cm^2.
Durchbiegungsgemäße Höhe.
Nach Gl. (98) ist:

$$\mathfrak{h} = \mathfrak{a}\,i\,\chi\left(\frac{\sigma_{zul}}{E}\right) = 0{\cdot}293$$

Daher Gl. (99):

$$h_d = \frac{5}{24}\,\mathfrak{h}\,l = \underline{610 \text{ mm}}$$

Tab. 10, erste Zeile ergibt:

$$_0\overline{h}_d = 0{\cdot}8\,h_d = \underline{488 \text{ mm}}\ (g = 0),$$

bezw. für $P = 9{\cdot}0$ t:

$$\overline{h}_d = h_d\,\frac{0{\cdot}8\,P + 0{\cdot}5\,g\,l}{P + 0{\cdot}5\,g\,l} = \underline{495 \text{ mm}} \cdot$$

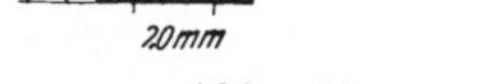

Der Einfluß von g ist geringfügig $(+ 1\,{}^0/_0)$.
Gewählt wird eine Trägerhöhe von 500 mm.
Dimensionierung:

$$\text{Moment: } M = \frac{P\,l}{4} + \frac{1}{8}\,g\,l^2 = 2{,}375.000 \text{ kgcm}.$$

Erforderliches Widerstandsmoment: $W_n' =$

$$= \frac{M}{\sigma_{zul}} = 1696 \text{ cm}^3.$$

Es genügt folgender Querschnitt (genieteter Träger), (Abb. 54):

Stegblech: 480/10 mm, Gurtwinkel $4 \times \dfrac{75 \cdot 75}{8}$ mm, 2 Gurtplatten

180/10 mm; Nietdurchmesser $\varnothing = 20$ mm; damit:
Grundquerschnitt: $_0J_v = 31{,}450$ cm^4, $_0W_v = 1080$ cm^3.
Ganzer Querschnitt: $_1J_v = 53{,}070$ cm^4, $_1J_n = 42{,}400$ cm^4, $_1W_n = 1730$ cm^3.
Effektive Inanspruchnahme: $\sigma_{eff} = 1373$ kg/cm^2 und das tatsächliche i:

$$i = \frac{_1J_n}{_1J_v} = 0{\cdot}8 \text{ (wie angenommen).}$$

Abb. 54

Momentgemäße Lamellenlänge a_m (Materialverteilung). Ihr theoretisches Ende hat vom Auflager den Abstand „x"; dort muß bestehen:

$$M_x = \frac{1}{2}(P + g\,l)\,x - \frac{1}{2}\,g\,x^2 = 0.01\,\sigma_{zul}\,{}_0W_v.$$

Daraus:

$$x = \frac{(P + g\,l)}{2\,g}\left[1 - \sqrt{1 - \frac{0.08\,g\,{}_0W_v\,\sigma_{zul}}{(P + g\,l)^2}}\right]. \tag{a}$$

Mit P in kg, g in kg/m, l in m, σ_{zul} in kg/cm², ${}_0W_v$ in cm³ erhält man:

$$x = 3.125 \text{ m}.$$

Theoretische Lamellenlänge: $a_m' = l - 2\,x = 3.75$ m; hiezu kommt für den beiderseitigen Anschluß ein Zuschlag von rund 0.25 m; daher $\underline{a_m = 4.0\,\text{m}}$.

Durchbiegungsgemäße Lamellenlänge a_d. Sie ergibt sich mit $m = 1$ aus Gl. (105'):

$$(1 - \xi_1)^3 + \frac{5}{8}\frac{g\,l}{P}\,\psi_1(\xi_1) = \frac{\overline{\varkappa} - \hat{\mu}_1\left(1 + \frac{5}{8}\frac{g\,l}{P}\right)}{(1 - \hat{\mu}_1)},$$

wobei

$$\hat{\mu}_1 = \frac{{}_0J_v}{{}_1J_v} = 0.5926, \quad {}_Pf_0 = \frac{P\,l^3}{48\,E\,{}_vJ_0} = 2.84\,\text{cm},$$

$$\frac{5}{8}\frac{g\,l}{P} = 0.0694, \quad \overline{\varkappa} = \frac{f_{zul}}{{}_Pf_0} = 0.704.$$

Die Ausrechnung liefert die Bestimmungsgleichung:

$$\underline{(1 - \xi_1)^3 + 0.0694\,\psi_1(\xi_1) = 0.179}.$$

Die angenäherte Wurzel ist: ${}_n\xi_1 = 1 - 0.179^{1/3} = 0.436$; ihr genauer Wert ergibt sich aus Tab. 7 zu: $\xi_1 \approx 0.45$ und damit die *durchbiegungsgemäße Lamellenlänge* $a_d = 4.5$ m, also größer als a_m; demnach kommt a_d zur Ausführung.

Der Durchbiegungsbeiwert „$\mathfrak{a}$". Es ist:

$$f_c = {}_Pf_0\,\hat{\mu}_1\left(1 + \frac{5}{8}\frac{g\,l}{P}\right) = 1.80\,\text{cm}.$$

Daher:

$$\mathfrak{a} = \frac{f_{zul}}{f_c} = \underline{1.11}$$

in Übereinstimmung mit der getroffenen Annahme.

Trägerbemessung für $a_m = a_d$. Im gegebenen Fall weicht a_m nur wenig von a_d ab. Durch Lamellenverstärkung oder mäßige Vergrößerung der Trägerhöhe Δh läßt sich obige Bedingung erfüllen.

α) Lamellenverstärkung. Gegeben ist: $\dfrac{a_m}{l} = \dfrac{a_d}{l} = \xi_1 = 0.4$ und $\dfrac{5}{8}\dfrac{g\,l}{P} = 0.0694$

Demnach:

$$T_1 = (1 - \xi_1)^3 + \frac{5}{8}\frac{g\,l}{P}\,\psi_1(\xi_1) = 0.2346.$$

Das zu suchende $\overline{\mu}_1$ ($< \hat{\mu}_1$) folgt aus Gl. (105''):

$$\overline{\mu}_1 = \frac{(\overline{\varkappa} - T_1)}{\left(1 + \frac{5\,g\,l}{8\,P}\right) - T_1} = 0\cdot562.$$

Demnach erforderlich:

$$_1J_v' = \frac{_0J_v}{\overline{\mu}_1} = \underline{55960\ \text{cm}^4}.$$

Statt der ursprünglichen Lamellendicke von 10 mm wird eine solche von 11 mm vorgesehen; die tatsächliche Inanspruchnahme beträgt $\sigma_{eff} = 1324\ \text{kg/cm}^2$ ($\sigma_{zul} = 1400\ \text{kg/cm}^2$); diese Verstärkung ist wirtschaftlicher als die durch Verlängerung der Lamellen.

β) Vergrößerung der Trägerhöhe. Diese kann, wie folgt, annähernd berechnet werden.

Das Trägheitsmoment ist gegeben durch (Abb. 54):

$$_1J_v = 4\,J_{..} + 4\,F_{..}\left[\frac{(h - 2\,t)}{2} - e\right]^2 + \frac{b}{12}\,[h^3 - (h - 2\,t)^3] + \frac{\delta^2}{12}\,(h - 2\,t)^3.$$

Darin bedeuten:

$J_{..}$ = Trägheitsmoment eines Winkels auf dessen Schwerachse, $F_{..}$ = dessen Querschnittsfläche, e = Schwerpunktsabstand vom Schenkelrand. Durch Differentiation entsteht:

$$\Delta\,_1J_v = 2\left\{2\,F_{..}\left[\frac{h}{2} - (t + e)\right] + b\,t\,\frac{(h - t)}{2} + \frac{\delta}{8}\,(h - 2\,t)^2\right\}\Delta\,h.$$

Daraus die Vergrößerung der Trägerhöhe:

$$\Delta\,h = \frac{\Delta\,_1J_v}{2\,\mathfrak{S}}. \tag{107}$$

Der Ausdruck in der geschweiften Klammer ist das statische Moment $\mathfrak{S}$ des halben Trägerquerschnittes auf dessen Schwerachse. Gl. (107) liefert für kleine $\Delta\,h$ durchaus brauchbare Resultate. Im besonderen ist: $\Delta\,_1J_v = {_1J_v'} - {_1J_v} = (55960 - 53070)\ \text{cm}^4 = 2890\ \text{cm}^4$; $F_{..} = 11\cdot5\ \text{cm}^2$, $h = 50\ \text{cm}$, $t = 1\cdot0\ \text{cm}$, $e = 2\cdot13\ \text{cm}$, $\delta = 1\cdot0\ \text{cm}$, $b = 18\cdot0\ \text{cm}$; damit:

$$\mathfrak{S} = 2\,.\,11\cdot5\,(25 - 3\cdot13) + 18\,.\,1\cdot0\,\frac{49}{2} + \frac{1}{8}\,(50 - 2)^2 = \underline{1232\ \text{cm}^3}.$$

Notwendige Vergrößerung der Trägerhöhe:

$$\Delta\,h = \frac{2890}{2\,.\,1232} = 1\cdot2\ \text{cm} = 12\ \text{mm}.$$

Die auszuführende Höhe wird mit: $h_{tot} = 512\ \text{mm} \approx \underline{510\ \text{mm}}$ angenommen.

Aufgabe des Konstrukteurs ist es, die Wirtschaftlichkeit beider Lösungen gegeneinander abzuschätzen; hiebei sei darauf hingewiesen, daß die Trägererhöhung eine Verkürzung der Gurtplatten zur Folge hat.

Durchbiegungsbeiwert. Derselbe ist durch Gl. (95) gegeben.

f_C ist die Durchbiegung für durchaus konstantes Trägheitsmoment $_1J_v'$; daher:

$$f_C = \frac{P\,l^3}{48\,E\,_1J_v'}\left(1 + \frac{5\,g\,l}{8\,P}\right) = 1\cdot72\ \text{cm}$$

und:

$$\mathfrak{a} = 1\cdot 166.$$

Diese Vergrößerung ist durch die Verwendung einer kürzeren Lamelle von $4\cdot 0$ m statt $a_m = 4\cdot 5$ m bedingt.

Untersuchung für $P = 12\cdot 0$ t. Auf Grund einer Vorberechnung setzen wir: $g = 120$ kg/m, $\mathfrak{a} = 1\cdot 2$; die übrigen Annahmen wie im ersten Beispiel. Der Reihe nach ist, Gl.(98):

$$\mathfrak{h} = \mathfrak{a}\, i\, \chi \left(\frac{\sigma_{zul}}{E}\right) = 1\cdot 2 \,.\, 0\cdot 8 \,.\, 500 \frac{1400}{2\,.\,1\,.\,10^6} = 0\cdot 32$$

Gl (99):

$$h_d = \frac{5}{24}\,\mathfrak{h}\,l = \frac{5}{24}\,0\cdot 32\,.\,10\cdot 0 = 0\cdot 667\ \text{m} = \underline{667\ \text{mm}}$$

und (laut Tab. 10):

$$\overline{h}_d = h_d \frac{0\cdot 8\,P + 0\cdot 5\,g\,l}{P + 0\cdot 5\,g\,l} \approx \underline{540\ \text{mm}}.$$

Gewählter Querschnitt: Stegblech 500/10 mm, 4 Winkel 70.70/9 mm, 1. Gurtplattenpaar 160/10 mm, 2. Paar 160/9 mm, Nieten $\varnothing = 20$ mm, die tatsächliche Höhe: $\overline{h}_{d\ eff} = \underline{538\ \text{mm}}.$

Querschnittsfunktionen:

Grundquerschnitt: $_0J_v = 35{,}700\ \text{cm}^4$, $_0J_n = 31{,}360\ \text{cm}^4$, $_0W_n = 1{,}254\ \text{cm}^3$,

$+$ 1. Lamellenpaar: $_1J_v = 56{,}510\ \text{cm}^4$, $_1J_n = 46{,}970\ \text{cm}^4$, $_1W_n = 1807\ \text{cm}^3$,

$+$ 2. Lamellenpaar: $_2J_v = 76{,}660\ \text{cm}^4$, $_2J_n = 62{,}080\ \text{cm}^4$, $_2W_n = 2308\ \text{cm}^3$,

ferner:

$$i = \frac{_2J_n}{_2J_v} \approx 0\cdot 81\ \text{(angenommen } 0\cdot 8)$$

Moment in Feldmitte:

$$M = \frac{P\,l}{4} + \frac{1}{8}\,g\,l^2 = 3{,}150.000\ \text{kgcm}.$$

Effektive Inanspruchnahme

$$\sigma_{eff} = \frac{M}{_2W_n} = 1365\ \text{kg/cm}^2\ (< 1400\ \text{kg/cm}^2).$$

Momentgemäße Gurtplattenlängen: Gl. (a) ergibt folgende Abstände der Plattenenden vom Auflager:

$x_1 = 2\cdot 77$ m, $x_2 = 3\cdot 98$ m; demnach die theoretischen Lamellenlängen: $_1a_m' = l - 2\,x_1 = 4\cdot 46$ m, $_2a_m' = l - 2\,x_2 = 2\cdot 04$ m; Ausführungslängen: $_1a_m = 4\cdot 7$ m, $_2a_m = 2\cdot 3$ m.

Durchbiegungsgemäße Gurtplattenlängen. Es möge lediglich die obere Länge $_2a_d$ berechnet werden, während: $_1a_d = {}_1a_m$ werden soll. Gl. (105) lautet für $m = 2$:

$$(1 - \xi_2)^3 + \frac{5}{8}\frac{g\,l}{P}\,\psi_1\,(\xi_2) - \frac{1}{(\hat{\mu}_1 - \hat{\mu}_2)}\left\{\overline{\varkappa} - \hat{\mu}_2\left(1 + \frac{5}{8}\frac{g\,l}{P}\right) - \right.$$

$$\left. - (1 - \hat{\mu}_1)\left[(1 - \xi_1)^3 + \frac{5}{8}\frac{g\,l}{P}\,\psi_1\,(\xi_1)\right]\right\}.$$

Darin ist zu setzen (Tab. 7):

$$\xi_1 = 0{\cdot}47, \quad \psi_1(\xi_1) = 0{\cdot}1909, \quad \hat{\mu}_1 = \frac{vJ_0}{vJ_1} = 0{\cdot}632, \quad \hat{\mu}_2 = \frac{vJ_0}{vJ_2} = 0{\cdot}466,$$

$$\frac{5\,g\,l}{8\,P} = 0{\cdot}0625, \quad {}_Pf_0 = \frac{P\,l^3}{48\,E\,{}_vJ_0} = 3{\cdot}334, \quad \overline{\varkappa} = \frac{f_{zul}}{{}_Pf_0} = \frac{2{\cdot}00}{3{\cdot}334} = 0{\cdot}6.$$

Die Ausrechnung ergibt:

$$(1 - \xi_2)^3 + 0{\cdot}0625\,\psi_1(\xi_2) = \frac{0{\cdot}0457}{0{\cdot}166} = 0{\cdot}275\ .$$

Angenähert ist: ${}_n\xi_2 = 1 - 0{\cdot}275^{1/3} = 0{\cdot}350$; der genaue Wert wurde mit $\xi_2 = 0{\cdot}365$ berechnet; die gesuchte Lamellenlänge beträgt daher: ${}_2a_d = 3{\cdot}65$ m. Der Durchbiegungsbeiwert ergibt sich aus:

$$\mathfrak{a} = \frac{f_{zul}}{f_C} = \frac{2{\cdot}0}{1{\cdot}6507} = \underline{1{\cdot}21}\ \text{(angenommen } 1{\cdot}2\text{)},$$

wobei:

$$f_C = {}_Pf_0\,\hat{\mu}_2\left(1 + \frac{5\,g\,l}{8\,P}\right) = 1{\cdot}6507.$$

Trägerbemessung für ${}_2a_d = {}_2a_m = 2{\cdot}3$ m. Die 2. Gurtplatte muß verstärkt werden. In Anwendung kommt Gl. (105''), die für $m = 2$ lautet:

$$\overline{\mu}_2 = \frac{\overline{\varkappa} - (1 - \hat{\mu}_1)\,T_1 - \hat{\mu}_1\,T_2}{\left(1 + \dfrac{5\,g\,l}{8\,P}\right) - T_2}.$$

Nun ist für:

$$\xi_1 = 0{\cdot}47, \quad \psi_1(\xi_1) = 0{\cdot}1909,$$
$$\xi_2 = 0{\cdot}23, \quad \psi_1(\xi_2) = 0{\cdot}5195$$

Sohin:

$$T_1 = (1 - \xi_1)^3 + 0{\cdot}0625\,\psi_1(\xi_1) = 0{\cdot}1608,$$
$$T_2 = (1 - \xi_2)^3 + 0{\cdot}0625\,\psi_1(\xi_2) = 0{\cdot}4890.$$

Damit folgt:

$$\overline{\mu}_2 = \frac{{}_0J_v}{{}_2J_v{}'} = \frac{0{\cdot}2328}{0{\cdot}5735} = 0{\cdot}406\ .$$

Das notwendige Trägheitsmoment stellt sich auf:

$${}_2J_v{}' = \frac{{}_0J_v}{\overline{\mu}_2} = 87920\ \text{cm}^4; \quad {}_2J_n{}' = 70390\ \text{cm}^4, \quad {}_2W_n{}' \approx 2570\ \text{cm}^3.$$

Es genügt eine Lamellendicke von **14** mm; diese Lösung ist wirtschaftlicher als jene mit der längeren und schwächeren Lamelle, obwohl die effektive Inanspruchnahme nur $\sigma_{eff} = 1226$ kg/cm² beträgt.
Der Durchbiegungsbeiwert ergibt sich wegen:

$$f_C = {}_Pf_0\,\overline{\mu}_2\left(1 + \frac{5\,g\,l}{8\,P}\right) = 1{\cdot}438$$

mit:

$$\mathfrak{a} = \frac{f_{zul}}{f_C} = \frac{2{\cdot}00}{1{\cdot}438} = 1{\cdot}39.$$

Der Einfluß der steilen Momentlinie, bezw. der Abtreppung auf die Größe des Durchbiegungsbeiwertes ist unverkennbar, ebenso der eines zu großen Trägheitsmomentes.

2. *Ein vollwandiger Stahlträger, frei aufliegend, $l = 12{\cdot}0$ m, trägt in den Drittelpunkten je P kg und ist gleichmäßig mit g kg/m belastet; $f_{zul} = 2{\cdot}4$ cm $(\chi = 500)$, $\sigma_{zul} = 1400$ kg/cm^2 und $\varphi = 1$. Verlangt wird durchbiegungsgemäße Dimensionierung.*

a) $P = 10300$ kg, $g = 120$ kg/m.

Durchbiegungsgemäße Höhe $\overline{h}_d$.   Annahme: $\mathfrak{a} = 1{\cdot}1$, $\mathfrak{i} = 0{\cdot}825$, daher:

$$\mathfrak{h} = \mathfrak{a}\,\mathfrak{i}\,\chi\,\frac{\sigma_{zul}}{E} = 0{\cdot}3025$$

$$h_d = \frac{5}{24}\,\mathfrak{h}\,l = \frac{5}{24}\,0{\cdot}3025 \,.\, 12{\cdot}0 = 0{\cdot}756 \text{ m} - \underline{756\,\text{mm}}$$

Tab. 10, 2. Zeile, ergibt:

$$\overline{h}_d = h_d\,\frac{1{\cdot}363\,P + 0{\cdot}5\,g\,l}{1{\cdot}333\,P + 0{\cdot}5\,g\,l} = 1{\cdot}02\,h_d = {}_0\overline{h}_d = \underline{771\text{ mm}}\,.$$

Der Einfluß von „g" darf unberücksichtigt bleiben

Dimensionierung.

$$M_{max} = \frac{P\,l}{3} + \frac{1}{8}\,g\,l^2 = \underline{4.336{,}000 \text{ kgcm}}.$$

Erforderliches Widerstandsmoment: $W_n{}' = \dfrac{M_{max}}{\sigma_{zul}} = 3097 \text{ cm}^3$.

Vorgesehen wird ein genieteter Träger mit Stegblech: 750/10 mm, Winkel $4 \times 75\,.\,75/8$, Gurtplatten $2 \times 180/10$ mm, Nieten $\varnothing = 20$ mm; tatsächliche Trägerhöhe $\overline{h}_d = 750 + 2 \times 10 = 770$ mm.

Grundquerschnitt: ${}_0J_v = 92{,}940 \text{ cm}^4$, $\overline{{}_0J_n = 76{,}125 \text{ cm}^4}$, ${}_0W_n = 2030 \text{ cm}^3$
$\qquad\qquad\quad {}_1J_v = 144{,}900 \text{ cm}^4$, ${}_1J_n = 119{,}350 \text{ cm}^4$, ${}_1W_n = 3100 \text{ cm}^3$

Tatsächliche Inanspruchnahme: $\sigma_{eff} = \underline{1398 \text{ kg/cm}^2}$; ferner:

$$\mathfrak{i} = \frac{{}_1J_n}{{}_1J_v} = 0{\cdot}824 \text{ (wie angenommen)}$$

$$\hat{\mu}_1 = \frac{{}_1J_0}{{}_1J_1} = 0{\cdot}6414\,.$$

Die momentgemäße Lamellenlänge a_m. Die Lamellenenden stehen von den Auflagern um x_m ab; für das dort auftretende Moment M_x besteht:

$$M_x = \left(P + \frac{1}{2}\,g\,l\right) x - \frac{1}{2}\,g\,x^2 = 0{\cdot}01\,\sigma_{zul}\,{}_0W_n,$$

$$x = \frac{(2\,P + g\,l)}{2\,g}\left[1 - \sqrt{1 - \frac{0{\cdot}08\,g\,\sigma_{zul}\,{}_0W_n}{(2\,P + g\,l)^2}}\right] = 2{\cdot}6 \text{ m} \qquad\qquad \text{(a)}$$

Theoretische Länge $a_m{}' = l - 2\,x = 6{\cdot}8$ m,   Ausführungslänge rund $\underline{a_m = 7{\cdot}0 \text{ m}}$.

Die durchbiegungsgemäße Lamellenlänge a_d.   Gl. (106) lautet für $m = 1$:

$$(1 - \xi_1)^3 + \frac{5\,g\,l}{16\,P}\,\psi_1\,(\xi_1) = \frac{\dfrac{24\,E_0 J_v}{\chi\,P\,l^2} - \hat{\mu}_1\left(\dfrac{23}{27} + \dfrac{5\,g\,l}{16\,P}\right)}{(1 - \hat{\mu}_1)}$$

$$\frac{5\,g\,l}{16\,P} = 0{\cdot}0437, \quad \frac{24\,E_0 J_v}{\chi\,P\,l^2} = 0{\cdot}6317, \quad {}_Pf_0 = \frac{23\,P\,l^3}{648\,E_v J_0} = 3{\cdot}237 \text{ cm}$$

$$(1 - \xi_1)^3 + 0{\cdot}0437\,\psi_1\,(\xi_1) = \frac{0{\cdot}6317 - 0{\cdot}5488}{0{\cdot}359} = 0{\cdot}231.$$

Näherungsweise ist:

$$_n\xi_1 = 1 - 0{\cdot}231^{1\cdot3} = 0{\cdot}386$$

Genaue Wurzel: $\xi_1 = 0{\cdot}395$; daher $a_d = 4{\cdot}74$ m, demnach kleiner als a_m, das sohin in Rechnung zu stellen ist; dem entspricht: $_m\xi_1 = \dfrac{a_m}{l} = \dfrac{7{\cdot}0}{12{\cdot}0} \approx 0{\cdot}58$

Bestimmung der Trägerdurchbiegung. Durch Zusammenziehen der Gl. (56) und (57) und da:

$$_Pf_0 = \frac{23\,P\,l^3}{648\,E_0 J_v}$$

entsteht mit $m = 1$ und $C = \dfrac{27}{23}\dfrac{5\,g\,l}{16\,P} = \dfrac{135}{368}\dfrac{g\,l}{P}$ die effektive Durchbiegung:

$$f_{eff} = {}_Pf_0\,\{\hat{\mu}_1\,(1 + C) + (1 - \hat{\mu}_1)\,[(1 - {}_m\xi_1)^3 + C\,\psi_1\,({}_m\xi_1)]\}.$$

Die Ausrechnung ergibt: $f_{eff} = 0{\cdot}7023\,{}_Pf_0 = 2{\cdot}273$ ($< 2{\cdot}4$ cm); was zu erwarten war, da $a_m > a_d$.

Durchbiegungsbeiwert.

$$\mathfrak{a}' = \frac{f_{eff}}{f_c}$$

und wegen:

$$f_c = {}_Pf_0\,\hat{\mu}_1\,(1 + C) = 1{\cdot}0513\,\hat{\mu}_1\,{}_Pf_0$$

$$\mathfrak{a}' = \frac{0{\cdot}7023}{1{\cdot}0513\,\hat{\mu}_1} = 1{\cdot}042 < 1{\cdot}1.$$

3. *Der nach a) belastete Träger ist so zu bemessen, daß $a_m = a_d$; die sonstigen Annahmen bleiben aufrecht.* Ersichtlich ist, daß die Trägerhöhe ermäßigt werden darf. Gewählt werde folgender Querschnitt: Gesamthöhe: $\overline{714 \text{ mm}}$. Stegblech: 690/10 mm, Winkel $4 \times 75.75/10$, ein Gurtplattenpaar 180/12 mm, Nietlöcher $\oslash = 23$ mm; damit für den Grundquerschnitt: $_0 J_v = 86{,}470$ cm⁴, $_0 J_n = 75830$ cm⁴, $_0 W_n = 2198$ cm³; für den ganzen Querschnitt: $_1 J_v = 139{,}690$ cm⁴, $_1 J_n = 115{,}450$ cm⁴, $_1 W_n = 3234$ cm³, so daß für $M_{max} = 4336{,}000$ kgcm: $\sigma_{eff} = 1340$ kg/cm². Der Reihe nach wurde gefunden: $\hat{\mu}_1 = 0{\cdot}619$, $\mathfrak{i} = 0{\cdot}827$, Lamellenendabstand vom Auflager $x = 2{\cdot}83$ m, $a_m = l - 2\,x = 6{\cdot}34$ m, $a_m = 6{\cdot}6$ m, $_n\xi_1 = 0{\cdot}55$; ferner: $\dfrac{5\,g\,l}{16\,P} = 0{\cdot}0437$, $_Pf_0 = \dfrac{23\,P\,l^3}{648\,E_0 J_v} = 3{\cdot}479$ cm,

$$\frac{24\,E_0 J_v}{\chi\,P\,l^2} = 0{\cdot}5877 \text{ und:}$$

$$(1 - \xi_1)^3 + 0{\cdot}0437\, \psi_1\,(\xi_1) = 0{\cdot}0874$$

mit der Wurzel: $\xi = 0{\cdot}565$, also nahezu $_m\xi_1 \approx 0{\cdot}55$; die durchbiegungsgemäße Länge ist $a_d = 6{\cdot}78$ m $\approx a_m = 6{\cdot}6$ m. Die gewählte Trägerhöhe
erfüllt die gestellte Bedingung. Endlich ergibt sich $\mathfrak{a} = 1{\cdot}1$.

B. Konsolträger.

Für diese Trägerart, zu der auch die Maste gehören, liegen die Verhältnisse
hinsichtlich der Berechnung der durchbiegungsgemäßen Höhe h_d einfacher
wenn eine Endlast P t oder eine Gleichlast q kg/m in Frage kommen.
Mit den bisher gewählten Bezeichnungen ergeben sich folgende Beziehungen:
Einspannungsmoment für die freie Länge l:

$$M = P\,l + \frac{1}{2}\,q\,l^2,$$

$$\sigma_{zul} = \frac{P\,l + \dfrac{1}{2}\,q\,l^2}{2\,i\,J_v}\,h_d,$$

$$f_{zul} = \frac{l}{\chi} = \left(\frac{P\,l^3}{3\,E\,J_v} + \frac{q\,l^4}{8\,E\,J_v}\right)\mathfrak{a}.$$

Durch Elimination von J_v und mit „$\mathfrak{h}$" aus Gl. (98) findet sich:

$$h_d = \frac{2}{3}\,\mathfrak{h}\,l\,\frac{P + \dfrac{3}{8}\,q\,l}{P + \dfrac{1}{2}\,q\,l}. \qquad (108)$$

Zahlenbeispiele.

1. *Ein geschweißter Träger* (i $= 1$), $l = 5{\cdot}0$ m, *ist durch* $P = 1{\cdot}5$ t *ergriffen.
Die Abmessungen für* $\sigma_{zul} = 1600$ kg/cm^2, $f_{zul} = l/50 = 10$ cm ($\chi = 50$)
und $E = 2{\cdot}1\,.\,10^6$ *sind anzugeben* ($\mathfrak{a} = 1{\cdot}2$).

Mit: $\mathfrak{h} = 1{\cdot}2\,.\,1{\cdot}0\,.\,50\,\dfrac{1600}{2{\cdot}1\,.\,10^6} = 0{\cdot}0457$

ergibt sich: $h_d = \dfrac{2}{3}\,\mathfrak{h}\,l = \dfrac{2}{3}\,0{\cdot}0457\,.\,500 = \underline{15{\cdot}2\ \text{cm}}$

Moment: $M = P\,l = 1500\,.\,500 = 750{,}000$ kgcm.

Erforderliches Widerstandsmoment: $W_v' = \dfrac{M}{\sigma_{zul}} = 469$ cm^3.

Es genügt ein P-I-Nr. 12 und 2 Lamellenpaare $2 \times 150/10$; daher:

$$_0J_v = 864\ \text{cm}^4, \quad _0W_v = 144\ \text{cm}^3,$$

$$_1J_v = 2135\ \text{cm}^4, \quad _1W_v = 305\ \text{cm}^3, \quad \hat{\mu}_1 = \frac{_0J_v}{_1J_v} = 0{\cdot}405$$

$$_2J_v = 3825\ \text{cm}^4, \quad _2W_v = 478\ \text{cm}^3, \quad \hat{\mu}_2 = \frac{_0J_v}{_2J_v} = 0{\cdot}226$$

Ausführungshöhe $h_{d\,eff} = 120 + (4 \times 10) = 160$ mm.

Theoretische Lamellenlängen (momentgemäß):

Allgemein besteht: $P\,l\,(1 - \xi') = \sigma_{zul}\,W_v$, bezw.: $\xi' = 1 - \dfrac{\sigma_{zul}\,W_v}{P\,l}$.

Demnach für die 1. Lamelle mit $_0W_v = 144\ \mathrm{cm^3}$: $\xi_1' = 0\cdot6928$

und für die 2. Lamelle mit $_1W_v = 305\ \mathrm{cm^3}$: $\xi_2' = 0\cdot349$

und die gesuchte Länge: $_1a_m' = \xi_1'\,l = 3\cdot46$ m, bezw. $_2a_m' = \xi_2'\,l = 1\cdot745$ m; hiezu kommt ein Zuschlag $= \frac{1}{2}$ Lamellenbreite ($0\cdot075$ m) für den Lamellenanschluß; Ausführungslängen: $_1a_m = 3\cdot54$ m, bezw. $_2a_m = 1\cdot82$ m; damit:

$$\xi_1 = \frac{_1a_m}{l} = 0\cdot708 \quad \text{und} \quad \xi_2 = \frac{_2a_m}{l} = 0\cdot364.$$

Tatsächliche Durchbiegung nach Gl. (86) und für zwei Lamellen:

$$f_{eff} = {_r}f_0\left[\hat{\mu}_2 + (1 - \hat{\mu}_1)\,(1 - \xi_1)^3 + (\hat{\mu}_1 - \hat{\mu}_2)\,(1 - \xi_2)^3\right],$$

wobei:

$$_rf_0 = \frac{P\,l^3}{3\,E_0 J_v} = 34\cdot45\ \mathrm{cm}.$$

Die Ausrechnung ergibt:

$$f_{eff} = 34\cdot45\;.\;0\cdot287 = \underline{9\cdot89\ \mathrm{cm}}.$$

Die Übereinstimmung mit $f_{zul} = 10.0$ cm ist befriedigend ($-1\cdot1\%$); da eine Verkürzung der Lamellen unzulässig ist, erübrigt sich die Berechnung von a_d. Der Durchbiegungsbeiwert: $\mathfrak{a} = \dfrac{0\cdot287\ {_r}f_0}{\hat{\mu}_2\ {_r}f_0} = 1\cdot27$, ist etwas größer als angenommen.

2. *Ein* $10\cdot0$ m *hoher Stahlmast ist einem Spitzenzug von* $P = 1\cdot0$ t *und einem Winddruck von* $\mathfrak{w} = 125$ kg/m² *ausgesetzt; die Ausbiegung der Mastspitze darf höchstens* 20 cm *betragen:* $(\chi = 50)$; $\sigma_{zul} = 1600$ kg/cm², $E = 2\cdot1\;.\;10^6$ kg/cm².

Annahmen: $\mathfrak{a} = 1\cdot2$, $\mathfrak{i} = 0\cdot75$ (genieteter Träger).

$$\mathfrak{h} = \mathfrak{a}\,\mathfrak{i}\,\chi\left(\frac{\sigma_{zul}}{E}\right) = 0\cdot034.$$

Auf Grund einer Vorberechnung wird eine Lamellenbreite von $b = 0\cdot2$ m gewählt, so daß $q = 0\cdot2\,\mathfrak{w} = 0\cdot2\;.\;125 = 25$ kg/m. Nach Gl. (108) ist:

$$h_d = \frac{2}{3}\,\mathfrak{h}\,l\;\frac{P + \dfrac{3}{8}\,q\,l}{P + \dfrac{1}{2}\,q\,l} \approx \underline{22\ \mathrm{cm}}.$$

Moment: $M = P\,l + 1/2\,q\,l^2 = 1{,}125.000$ kgcm; erforderlich: $W_n' = 703\ \mathrm{cm^3}$. Gewählt wird: P-I Nr. 20 $+ 2 \times 200/10$ mm (Nietdurchmesser $\varnothing = 26$ mm): $_0J_v = 5950\ \mathrm{cm^4}$, $_0W_n = 454\ \mathrm{cm^3}$, $_1J_v = 10{,}366\ \mathrm{cm^4}$, $_1W_n = 709\ \mathrm{cm^3}$, $_1J_n = 7807\ \mathrm{cm^4}$. $\sigma_{eff} = 1587$ kg/cm²

$$\hat{\mu}_1 = \frac{_0J_v}{_1J_v} = 0\cdot574, \quad \mathfrak{i} = \frac{_1J_n}{_1J_v} = 0\cdot753\ (\text{angenommen } 0\cdot75)$$

Gl. (86) und (87) ergeben für $n = 1$ und nach Zusammenziehung:

$$f_{zul} = f_0 \left\{ 1 + \frac{(1 - \hat{\mu}_1)(1 - \xi_1)^3 \left[1 + \frac{qf_0}{Pf_0}(1 - \xi_1) \right]}{\hat{\mu}_1 \left(1 + \frac{qf_0}{Pf_0} \right)} \right\}, \tag{a}$$

wobei:

$$f_0 = Pf_0 \left(1 + \frac{3\,q\,l}{8\,P} \right) \hat{\mu}_1$$

und mit

$$Pf_0 = \frac{P\,l^3}{3\,E_v J_0} = 26{\cdot}68 \text{ cm}, \quad \frac{qf_0}{Pf_0} = \frac{3\,q\,l}{8\,P} = 0{\cdot}09375,$$

$$f_0 = 26{\cdot}68 \,.\, 1{\cdot}09375 \,.\, 0{\cdot}574 = 16{\cdot}75 \text{ cm},$$

ferner:

$$\frac{f_{zul}}{f_0} = \overline{\varkappa} = \frac{20{\cdot}0}{16{\cdot}75}\,1{\cdot}194$$

Gl. (a) lautet nach Substitution und Ausrechnung:

$$(1 - \xi_1)^3 \left[1 + 0{\cdot}094 (1 - \xi_1) \right] = 0{\cdot}286$$

mit der Wurzel: $\xi_1 \approx 0{\cdot}352$; die durchbiegungsgemäße Lamellenlänge beträgt: $a_d = l\,\xi_1 = 3{\cdot}52 \text{ m}$.

Nunmehr ist festzustellen, ob $a_d \gtreqless a_m$; wird $a_m' = l\,\xi_1'$ gesetzt (theoretische Lamellenlänge), so gilt:

$$P\,l\,(1 - \xi_1') + \frac{1}{2}\,q\,l^2\,(1 - \xi_1')^2 = \frac{{}_n W_0\,\sigma_{zul}}{100}$$

oder:

$$1000 \,.\, 10\,(1 - \xi_1') + \frac{1}{2}\,25 \,.\, 10^2\,(1 - \xi_1')^2 = 454 \,.\, 16$$

$$\xi_1' = 0{\cdot}33; \quad a_m' = 3{\cdot}30 \text{ m}.$$

Die momentgemäße Lamellenlänge ergibt sich, wenn die halbe Lamellenbreite $b/2 = 0{\cdot}1$ m für den Anschluß zugeschlagen wird, mit $\underline{a_m = 3{\cdot}4 \text{ m}}$ $< 3{\cdot}52 = a_d$; eine weitere Untersuchung erübrigt sich; ersichtlich ist:

$$\overline{\varkappa} = \frac{f_{zul}}{f_0} = \mathfrak{a} = 1{\cdot}194 \approx 1{\cdot}2 \text{ (laut Annahme)}.$$

Untersuchung eines Querschnittes mit zwei Lamellen. Gewählt werde P-I Nr. 18 + 2 × 2 180/10; daher $h_d = 220$ mm. Es gelten nachstehende Werte:

Grundquerschnitt: $_0 J_v = 3830 \text{ cm}^4$, $\quad _0 J_n = 2826 \text{ cm}^4$, $\quad _0 W_n = 314 \text{ cm}^3$;

hiezu 1. Lamelle: $_1 J_v = 7082 \text{ cm}^4$, $\quad _1 J_n = 5138 \text{ cm}^4$, $\quad _1 W_n = 514 \text{ cm}^3$;
$$\hat{\mu}_1 = 0{\cdot}541.$$

hiezu 2. Lamelle: $_2 J_v = 11{,}054 \text{ cm}^4$, $\quad _2 J_n = 7963 \text{ cm}^4$, $\quad _2 W_n = 724$;
$$\hat{\mu}_2 = 0{\cdot}347.$$

$$\mathfrak{i} = \frac{_2 J_n}{_2 J_v} = 0{\cdot}72; \quad \sigma_{eff} = 1536 \text{ kg/cm}^2.$$

Liegen mehr als eine Lamelle vor, so empfiehlt sich, vorerst die momentgemäßen Längen a_m zu bestimmen und nachzusehen, ob $f_{zul} \gtreqless f_{eff}$; im Falle
$f_{eff} > f_{eff}$ sind die erforderlichen a_d zu berechnen.

Bestimmung von a_m:

$b = 0{\cdot}18$ m entspricht eine Gleichlast $q = 0{\cdot}18 \,.\, 125 = 22{\cdot}5$ kg/m. Allgemein besteht:

$$P\,l\,(1 - \xi') + \frac{1}{2}\,q\,l^2\,(1 - \xi')^2 = 0{\cdot}01\,W_n\,\sigma_{zul}\,.$$

Man erhält für:

$$_0W_n = 314\ \text{cm}^3 : \quad (1 - \xi_1') = 0{\cdot}477, \quad \xi_1' = 0{\cdot}523,$$
$$_1W_n = 514\ \text{cm}^3 : \quad (1 - \xi_2') = 0{\cdot}759, \quad \xi_2' = 0{\cdot}241.$$

Damit: $_1a_m' = 5{\cdot}23$ m, $_2a_m' = 2{\cdot}41$ m und mit dem Zuschlag für den
Lamellenanschluß die Ausführungslängen:

$$_1a_m \approx \underline{5{\cdot}35\ \text{m}} \quad \text{und} \quad _2a_m = \underline{2{\cdot}55\ \text{m}}, \quad \text{bezw.}\ \xi_1 = 0{\cdot}535, \quad \xi_2 = 0{\cdot}255.$$

Zur Berechnung von f_{eff} dienen Gl. (86) und (87); nach Verknüpfung und
mit $n = 2$ erhält man:

$$f_{eff} = _rf_0\left\{\hat{\mu}_2\left(1 + \frac{3\,q\,l}{8\,P}\right) + (1 - \hat{\mu}_1)\,(1 - \xi_1)^3\left[1 + \frac{3\,q\,l}{8\,P}\,(1 - \xi_1)\right] + \right.$$
$$\left. + (\hat{\mu}_1 - \hat{\mu}_2)\,(1 - \xi_2)^3\left[1 + \frac{3\,q\,l}{8\,P}\,(1 - \xi_2)\right]\right\}. \tag{b}$$

Im besonderen ist: $_rf_0 = \dfrac{P\,l^3}{3\,E\,_vJ_0} = 41{\cdot}44$ cm, $\dfrac{3\,q\,l}{8\,P} = 0{\cdot}0844$,

$$f_{eff} = 41{\cdot}44\,(0{\cdot}3763 + 0{\cdot}04796 + 0{\cdot}08526) = 41{\cdot}44\,.\,0{\cdot}5095 = \underline{21{\cdot}1\ \text{cm}}.$$

Da $f_{eff} > f_{zul} = 20{\cdot}0$ cm, ist eine durchbiegungsgemäße Ablängung nötig;
eine Verlängerung der oberen Lamelle genügt; dies ist meistens wirtschaftlicher als die Heranziehung der ersten Lamelle.

Ersetzt man in Gl. (b), linke Seite, f_{eff} durch f_{zul}, so entsteht, da nunmehr
alle Werte bis auf ξ_2 bekannt sind, und wegen: $\dfrac{f_{zul}}{_rf_0} = 0{\cdot}4826$:

$$(1 - \xi_2)^3\,[1 + 0{\cdot}0844\,(1 - \xi_2)] = 0{\cdot}3005.$$

Sie wird durch: $\xi_2 = 0{\cdot}342$ befriedigt; somit die notwendige Länge:
$_2a_d = 3{\cdot}42$ m.

Tatsächlich ist $_2a_d > _2a_m$. Der Durchbiegungsbeiwert stellt sich auf:

$$\mathfrak{a} = \frac{f_{zul}}{f_0} = \frac{f_{zul}}{_rf_0\,\hat{\mu}_2\left(1 + \dfrac{3\,q\,l}{8\,P}\right)} = \underline{1{\cdot}282}\ (> 1.2).$$

Die Rechnung wäre mit einem höheren Profil zu wiederholen; im allgemeinen wird man sich mit diesem Ergebnis zufrieden geben.

Beide Lösungen erfordern nahezu den gleichen Materialaufwand von rund
875 kg je Mast einschließlich des Teiles im Fundamentkörper von
etwa $l/6 = 1{\cdot}7$ m.

C. Maste aus unverstärkten Walzträgern.

Maste mit verhältnismäßig geringem Spitzenzug (bis etwa $1{\cdot}5$ t), kleinem χ und nicht zu großer Höhe (bis etwa $20{\cdot}0$ m) werden mit Vorteil aus unverstärkten Walzträgern hergestellt. Sie sind wegen Entfall jeder Niet- und Schweißarbeit wirtschaftlich.

Wesentlich für die Bemessung ist ihre große Nachgiebigkeit (Schlankheit), die sich aus dem großen Maß der zulässigen Auslenkung ($\chi = 50$) ergibt. Die durchbiegungsgemäße Höhe ist aus Gl. (108) zu berechnen. Hiebei wird der von P und q (Winddruck) abhängige Bruch gleich „1" gesetzt, ferner $i = \mathfrak{a} = 1$. Damit entsteht:

$$h_{dmin} \approx \frac{2}{3}\,\chi\,\frac{\sigma_{zul}}{E}\,l \tag{109}$$

Die Mindesthöhe nimmt mit fallendem χ (größerer Ausbiegung) und abnehmendem σ_{zul} ab; im besonderen wird für $\chi = 50$, $\sigma_{zul} = 1600\ \mathrm{kg/cm^2}$:

$$h_{dmin} \approx \frac{l}{40} \tag{110}$$

Dem Winddruck: $\mathfrak{W} = b\,l\,\mathfrak{w}$ in kg ($b =$ Flanschbreite) entspricht das Fußmoment: $M = (P + \tfrac{1}{2}\,\mathfrak{W})\,l\,100$ kgcm.

Widerstandsmoment:

$$W_M = \frac{2\,J_M}{h_{dmin}} = \frac{3\,E\,J_M}{100\,l\,\chi\,\sigma_{zul}} \tag{a}$$

$$\sigma_{zul} = \frac{M}{W_M} = \frac{M\,\chi\,\sigma_{zul}\,100\,l}{3\,E\,J_M}. \tag{b}$$

Erforderliches Trägheitsmoment:

$$J_M = \frac{100\,M\,l\,\chi}{3\,E}$$

bezw.

$$J_M = \frac{(1{\cdot}6\,P + 0{\cdot}8\,\mathfrak{W})\,l^2\,\chi}{1008} \approx \frac{(1{\cdot}6\,P + 0{\cdot}8\,\mathfrak{W})\,l^2\,\chi}{1000} \tag{c}$$

J_M in cm⁴ ergibt sich für P und $\mathfrak{W}$ in kg und l in m.

Jenes Trägheitsmoment J_f, bei dem f_{zul} entsteht, folgt aus:

$$f_{zul} = \frac{100\,l}{\chi} = \frac{(100\,l)^3}{24\,E\,J_f}\cdot(8\,P + 3\,\mathfrak{W})$$

mit:

$$J_f = \frac{(1{\cdot}6\,P + 0{\cdot}6\,\mathfrak{W})\,l^2\,\chi}{1008} \approx \frac{(1{\cdot}6\,P + 0{\cdot}6\,\mathfrak{W})\,l^2\,\chi}{1000}. \tag{d}$$

Die beiden Trägheitsmomente weichen wenig von einander ab, doch ist $J_M > J_f$; der Dimensionierung ist demnach bei Einhaltung der Mindesthöhe h_{dmin}, Gl. (c) zugeordnet. Die Bemessungsgleichungen lauten, wenn $\chi = 50$ und $\sigma_{zul} = 1600\ \mathrm{kg/cm^2}$:

$$h_{dmin}^{(cm)} = \frac{l^{(cm)}}{40} = 2{\cdot}5\,l^{(m)} \tag{110'}$$

$$J_M = J_v = \frac{1}{25}(2\,P + \mathfrak{W})\,l^{2(m)} \tag{110''}$$

$$W_M = W_v = \frac{M}{\sigma_{zul}} = \frac{1}{32}(2\,P + \mathfrak{W})\,l^{(m)} \tag{110'''}$$

Ihre gleichzeitige Befriedigung ist nur in beschränktem Umfange möglich und hängt vor allem von den zur Verfügung stehenden Walzprofilen ab. Geschweißte Profile lassen sich hingegen stets den statisch und durchbiegungsgemäß erforderlichen Abmessungen anpassen.
Beispiele.

1. *Der unter B, 2 behandelte Träger (Mast) ist aus einem unverstärkten Walzprofil herzustellen.* Flanschenbreite $b = 0\cdot2$ m:

$$\mathfrak{W} = b\,l\,\mathfrak{w} = 0\cdot2 \, . \, 10 \, . \, 125 = \underline{250\ \text{kg}}$$

Fußmoment ($P = 1000$ kg):

$$M = \frac{l}{2}(2\,P + \mathfrak{W}) = \underline{1,125.000\ \text{kgcm}}$$

$$W_v = \frac{M}{\sigma_{zul}} = \underline{703\ \text{cm}^3}.$$

Bei vorausgesetzter Mindesthöhe:

$$h_{dmin} = \frac{l}{40} = \underline{25\ \text{cm}}$$

besteht, Gl. (110'):

$$J_v = \frac{1}{25}(2\,P + \mathfrak{W})\,l^2 = \underline{9000\ \text{cm}^4}.$$

In Frage kommen nachstehende Walzprofile:
P-I-Nr. 24: $J_v = 11{,}690\ \text{cm}^4$, $W_v = 974\ \text{cm}^3$, Eigengewicht $g = 87\cdot4$ kg/m
I-Nr. 32: $J_v = 12{,}510\ \text{cm}^4$, $W_v = 782\ \text{cm}^3$, Eigengewicht $g = 61\cdot1$ kg/m
Der Peine-Träger scheidet wegen zu geringer Höhe und zu großem Eigengewicht aus; I-Nr. 32 hat eine Flanschenbreite $b = 0\cdot131$ m, so daß $\mathfrak{W} = 0\cdot131 \, . \, 10 \, . \, 125 \approx 164$ kg; nunmehr:

$$M = \frac{l}{2}(2\,P + \mathfrak{W}) = 1{,}082.000\ \text{kgcm}$$

$$\sigma_{eff} = 1382\ \text{kg/cm}^2$$

Die effektive Durchbiegung stellt sich auf:

$$f_{eff} = \frac{l^3}{24\,E\,J_v}(8\,P + 3\,\mathfrak{W}) = 13\cdot5\ \text{cm}\ (f_{zul} = 20\cdot0\ \text{cm}).$$

Die tatsächliche Inanspruchnahme ist um 14%, die Spitzenverschiebung um 33% kleiner als der zugelassene Höchstwert. Trotzdem ist das Mastgewicht um etwa 22% kleiner als jenes der genieteten Konstruktion. Nach [25], S. 518 wird für die gleichen Annahmen ein Peine-Profil: P-I-Nr. 22 vorgeschlagen; mit $\mathfrak{W} = 275$ kg, $J_v = 8050\ \text{cm}^4$, $W_v = 732$ wird: $\sigma_{eff} = 1550\ \text{kg/cm}^2$ und $f_{eff} = 21\cdot8$ cm. Die Durchbiegung ist gegenüber $f_{zul} = 20$ cm um 9% zu groß und das Eigengewicht ($g = 71\cdot5$ kg/m) um 17% größer als das für Profil I-Nr. 32. Das biegungssteifere Profil ist dem niedrigeren überlegen.

2. *Wie oben, jedoch* $P = 1.5$ t, $l = 15.0$ m, $\chi = 50$. Nach [25], S. 518 wird empfohlen: P-I-Nr. 30 mit: $J_v = 25760$ cm^4, $W_v = 1720$ cm^3, $\sigma_{eff} = 1550$ kg/cm^2, $g = 121$ kg/m. Da die Trägerhöhe $h = 30$ cm gegenüber $h_{dmin} = l/40 = 37.5$ cm zu klein ist, ergibt sich eine zu große Spitzenverschiebung. Gegenüber $f_{zul} = l/50 = 30$ cm stellt sie sich auf $f_{eff} \approx 36$ cm ($+\,20\%$).

Angenommen werde: I-Nr. 42½ mit: $J_v = 36970$ cm^4, $W_v = 1740$ cm^3, $b = 0.163$ m, $g = 104$ kg/m. $\mathfrak{W} = 310$ kg.

$$M = \frac{l}{2}\,(2\,P + \mathfrak{W}) = \underline{2{,}482.500 \text{ kgcm}}, \quad \sigma_{eff} = 1427 \text{ kg/cm}^2,$$

$$f_{eff} = \frac{l^3}{24\,E\,J_v}\,(8\,P + 3\,\mathfrak{W}) = \underline{23.4 \text{ cm}}.$$

Dieses Profil genügt; die Spitzenverschiebung ist um 55% kleiner als f_{zul}, das Gewicht je Meter um 16%.

Jedenfalls ist ersichtlich, daß eine Unterschreitung der durchbiegungsgemäßen Höhe h_{dmin} sich statisch und wirtschaftlich ungünstig auswirkt.

3. *Welche größte Mastlänge l darf ein aus unverstärktem Profil herzustellender Mast haben, damit bei gegebenem Spitzenzug P die Verschiebung $f_{zul} = l/\chi$ und $\sigma_{zul} = 1600$ kg/cm^2 nicht überschritten werden? Der Winddruck $\mathfrak{w} = 125$ kg/m^2 ist zu berücksichtigen. $\chi = 50$.* Die Profilhöhe ist gleichzeitig schon die durchbiegungsgemäße Höhe h_{dmin}, der nach Gl. (110') die Mastlänge:

$$l_{max}^{(m)} = 40\,h_{dmin}^{(m)} = 0.4\,h_{dmin}^{(cm)}$$

zugeordnet ist; sie ist nach früherem von J_v unabhängig und verbürgt, daß σ_{zul} und f_{zul} nicht überschritten werden. Abweichend hievon ist die aus dem Biegungsmoment sich ergebende Mastlänge; es besteht:

$$\sigma_{zul} = \frac{M}{W_v}$$

und nach früherem:

$$M = \frac{100\,l^{(m)}}{2}\,(2\,P + \mathfrak{W}).$$

Durch Verbindung und wegen: $\mathfrak{W} = b\,l\,\mathfrak{w}$ entsteht:

$$l^2 + \frac{2\,P}{b\,\mathfrak{w}}\,l = \frac{0.02\,\sigma_{zul}\,W_v}{b\,\mathfrak{w}}.$$

Mit $\mathfrak{w} = 125$ kg/m^2, $\sigma_{zul} = 1600$ kg/cm^2, findet sich:

$$l^{(m)} = \frac{8\,P}{b}\left(-1 + \sqrt{1 + \frac{0.004\,b\,W_v}{P^2}}\right) \tag{111}$$

(P in t, b in m); nach P aufgelöst, erhält man:

$$P = \frac{16\,W_v}{l} - 62.5\,b\,l \tag{111'}$$

P stellt jenen maximalen Spitzenzug dar, den ein Mast von der beliebigen Länge l bei Ausnützung von σ_{zul} aufnehmen kann. Setzt man noch: $l = l_{max} = 0.4\,h_{dmin}$, so ist durch:

$$P_d = \frac{40\,W_v}{h_{dmin}} - 25\,b\,h_{dmin} \tag{111''}$$

jener besondere Spitzenzug bestimmt, bei dem sowohl σ_{zul} als auch f_{zul} gerade erreicht werden.

Zahlenbeispiele.

α) *Gegeben* $P = 1{\cdot}5$ t; *für ein angenommenes Profil ist jene Mastlänge anzugeben, bei der sowohl* $\sigma_{zul} = 1600$ kg/cm² *als auch* $f_{zul} = l/50$ *möglichst erfüllt werden.*
Annahme: I-Nr. 42½: $J_v = 36970$ cm⁴, $W_v = 1740$ cm³, $b = 0{\cdot}163$ m, $h_{dmin} = 42{\cdot}5$ cm; $l_{max} = 42{\cdot}5 . 0.4 = \underline{17{\cdot}0\,\text{m}}$

und gemäß Gl. (111):

$$ l = \frac{8 . 1{\cdot}5}{0{\cdot}163}\left(-1 + \sqrt{1 + \frac{0{\cdot}004 . 0{\cdot}163 . 1740}{1{\cdot}5^2}} \right) = \underline{16{\cdot}7\,\text{m}} $$

Der Unterschied ist gering, so daß mit l_{max} zu rechnen ist; theoretisch kommt allerdings $l = 16{\cdot}7$ in Betracht. $\mathfrak{W} = b\,l\,\mathfrak{w} = 340$ kg,

$$ M = \frac{100\,l^{(m)}}{2}\,(2\,P + \mathfrak{W}) = 2{,}788.900\,\text{kgcm}, $$

$$ \sigma_{eff} = \frac{M}{W_v} \approx \underline{1600\,\text{kg/cm}^2} = \sigma_{zul}; \ \text{ferner:} $$

$$ f_{eff} = \frac{l^3}{24\,E\,J_v}\,(8\,P + 3\,\mathfrak{W}) = \underline{32{\cdot}6\,\text{cm}}. $$

Da $f_{zul} = l/50 = 33.4$ cm, ist diese Bedingung fast genau erfüllt. Der zugeordnete Spitzenzug, Gl. (111″) berechnet sich mit:

$$ P_d = \frac{40\,W_v}{h_{dmin}} - 25\,b\,h_{dmin} = \frac{40 . 1740}{42{\cdot}5} - 25 . 0{\cdot}163 . 42{\cdot}5 = \underline{1464\,\text{kg}} $$

also nahezu $P = 1500$ kg.

β) *Wie unter* α), *jedoch* I-Nr. 40.
$J_v = 29210$ cm⁴, $W_v = 1460$ cm³, $b = 0{\cdot}155$ m, $h_{dmin} = 40$ cm, $\mathfrak{W} = 310$ kg. Vor allem ist $l_{max} = 0{\cdot}4 . 40 = 16{\cdot}0$ m und aus Gl. (111): $l = 14{\cdot}25$ m $< l_{max}$; daher ist mit dem kleineren Wert zu rechnen, bis zu welchem nach α) das nächst höhere Profil Nr. 42½ gilt.

Auf diese Weise läßt sich für sämtliche Profile und Spitzenzüge eine Tabelle anlegen. Da $M = 2{,}350.100$ kgcm, wird $\sigma_{eff} = 1610$ kg/cm², wie zu erwarten war; ferner findet man, daß $f_{eff} = 25{\cdot}2$ cm gegenüber dem $f_{zul} = l/\chi = \underline{28{\cdot}5\,\text{cm}}$; auch dieses Ergebnis überrascht nicht, da $l < l_{max}$; erst bei l_{max} ergäbe sich $f_{eff} = f_{zul}$ und $P_d \approx 1200$ kg.

γ) *Wie unter* α) *jedoch* P-I-Nr. 30.
$J_v = 25{,}760$ cm⁴, $W_v = 1720$ cm³, $b = 0{\cdot}3$ m, $h_{dmin} = 30$ cm, $\mathfrak{W} = 450$ kg. Vor allem ist $l_{max} = 0{\cdot}4 . 30 = \underline{12{\cdot}0\,\text{m}}$ und $l = \underline{15{\cdot}4\,\text{m}}$; es kommt l_{max} in Betracht; da aber der Querschnitt für l ausreicht, wird $\sigma_{eff} < \sigma_{zul}$; die Voraussetzungen der Gl. (109) sind jedenfalls nicht erfüllt und die durchbiegungsgemäße Höhe müßte kleiner ausfallen als $h_{dmin} = 30$ cm; unter Beibehaltung dieses Maßes wird auch $f_{eff} < f_{zul}$. Die Rechnung liefert denn auch:

$M = 2{,}070.000 \text{ kgcm}, \quad \sigma_{eff} \approx 1200 \text{ kg/cm}^2 \, (\sigma_{zul} = 1600 \text{ kg/cm}^2),$
$f_{eff} = 17{\cdot}8 \text{ cm}, \quad f_{zul} = 1200/50 = 24.0 \text{ cm}.$
Die niedrigen Breitflanschträger sind, wie bewiesen wurde, unwirtschaftlich; sie sollten nur dann Verwendung finden, wenn hiefür besondere konstruktive und statische Forderungen bestehen (leichtere Arbeit, einfachere Anschlüsse, Verhinderung des Ausknickens etc.) Die größte Spitzenkraft für die Länge $l_{max} = 12{\cdot}0$ m ergibt sich mit $P_d \approx 2070$ kg. Einzig für diese werden die Voraussetzungen hinsichtlich der gleichzeitigen Erfüllung von σ_{zul} und f_{zul} erfüllt.

VI. Säulen (Maste) unter exzentrischem Kraftangriff.

Der in B eingespannte Träger (Abb. 55) sei durch die Gleichlast q kg/m und am freien Ende A durch den Spitzenzug H und durch das Kopfmoment $M_0 = P\,p$ ergriffen, daher:

$$M_x = P\,(p + f_x) + H\,x + \frac{1}{2}\,q\,x^2 \tag{112}$$

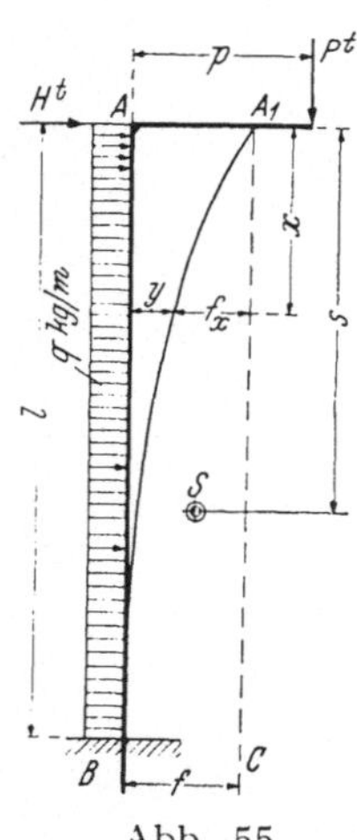

$f_x = (f - y) =$ Abstand der Biegelinie von der Geraden $A_1 C$ und $y =$ Durchbiegung in x. Bei Berechnung des Momentes darf im allgemeinen $f\,(f_x)$ gegenüber dem Hebelarm „p" vernachlässigt werden. Bei schlanken Stäben kann sich das Moment bei zu großer Ausbiegung wesentlich erhöhen, so daß die Unterdrückung von $f\,(f_x)$ nicht statthaft ist.

$$M_{max} = P\,(p + f) + H\,l + \frac{1}{2}\,q\,l^2. \tag{112'}$$

Die Vergrößerung gegenüber:

$$_0M_{max} = P\,p + H\,l + \frac{1}{2}\,q\,l^2 \tag{112''}$$

beträgt

$$\varDelta M = P\,f \tag{112'''}$$

Abb. 55

Die Berechnung von f erfolgt aus der Gleichung der Biegelinie, die auf Grund einer strengen Theorie nachstehend für die behandelten Belastungsfälle entwickelt wird [6, 14, 15, 19, 28].

a) *Belastung* $M_0 = P\,p$. Die Gleichung der Biegelinie ($J =$ konst.) lautet mit:

$$(\omega\,l) = \sqrt{\frac{P\,l^2}{E\,J}},$$

$$y = \frac{p}{\cos(\omega\,l)}\,\{1 - \cos\,[\omega\,(l - x)]\} \tag{113}$$

Daraus die Auslenkung ($x = 0$):

$$f = p\left[\frac{1}{\cos(\omega\,l)} - 1\right] \tag{113'}$$

Moment in x:

$$M_x = P\,[(f - y) + p] = \frac{P\,p\,\cos\,[\omega\,(l - x)]}{\cos(\omega\,l)} \tag{114}$$

und für $x = l$: $\quad M_{max} = \dfrac{P\,p}{\cos(\omega\,l)}$ $\tag{114'}$

β) *Belastung* P ($p = 0$) *und* H. Gleichung der Biegelinie:

$$y = \frac{H}{P}\left[-(l-x) + \frac{\sin(\omega l) - \sin(\omega x)}{(\omega l)\cos(\omega l)}\, l\right] \qquad (115)$$

Verschiebung der Mastspitze ($x = 0$):

$$f = \frac{H}{P}\, l\left[\frac{\mathrm{tg}(\omega l)}{(\omega l)} - 1\right], \qquad (115')$$

$$M_x = P f_x + H x = P(f - y) + H x$$

und mit Berücksichtigung der Gl. (115'):

$$M_x = H\, l\,\frac{\sin(\omega x)}{(\omega l)\cos(\omega l)}, \qquad (116)$$

bezw. für $x = l$

$$M_{max} = H\, l\,\frac{\mathrm{tg}(\omega l)}{(\omega l)} \qquad (116')$$

Knicklast: P_k. $f = \infty$; Knickbedingung besteht, wenn in den Gl. (113') und (115') $\cos(\omega l) = 0$, d. h.:

$$(\omega l) = \frac{\pi}{2} = \sqrt{\frac{P_k l^2}{EJ}}$$

Daraus die *Euler'sche Knicklast*:

$$P_k = \frac{\pi^2 E J}{4\, l^2}\,.$$

Beispiele:

1. $P = 2000$ kg, $p = 10$ cm, $l = 800$ cm; vorhanden I-Nr. 18. $J = 1450$ cm^4, $W = 161$ cm^3, $F = 27{\cdot}9$ cm^2, $E = 2{\cdot}1 \cdot 10^6$ kg/cm^2. *Zu bestimmen sind*: M_{max} *und* f?
Die Rechnung ergibt:

$$(\widehat{\omega l}) = \sqrt{\frac{P\, l^2}{EJ}} = 0{\cdot}64835, \quad (\omega l)^0 = 37^0 8' 52''$$

Daher, Gl. (113'):

$$f = p\left[\frac{1}{\cos(\omega l)} - 1\right] = 100 \cdot 0{\cdot}255 = \underline{25{\cdot}5\ \text{cm}}$$

und Gl. (114'):

$$M_{max} = \frac{P\, p}{\cos(\omega l)} = \underline{250{,}900\ \text{kgcm}},$$

$$\sigma_{eff} = \frac{M_{max}}{W} = \underline{1558\ \text{kg/cm}^2}.$$

Die übliche Rechnung ergäbe: $_0 M_{max} = P p = 200.000$ kgcm.

2. *Wie unter* 1., *jedoch* $p = 0$ *und* $H = 250$ kg.
Aus Gl. (115') folgt:

$$f = \frac{H}{P}\, l\left[\frac{\mathrm{tg}(\omega l)}{(\omega l)} - 1\right] = \frac{250800}{2000}\, 0{\cdot}1685 = 16{\cdot}85\ \text{cm}$$

und das Fußmoment, Gl. (116'):

$$M_{max} = H\,l\,\frac{\operatorname{tg}(\omega\,l)}{(\omega\,l)} = \underline{233{,}700}\ \text{kgcm}\ .$$

Es ist gegenüber: $_0 M_{max} = H\,l = 200.000$ kgcm um 16.9% größer.

Einheitliches Verfahren. Die Gl. (113) und (115) gelten je für einen bestimmten Belastungsfall und konstantes Trägheitsmoment; die beiden Biegelinien werden sich wenig von einander unterscheiden. Es liegt daher nahe, eine gemeinsame Biegelinie anzustreben, die für die Gesamtheit der Belastungen Gültigkeit hat. Bezogen auf $\overline{A_1 C}$ lautet die Gleichung der Biegelinie:

$$f_x = f\,\varphi(\eta).$$

Dem Säulenfuß entspricht $\varphi(\eta) = 1$ und $f_x = f$. Über die Funktion $\varphi(\eta)$ wird auf Grund nachstehender Untersuchung entschieden.

Allgemein beträgt die Endauslenkung:

$$f = \int \frac{M_x\,x\,dx}{EJ}$$

und mit Berücksichtigung der Gl. (112):

$$f = \int \left\{ P\,[p + f\,\varphi(\eta)] + H\,x + \frac{1}{2}\,q\,x^2 \right\} \frac{x\,dx}{EJ} =$$

$$= \frac{P\,p \displaystyle\int_0^l \frac{x\,dx}{EJ} + H \displaystyle\int_0^l \frac{x^2\,dx}{EJ} + \frac{1}{2}\,q \displaystyle\int_0^l \frac{x^3\,dx}{EJ}}{1 - P \displaystyle\int_0^l \frac{\varphi(\eta)\,x\,dx}{EJ}}\ . \tag{117}$$

In Abb. 56, wie in Abb. 47 wird der Konsolträger durch einen doppelt so langen freiaufliegenden Träger ersetzt. Der Abstand des Endes der k-ten Lamelle vom Säulenende sei x_k. Es wird

$$_0\xi_k = \frac{x_k}{l} = \frac{(l - a_k)}{l} = (1 - \xi_k)$$

eingeführt.

Im Zähler von (117) stehen die Auslenkungen des Säulenendes für veränderliches J; gestuftem Trägheitsmoment entsprechen für H und q die Gl. (86) und (87). Bei Belastung durch $M_0 = P\,p$ findet sich der bezügliche Ausdruck durch Rückschluß $\left(\hat{\mu}_k = \frac{J_0}{J_k} \right)$.

$$f_{M_0} = P\,p \int_0^l \frac{x\,dx}{EJ} = \frac{P\,p\,l^2}{2\,EJ_0}\left[\hat{\mu}_n + \sum_{k=1}^{k=n} (\hat{\mu}_{k-1} - \hat{\mu}_k)\,_0\xi_k^{\,2} \right]$$

$$f_H = H \int_0^l \frac{x^2\,dx}{EJ} = \frac{H\,l^3}{3\,EJ_0}\left[\hat{\mu}_n + \sum_{k=1}^{k=n} (\hat{\mu}_{k-1} - \hat{\mu}_k)\,_0\xi_k^{\,3} \right] \tag{118}$$

$$f_q = \frac{1}{2}\,q \int_0^l \frac{x^3\,dx}{EJ} = \frac{q\,l^4}{8\,EJ_0}\left[\hat{\mu}_n + \sum_{k=1}^{k=n} (\hat{\mu}_{k-1} - \hat{\mu}_k)\,_0\xi_k^{\,4} \right]$$

Damit entsteht (n Lamellenpaare)

$$f = \frac{f_{M_0} + f_H + f_q}{1 - \dfrac{P}{E J_0} \displaystyle\sum_{k=1}^{k=n} \hat{\mu}_k \int \varphi(\eta_k)\, x_k\, dx_k.} \qquad (117')$$

Die Pfeilvergrößerung hängt ab vom zweiten Nennerglied, das stets < 1 ist; dessen Größe wird bei gegebenem P, bekannten J_0, $\hat{\mu}_k$, E wesentlich von der Funktion $\varphi(\eta_k)$ beeinflußt.

$$\int_0^l \varphi(\eta_k)\, x_k\, dx_k = F_l\, s$$

ist das statische Moment der Biegefläche $BCA_1 = F_l$ bezüglich $\overline{AA_1}$ für $f = 1$. *Zweckmäßige Wahl von* $\varphi(\eta_k)$. Vorausgesetzt wird innerhalb der integrierten Teilstrecken konstantes Trägheitsmoment.

a) Belastung: $M_0 = P\,p$. Durch Verbindung der Gl. (113) und (113') entsteht:

$$f_x = (f - y) = p\left\{\frac{\cos[\omega(l-x)]}{\cos(\omega l)} - 1\right\} = f\,\varphi(\eta),$$

wenn:

$$\varphi(\eta) = \left\{1 - \frac{1 - \cos[\omega(l-x)]}{1 - \cos(\omega l)}\right\}. \qquad (a)$$

Ferner:

$$\int \varphi(\eta)\, x\, dx = \frac{1}{[1 - \cos(\omega l)]}\left\{\frac{l^2 \cos[\omega(l-x)]}{(\omega l)^2} - \frac{l\,x\,\sin[\omega(l-x)]}{(\omega l)} - \frac{x^2 \cos(\omega l)}{2}\right\} + C. \qquad (a_1)$$

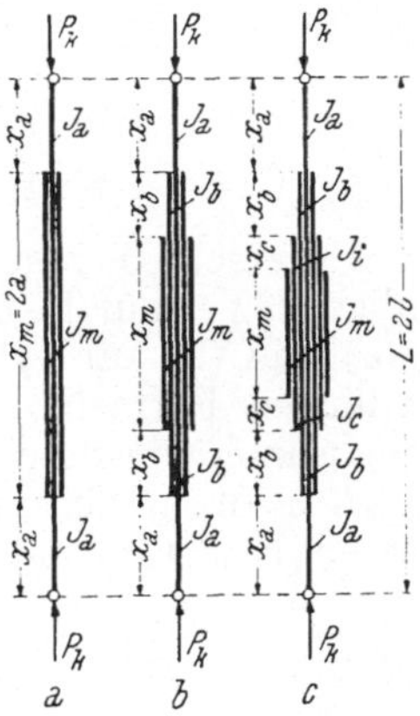

Beispiel.

Trägheitsmoment konstant auf die Länge l

$$\int_0^l \varphi(\eta)\, x\, dx = \left\{\frac{E J}{P l^2} - \frac{\cos(\omega l)}{2\,[1 - \cos(\omega l)]}\right\} l^2 \qquad (a_1')$$

Unter Zugrundelegung der Annahmen des ersten Beispieles erhält man:

$$\frac{E J}{P l^2} = 2\cdot3789, \qquad \frac{\cos(\omega l)}{2\,[1 - \cos(\omega l)]} = 1\cdot9643$$

und

$$\int_0^l \varphi(\eta)\, x\, dx = \underline{0\cdot4146\, l^2}. \qquad (a_1'')$$

β) *Die Säule ist durch* P ($p = 0$) *und* H *belastet.* Durch Verknüpfung der Gl. (115) und (115') entsteht:

$$f_x = (f - y) = \frac{H}{P}\, l\left[\frac{\sin(\omega x)}{(\omega l)\cos(\omega l)} - \frac{x}{l}\right].$$

Abb. 56

Nach Eliminierung von H ergibt sich mit

$$c = \frac{\operatorname{tg}(\omega\, l)}{(\omega\, l)} - 1, \quad f_x = f\,\varphi_1(\eta),$$

wobei

$$\varphi_1(\eta) = \frac{1}{c}\left[\frac{\sin(\omega\, x)}{(\omega\, l)\cos(\omega\, l)} - \frac{x}{l}\right] \tag{b}$$

$$\int \varphi_1(\eta)\, x\, dx =$$

$$= \frac{1}{\sin(\omega\, l) - (\omega\, l)\cos(\omega\, l)}\left\{\frac{1}{\omega^2}\left[\sin(\omega\, x) - (\omega\, x)\cos(\omega\, x)\right] - \right.$$
$$\left. - (\omega l)\cos(\omega l)\cdot\frac{x^3}{3\, l}\right\} + C. \tag{b_1}$$

Beispiel: Trägheitsmoment über die Länge l konstant

$$\int_0^l \varphi_1(\eta)\, x\, dx = \left\{\frac{EJ}{P\, l^2} - \frac{(\omega\, l)}{3\,[\operatorname{tg}(\omega\, l) - (\omega\, l)]}\right\} l^2 \tag{$b_1{}'$}$$

und mit den Annahmen des ersten Beispieles:

$$\int_0^l \varphi_1(\eta)\, x\, dx = \underline{0{\cdot}3997\, l^2}. \tag{$b_1{}''$}$$

Der Unterschied gegenüber a) ist belanglos (rund 3%), was auf einen ähnlichen Verlauf beider Biegelinien schließen läßt. Die Anwendung der Gl. (a) und (b) auf Träger mit gestuften Trägheitsmomenten führt zu unhandlichen Formeln; sie lassen sich unter gewissen Annahmen auf eine gemeinsame Gleichung bringen; dies gelingt, wenn statt P die Knicklast P_k in die Rechnung eingeführt wird; dann besteht nach früherem für unseren Belastungsfall:

$$P_k = \frac{\pi^2 EJ}{4\, l^2},$$

so daß:

$$\frac{P_k\, l^2}{EJ} = \frac{\pi^2}{4} = (\omega l)^2; \quad \frac{\pi}{2} = (\omega\, l), \quad \cos(\omega\, l) = 0, \quad \sin(\omega\, l) = 1.$$

Setzt man: $(x/l) = {}_0\xi$, so lautet Gl. (a):

$$\varphi(\eta) = 1 - \frac{1 - \cos\lceil(\omega\, l)(1 - {}_0\xi)\rceil}{1} = \cos\frac{\pi}{2}(1 - {}_0\xi)$$

$$\varphi(\eta) = \sin\left(\frac{\pi}{2}\,{}_0\xi\right). \tag{c}$$

Zu dem gleichen Resultat führt auch Gl. (c); die Biegelinie hat unmittelbar vor Eintritt der Knickung die Form einer Sinuslinie. Nunmehr erhält man durch Integration von:

$$\int \varphi(\eta)\, x\, dx = l^2 \int \sin\left(\frac{\pi}{2}\,{}_0\xi\right){}_0\xi\, d_0\xi$$

$$\int \varphi(\eta)\, x\, dx = \frac{4\, l^2}{\pi^2}\left[\sin\left(\frac{\pi}{2}\,{}_0\xi\right) - \left(\frac{\pi}{2}\,{}_0\xi\right)\cos\left(\frac{\pi}{2}\,{}_0\xi\right)\right] + C. \tag{c'}$$

Dieser Ausdruck läßt sich tabellarisieren. Für konstantes Trägheitsmoment auf die Länge „l" entsteht:

$$\int_0^l \varphi(\eta)\, x\, dx = \frac{4\,l^2}{\pi^2} = \underline{0{\cdot}40624\, l^2}. \tag{c_1'}$$

Dieses Ergebnis liegt so ziemlich in der Mitte zwischen (a_1'') und (b_1''). *Janser [15]* empfiehlt eine parabolische Biegelinie:

$$\varphi(\eta) = (2\,_0\xi - \,_0\xi^2) \tag{d}$$

Demnach:

$$\int \varphi(\eta)\, x\, dx = l^2 \int (2\,_0\xi - \,_0\xi^2)\,_0\xi\, d_0\xi = \frac{l^2}{12}\,(8 - 3\,_0\xi)\,_0\xi^3 + C. \tag{d'}$$

Ist wieder $J = $ konstant, so errechnet sich:

$$\int_0^l \varphi(\eta)\, x\, dx = \frac{5}{12}\, l^2 = \underline{0{\cdot}4167\, l^2}. \tag{d_1'}$$

Dieser Wert überdeckt sämtliche früheren Ergebnisse, liefert also etwas größere „f"; man bewegt sich auf Seite der größeren Sicherheit.

Nach Untersuchungen *Cassens [6]* zum Aufsatze *Janser [15]* stehen die Durchbiegungswerte f, wie sie sich bei gestuften Trägheitsmomenten und Annahme einer parabolischen Biegelinie ergeben, in guter Übereinstimmung mit den Ergebnissen einer genauen Rechnung. In bekannter Weise läßt sich für das zweite Nennerglied der Gl. (117'), wenn gestufte Trägheitsmomente in Betracht kommen, schreiben:

1. *bei sinusförmiger Biegelinie*:

$$\frac{P}{EJ_0} \sum_{k=1}^{k=n} \hat{\mu}_k \int \varphi(\eta_k)\, x_k\, dx_k = \frac{4\,P\,l^2}{\pi^2\,EJ_0}\, F_S =$$

$$= \frac{4\,P\,l^2}{\pi^2\,EJ_0} \left\{ \hat{\mu}_n + \sum_{k=1}^{k=n} (\hat{\mu}_{k-1} - \hat{\mu}_k) \left[\sin\left(\frac{\pi}{2}\,_0\xi_k\right) - \left(\frac{\pi}{2}\,_0\xi_k\right) \cos\left(\frac{\pi}{2}\,_0\xi_k\right) \right] \right\} \tag{119}$$

2. *bei parabolischer Biegelinie*:

$$\frac{P}{EJ_0} \sum_{k=1}^{k=n} \hat{\mu}_k \int \varphi(\eta_k)\, x_k\, dx_k = \frac{P\,l^2}{12\,EJ_0}\, F_P =$$

$$= \frac{P\,l^2}{12\,EJ_0} \left[5\,\hat{\mu}_n + \sum_{k=1}^{k=n} (\hat{\mu}_{k-1} - \hat{\mu}_k)\,(8 - 3\,_0\xi_k)\,_0\xi_k^3 \right] \tag{119'}$$

F_S, bezw. F_P stellen die bezüglichen Klammerausdrücke dar, wobei die Fußzeiger auf die Form der Biegelinie hinweisen.

Gl. (117') lautet nunmehr:

$$f_S = \frac{\sum f}{1 - \dfrac{4\,P\,l^2}{\pi^2\,EJ_0}\,F_S} \tag{120}$$

$$f_P = \frac{\sum f}{1 - \dfrac{P\,l^2}{12\,EJ_0}\,F_P}. \tag{120'}$$

Wie schon bemerkt, ist $f_P > f_S$, so daß die zweite Gleichung in Betracht zu ziehen ist. Die Knicklast entsteht durch Nullsetzung des Nenners in Gl. (120):

$$P_k = \frac{\pi^2\,EJ_0}{4\,l^2}\,\frac{1}{F_S}. \tag{121}$$

Nun ist: $J_0 = \hat{\mu}_n\,J_m$, wenn J_m für den stärksten Querschnitt gilt und n-Lamellen vorhanden sind; daher auch:

$$P_k = \frac{\pi^2\,EJ_m}{4\,l^2}\,\frac{\hat{\mu}_n}{F_S} \tag{121'}$$

$J_m = J_0$ entspricht: $\hat{\mu} = 1$ und $F_S = 1$; damit die *Eulergleichung*:

$$_0P_k = \frac{\pi^2\,EJ_0}{4\,l^2}. \tag{121''}$$

Wollte man aus Gl. (120') die Knicklast rechnen, so ergäbe sich:

$$P_k' = \frac{12\,EJ_0}{l^2}\,\frac{1}{F_P}, \tag{122}$$

$J =$ konst. $(\hat{\mu} = 1)$ und $F_P = 5$ entspricht:

$$_0P_k' = \frac{12\,EJ_0}{5\,l^2}. \tag{122'}$$

Ersichtlich ist $_0P_k' < {}_0P_k$; der Unterschied beträgt z. B. für konstantes J:

$$\Delta\,_0P_k = (_0P_k - {}_0P_k') = 0{\cdot}0273\,_0P_k.$$

In manchen Fällen empfiehlt sich eine weitere Umformung der Gl. (120'). Aus den Klammerausdrücken der Gl. (118) wird $\hat{\mu}_n$, aus Gl. (119') jedoch $5\,\hat{\mu}_n$ herausgehoben; nach früheren Darlegungen verbleiben in den Klammern definitionsgemäß die bezüglichen Durchbiegungsbeiwerte, und zwar:

$$\mathfrak{a}_{M_0} = \left[\,1 + \frac{1}{\hat{\mu}_n}\sum_{k=1}^{k=n}(\hat{\mu}_{k-1} - \hat{\mu}_k)\,_0\xi_k{}^2\,\right]$$

$$\mathfrak{a}_H = \left[\,1 + \frac{1}{\hat{\mu}_n}\sum_{k=1}^{k=n}(\hat{\mu}_{k-1} - \hat{\mu}_k)\,_0\xi_k{}^3\,\right] \tag{123}$$

$$\mathfrak{a}_q = \left[\,1 + \frac{1}{\hat{\mu}_n}\sum_{k=1}^{k=n}(\hat{\mu}_{k-1} - \hat{\mu}_k)\,_0\xi_k{}^4\,\right]$$

$$\alpha_{FP} = \left[1 + \frac{1}{5\,\hat{\mu}_n} \sum_{k=1}^{k=n} (\hat{\mu}_{k+1} - \hat{\mu}_k)\,(8 - 3\,_0\xi_k)\,_0\xi_k^3 \right]. \qquad (123')$$

Setzt man diese in Gl. (117') ein und dividiert durch $\dfrac{P\,l^2}{2\,EJ_0}$, so erhält man:

$$f_P = \frac{\hat{\mu}_n \left(p\,\alpha_{M_0} + \dfrac{2\,H}{3\,P}\,l\,\alpha_H + \dfrac{q\,l^2}{4\,P}\,\alpha_q \right)}{\dfrac{2\,EJ_0}{P\,l^2} - \dfrac{5}{6}\,\hat{\mu}_n\,\alpha_{FP}}. \qquad (124)$$

Ist $J =$ konstant, so werden alle α und $\hat{\mu}_n = 1$; die Berechnung von α_{M_0}, α_H und α_q ist einfach; für α_{FP} empfiehlt sich die nachstehende Tabellarisierung.

Tabelle 11.

$_0\xi_k =$	0·05	0·10	0·15	0·20	0·25	0·30	0·35	0·40	0·45	0·50
$(8 - 3\,_0\xi_k)\,_0\xi_k^3$	0·00098	0·0077	0·0255	0·0592	0·1133	0·1917	0·2980	0·4352	0·6060	0·8125

$_0\xi_k =$	0·55	0·60	0·65	0.70	0·75	0·80	0·85	0·90	0·95	1·00
$(8 - 3\,_0\xi_k)\,_0\xi_k^3$	1·0565	1·3392	1·6614	2·0737	2·4258	2·8672	3·3470	3·8637	4·4155	5·0000

Zwischenwerte sind durch gradlinige Interpolation zu berechnen.

3. *Annahmen des ersten Beispieles.*
$P = 2000$ kg, $H = q = 0$, $l = 800$ cm, $\alpha_{M_0} = \alpha_{FP} = 1$. $\hat{\mu}_0 = 1$
Gl. (124) ergibt:

$$f_P = \frac{p}{\dfrac{2\,EJ_0}{P\,l^2} - \dfrac{5}{6}},$$

$$\frac{2\,EJ_0}{P\,l^2} = \frac{2 \cdot 2\cdot1 \cdot 10^6 \cdot 1450}{2000 \cdot 800^2} = 4\cdot7578$$

und somit (wie weiter oben):

$$f_P = \frac{p}{3\cdot9245} = \underline{0\cdot255\,p}.$$

4. *Annahmen des zweiten Beispieles.*
$P = 2000$ kg, $H = 800$ kg, $p = 0$, $q = 0$, $\hat{\mu}_0 = 1$, $\alpha = 1$
Demnach gemäß Gl. (124):

$$f_P = \frac{\dfrac{2}{3}\dfrac{H}{P}\,l}{\dfrac{2\,EJ_0}{P\,l^2} - \dfrac{5}{6}} = \frac{\dfrac{2}{3}\dfrac{800}{2000}\,l}{3\cdot9245} = \underline{0\cdot02124\,l}$$

Mit $l = 800$ cm wird $f_P \approx \underline{17}$ cm, also um $0\cdot9\,\%$ größer als der genaue Wert.

5. *Zu berechnen ist die Ausbiegung eines Mastes aus Mannesmann-Röhren von $l = 10$ m Höhe laut Abb. 57; Länge der Schüsse 2·5 m. Janser [15].*
Die Quelle verzeichnet folgende Daten:

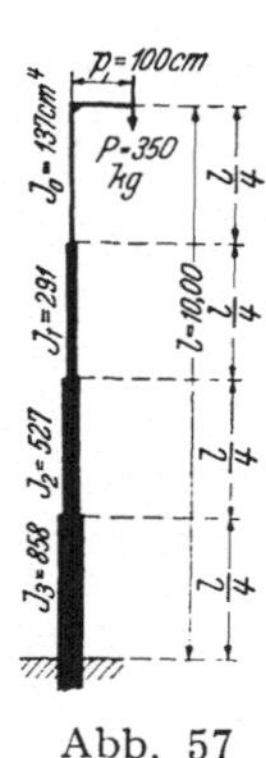

Abb. 57

$P = 350$ kg, $p = 100$ cm; Wandstärke durchwegs 1 cm.
Außendurchmesser der Rohre in cm: 8, 10, 12, 14.
Trägheitsmomente in cm⁴: $J_0 = 137$, $J_1 = 291$, $J_2 = 527$, $J_3 = 868$.
Ferner ist zu setzen: $_0\xi_1 = {}^1/_4$, $_0\xi_2 = {}^2/_4$, $_0\xi_3 = {}^3/_4$.

$$\frac{2\,E\,J_0}{P\,l^2} = \frac{2 \cdot 2\cdot1 \cdot 10^6 \cdot 137}{350 \cdot 1000^2} = 1\cdot644$$

$$\hat\mu_0 = 1, \quad \hat\mu_1 = \frac{J_0}{J_1} = 0\cdot4708, \quad \hat\mu_2 = \frac{J_0}{J_2} = 0\cdot260,$$

$$\hat\mu_3 = \frac{J_0}{J_3} = 0\cdot1578$$

$$(\hat\mu_0 - \hat\mu_1) = 0\cdot5292, \quad (\hat\mu_1 - \hat\mu_2) = 0\cdot2108, \quad (\mu_2 - \hat\mu_3) = 0\cdot1022.$$

Gl. (124) schreibt sich:

$$f_P = \frac{p\,\alpha_{M_0}\,\hat\mu_3}{\dfrac{2\,E\,J_0}{P\,l^2} - \dfrac{5}{6}\,\hat\mu_3\,\alpha_{F_P}}$$

$$\hat\mu_3\,\alpha_{M_0} = \left\{1 + \frac{1}{\hat\mu_3}\left[(\hat\mu_0 - \hat\mu_1)\,_0\xi_1{}^2 + (\hat\mu_1 - \hat\mu_2)\,_0\xi_2{}^2 + (\hat\mu_2 - \hat\mu_3)\,_0\xi_3{}^2\right]\right\}\hat\mu_3 =$$

$$= 0\cdot1578\left[1 + \frac{1}{0\cdot1578 \cdot 16}(0\cdot5292 \cdot 1 + 0\cdot2108 \cdot 4 + 0\cdot1022 \cdot 9)\right] = \underline{0\cdot3011}$$

$$\hat\mu_3\,\alpha_{F_P} = \hat\mu_3\left\{1 + \frac{1}{5\,\hat\mu_3}\left[(\hat\mu_0 - \hat\mu_1)(8 - 3\,_0\xi_1)\,_0\xi_1{}^3 + (\hat\mu_1 - \hat\mu_2)(8 - 3\,_0\xi_2)\,_0\xi_2{}^3 + \right.\right.$$

$$\left.\left. + (\hat\mu_2 - \hat\mu_3)(8 - 3\,_0\xi_3)\,_0\xi_3{}^3\right]\right\} = 0\cdot1578\left[1 + \frac{1}{5\cdot0\cdot1578}(0\cdot5292 \cdot 0\cdot1133 + \right.$$

$$\left. + 0\cdot2108 \cdot 0\cdot8125 + 0\cdot1022 \cdot 2\cdot4258)\right] = \underline{0\cdot2536},$$

$$f_P = \frac{0\cdot3011 \cdot p}{1\cdot644 - \dfrac{5}{6}\,0\cdot2536} = \underline{0\cdot21\,p = 21 \text{ cm}.}$$

Das Fußmoment erhöht sich demnach um:

$\Delta M = P\,f_P = 350 \cdot 21 = 7350$ kgcm, was gegenüber

$$_0 M_{max} = P\,p = 350 \cdot 100 = \underline{35.000 \text{ kgcm,}}$$

einen Zuwachs von 21 % ergibt. Gesamtmoment:

$$M_{max} = P\,(p + f_P) = \underline{42350 \text{ kgcm.}}$$

6. *Rohrmast laut Abb. 58 belastet. Gefragt die Größe der Ausbiegung. Wandstärke 2 cm. Die äußeren Durchmesser betragen in cm: 14, 18, 22 und 26, die Trägheitsmomente der Reihe nach in cm⁴: $J_0 = 1395$, $J_1 = 3268$, $J_2 = 6346$ und $J_3 = 10933$; Querschnittsfläche $F_3 = 151$ cm². Wider-*

standsmoment $W_3 = 841\ \mathrm{cm}^3$;   *Länge der Schüsse* 2·5 m, *Janser [15].*
Rechnungsgrundlagen:

$$_0\xi_1 = {}^1/_4, \quad _0\xi_2 = {}^2/_4, \quad _0\xi_3 = {}^3/_4.$$

$$\hat{\mu}_0 = 1, \quad \hat{\mu}_1 = 0\cdot4269, \quad \hat{\mu}_2 = 0\cdot2199, \quad \hat{\mu}_3 = 0\cdot1276.$$

$$(\hat{\mu}_0 - \hat{\mu}_1) = 0\cdot5731, \quad (\hat{\mu}_1 - \hat{\mu}_2) = 0\cdot207,$$

$$(\hat{\mu}_2 - \hat{\mu}_3) = 0\cdot0923.$$

$$\frac{2\,E J_0}{P\,l^2} = 5\cdot859, \quad \frac{2}{3}\frac{H}{P} = \frac{16}{30} = 0\cdot533$$

Ausbiegung nach Gl. (124):

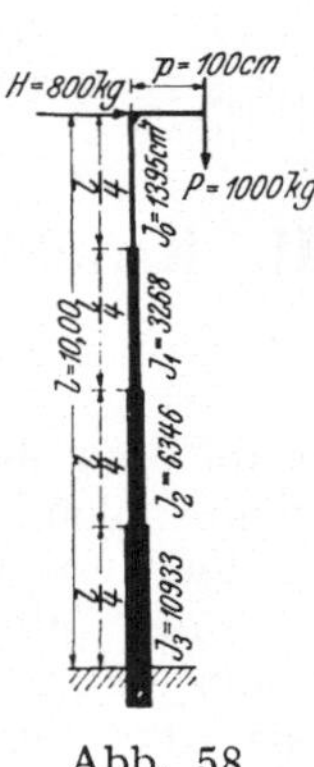

Abb. 58

$$f_P = \frac{\hat{\mu}_3 \left(p\,\mathfrak{a}_{M_0} + \dfrac{2}{3}\dfrac{H}{P}\,l\,\mathfrak{a}_H \right)}{\left(\dfrac{2\,E J_0}{P\,l^2} - \dfrac{5}{6}\,\hat{\mu}_3\,\mathfrak{a}_{F_P} \right)}$$

worin:

$$\hat{\mu}_3\,\mathfrak{a}_{M_0} = \hat{\mu}_3 + (\hat{\mu}_0 - \hat{\mu}_1)\,_0\xi_1{}^2 + (\hat{\mu}_1 - \hat{\mu}_2)\,_0\xi_2{}^2 + (\hat{\mu}_2 - \hat{\mu}_3)\,_0\xi_3{}^2 =$$

$$= \left[0.1276 + \frac{1}{16}(0\cdot5731\ .\ 1 + 0\cdot207\ .\ 4 + 0\cdot0923\ .\ 9) \right] = \underline{0\cdot267},$$

$$\hat{\mu}_3\,\mathfrak{a}_H = [\hat{\mu}_3 + (\hat{\mu}_0 - \hat{\mu}_1)\,_0\xi_1{}^3 + (\hat{\mu}_1 - \hat{\mu}_2)\,_0\xi_2{}^3 + (\hat{\mu}_2 - \hat{\mu}_3)\,_0\xi_3{}^3] =$$

$$= \left[0\cdot1276 + \frac{1}{64}(0\cdot5731\ .\ 1 + 0\cdot207\ .\ 8 + 0\cdot0923\ .\ 27) \right] = \underline{0\cdot2014},$$

$$5\,\hat{\mu}_3\,\mathfrak{a}_{F_P} = [5\,\hat{\mu}_3 + (\hat{\mu}_0 - \hat{\mu}_1)(8 - 3\,_0\xi_1)\,_0\xi_1{}^3 + (\hat{\mu}_1 - \hat{\mu}_2)(8 - 3\,_0\xi_2)\,_0\xi_2{}^3 +$$

$$+ (\hat{\mu}_2 - \hat{\mu}_3)(8 - 3\,_0\xi_3)\,_0\xi_3{}^3] = [5\ .\ 0\cdot1276 + 0\cdot5731\ .\ 0\cdot1133 +$$

$$+ 0\cdot207\ .\ 0\cdot8125 + 0\cdot0923\ .\ 2\cdot4258] = \underline{1\cdot095},$$

daher:

$$f_P = \frac{0\cdot267\,p + 0\cdot2014\,\dfrac{2}{3}\dfrac{H}{P}\,l}{5\cdot859 - \dfrac{1}{6}\,1\cdot095} = 0\cdot04705\,p + 0\cdot02365\,\frac{H}{P}\,l;$$

$P = 1000\ \mathrm{kg}$, $H = 800\ \mathrm{kg}$, $l = 1000\ \mathrm{cm}$, $p = 100\ \mathrm{cm}$ eingesetzt, ergibt:

$$\underline{f_P = 23\cdot625\ \mathrm{cm}.}$$

$M_P = P\,(p + f_P)$ hat sich um 23.6 % erhöht; gegenüber

$$_0 M_{max} = P\,p + H\,l = 900.000\ \mathrm{kgcm}$$

beträgt die Vermehrung nur: $\varDelta\,M = P\,f_P = 23625\ \mathrm{kgcm}$ (2·6 %), da das Moment infolge H überwiegt.

VII. Knicklast von Säulen mit abgestuftem Trägheitsmoment.

Die im vorstehenden Abschnitt behandelte Aufgabe führt zwanglos zum Knickproblem. Es werden folgende Grundfälle untersucht:
1. Säulen mit Fußeinspannung und einem freien Stabende (1. Knickfall).
2. Säulen mit beiderseits gelenkig gelagerten Stabenden (2. Knickfall). Vorausgesetzt wird, daß die Lamellenpaare symmetrisch zur Stabmitte angeordnet sind, (Abb. 56).

Näherungsrechnung. Ausgangspunkt bilden Gl. (121), bezw. (121'); darnach ist die Knicklast bei sinusförmigem Verlauf der Biegelinie gegeben durch:

$$_s P_k = \frac{\pi^2\, E J_0}{4\, l^2}\, \frac{1}{F_S} = \frac{\pi^2\, E J_m}{4\, l^2}\, \frac{\hat{\mu}_n}{F_S} = P_k\, \frac{\hat{\mu}_n}{F_S}.$$

Die Abminderung der *Eulerschen* Knicklast ist gegeben durch Gl. (119)

$$_s \overline{\mathfrak{a}}_k = \frac{\hat{\mu}_n}{F_S} = \frac{\hat{\mu}_n}{\left\{ \hat{\mu}_n + \sum_{k=1}^{k=n} (\hat{\mu}_{(k-1)} - \hat{\mu}_k) \left[\sin\left(\frac{\pi}{2}\, _0\xi_k\right) - \left(\frac{\pi}{2}\, _0\xi_k\right) \cos\left(\frac{\pi}{2}\, _0\xi_k\right) \right] \right\}} \tag{125}$$

Der Nenner fällt kleiner aus als bei genauer Berechnung, daher:

$$_s P_k > P_k,$$

Zur Vereinfachung der Auswertung der Gl. (125) dient Tab. 12.

Tab. 12.

$$\sin\left(\frac{\pi}{2}\, _0\xi_k\right) - \left(\frac{\pi}{2}\, _0\xi_k\right) \cos\left(\frac{\pi}{2}\, _0\xi_k\right) = {}_0\overline{\omega}_k$$

$_0\xi_k$	0·0	0·1	0·2	0·25	0·3	$^1/_3$	0·4	0·5	0·6	$^2/_3$	0·7	0.75	0·8	0·9	1·0
$_0\overline{\omega}_k$	0·00	0·00128	0·01023	0·01988	0·03412	0·04654	0·07950	0·1518	0·2551	0·3424	0·3918	0·4730	0·5627	0·7665	1·000

Gleichung (125) läßt sich tabellarisieren; dies möge z. B. für den häufig vorkommenden Fall geschehen, daß nur ein Lamellenpaar vorliegt; dann besteht:

$$_s\overline{a}_k = \frac{\hat{\mu}_1}{\hat{\mu}_1 + (1 - \hat{\mu}_1)\,_0\overline{\omega}_1} \qquad (125')$$

$\hat{\mu}_1$ ist so gewählt, daß $\sqrt{\hat{\mu}_1}$ in runden Zehnteln aufscheint. Für $_0\xi_1 = 0$ entsteht $_s\overline{a}_k = 1$, für $_0\xi_1 = 1$ der Extremwert $_s\overline{a}_k = \hat{\mu}_1$; aus Tabelle 13 und Abb. 59 können die den einzelnen $_0\xi_1$ zugeordneten $_s\overline{a}_k$ entnommen werden; zwischenliegende $\hat{\mu}_1$ sind durch Interpolation zu bestimmen. Wie weiter unten gezeigt wird, weichen die Näherungswerte $_s\overline{a}_k$, solange $\hat{\mu}_1 < 0.1$ und innerhalb der Grenzen $_0\xi_1 = 0{\cdot}1$ bis etwa $0{\cdot}5$ wesentlich vom genauen Werte $\overline{a}_k$ ab, wobei aber stets $_s\overline{a}_k > \overline{a}_k$ bleibt; allerdings kommt $\hat{\mu}_1 < 0{\cdot}1$ praktisch kaum in Betracht. Mit wachsendem $\hat{\mu}_1$ vermindert sich der Unterschied zwischen diesen Werten und für $\hat{\mu}_1 \gtreqless 0{\cdot}25$ darf bei großer Annäherung mit $_s\overline{a}_k$ gerechnet werden. Von Interesse

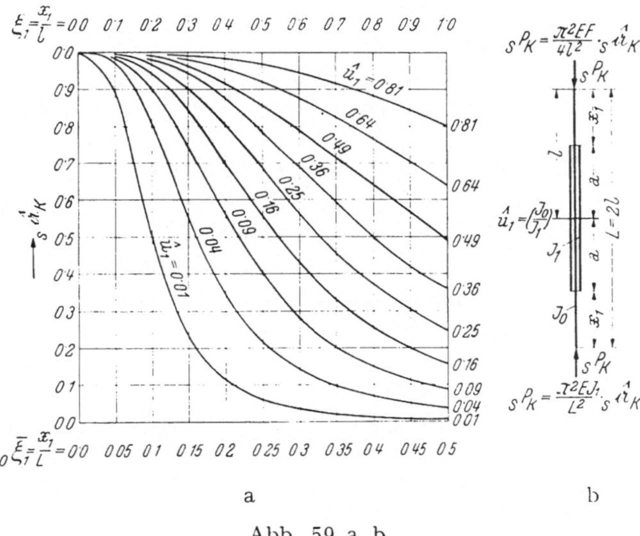

Abb. 59 a, b

ist die große Ähnlichkeit der in Abb. 59 a eingezeichneten Kurven mit den nach der später dargelegten genauen Methode ermittelten. [Stahlbaukalender 1940, S. 102, Abb. 16], woraus auf die Brauchbarkeit des Näherungsverfahrens — bis auf die erwähnten Einschränkungen — geschlossen werden darf. Bei zwei und mehr Lamellen wächst der Genauigkeitsgrad, da die verschieden langen Lamellen ausgleichend auf $_s\overline{a}_k$ wirken. Entwicklungsgemäß gelten obige Formeln für den ersten Knickfall, (Abb. 56 a); sie lassen sich aber ohne weiteres auch auf den zweiten anwenden. Hat die Säule die Länge $L = 2\,l$, so ist statt $_0\xi_1 = x_1/l$ zu setzen:

$$_0\overline{\xi}_1 = \frac{x_1}{L} = \frac{x_1}{2\,l} = \frac{1}{2}\,_0\xi_1,$$

d. h. die Abminderungswerte $_s\overline{a}_k$ bleiben die gleichen für solche $_0\overline{\xi}_1$, die halb so groß sind wie die für den ersten Knickfall; es gilt daher für den zweiten Knickfall:

$$_sP_k = \frac{\pi^2\,EJ_m}{L^2}\cdot\frac{\hat{\mu}_n}{F_{sp}} \qquad (126)$$

Beispiele.

1. *Eine fußeingespannte Säule, $l = 4{\cdot}0$ m, am freien Ende beweglich, besteht aus einem I-Nr. 20 und ist durch ein $a = 3{\cdot}2$ m ($1{\cdot}6$ m) langes Lamellenpaar von 150/18 mm verstärkt; die Knicklast ist anzugeben; zufolge konstruktiver Maßnahmen ist das Ausknicken nur in Richtung des größeren Trägheitsmomentes möglich.* Vor allem ist: $_0\xi_1 = \dfrac{l - a}{l} = 0{\cdot}2\ (0{\cdot}6)$; ferner:

$$J_0 = 2140\ \text{cm}^4,\quad J_1 = 8570\ \text{cm}^4,\quad \hat{\mu}_1 = 0{\cdot}25$$

Aus Tabelle 13 entnimmt man:

$$_s\overline{a}_k = 0{\cdot}9699\ (0{\cdot}5666)\,.$$

Die Knicklast beträgt daher:

$$_sP_k = \frac{\pi^2\,EJ_1}{4\,l^2}\,0{\cdot}9699\ (0{\cdot}5666).$$

Die $_s\overline{a}_k$-Werte gelten auch für den zweiten Knickfall, nur ist $4\,l^2$ durch L^2 zu ersetzen.

Tab. 13. *Abminderungswerte $_s\overline{a}_k$ bei Verstärkung durch ein Lamellenpaar.*[1]

1. Knickfall						$_0\xi_1 =$					
$\mid\hat{\mu}_1$	$\hat{\mu}_1$	0·0	0·1	0·2	0·3	0·4	0·5	0·6	0·7	0·8	0·9	1·0
0·1	0·01		0·8875	0·4962	0·2284	0·1128	0·0624	0·0380	0·0251	0·0176	0·0130	0·01
0·2	0·04		0·9703	0·8029	0·5498	0·3439	0·2153	0·1404	0·0961	0·0689	0·0509	0·04
0·3	0·09		0·9872	0·9064	0·7445	0·5545	0·3945	0·2795	0·2018	0·1496	0·1144	0·09
0·4	0·16		0·9934	0·9490	0·8481	0·7056	0·5565	0·4275	0·3271	0·2529	0·1991	0·16
0·5	0·25	1·0	0·9960	0·9699	0·9074	0·8078	0·6873	0·5666	0·4598	0·3720	0·3031	0·25
0·6	0·36		0·9972	0·9823	0·9425	0·8756	0·7874	0·6878	0·5894	0·4998	0·4250	0·36
0·7	0·49		0·9987	0·9894	0·9647	0·9197	0·8636	0·7902	0·7103	0·6306	0·5562	0·49
0·8	0·64		0·9994	0·9942	0·9812	0·9572	0·9214	0·8745	0·8194	0·7595	0·6987	0·64
0·9	0·81		1·000	0·9976	0·9921	0·9816	0·9655	0·9434	0·9158	0·8832	0·8475	0·81
1·0	1·00		1·000	1·000	1·000	1·000	1·000	1·000	1·000	1·000	1·000	1·0
$\mid\hat{\mu}_1$	$\hat{\mu}_1$	0·0	0·05	0·10	0·15	0·20	0·25	0·30	0·35	0·40	0·45	0·50

2. Knickfall $_0\xi_1 =$

[1] *Bemerkung:* Die eingerahmten Werte weichen wesentlich von den genauen $\overline{a}_k$ ab; sie dürfen aber mit Vorteil als erste Annäherung bei Benützung der Formeln nach der genauen Methode benützt werden.

2. *Eine beiderseits gelenkig gelagerte Säule, $L = 2\,l = 16$ m, besteht aus dem Grundprofil P-I-Nr. 20 und ist durch zwei Lamellenpaare von $2 \times 200/10$ mm verstärkt; deren Längen sind: $a_1 = 9.6$ m, $a_2 = 3.2$ m. Gefragt ist die Knicklast. Das Ausknicken ist nur in Richtung des größeren Trägheitsmomentes möglich.*

Berechnungsgrundlagen:

$$_0\bar\xi_1 = \frac{L - 2\,a_1}{L} = 0{\cdot}4, \quad _0\bar\xi_2 = \frac{L - 2\,a_2}{L} = 0.8$$

$$J_0 = 5950\ \mathrm{cm}^4, \quad J_1 = 10360\ \mathrm{cm}^4, \quad J_2 = 15660\ \mathrm{cm}^4$$

$\hat\mu_0 = 1,\quad \hat\mu_1 = 0{\cdot}574,\quad \hat\mu_2 = 0{\cdot}380;\quad (\hat\mu_0 - \hat\mu_1) = 0{\cdot}426,\quad (\hat\mu_1 - \hat\mu_2) = 0{\cdot}194.$

Gl. (125) lautet, auf unseren Fall angewendet:

$$_s\bar a_k = \frac{\hat\mu_2}{\hat\mu_2 + (\hat\mu_0 - \hat\mu_1)\,_0\bar\omega_1 + (\hat\mu_1 - \hat\mu_2)\,_0\bar\omega_2}$$

Tabelle 12 entnimmt man:

für $_0\bar\xi_1 = 0{\cdot}4 \ldots _0\bar\omega_1 = 0{\cdot}0795$, für $_0\bar\xi_2 = 0{\cdot}8 \ldots _0\bar\omega_2 = 0{\cdot}5627$.

Die Substitution in obige Gleichung ergibt:

$$_s\bar a_k = \frac{0{\cdot}380}{0{\cdot}523} = 0{\cdot}727$$

und damit die gefragte Knicklast:

$$_sP_k = 0{\cdot}727\,\frac{\pi^2\,E\,J_2}{L^2}.$$

3. *Für die im vorhergehenden Abschnitt in den Beispielen 5 und 6 berechneten Maste ist die Knicklast anzugeben.*
Gl. (125) lautet für drei Lamellen:

$$_s\bar a_k = \frac{\hat\mu_3}{[\hat\mu_3 + (\hat\mu_0 - \hat\mu_1)\,_0\bar\omega_1 + (\hat\mu_1 - \hat\mu_2)\,_0\bar\omega_2 + (\hat\mu_2 - \hat\mu_3)\,_0\bar\omega_3]}$$

In beiden Fällen gilt: $_0\xi_1 = {}^1/_4,\ _0\xi_2 = {}^2/_5,\ _0\xi_3 = {}^3/_4.$
Weiters wurde gefunden (die in Klammer stehenden Zahlen beziehen sich auf das 6. Beispiel):

$$(\hat\mu_0 - \hat\mu_1) = 0{\cdot}5292\,(0{\cdot}5731), \quad (\hat\mu_1 - \hat\mu_2) = 0{\cdot}2108\,(0{\cdot}207),$$
$$(\hat\mu_2 - \hat\mu_3) = 0{\cdot}1022\,(0{\cdot}0923), \quad \hat\mu_3 = 0{\cdot}1578\,(0{\cdot}1276)$$

Aus Tabelle 12 entnimmt man für beide Fälle:

$$_0\bar\omega_1 = 0{\cdot}01988, \quad _0\bar\omega_2 = 0{\cdot}1518, \quad _0\bar\omega_3 = 0{\cdot}4730$$

Die Auswertung obiger Bestimmungsgleichung liefert:

$$_s\bar a_k = 0{\cdot}635\,(0{\cdot}557)$$

als Abminderungswert der *Eulerschen* Last.
Genaue Berechnung des Abminderungswertes „$\bar a_k$". Behandelt wird die beiderseits gelenkig gelagerte, symmetrisch zur Stabmitte verstärkte Säule, Abb. 56. Über die Ableitung des nachstehend benützten Verfahrens sei auf *Stahlbaukalender* 1940, S. 97—102 verwiesen, dem die benützten Grundlagen entnommen sind.
In teilweiser Abänderung der bisher gewählten Bezeichnungen werden in Anlehnung an obige Quelle die folgenden eingeführt:

$$\xi_a = \frac{x_a}{L}, \quad \xi_b = \frac{x_b}{L}, \quad \ldots \xi_i = \frac{x_i}{L} \ldots \xi_m = \frac{x_m}{L}$$

$$\hat\mu_a = \frac{J_a}{J_m}, \quad \hat\mu_b = \frac{J_b}{J_m}, \quad \ldots \hat\mu_i = \frac{J_i}{J_m} \ldots \hat\mu_m = \frac{J_m}{J_m} = 1$$

$$\mathfrak{v}_a = \frac{\xi_a}{\hat\mu_a}, \quad \mathfrak{v}_b = \frac{\xi_b}{\hat\mu_b}, \quad \ldots \mathfrak{v}_i = \frac{\xi_i}{\hat\mu_i} \ldots \mathfrak{v}_m = \frac{\xi_m}{\hat\mu_m} = \xi_m \tag{a}$$

$$\mathfrak{w}_a = \frac{\xi_a}{\sqrt{\bar{\mu}_a}}, \quad \mathfrak{w}_b = \frac{\xi_b}{\sqrt{\bar{\mu}_b}}, \quad \ldots \mathfrak{w}_i = \frac{\xi_i}{\sqrt{\bar{\mu}_i}} \ldots \mathfrak{w}_m = \frac{\xi_m}{\sqrt{\bar{\mu}_m}} = \xi_m.$$

Außerdem wird gesetzt:

$$\gamma_i = - \frac{2}{(\dot{x}\,\mathfrak{w}_i)\,\mathrm{tg}\,(\dot{x}\,\mathfrak{w}_i)} \qquad (b)$$

$$\delta_i = + \frac{2}{(\dot{x}\,\mathfrak{w}_i)\,\sin\,(\dot{x}\,\mathfrak{w}_i)}. \qquad (c)$$

Die absolute Zahl $\dot{x}$ findet man durch Versuch aus einer transzendenten Gleichung, die sich aus der Nullsetzung der weiter unten angegebenen Determinante ergibt. Aus der Gleichung:

$$P_k = \frac{\dot{x}^2\,EJ_m}{L^2} = \frac{\pi^2\,EJ_m}{L^2}\,\bar{a}_k$$

folgt unmittelbar der gesuchte Abminderungswert:

$$\bar{a}_k = \left(\frac{\dot{x}}{\pi}\right)^2. \qquad (127)$$

Wird im Vorhinein ein Abminderungswert angenommen, etwa durch Schätzung, am besten aber der nach dem entwickelten Näherungsverfahren bestimmte $_s\bar{a}_k$-Wert, so hat man sofort einen Anhalt über das zu wählende $\dot{x}$; es ist dann:

$$\dot{x} \approx \pi\,\sqrt{_s\bar{a}_k}. \qquad (d)$$

Da aber $_s\bar{a}_k > \bar{a}_k$, so ist damit eindeutig der Höchstwert für $\dot{x}$ festgelegt, von dem aus die Substitution zu erfolgen hat. Tabelle 14 enthält für die Argumente:

$$(\dot{x}\mathfrak{w}_i) = \pi\,\sqrt{_s\bar{a}_k}\,\frac{\xi_i}{\sqrt{\bar{\mu}_i}} \qquad (e)$$

die zugeordneten γ_i und δ_i; sie sind abgestuft auf eine Dezimalstelle; gradlinige Interpolation ist zulässig.

Beispiele.

1. *Berechnung der Knicklast einer durch ein Lamellenpaar verstärkten Säule mit frei drehbaren Enden (Abb. 55 a).* Die Aufgabe läuft im Wesen darauf hinaus, aus der Determinante, laut Quelle [27]:

$$D = \begin{vmatrix} a_1 & b_m \\ b_m & a_1 \end{vmatrix} = a_1^2 - b_m^2 = 0$$

die Zahl $\dot{x}$ zu bestimmen; es kommen folgende Wurzeln in Betracht:

$$a_1 - b_m = 0, \qquad a_1 + b_m = 0.$$

Welche derselben brauchbar ist, muß besonders entschieden werden.
Es ist zu setzen: $a_1 = (v_a\,\gamma_a + v_m\,\gamma_m)$; $b_m = v_m\,\delta_m$. Demnach ergibt sich:

$$v_a\,\gamma_a + v_m\,(\gamma_m \pm \delta_m) = 0. \qquad (128)$$

Für *ein* Lamellenpaar gelten noch folgende Ansätze, Gl. (a):

$$\bar{\mu}_a = \frac{J_a}{J_m}, \quad \xi_a = \frac{x_a}{L}, \quad v_a = \frac{\xi_a}{\bar{\mu}_a}, \quad \mathfrak{w}_a = \frac{\xi_a}{\sqrt{\bar{\mu}_a}}$$

Tab. 14. *Numerische Argumente von* γ_i *und* δ_i

$\dot{x}\mathfrak{w}_i$	γ_i	δ_i	$\dot{x}\mathfrak{w}_i$	γ_i	δ_i	$\dot{x}\mathfrak{w}_i$	γ_i	δ_i	$\dot{x}\mathfrak{w}_i$	γ_i	δ_i
6·00	+1·145	—1·193	4·5	—0·096	—0·455	3·0	+4·677	+4·724	1·5	—0·094	+1·337
5·9	+0·841	—0·907	4·4	—0·147	—0·478	2·9	+2·799	+2·882	1·4	—0·246	+1·450
5·8	+0·657	—0·742	4·3	—0·203	—0·520	2·8	+2·009	+2·132	1·3	—0·427	+1·597
5·7	+0·532	—0·699	4·2	—0·268	—0·546	2·7	+1·567	+1·733	1·2	—0·648	+1·788
5·6	+0·439	—0·566	4·1	—0·343	—0·596	2·6	+1·279	+1·492	1·1	—0·925	+2·040
5·5	+0·366	—0·515	4·0	—0·432	—0·661	2·5	+1·071	+1·337	1·0	—1·284	+2·377
5·4	+0·304	—0·478	3·9	—0·541	—0·746	2·4	+0·910	+1·234	0·9	—1·763	+2·837
5·3	+0·251	—0·453	3·8	—0·680	—0·860	2·3	+0·777	+1·166	0·8	—2·428	+3·485
5·2	+0·204	—0·435	3·7	—0·865	—1·020	2·2	+0·662	+1·124	0·7	—3·392	+4·435
5·1	+0·160	—0·423	3·6	—1·126	—1·255	2·1	+0·557	+1·103	0·6	—4·872	+5·903
5·0	+0·118	—0·417	3·5	—1·525	—1·629	2·0	+0·458	+1·100	0·5	—7·322	+8·343
4·9	+0·077	—0·415	3·4	—2·225	—2·302	1·9	+0·360	+1·112	0·4	—11·826	+12·840
4·8	+0·036	—0·418	3·3	—3·794	—3·891	1·8	+0·259	+1·141	0·3	—21·551	+22·559
4·712	+0·000	—0·424	3·2	—10·689	—10·707	1·7	+0·153	+1·186	0·2	—49·332	+50·335
4·7	—0·005	—0·425	3·1415	$\mp \infty$	$\mp \infty$	1·6	+0·036	+1·250	0·1	—119·333	+200·333
4·6	—0·049	—0·437	3·1	+15·501	+15·516	1·572	0·000	+1·273	0·0	$- \infty$	$+ \infty$

$$\dot{\mu}_m = \frac{J_m}{J_m} = 1, \quad \xi_m = \frac{x_m}{L}, \quad \mathfrak{v}_m = \frac{\xi_n}{\dot{\mu}_m} = \xi_m; \quad \mathfrak{w}_m = \frac{\xi_m}{\sqrt{\dot{\mu}_m}} = \xi_m.$$

Zahlenbeispiel.

Annahmen wie im 1. Beispiel, jedoch $L = 2\,l = 8$ m; Lamellenlänge $2\,a = 6\cdot4$ m.

Es ist also:

$$\xi_a = \frac{L - 2\,a}{2\,L} = 0\cdot1, \quad \xi_m = 1 - 2\,\xi_a = 0\cdot8; \quad \text{ferner:}\; \dot{\mu}_a = \hat{\mu}_0 = 0\cdot25,$$

$$\sqrt{\dot{\mu}_a} = 0\cdot5, \quad \dot{\mu}_m = 1.$$

ferner: $\mathfrak{v}_a = \dfrac{\xi_a}{\dot{\mu}_a} = 0\cdot4, \quad \mathfrak{v}_m = \xi_m = 0\cdot8, \quad \mathfrak{w}_a = \dfrac{\xi_a}{\sqrt{\dot{\mu}_a}} = 0\cdot2, \quad \mathfrak{w}_m = \xi_m = 0\cdot8$

Als erste Näherungslösung wird der schon bekannte Abminderungswert $_s\overline{\mathfrak{a}}_k = 0\cdot97$ angenommen; damit findet sich, Gl. (e):

$$(\dot{x}\,\mathfrak{w}_a) = \pi\,\sqrt{_s\overline{\mathfrak{a}}_k\,\mathfrak{v}_a} = \pi\,\sqrt{0\cdot97}\,.\,0\cdot2 = \underline{0\cdot618}$$

$$(\dot{x}\,\mathfrak{w}_m) = \pi\,\sqrt{_s\overline{\mathfrak{a}}_k\,\mathfrak{v}_m} = \pi\,\sqrt{0\cdot97}\,.\,0\cdot8 = \underline{2\cdot472.}$$

Nunmehr lt. Tab. 14 [28] durch gradlinige Interpolation:

$$\gamma_a = —4\cdot872 + 1\cdot48\,.\,0\cdot18 = —4\cdot606,$$
$$\gamma_m = +0\cdot910 + 0\cdot161\,.\,0\cdot72 = +1\cdot026,$$
$$\delta_m = +1\cdot234 + 0\cdot103\,.\,0\cdot72 = +1\cdot308,$$

womit nach Einführung in Gl. (128) die Lösungen:

$$—0\cdot4\,.\,4\cdot606 + 0\cdot8\,(1\cdot026 — 1\cdot308) = —2\cdot068 \;(\text{unbrauchbar})$$
$$—0\cdot4\,.\,4\cdot606 + 0\cdot8\,(1\cdot026 + 1\cdot308) = \underline{0\cdot0238.}$$

Die letzte Gleichung wird nahezu befriedigt; damit war nach früheren Darlegungen zu rechnen. Will man genauer kalkulieren, so genügt es, mit einem etwas kleineren Abminderungswert, etwa $_{s_1}\overline{a}_k = 0{\cdot}95$, die Rechnung zu wiederholen; man findet analog:

$$_1\dot{x}\,\mathfrak{w}_a = 0{\cdot}612, \quad _1\dot{x}\,\mathfrak{w}_m = 2{\cdot}448; \text{ ferner:}$$

$$_1\gamma_a = -4{\cdot}694, \quad _1\gamma_m = +0{\cdot}987, \quad _1\delta_m = +1{\cdot}283,$$

so daß sich aus der zweiten Wurzelgleichung ergibt:

$$-0{\cdot}4 \cdot 4{\cdot}694 + 0{\cdot}8\,(0{\cdot}987 + 1{\cdot}283) = \underline{-0{\cdot}0616}.$$

Zwischen den beiden Werten liegt die gesuchte Lösung; sie findet sich wie folgt:

für: $_s\overline{a}_k = 0{\cdot}97$ hat die Determinante den Wert: $+0{\cdot}0238$,

für: $_{s_1}\overline{a}_k = 0{\cdot}95$ den Wert: $-0{\cdot}0616$

Die Interpolation ergibt: $\underline{\overline{a}_k = 0{\cdot}964}$, welcher Betrag nur um $-0{\cdot}6\,\%$ vom Näherungswert abweicht.

Vereinfachung der Methode. Gl. (128) läßt sich durch Umformung für den Gebrauch handlicher gestalten.

Ganz allgemein gilt Gl. (b) und (c)

$$(\gamma_i{}^2 - \delta_i{}^2) = \frac{4}{(\dot{x}\,\mathfrak{w}_i)^2}\left[\frac{1}{\operatorname{tg}^2(\dot{x}_i\,\mathfrak{w}_i)} - \frac{1}{\sin^2(\dot{x}_i\,w_i)}\right]$$

berücksichtigt man, daß lt. Gl. (e):

$$(\dot{x}\,\mathfrak{w}_i)^2 = \frac{\pi^2\,\overline{a}_k\,\xi_i{}^2}{\dot{\mu}_i}$$

so ergibt die Auswertung:

$$(\gamma_i{}^2 - \delta_i{}^2) = -\frac{4\,\dot{\mu}_i}{\pi^2\,\overline{a}_k\,\xi_i{}^2}. \tag{f}$$

Auch ist:

$$(\gamma_i - \delta_i) = -\frac{2\,[1 + \cos(\dot{x}\,\mathfrak{w}_i)]}{(\dot{x}\,\mathfrak{w}_i)\sin(\dot{x}\,w_i)} - \frac{1}{2}\gamma_i{}' \tag{g}$$

sinngemäß wurde gesetzt:

$$\gamma_i{}' = -\frac{2}{\left(\dfrac{\dot{x}\,\mathfrak{w}_i}{2}\right)\operatorname{tg}\left(\dfrac{\dot{x}\,\mathfrak{w}_i}{2}\right)} \tag{h}$$

Aus der Verknüpfung der Gl. (f) und (g) findet sich endlich:

$$(\gamma_i + \delta_i) = -\frac{8\,\dot{\mu}_i}{\pi^2\,\overline{a}_k\,\xi_i{}^2\,\gamma_i{}'} \tag{i}$$

Auf unseren Fall angewendet, d. h. wenn nur ein Lamellenpaar vorliegt, gelten daher nachstehende Ausdrücke:

$$(\dot{x}\,\mathfrak{w}_a) = \pi\,\sqrt{\overline{a}_k\,\frac{\xi_a}{\dot{\mu}_a}}, \quad (\dot{x}\,\mathfrak{w}_m) = \pi\,\sqrt{\overline{a}_k}\,\xi_m$$

$$\gamma_a{}' = -\frac{2}{(\dot{x}\,\mathfrak{w}_a)\operatorname{tg}(\dot{x}\,\mathfrak{w}_a)}, \quad \gamma_m{}' = -\frac{2}{\left(\dfrac{\dot{x}\,\mathfrak{w}_m}{2}\right)\operatorname{tg}\left(\dfrac{\dot{x}\,\mathfrak{w}_m}{2}\right)} = -\frac{2}{\left(\dfrac{\dot{x}\,\xi_m}{2}\right)\operatorname{tg}\left(\dfrac{\dot{x}\,\xi_m}{2}\right)}$$

$$(\gamma_m - \delta_m) = \frac{1}{2}\gamma_m{}'; \quad (\gamma_m + \delta_m) = -\frac{8}{\pi^2\,\overline{a}_k\,\xi_m{}^2\,\gamma_m{}'}$$

Setzt man sie in Gl. (128) ein, so ergibt sich nach Reduktion folgendes Gleichungspaar:

$$\sqrt{\bar{\mu}_a}\, \mathrm{tg}\,(\dot{x}\,\mathfrak{w}_a) + \mathrm{tg}\left(\frac{1}{2}\,\dot{x}\,\xi_m\right) = 0$$

$$1 - \sqrt{\bar{\mu}_a}\, \mathrm{tg}\,(\dot{x}\,\mathfrak{w}_a)\,\mathrm{tg}\left(\frac{1}{2}\,\dot{x}\,\xi_m\right) = 0$$

(128′)

Die obere Gleichung kommt nicht in Betracht.

Extremwerte: Aus der zweiten Beziehung folgt für $\xi_a = 0$, bezw.: $\xi_m = 1 - 2\,\xi_a = 1$, d. h. wenn $\mathrm{tg}\,(\dot{x}\,\mathfrak{w}_a) = 0$:

$$\mathrm{tg}\left(\frac{1}{2}\,\dot{x}\,\xi_m\right) = \mathrm{tg}\,\frac{1}{2}\,\pi\,\sqrt{\bar{a}_k} = \infty$$

oder:

$$\frac{1}{2}\,\pi\,\sqrt{\bar{a}_k} = \frac{\pi}{2}$$

$$\overline{\overline{a_k = 1}}$$

Ist $\xi_m = 0$, $\xi_a = 1/2$, so wird $\mathrm{tg}\,(1/2\,\dot{x}\,\xi_m) = 0$; es muß sohin bestehen:

$$\mathrm{tg}\,(\dot{x}\,\mathfrak{w}_a) = \mathrm{tg}\left(\pi\,\sqrt{\bar{a}_k}\,\frac{\xi_a}{\sqrt{\bar{\mu}_a}}\right) = \mathrm{tg}\left(\pi\,\sqrt{\bar{a}_k}\,\frac{1}{2\,\sqrt{\bar{\mu}_a}}\right) = \infty$$

bezw.:

$$\pi\,\sqrt{\bar{a}_k}\,\frac{1}{2\,\sqrt{\bar{\mu}_a}} = \frac{\pi}{2}$$

schließlich:

$$\overline{\overline{\bar{a}_k = \bar{\mu}_a}}$$

Diese Extremwerte decken sich vollkommen mit denen der Näherungsrechnung. Die Auswertung der Gl. (128′) geschieht am besten mit

Tabelle 15.

Leit-zahl $\dot{x}\,\mathfrak{w}_i$	Numerische Argumente der $\mathrm{tg}\,(\dot{x}\,\mathfrak{w}_i)$									
	0	1	2	3	4	5	6	7	8	9
0·0	0·00000	01 000	02 000	03 001	04 002	05 004	06 007	07 011	08 017	09 024
0·1	0·10033	11 045	12 058	13 074	14 092	15 114	16 138	17 166	18 197	19 232
0·2	0·20271	21 314	22 362	23 414	24 472	25 534	26 602	27 676	28 755	29 841
0·3	0·30934	32 033	33 139	34 252	35 374	36 503	37 640	38 786	39 941	41 105
0·4	0·42279	43 463	44 657	45 862	47 078	48 306	49 545	50 797	52 061	53 339
0·5	0·54630	55 936	57 256	58 592	59 943	61 311	62 693	64 097	65 517	66 956
0·6	0·68414	69 829	71 391	72 911	74 454	76 020	77 610	79 225	80 866	82 534
0·7	0·84229	85 953	87 707	89 492	91 309	93 160	95 045	96 967	98 926	1·00 925
0·8	1·02964	05 046	07 171	09 343	11 563	13 833	16 156	18 532	20 966	23 460
0·9	1·26016	28 637	31 326	34 087	36 923	39 838	42 836	45 920	49 096	52 368
1·0	1·55741	59 221	62 813	66 524	70 361	74 332	78 442	82 703	87 122	91 709
1·1	1·9648	2·0143	2·0660	2·1198	2·1759	2·2345	2·2958	2·3600	2·4273	2·4979
1·2	2·5722	2·6503	2·7328	2·8198	2·9119	3·0096	3·1133	3·2236	3·3414	3·4672
1·3	3·6021	3·7471	3·9034	4·0723	4·2556	4·4552	4·6734	4·9131	5·1774	5·4707
1·4	5·7979	6·1654	6·5811	7·0555	7·6018	8·2381	8·9886	9·9155	10·983	12·350
1·5	14·101	16·428	19·670	24·498	32·461	48·078	92·620	1255·8	$\mathrm{tg}\,\pi/2 = \infty$	

Benützung der Tab. 15[1]. Sie gilt nur für Argumente des ersten Quadranten, also bis: $(\dot{x}\,\mathfrak{w}_i) \gtrless \pi/2$; ihre Anwendung für die übrigen Quadranten ist aus Tab. 16 zu entnehmen.

Tab. 16. Numerische Argumente der vier Quadranten.

Gegebenes numerisches Argument: $\dot{x}\,\mathfrak{w}_i = \pi\,\sqrt{\overline{\mathfrak{a}}_k}\,\dfrac{\xi_i}{\sqrt{\dot{\mu}_a}}$	Quadrant	Grenzbereich (im Bogenmaß)	zu benützendes Argument nach Tabelle 15	Vorzeichen
$\dot{x}\,\mathfrak{w}_{i,1}$	I	$\left(0 - \dfrac{\pi}{2}\right) \dots (0 - 1{\cdot}571)$	$\dot{x}\,\mathfrak{w}_{i,1}$	$(+)$
$\dot{x}\,\mathfrak{w}_{i,2}$	II	$\left(\dfrac{\pi}{2} - \pi\right) \dots (1{\cdot}571 - 3{\cdot}1415)$	$\pi - \dot{x}\,\mathfrak{w}_{i,2}$	$(-)$
$\dot{x}\,\mathfrak{w}_{i,3}$	III	$\left(\pi - \dfrac{3\,\pi}{2}\right) \dots (3{\cdot}1415 - 4{\cdot}713)$	$\dot{x}\,\mathfrak{w}_{i,2} - \pi$	$(+)$
$\dot{x}\,\mathfrak{w}_{i,4}$	IV	$\left(\dfrac{3\,\pi}{2} - 2\,\pi\right) \dots (4{\cdot}713 - 6{\cdot}284)$	$2\,\pi - \dot{x}\,\mathfrak{w}_{i,4}$	$(-)$

Die Anwendung der Formel Gl. (128′) auf unser Zahlenbeispiel stellt sich wie folgt:

Gegeben: $\dot{\mu}_a = 0{\cdot}25$, $\sqrt{\dot{\mu}_a} = 0{\cdot}5$; ferner:

$$_s\overline{\mathfrak{a}}_k = 0{\cdot}97, \quad (\dot{x}\,\mathfrak{w}_a) = 0{\cdot}618, \quad \text{weiter:} \quad \left(\frac{1}{2}\,\dot{x}\,\mathfrak{w}_m\right) = 1{\cdot}236,$$

$$_{s_1}\overline{\mathfrak{a}}_k = 0{\cdot}95, \quad (\dot{x}_1\,\mathfrak{w}_a) = 0{\cdot}612, \quad \text{weiter:} \quad \left(\frac{1}{2}\,\dot{x}_1\,\mathfrak{w}_m\right) = 1{\cdot}224.$$

Aus Tab. 15 entnimmt man:

$$\operatorname{tg}(\dot{x}\,\mathfrak{w}_a) = 0{\cdot}711, \ \operatorname{tg}\left(\frac{1}{2}\,\dot{x}\,\mathfrak{w}_m\right) = 2{\cdot}857$$

$$\operatorname{tg}(\dot{x}_1\,\mathfrak{w}_a) = 0{\cdot}701, \ \operatorname{tg}\left(\frac{1}{2}\,\dot{x}_1\,\mathfrak{w}_m\right) = 2{\cdot}768\,.$$

Damit Gl. (128′), zweite Zeile für:

$$_s\overline{\mathfrak{a}}_k \dots\dots\ 1 - 0{\cdot}5\,.\,0{\cdot}711\,.\,2{\cdot}857 = -\,0{\cdot}0157$$

$$_{s_1}\overline{\mathfrak{a}}_k \dots\dots\ 1 - 0{\cdot}5\,.\,0{\cdot}701\,.\,2{\cdot}768 = +\,0{\cdot}0302\,.$$

Durch Interpolation findet sich der genaue Abminderungswert mit: $_s\overline{\mathfrak{a}}_k = 0{\cdot}963$, gegenüber $0{\cdot}964$; der Unterschied ist belanglos. Ersichtlich führt das entwickelte Verfahren überraschend schnell zum Ziel. Bei Vorhandensein einer kürzeren Lamelle, und zwar werde sie wie im bezogenen Beispiel mit $1{\cdot}6$ m ($3{\cdot}2$ m) angenommen, wurde $_s\overline{\mathfrak{a}}_k = 0{\cdot}5666$ gefunden; der wahre Abminderungswert wird nach unseren Darlegungen

---

[1] *Foerster:* „Taschenbuch für Bauingenieure", V. Auflage, 1. Bd., S. 30.

schon einigermaßen tiefer liegen; die Rechnung kann aber mit $_s\bar{a}_k$ einsetzen, um von da aus mit wenigen Annahmen zum wahren $\bar{a}_k$ vorzustoßen. Mit den notwendigen Rechnungsgrundlagen findet man:

$$\xi_a = 0{\cdot}3, \quad \xi_m = 0{\cdot}4, \quad \mathfrak{w}_a = 0{\cdot}6, \quad \mathfrak{w}_m = 0{\cdot}4, \quad \text{wobei } \mu_a = 0{\cdot}25$$

Die Ergebnisse der durchgeführten Rechnung sind in Tab. 17 zusammengestellt, wobei wieder Gl. (128'), zweite Zeile, benützt wurde.

Tabelle 17.

$$D = 1 - \sqrt{\mu_a}\,\operatorname{tg}\,(\dot{x}\,\mathfrak{w}_a)\,\operatorname{tg}\left(\frac{1}{2}\,\dot{x}\,\mathfrak{w}_m\right)$$

$_s\bar{a}_k$	$\dot{x} = \pi\,\sqrt{_s\bar{a}_k}$	$(\dot{x}\,\mathfrak{w}_a)$	$\operatorname{tg}\,(\dot{x}\,\mathfrak{w}_a)$	$\left(\dfrac{\dot{x}}{2}\,\mathfrak{w}_m\right)$	$\operatorname{tg}\left(\dfrac{1}{2}\,\dot{x}\,\mathfrak{w}_m\right)$	D
0·567	2·366	1·420	6·581	0·473	0·513	—0·688
0·540	2·310	1·386	5·353	0·462	0·498	—0·333
0·510	2·240	1·344	4·335	0·448	0·481	—0·043
0·500	2·221	1·333	4·127	0·444	0·476	+ 0·014

Die gefragte Wurzel liegt zwischen 0·51 und 0·50 und beträgt $\underline{\bar{a}_k = 0{\cdot}503}$; sie ist um rund 13 % kleiner als der nach der Näherungsmethode bestimmte. Die Wichtigkeit der Näherungsrechnung tritt besonders dann in Erscheinung, wenn mehr als ein Lamellenpaar vorliegt, weil dann die Einschätzung von $\dot{x}$ schon einigermaßen schwierig ist.

2. *Die Knicklast einer an beiden Enden frei drehbaren Säule ist zu berechnen, wenn die Verstärkung durch je zwei symmetrische Lamellen erfolgt. (Abb. 56 b).*

Die Knicklast ist an die Befriedigung der folgenden symmetrischen Determinante gebunden [Quelle 27]:

$$D = \begin{vmatrix} a_1 & b_1 & \cdot & \cdot \\ b_1 & b_m & c_m & \cdot \\ \cdot & c_m & b_m & b_1 \\ \cdot & \cdot & b_1 & a_1 \end{vmatrix} = 0$$

oder nach Auflösung:

$$D = (a_1\,b_m - b_1{}^2)^2 - a_1{}^2\,c_m{}^2 = 0.$$

Es kommen folgende Lösungen in Betracht:

$$D_1 = a_1\,(b_m + c_m) - b_1{}^2 = 0$$
$$D_2 = a_1\,(b_m - c_m) - b_1{}^2 = 0 \tag{129}$$

Hierin bedeuten (lt. Quelle):

$$a_1 = \mathfrak{v}_a\,\gamma_a + \mathfrak{v}_b\,\gamma_b, \qquad b_1 = \mathfrak{v}_b\,\delta_b$$
$$b_m = \mathfrak{v}_b\,\gamma_b + \mathfrak{v}_m\,\gamma_m, \qquad c_m = \mathfrak{v}_m\,\delta_m \tag{a}$$

Endlich ist zu setzen:

$$\xi_a = \frac{x_a}{L}, \quad \xi_b = \frac{x_b}{L}, \quad \xi_m = \frac{x_m}{L}$$

$$\dot\mu_a = \frac{J_a}{J_m}, \qquad \dot\mu_b = \frac{J_b}{J_m}, \qquad \dot\mu_m = \frac{J_m}{J_m} = 1$$

$$\mathfrak{v}_a = \frac{\xi_a}{\dot\mu_a}, \qquad \mathfrak{v}_b = \frac{\xi_b}{\dot\mu_b}, \qquad \mathfrak{v}_m = \frac{\xi_m}{\dot\mu_m} = \xi_m$$

$$\mathfrak{w}_a = \frac{\xi_a}{\sqrt{\dot\mu_a}}, \qquad \mathfrak{w}_b = \frac{\xi_b}{\sqrt{\dot\mu_b}}, \qquad \mathfrak{w}_m = \frac{\xi_m}{\sqrt{\dot\mu_m}} = \xi_m$$

Die Bedeutung von γ_i und δ_i bleibt aufrecht. Nunmehr lautet Gl. (129) in anderer Schreibweise:

$$D_{1,2} = (\mathfrak{v}_a\,\gamma_a + \mathfrak{v}_b\,\gamma_b)\,[\mathfrak{v}_b\,\gamma_b + \mathfrak{v}_m\,(\gamma_m \pm \delta_m)] - \mathfrak{v}_b{}^2\,\delta_b{}^2 = 0 \qquad (129')$$

Zwecks Vereinfachung dieser Formel führen wir wieder die früher abgeleiteten Ausdrücke ein:

$$(\gamma_b{}^2 - \delta_b{}^2) = -\frac{4\,\dot\mu_b}{\pi^2\,\overline{\mathfrak{a}}_k\,\xi_b{}^2}$$

$$(\gamma_m + \delta_m) = -\frac{8}{\pi^2\,\overline{\mathfrak{a}}_k\,\xi_m{}^2\,\gamma_m{}'}$$

$$(\gamma_m - \delta_m) = \frac{1}{2}\,\gamma_m{}'$$

Dabei bedeutet:

$$\gamma_m{}' = -\frac{4}{\pi\,\sqrt{\overline{\mathfrak{a}}_k}\,\xi_m\,\mathrm{tg}\left(\frac{1}{2}\,\dot x\,\xi_m\right)}\,.$$

Nach Ausrechnung und Reduktion erhält man, wenn gesetzt wird:

$$\mathfrak{A} = \frac{\sqrt{\dot\mu_a}}{\sqrt{\dot\mu_b}}\,\mathrm{tg}\,(\dot x\,\mathfrak{w}_a)\,\mathrm{tg}\,(\dot x\,\mathfrak{w}_b) \tag{130}$$

$$\mathfrak{B} = [\sqrt{\dot\mu_a}\,\mathrm{tg}\,(\dot x\,\mathfrak{w}_a) + \sqrt{\dot\mu_b}\,\mathrm{tg}\,(\dot x\,\mathfrak{w}_b)]$$

folgende Gebrauchsformeln:

$$0 = (1 - \mathfrak{A}) - \mathfrak{B}\,\mathrm{tg}\left(\frac{1}{2}\,\dot x\,\xi_m\right)$$

$$0 = (1 - \mathfrak{A})\,\mathrm{tg}\left(\frac{1}{2}\,\dot x\,\xi_m\right) + \mathfrak{B} \tag{131}$$

Die einzige Schwierigkeit liegt in der zutreffenden Wahl der Leitzahl $\dot x$; hier setzt das entwickelte Näherungsverfahren mit Erfolg ein.

Zahlenbeispiel.

Das im Abschnitt 7 berechnete zweite Beispiel soll einer genauen Berechnung hinsichtlich des Beiwertes $\overline{\mathfrak{a}}_k$ unterzogen werden.

Angenähert wurde gefunden: $_s\overline{\mathfrak{a}}_k = 0{\cdot}727$.

Es kommen folgende Ansätze in Betracht:

$$\xi_a = 0{\cdot}2, \quad \xi_b = 0{\cdot}2, \quad \xi_m = 0{\cdot}2$$

$$\dot\mu_a = \frac{J_a}{J_m} = 0{\cdot}380, \qquad \dot\mu_b = \frac{J_b}{J_m} = 0{\cdot}662, \qquad \dot\mu_m = \frac{J_m}{J_m} = 1,$$

gesetzt wurde:

$$J_a = 5950 \text{ cm}^4, \quad J_b = 10360 \text{ cm}^4, \quad J_m = 15660 \text{ cm}^4.$$

Weiter:

$$v_a = \frac{\xi_a}{\mu_a} = 0.526, \quad v_b = \frac{\xi_b}{\mu_b} = 0.302, \quad v_m = \frac{\xi_m}{\mu_m} = \xi_m = 0.2$$

$$\mathfrak{w}_a = \frac{\xi_a}{\sqrt{\mu_a}} = 0.3244, \quad \mathfrak{w}_b = \frac{\xi_b}{\sqrt{\mu_b}} = 0.2458, \quad \mathfrak{w}_m = 0.2.$$

Die Rechnung wird mit $_s\bar{a}_k = 0.727$ und $_{s_1}\bar{a}_k = 0.69$ durchgeführt. Sohin besteht Gl. (d):

$$_s\dot{x} = \pi\sqrt{_s\bar{a}_k} = 2.678, \quad _{s_1}\dot{x} = \pi\sqrt{_{s_1}\bar{a}_k} = 2.609$$

Argumente:

$$_s\dot{x}\,\mathfrak{w}_a = 0.868, \quad _s\dot{x}\,\mathfrak{w}_b = 0.658, \quad _s\dot{x}\,\mathfrak{w}_m = 0.536$$

$$_{s_1}\dot{x}\,\mathfrak{w}_a = 0.846, \quad _{s_1}\dot{x}\,\mathfrak{w}_b = 0.641, \quad _{s_1}\dot{x}\,\mathfrak{w}_m = 0.522.$$

Aus Formel Gl. (129'), oberes Vorzeichen in der [ ] Klammer, und Tab. 14 gewinnt man durch gradlinige Interpolation:

$$_s\gamma_a = -1.969, \; _s\gamma_b = -4.014, \; _s\gamma_m = -6.440; \; _s\delta_b = +5.052, \; _s\delta_m = +7.465$$

$$_{s_1}\gamma_a = -2.122 \quad _{s_1}\gamma_b = -4.265, \quad _{s_1}\gamma_m = -6.783; \quad _{s_1}\delta_b = +5.301,$$

$$_{s_1}\delta_m = +7.806,$$

ferner:

$$v_a\,_s\gamma_a = -1.036, \quad v_b\,_s\gamma_b = -1.212, \quad v_m\,_s\gamma_m = -1.288; \quad v_b\,_s\delta_b = +1.526,$$

$$v_m\,_s\delta_m = +1.493.$$

$$v_a\,_{s_1}\gamma_a = -1.116, \quad v_b\,_{s_1}\gamma_b = -1.288, \quad v_m\,_{s_1}\gamma_m = -1.357, \quad v_b\,_{s_1}\delta_b = +1.601,$$

$$v_m\,_{s_1}\delta_m = +1.561.$$

In Gl. (129') eingeführt, entsteht:

$$_sD_1 = (-1.036 - 1.212)(-1.212 - 1.288 + 1.493) - 1.526^2 = \underline{-0.0649}$$

$$_{s_1}D_1 = (-1.116 - 1.288)(-1.288 - 1.357 + 1.561) - 1.601^2 = \underline{+0.0427}.$$

Die angenommenen $_s\bar{a}_k$ befriedigen nahezu die Bedingungsgleichungen; der genaue Betrag findet sich durch Interpolation mit:

$$\bar{a}_k = 0.703.$$

Die Abweichung vom Näherungswert beträgt nur 3.3%.
Wesentlich einfacher in der Anwendung ist die Gl. (131).

Benötigt wird: $\sqrt{\mu_a} = 0.6164, \; \sqrt{\mu_b} = 0.8136$

Nunmehr gehen wir mit den bekannten Argumenten $(\dot{x}_i\,\mathfrak{w}_i)$ in Tab. 15 ein und finden:

$$\operatorname{tg}(_s\dot{x}\,\mathfrak{w}_a) = +1.183, \quad \operatorname{tg}(_s\dot{x}\,\mathfrak{w}_b) = +0.773, \quad \operatorname{tg}\left(\frac{1}{2}\,_s\dot{x}\,\mathfrak{w}_m\right) = +0.275$$

$$\operatorname{tg}(_{s_1}\dot{x}\,\mathfrak{w}_a) = +1.129, \quad \operatorname{tg}(_{s_1}\dot{x}\,\mathfrak{w}_b) = +0.746, \quad \operatorname{tg}\left(\frac{1}{2}\,_{s_1}\dot{x}\,\mathfrak{w}_m\right) = +0.267$$

Sohin Gl. (130),:

$$_s\mathfrak{A} = \frac{\sqrt{\mu_a}}{\sqrt{\mu_b}}\operatorname{tg}(_s\dot{x}\,\mathfrak{w}_a)\operatorname{tg}(_{s_1}\dot{x}\,\mathfrak{w}_b) = 0.6928$$

$$_s\mathfrak{B} = [\sqrt{\bar{\mu}_a}\ \mathrm{tg}\,(_s\dot{x}\,\mathfrak{w}_a) + \sqrt{\bar{\mu}_b}\ \mathrm{tg}\,(_s\dot{x}\,\mathfrak{w}_b)] = 1\cdot3581$$

und schließlich Gl. (131):

$$1 - {}_s\mathfrak{A} - {}_s\mathfrak{B}\ \mathrm{tg}\left(\frac{1}{2}\ _s\dot{x}\,\xi_m\right) = -0\cdot0663\,.$$

In ähnlicher Weise wurde gefunden:

$$_{s_1}\mathfrak{A} = 0\cdot6381, \quad _{s_1}\mathfrak{B} = 1\cdot2726,$$

so daß:

$$1 - {}_{s_1}\mathfrak{A} - {}_{s_1}\mathfrak{B}\ \mathrm{tg}\left(\frac{1}{2}\,_{s_1}\dot{x}\,\xi_m\right) = +0\cdot0221\,.$$

Durch Zwischenschaltung erhält man den wahren Abminderungswert mit

$$_g\bar{\mathfrak{a}}_k = \underline{0\cdot702,}$$

also fast denselben Betrag wie oben. Die Einfachheit und Kürze des Verfahrens im Zusammenhang mit der Näherungsmethode läßt nichts zu wünschen übrig.
Die Knickkraft beträgt sohin:

$$P_k = \frac{\pi^2\,E\,J_m}{L^2}\,0\cdot702\,.$$

3. *Die Knicklast einer an beiden Enden frei drehbaren Säule ist anzugeben, wenn sie durch drei Lamellenpaare verstärkt ist. (Abb. 56 c).* Laut Quelle ist die Knickbedingung an die Erfüllung folgender Determinante gebunden:

$$D = \begin{vmatrix} a_1 & b_1 & \cdot & \cdot & \cdot & \cdot \\ b_1 & b_2 & c_2 & \cdot & \cdot & \cdot \\ \cdot & c_2 & c_m & d_m & \cdot & \cdot \\ \cdot & \cdot & d_m & c_m & c_2 & \cdot \\ \cdot & \cdot & \cdot & c_2 & b_2 & b_1 \\ \cdot & \cdot & \cdot & \cdot & b_1 & a_1 \end{vmatrix} = 0$$

Die Ausrechnung liefert:

$$D = [(a_1\,b_2 - b_1{}^2)\,c_m - a_1\,c_2{}^2]^2 - (a_1\,b_2 - b_1{}^2)^2\,d_m{}^2 = 0$$

Somit die beiden Lösungen:

$$D_{1,2} = (a_1\,b_2 - b_1{}^2)\,(c_m \pm d_m) - a_1\,c_2{}^2 = 0 \tag{132}$$

Die einzelnen Buchstaben bedeuten:

$$\begin{aligned} a_1 &= \mathfrak{v}_a\,\gamma_a + \mathfrak{v}_b\,\gamma_b; & b_1 &= \mathfrak{v}_b\,\delta_b \\ b_2 &= \mathfrak{v}_b\,\gamma_b + \mathfrak{v}_c\,\gamma_c; & c_2 &= \mathfrak{v}_c\,\delta_c \\ c_m &= \mathfrak{v}_c\,\gamma_c + \mathfrak{v}_m\,\gamma_m; & d_m &= \mathfrak{v}_m\,\delta_m. \end{aligned}$$

Ferner besteht:

$$\xi_a = \frac{x_a}{L}, \quad \xi_b = \frac{x_b}{L}, \quad \xi_c = \frac{x_c}{L}, \quad \xi_m = \frac{x_m}{L}$$

$$\mu_a = \frac{J_a}{J_m}, \quad \mu_b = \frac{J_b}{J_m}, \quad \mu_c = \frac{J_c}{J_m}, \quad \mu_m = \frac{J_m}{J_m} = 1$$

$$\mathfrak{v}_a = \frac{\xi_a}{\mu_a}, \quad \mathfrak{v}_b = \frac{\xi_b}{\mu_b}, \quad \mathfrak{v}_c = \frac{\xi_c}{\mu_c}, \quad \mathfrak{v}_m = \xi_m$$

$$\mathfrak{w}_a = \frac{\xi_a}{\sqrt{\mu_a}}, \quad \mathfrak{w}_b = \frac{\xi_b}{\sqrt{\mu_b}}, \quad \mathfrak{w}_c = \frac{\xi_c}{\sqrt{\mu_c}}, \quad \mathfrak{w}_m = \xi_m.$$

Über die Bedeutung der γ_i und δ_i siehe weiter oben.

Es erübrigt nunmehr für einzelne vorgewählte $_s\overline{a}_k$ die Leitzahl $\dot{x}$ und damit die einzelnen Gleichungsglieder zu bestimmen.

Vereinfachung der Gleichungen (132).

Gefunden wurde:

$$(\gamma_b{}^2 - \delta_b{}^2) = -\frac{4\,\dot{\mu}_b}{\pi^2\,\overline{a}_k\,\xi_b{}^2}\,, \quad (\gamma_c{}^2 - \delta_c{}^2) = -\frac{4\,\dot{\mu}_c}{\pi^2\,\overline{a}_k\,\xi_c{}^2}$$

$$(\gamma_m + \delta_m) = -\frac{8}{\pi^2\,\overline{a}_k\,\xi_n{}^2\,\gamma_m{}'}\,, \quad (\gamma_m - \delta_m) = \frac{1}{2}\,\gamma_m{}'$$

$$\gamma_m{}' = -\frac{4}{\pi\,\sqrt{\overline{a}_k}\,\xi_m\,\mathrm{tg}\left(\dfrac{1}{2}\,\dot{x}\,\xi_m\right)}\,.$$

Diese Ausdrücke in Gl. (132) eingeführt, erhält man analog wie früher folgendes Gleichungspaar:

$$(1 - \mathfrak{A}_1) - \mathfrak{B}_1\,\mathrm{tg}\left(\frac{1}{2}\,\dot{x}\,\xi_m\right) = 0$$

$$(1 - \mathfrak{A}_1)\,\mathrm{tg}\left(\frac{1}{2}\,\dot{x}\,\xi_m\right) + \mathfrak{B}_1 = 0 \tag{133}$$

Darin bedeuten:

$$\mathfrak{A}_1 = \frac{\sqrt{\dot{\mu}_a}}{\sqrt{\dot{\mu}_b}}\,\mathrm{tg}\,(\dot{x}\,\mathfrak{w}_a)\,\mathrm{tg}\,(\dot{x}\,\mathfrak{w}_b) + \frac{\sqrt{\dot{\mu}_a}}{\sqrt{\dot{\mu}_b}}\,\mathrm{tg}\,(\dot{x}\,\mathfrak{w}_a)\,\mathrm{tg}\,(\dot{x}\,\mathfrak{w}_c) +$$

$$+\,\frac{\sqrt{\dot{\mu}_b}}{\sqrt{\dot{\mu}_c}}\,\mathrm{tg}\,(\dot{x}\,\mathfrak{w}_b)\,\mathrm{tg}\,(\dot{x}\,\mathfrak{w}_c)$$

$$\mathfrak{B}_1 = \sqrt{\dot{\mu}_a}\,\mathrm{tg}\,(\dot{x}\,\mathfrak{w}_a) + \sqrt{\dot{\mu}_b}\,\mathrm{tg}\,(\dot{x}\,\mathfrak{w}_b) + \sqrt{\dot{\mu}_c}\,\mathrm{tg}\,(\dot{x}\,\mathfrak{w}_c) -$$

$$-\,\sqrt{\frac{\dot{\mu}_a\,\dot{\mu}_c}{\dot{\mu}_b}}\,\mathrm{tg}\,(\dot{x}\,\mathfrak{w}_a)\,\mathrm{tg}\,(\dot{x}\,\mathfrak{w}_b)\,\mathrm{tg}\,(\dot{x}\,\mathfrak{w}_c) \tag{134}$$

Gl. (133) geht mit $\mathrm{tg}\,(\dot{x}\,\mathfrak{w}_b) = \mathrm{tg}\,(\dot{x}\,\mathfrak{w}_c) = 0$ in Gl. (128′) und mit $\mathrm{tg}\,(\dot{x}\,\mathfrak{w}_c) = 0$ in Gl. (131) über.

Zahlenbeispiele.

1. *Für den im dritten Beispiel, Abschnitt VII, bezw. dem fünften Beispiel, Abschnitt VI, berechneten Mast wurde angenähert* $_s\overline{a}_k = 0{\cdot}635$ *gefunden. Gefragt ist der genaue Abminderungswert* $_g\overline{a}_k$*?*

Rechnungsgrundlagen. Länge der zu untersuchenden Säule $L = 2\,l = 20$ m (2. Knickfall); wegen: $x_a = x_b = x_c = 2{\cdot}5$ m ist: $\xi_a = \xi_b = \xi_c = \dfrac{2{\cdot}5}{20} =$

$= 0{\cdot}125, \quad \xi_m = \dfrac{2 \times 2{\cdot}5}{20} = 0{\cdot}25$; ferner besteht:

$$\dot{\mu}_a = \frac{J_a}{J_m} = \frac{137}{868} = 0{\cdot}158, \quad \dot{\mu}_b = \frac{J_b}{J_m} = \frac{291}{868} = 0{\cdot}335, \quad \dot{\mu}_c = \frac{J_c}{J_m} = \frac{597}{868} = 0{\cdot}688,$$

$$\dot{\mu}_m = 1.$$

Berechnung nach Gl. (132): $\mathfrak{v}_a = \dfrac{\xi_a}{\dot{\mu}_a} = \dfrac{0{\cdot}125}{0{\cdot}158} = 0{\cdot}791,\quad \mathfrak{v}_b = \dfrac{\xi_b}{\dot{\mu}_b} = \dfrac{0{\cdot}125}{0{\cdot}335} =$

$= 0{\cdot}373,\quad \mathfrak{v}_c = \dfrac{\xi_c}{\dot{\mu}_c} = \dfrac{0{\cdot}125}{0{\cdot}688} = 0{\cdot}182,\ \mathfrak{v}_m = \xi_m = 0{\cdot}25,\ \mathfrak{w}_a = \dfrac{\xi_a}{\sqrt{\dot{\mu}_a}} = 0{\cdot}314,$

$\mathfrak{w}_b = \dfrac{\xi_b}{\sqrt{\dot{\mu}_b}} = 0{\cdot}216,\quad \mathfrak{w}_c = \dfrac{\xi_c}{\sqrt{\dot{\mu}_c}} = 0{\cdot}151,\quad \mathfrak{w}_m = \xi_m = 0{\cdot}25.$

Die weitere Rechnung wird mit $_s\overline{\mathfrak{a}}_k = 0{\cdot}635$ (lt. Näherungsrechnung) und $_{s_1}\overline{\mathfrak{a}}_k = 0{\cdot}60$ durchgeführt; daher die Leitzahlen:

$$_s\dot{x} = \pi\,\sqrt{_s\overline{\mathfrak{a}}_k} = 2{\cdot}50,\qquad _{s_1}\dot{x} = \pi\,\sqrt{_{s_1}\overline{\mathfrak{a}}_k} = 2{\cdot}45.$$

Die Tabellenargumente stellen sich wie folgt:

$$_s\dot{x}\,\mathfrak{w}_a = 0{\cdot}785,\quad _s\dot{x}\,\mathfrak{w}_b = 0{\cdot}540,\quad _s\dot{x}\,\mathfrak{w}_c = 0{\cdot}378,\quad _s\dot{x}\,\mathfrak{w}_m = 0{\cdot}625;$$
$$_{s_1}\dot{x}\,\mathfrak{w}_a = 0{\cdot}763\quad _{s_1}\dot{x}\,\mathfrak{w}_b = 0{\cdot}525,\quad _{s_1}\dot{x}\,\mathfrak{w}_c = 0{\cdot}367,\quad _{s_1}\dot{x}\,\mathfrak{w}_m = 0{\cdot}608.$$

Tab. 14 entnimmt man durch Interpolation:

$$_s\gamma_a = -\,2{\cdot}573,\quad _s\gamma_b = -\,6{\cdot}342,\quad _s\gamma_c = -\,13{\cdot}966,\quad _s\gamma_m = -\,4{\cdot}502,$$
$$_{s_1}\gamma_a = -\,2{\cdot}785,\quad _{s_1}\gamma_b = -\,6{\cdot}709,\quad _{s_1}\gamma_c = -\,15{\cdot}035,\quad _{s_1}\gamma_m = -\,4{\cdot}745$$
$$_s\delta_b = +\,7{\cdot}367,\quad _s\delta_c = +\,14{\cdot}978,\quad _s\delta_m = +\,5{\cdot}536$$
$$_{s_1}\delta_b = +\,7{\cdot}733,\quad _{s_1}\delta_c = +\,16{\cdot}047,\quad _{s_1}\delta_m = +\,6{\cdot}147.$$

Ferner findet sich:

$$\mathfrak{v}_a\,_s\gamma_a = -\,2{\cdot}035,\quad \mathfrak{v}_b\,_s\gamma_b = -\,2{\cdot}366,\quad \mathfrak{v}_c\,_s\gamma_c = -\,2{\cdot}542,\quad \mathfrak{v}_m\,_s\gamma_m = -\,1{\cdot}126$$
$$\mathfrak{v}_a\,_{s_1}\gamma_a = -\,2{\cdot}203,\quad \mathfrak{v}_b\,_{s_1}\gamma_b = -\,2{\cdot}502,\quad \mathfrak{v}_c\,_{s_1}\gamma_c = -\,2{\cdot}736,\quad \mathfrak{v}_m\,_{s_1}\gamma_m = -\,1{\cdot}189.$$

Nunmehr erhält man für die einzelnen Glieder der Gl. (132):

$$_s a_1 = \mathfrak{v}_a\,_s\gamma_a + \mathfrak{v}_b\,_s\gamma_b = -\,4{\cdot}401,\quad _s b_1 = \mathfrak{v}_b\,_s\delta_b = +\,2{\cdot}748$$
$$_s b_2 = \mathfrak{v}_b\,_s\gamma_b + \mathfrak{v}_c\,_s\gamma_c = -\,4{\cdot}908,\quad _s c_2 = \mathfrak{v}_c\,_s\delta_c = +\,2{\cdot}726$$
$$_s c_m = \mathfrak{v}_c\,_s\gamma_c + \mathfrak{v}_m\,_s\gamma_m = -\,3{\cdot}668,\quad _s d_m = \mathfrak{v}_m\,_s\delta_m = +\,1{\cdot}384.$$

Ebenso wurde gefunden:

$$_{s_1} a_1 = -\,4{\cdot}705,\quad _{s_1} b_1 = +\,2{\cdot}884,\quad _{s_1} b_2 = -\,5{\cdot}238,\quad _{s_1} c_2 = +\,2{\cdot}921,$$
$$_{s_1} c_m = -\,3{\cdot}925,\quad _{s_1} d_m = +\,1{\cdot}447$$

Somit durch Einsetzung in Gl. (132), wobei das (—) Zeichen in der Klammer nicht in Frage kommt:

$$(4{\cdot}401\,.\,4{\cdot}908 - 2{\cdot}748^2)\,(-\,3{\cdot}668 + 1{\cdot}384) + 4{\cdot}401\,.\,2{\cdot}726^2 = \underline{+\,0{\cdot}618}$$
$$(4{\cdot}705\,.\,5{\cdot}238 - 2{\cdot}884^2)\,(-\,3{\cdot}925 + 1{\cdot}447) + 4{\cdot}705\,.\,2{\cdot}921^2 = \underline{-\,0{\cdot}315}.$$

Der gesuchte Abminderungswert ergibt sich durch Interpolation mit: $_g\overline{\mathfrak{a}}_k = 0{\cdot}612$; er ist um rund $3{\cdot}8\,\%$ kleiner als der angenäherte Wert.

Berechnung nach Gl. (133): Außer $\dot{\mu}_a$, $\dot{\mu}_b$ und $\dot{\mu}_c$ werden noch folgende Werte (laut Tab. 15) benötigt:

$$\mathrm{tg}\,(_s\dot{x}\,\mathfrak{w}_a) = \mathrm{tg}\,0{\cdot}785 = 0{\cdot}9993,\quad \mathrm{tg}\,(_{s_1}\dot{x}\,\mathfrak{w}_a) = \mathrm{tg}\,0{\cdot}763 = 0{\cdot}9562,$$
$$\mathrm{tg}\,(_s\dot{x}\,\mathfrak{w}_b) = \mathrm{tg}\,0{\cdot}540 = 0{\cdot}5994,\quad \mathrm{tg}\,(_{s_1}\dot{x}\,\mathfrak{w}_b) = \mathrm{tg}\,0{\cdot}525 = 0{\cdot}5792,$$
$$\mathrm{tg}\,(_s\dot{x}\,\mathfrak{w}_c) = \mathrm{tg}\,0{\cdot}378 = 0{\cdot}3971,\quad \mathrm{tg}\,(_{s_1}\dot{x}\,\mathfrak{w}_c) = \mathrm{tg}\,0{\cdot}367 = 0{\cdot}3844,$$
$$\mathrm{tg}\left(\tfrac{1}{2}\,_s\dot{x}\,\mathfrak{w}_m\right) = \mathrm{tg}\,0{\cdot}3125 = 0{\cdot}3231;\quad \mathrm{tg}\left(\tfrac{1}{2}\,_{s_1}\dot{x}\,\mathfrak{w}_m\right) = \mathrm{tg}\,0{\cdot}304 = 0{\cdot}3137$$

Nach Gl. (134) gewinnt man:

$$_s\mathfrak{A}_1 = \sqrt{\frac{0{\cdot}158}{0{\cdot}335}}\,0{\cdot}9993\,.\,0{\cdot}5994 + \sqrt{\frac{0{\cdot}158}{0{\cdot}688}}\,0{\cdot}9993\,.\,0{\cdot}3971 +$$

$$+ \sqrt{\frac{0{\cdot}335}{0{\cdot}688}}\,0{\cdot}5994\,.\,0{\cdot}3971$$

$$\underline{_s\mathfrak{A}_1 = 0{\cdot}7677.}$$

$$_s\mathfrak{B}_1 = \sqrt{0{\cdot}158}\,.\,0{\cdot}9993 + \sqrt{0{\cdot}335}\,.\,0{\cdot}5994 + \sqrt{0{\cdot}688}\,.\,0{\cdot}3971 -$$

$$- \sqrt{\frac{0{\cdot}158\,.\,0{\cdot}688}{0{\cdot}335}}\,0{\cdot}9993\,.\,0{\cdot}5994\,.\,0{\cdot}3971$$

$$\underline{_s\mathfrak{B}_1 = 0{\cdot}9380}$$

Ebenso wurde errechnet:

$$\underline{_{s_1}\mathfrak{A}_1 = 0{\cdot}7119} \qquad \underline{_{s_1}\mathfrak{B}_1 = 0{\cdot}9129}$$

Nach Einsetzung dieser Zahlen in Gl. (133), erste Zeile, entsteht:

$$\text{für } _s\overline{\mathfrak{a}}_k: \quad 1 - 0{\cdot}7677 - 0{\cdot}938\,.\,0{\cdot}3231 = -\underline{0{\cdot}0708}$$

$$\text{für } _{s_1}\overline{\mathfrak{a}}_k: \quad 1 - 0{\cdot}7119 - 0{\cdot}9129\,.\,0{\cdot}3137 = +\underline{0{\cdot}0017}$$

Durch Interpolation wurde gefunden: $_{g_1}\overline{\mathfrak{a}}_k = \underline{0{\cdot}601}$; die Abweichung gegenüber $_g\overline{\mathfrak{a}}_k$ beträgt $1{\cdot}8\,\%$.
Die zweite Zeile Gl. (133) liefert unbrauchbare Ergebnisse.

2. *Wie unter 1, jedoch für den Mast. Abb. (58).*
Die näheren Angaben siehe: VI. Abschnitt, 6. Beispiel und VII. Abschnitt, 3. Beispiel.
Es gilt: $\xi_a = \xi_b = \xi_c = 0{\cdot}125$, $\xi_m = 0{\cdot}25$.
Ferner: $\mu_a = 0{\cdot}128$, $\mu_b = 0{\cdot}299$, $\mu_c = 0{\cdot}581$, $\mu_m = 1{\cdot}0$.
Von der Wiedergabe der Berechnung wird abgesehen. Die Untersuchung erfolgte für $_s\overline{\mathfrak{a}}_k = 0{\cdot}557$ und $_{s_1}\overline{\mathfrak{a}}_k = 0.530$. Der mit Hilfe der Gl. (133) ermittelte wahre Abminderungswert beträgt: $_{g_1}\overline{\mathfrak{a}}_k = \underline{0{\cdot}536}$; die Abweichung stellt sich auf rund $-5{\cdot}0\,\%$.

Säulen mit mehr als drei Lamellenpaaren kommen nur selten in Frage; daher wurde von der Ableitung der bezüglichen Gebrauchsformeln abgesehen. Es dürfte indes genügen, sich mit den Ergebnissen der Näherungsrechnung ($_s\overline{\mathfrak{a}}_k$) zufrieden zu geben, diese aber mit einem um $3-5\,\%$ abgeminderten Betrag in Rechnung zu stellen.

VIII. Längenänderung der Sehne eines Stabzuges (Sehnenformel.)

Der Stabzug $0 - n$ mit $(n - 1)$ starren Knoten (Abb. 60) ist bei „0" gelenkig, bei „n" verschieblich gelagert; er steht unter dem Einfluß von Momenten, Normalkräften und Wärmewirkungen. Gefragt ist die Änderung der Sehnenlänge.

Wirkung der Normalkräfte und der Temperaturänderung (Δl_1). Der Einzelstab s_m verlängere sich um Δs_m, in Richtung der Sehne $(0 - n)$ um: $\Delta s_m \cos \psi_m$; daher die Gesamtverschiebung:

$$\Delta l_1 = \sum_1^n \Delta s_m \cos \psi_m$$

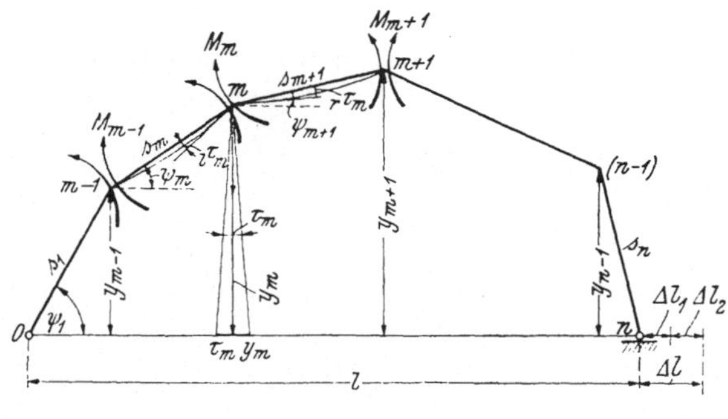

Abb. 60

Eine Wärmeänderung von t^0 $(\varepsilon = \text{Ausdehnungskoeffizient})$ vorausgesetzt und unter dem Einfluß einer Normalkraft N_m, die eine Normalspannung $\sigma_m = \dfrac{N_m}{F_m}$ hervorruft $(F_m = \text{Querschnittsfläche})$, besteht:

$$\Delta s_m = s_m \, t^0 \, \varepsilon + \frac{\sigma_m}{E} \, s_m,$$

hiemit

$$\Delta l_1 = \sum_1^n s_m \left(\varepsilon \, t^0 + \frac{\sigma_m}{E} \right) \cos \psi_m \tag{135}$$

Wirkung der Momente und Feldbelastungen (Δl_2). Durch die Eckmomente M_{m-1}, M_m, M_{m+1} und allfällige Feldbelastungen erfahren die Stäbe s_m

und s_{m+1} Endverdrehungen, wodurch der Knotenwinkel in „m" sich bei gelöstem (gelenkigem) Anschluß um $\tau_m = ({}_l\tau_m + {}_r\tau_m)$ ändert. Die Erhaltung des Knotenwinkels in seiner ursprünglichen Größe bedingt eine Verdrehung des Knotens m um τ_m und eine Verlängerung der Sehne um $\tau_m\, y_m$; dies auf alle Knoten angewendet, entsteht:

$$\Delta l_2 = \sum_1^{n-1} \tau_m\, y_m\,, \tag{136}$$

somit die totale Sehnenverlängerung (bei Wegfall der Fußzeiger):

$$\Delta l = \sum_1^{n-1} \tau\, y + \sum_1^{n} \frac{\sigma}{E}\, s \cos \psi + \varepsilon\, t l. \tag{137}$$

Die Vorzeichen sind zu berücksichtigen; Zugkräfte und Temperatursteigerungen werden positiv, Druckkräfte und Wärmeabnahmen negativ in Rechnung gestellt. Gl. (137) ist unter dem Namen *Sehnenformel* bekannt (*Müller-Breslau*) Da Gl. (136) das Moment der elastischen Gewichte τ bezüglich der Sehne $(0-n)$ darstellt, die τ sohin parallel zu dieser wirkend zu denken sind, darf Δl_2 als Durchbiegung (Verschiebung) bezeichnet werden; bei unverschieblicher Lagerung wird $\Delta l_2 = 0$, d. h.

$$\underline{\Sigma\, \tau\, y = 0.} \tag{138}$$

IX. Anwendungsbeispiele (Rahmen).

1. Der gemäß Abb. 61 gestaltete Rahmen ist mit P_1 und P_2 belastet, wobei $P_1 > P_2$. Die Verschiebung Δl des beweglichen Lagers B ist zu berechnen.

Die Belastung wird in eine symmetrische: $P_s = \dfrac{P_1 + P_2}{2}$ (Abb. 62) und

in eine polarsymmetrische: $P_{sp} = \dfrac{P_1 - P_2}{2}$, (Abb. 63) zerlegt; die

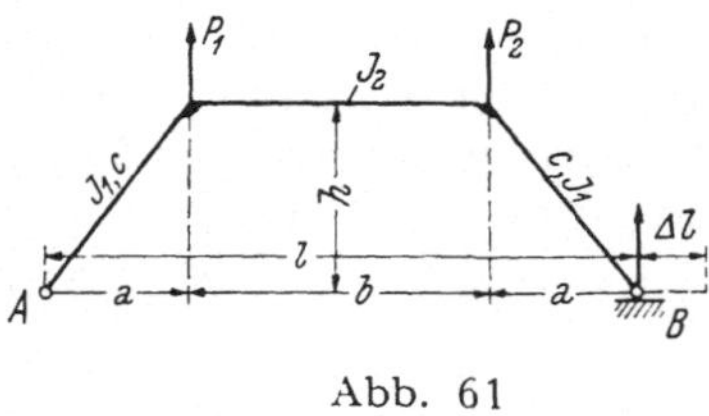

Abb. 61

elastischen Gewichte wirken in den Rahmenecken; im ersten Falle sind die beiden τ_s der Größe und Richtung nach gleich, im zweiten Falle die τ_{sp} bei gleicher Größe einander entgegengesetzt gerichtet; sie heben sich in Richtung der gesuchten Verschiebung auf. Das Lager bleibt in Ruhe. Die Verschiebung Δl hängt nur von P_s ab. Dem Eckmoment $M_s = P\,a$ entspricht:

$$\tau_s = \frac{c}{3\,E J_1}\,M_s + \frac{b}{6\,E J_2}\,3\,M_s = \frac{P_s\,a\,c}{3\,E J_1}\left[1 + \frac{3}{2}\left(\frac{b}{c}\right)\left(\frac{J_1}{J_2}\right)\right],$$

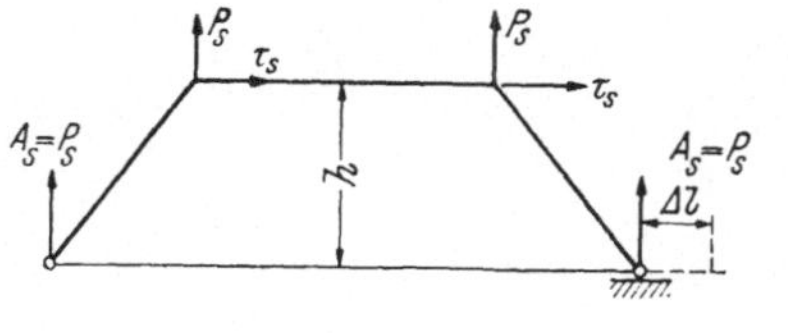

$$\Delta l = 2\,\tau_s\,h = \frac{2\,P_s\,a\,c\,h}{3\,E J_1}\left[1 + \frac{3}{2}\left(\frac{b}{c}\right)\left(\frac{J_1}{J_2}\right)\right]$$

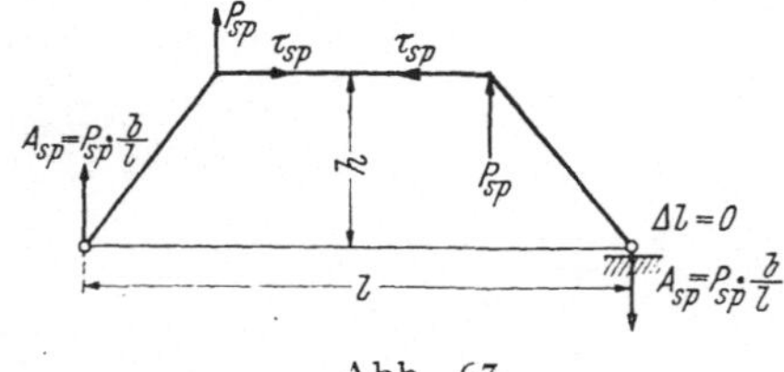

Abb. 62

2. Die Eckmomente des unter einem Innendruck von p kg/m stehenden Reservoirrahmens (Abb. 64) sind zu berechnen.

Gelenke in den Ecken; dort wirken zufolge der Eckmomente M die elastischen Gewichte τ. Soll die Breite „l" erhalten bleiben, so lautet Gl. (136), da $\tau \| l$ anzunehmen ist:

Abb. 63

$$2\,\tau\,h = 0,$$

$$\tau = \frac{h}{6\,E J_h}\,3\,M + \frac{l}{6\,E J_l}\,3\,M - \frac{p\,h^3}{24\,E J_h} - \frac{p\,l^3}{24\,E J_l} = 0,$$

daraus mit:

$$\mu = \left(\frac{h}{l}\right)\left(\frac{J_l}{J_h}\right) \tag{139}$$

$$M = \frac{p\,l^2}{12}\,\frac{\left[1 + \left(\frac{h}{l}\right)^2 \mu\right]}{(1 + \mu)}. \tag{140}$$

3. *Der Portalrahmen (Abb. 64) ist am unteren Riegel mit p kg/m belastet.
Gefragt sind die Eckmomente M_0, M_u und die Riegelkraft H.*
Abkürzungen:

$$\mu_0 = \left(\frac{h}{l}\right)\left(\frac{J_0}{J_h}\right), \quad \nu_0 = 3 + 2\,\mu_0, \quad \mu_u = \left(\frac{h}{l}\right)\left(\frac{J_u}{J_h}\right), \quad \nu_u = 3 + 2\,\mu_u \tag{141}$$

Es besteht:

$$M_0 + H\,h - M_u = 0.$$

Die elastischen Gewichte τ_0 und τ_u liegen in
den Rahmenecken; sie müssen bei unver-
änderlichen Rahmenlängen die Bedingung
erfüllen, Gl. (136):

$$\tau_0 = 0, \quad \tau_u = 0.$$

Nun gilt:

$$\tau_0 = \frac{l}{6\,EJ_0}\,3\,M_0 + \frac{h}{6\,EJ_h}\,(2\,M_0 + M_u) = 0$$

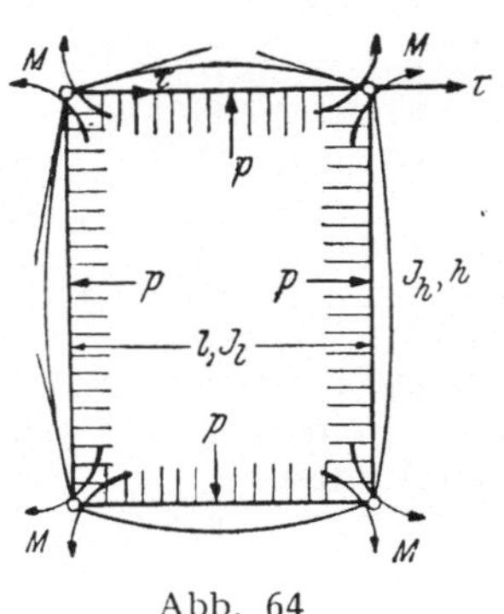

Abb. 64

$$\tau_u = \frac{h}{6\,EJ_h}\,(2\,M_u + M_0) + \frac{l}{6\,EJ_u}\,3\,M_u - \frac{p\,l^3}{24\,EJ_u} = 0.$$

Mit Berücksichtigung Gl. (141) ergibt sich:

$$M_0\,\nu_0 + M_u\,\mu_0 = 0$$

$$M_0\,\mu_u + M_u\,\nu_u = \frac{p\,l^2}{4}$$

und nach Ausrechnung:

$$M_0 = -\frac{\mu_0}{\nu_0}\,M_u$$

$$M_u = \frac{p\,l^2}{4}\,\frac{\nu_0}{(\nu_0\,\nu_u - \mu_0\,\mu_u)}$$

$$M_0 = -\frac{p\,l^2}{4}\,\frac{\mu_0}{(\nu_0\,\nu_u - \mu_0\,\mu_u)}$$

$$H = \frac{M_u - M_0}{h} = \frac{3\,p\,l^2}{4\,h}\,\frac{(1 + \mu_0)}{(\nu_0\,\nu_u - \mu_0\,\mu_u)}$$

$$\left. \right\} \tag{142}$$

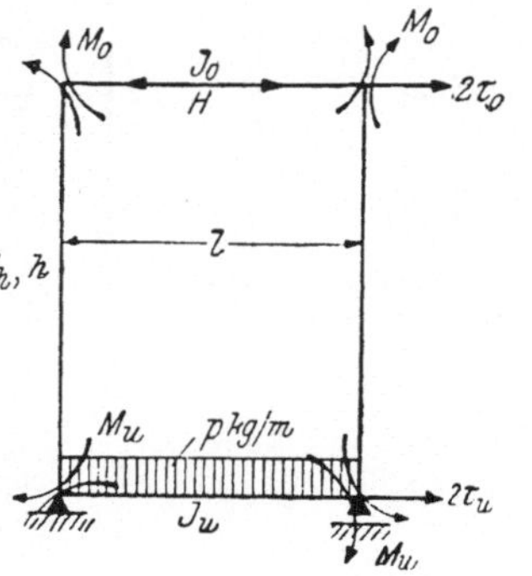

Abb. 65

4. *Zweigelenkrahmen nach Abb. 66; Riegelbelastung p kg/m. Anzugeben
ist der Horizontalschub H.*
Allgemein gilt:

$$M + H\,h = 0.$$

Für die in den oberen Rahmenecken angreifenden elastischen Gewichte
gilt: $\tau = 0$, wobei:

$$\tau = \frac{h}{3\,EJ_h}\,M + \frac{l}{6\,EJ_l}\,3\,M + \frac{p\,l^3}{24\,EJ_l} = 0.$$

Daraus mit: $\mu = \left(\dfrac{h}{l}\right)\left(\dfrac{J_i}{J_h}\right)$, $\nu = (3 + 2\,\mu)$:

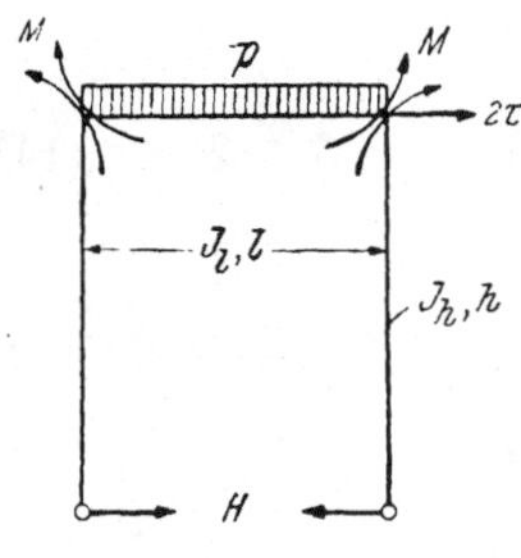

Abb. 66

$$M = -\frac{p\,l^2}{4\,\nu}$$

$$H = +\frac{p\,l^2}{4\,\nu\,h}.$$

(143)

5. *Der Zweigelenkrahmen (Abb. 67 a) steht unter der Wirkung einer Horizontalkraft P im Abstande y vom Fußgelenk. Anzugeben sind die Gelenkreaktionen H_A und H_B.*

Die Belastung wird in eine symmetrische (Abb. 67 b) und eine polarsymmetrische (Abb. 67 c) aufgelöst; dieser entspricht statische Bestimmtheit, da in Riegelmitte weder ein Moment, noch eine Riegelkraft auftreten, sondern nur die Querkraft:

$$V = \pm P\left(\frac{y}{l}\right)$$

mit dem zugeordneten Teileckmoment: $\overline{M} = \pm\,1/2\,P\,y$ und den Fußreaktionen: $P/2$.

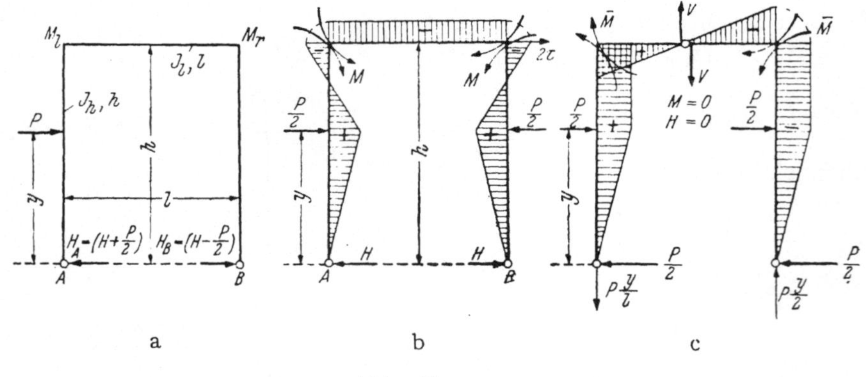

a   b   c

Abb. 67 a — c

Dem symmetrischen Kraftangriff entsprechen die Eckmomente:

$$M = \frac{P}{2}\,(h - y) - H\,h,$$

denen die elastischen Gewichte τ zugeordnet sind. Unverschieblichkeit der Auflager besteht, wenn:

$$\tau = 0 = \frac{h}{3\,EJ_h}\,M + \frac{l}{6\,EJ_l}\,3\,M - \frac{P}{2}\,\frac{y\,(h - y)\,(h + y)}{6\,EJ_h\,h}.$$

Das letzte Glied ist gemäß Gl. (16) gebildet. Mit $\eta = (y/h)$ entsteht das *Eckmoment*:

$$|M| = \frac{P}{2}\,\frac{y\,(h^2 - y^2)\,\mu}{h^2\,v} = \frac{P}{2}\,\eta\,(1 - \eta^2)\,\frac{\mu}{v}. \tag{144}$$

Entsprechend dem angenommenen Richtungssinn ist M *negativ*; der *Horizontalschub* folgt aus:

$$H = \frac{P}{2}\cdot(1 - \eta)\left[1 - \eta\,(1 + \eta)\,\frac{\mu}{v}\right] \tag{145}$$

und durch Zusammenlegung die *Gelenkreaktion*:

$$H^A_{B\}} = H \pm \frac{P}{2} = \frac{P}{2}\left\{\pm\,1 + (1 - \eta)\left[1 - \eta\,(1 + \eta)\,\frac{\mu}{v}\right]\right\} \tag{146}$$

bezw. die *Eckmomente*:

$$M^l_{r\}} = -M \pm \overline{M} = -\frac{P\,h}{2}\,\eta\left[(1 - \eta^2)\,\frac{\mu}{v} \mp 1\right]. \tag{147}$$

Greift P in Riegelhöhe an ($\eta = 1$), so wird $M = 0$, $\overline{M} = \pm\,\dfrac{P\,h}{2}$, $H = 0$;

endlich: $H_A = \dfrac{P}{2}$, $H_B = -\dfrac{P}{2}$

6. *Der horizontale Riegel eines einhüftigen Rahmens mit gelenkigen An-schlüssen (Abb. 68) ist mit p kg/m belastet. Gefragt ist der Horizontalschub.* Der Drehsinn des Eckmomentes M wird so gewählt, daß die Endverdrehungen durch dieses und durch die Belastung p sich summieren. Nun besteht:

$$M = -H\,h$$

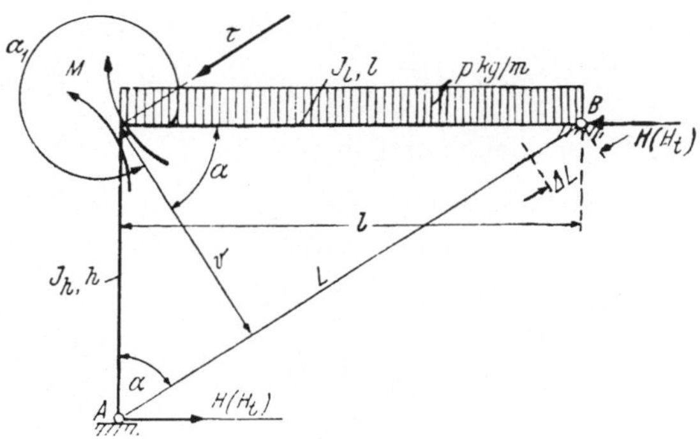

Abb. 68

Elastisches Gewicht:

$$\tau = \frac{h}{3\,EJ_h}\,M + \frac{l}{3\,EJ_l}\,M + \frac{p\,l^3}{24\,EJ_l} = M\,(1 + \mu)\,\frac{l}{3\,EJ_l} + \frac{p\,l^3}{24\,EJ_l}.$$

Man bezieht mit Vorteil die Untersuchung auf die Verbindungslinie $\overline{AB} = L$. Soll L unverändert bleiben, so muß bestehen, wenn τ parallel zu $\overline{AB}$ wirkt: $\tau\,v = 0$, also wieder $\tau = 0$. Daher:

$$M = -\frac{p\,l^2}{8\,(1+\mu)},$$

$$H = \frac{p\,l^2}{8\,h\,(1+\mu)}.$$

(148)

7. *Der obgenannte Rahmen unterliege einer Wärmewirkung von $\pm\,t^0$; der Horizontalschub H_t ist bei Vernachlässigung des Einflusses der Normalkräfte anzugeben.* (ε = Wärmedehnzahl.)

Die Freimachung des Gelenkes B hat eine Verlängerung von L um $\pm\,\varepsilon\,t\,L = \varDelta\,L$ zur Folge; elastisches Gewicht:

$$\tau_t = \left(\frac{h}{3\,EJ_h} + \frac{l}{3\,EJ_l}\right) M_t = M_t\,(1+\mu)\,\frac{l}{3\,EJ_l},$$

wobei: $M_t = -\,H_t\,h$; bestehende Unverschieblichkeit der Gelenke vorausgesetzt, hat man:

$$v\,\tau_t \pm \varepsilon\,t\,L = 0.$$

Setzt man: $L \cos a = h$, $v = h \sin a$, $l = h\,\mathrm{tg}\,a$, so findet sich:

$$H_t = \mp\,\frac{3\,E\,\varepsilon\,t\,J_l}{(1+\mu)\,h^2 \sin^2 a}.$$

(149)

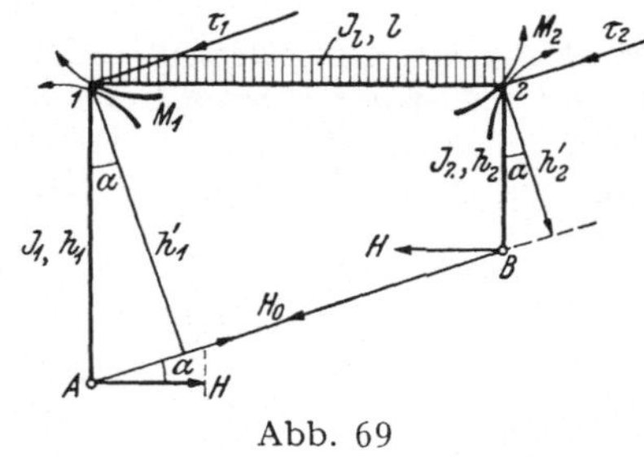

Abb. 69

8. *Zweigelenkrahmen mit verschieden hohen Stielen;* (*Abb. 69*), *Riegelbelastung* p kg/m. *Gefragt der Horizontalschub H.*

Momente:

$$M_1 = -\,H_0\,h_1' = -\,H\,h_1,$$
$$M_2 = -\,H_0\,h_2' = -\,H\,h_2$$

Horizontalschub:

$$H = H_0 \cos a.$$

Unverschieblichkeit der Gelenkstellen:

$$\tau_1\,h_1' + \tau_2\,h_2' = \tau_1\,h_1 \cos a + \tau_2\,h_2 \cos a = 0,$$
$$\tau_1\,h_1 + \tau_2\,h_2 = 0$$

(a)

Größe der elastischen Gewichte ($\|$ zu $\overline{AB}$):

$$\tau_1 = \frac{h_1}{3\,EJ_1}\,M_1 + \frac{l}{6\,EJ_l}\,(2\,M_1 + M_2) + \frac{p\,l^3}{24\,EJ_l},$$

$$\tau_2 = \frac{l}{6\,EJ_l}\,(2\,M_2 + M_1) + \frac{h_2}{3\,EJ_2}\,M_2 + \frac{p\,l^3}{24\,EJ_l}.$$

Mit: $\mu_1 = \left(\frac{h_1}{l}\right)\left(\frac{J_l}{J_1}\right)$, $\mu_2 = \left(\frac{h_2}{l}\right)\left(\frac{J_l}{J_2}\right)$

findet man für den Horizontalschub aus Gl. (a):

$$H = \frac{p\,l^2}{8}\,\frac{(h_1 + h_2)}{[(1+\mu_1)\,h_1^2 + (1+\mu_2)\,h_2^2 + h_1\,h_2]}$$

(150)

Durch Sonderwertung erhält man Gl. (143), bezw. (148).

9. *Rahmen mit fester Fußeinspannung (Abb. 70) Riegel mit p kg/m belastet. Zu berechnen sind die Fuß- und Kopfmomente, sowie der Horizontalschub.*

In den oberen Knoten wirken die Gewichte τ_0, in den Ständerfüßen τ_u. Unverschieblichkeit ist gegeben für $\tau_0 = 0$, feste Fußeinspannung für $\tau_u = 0$. Ersichtlich ist:

$$M_u - H\,h = M_0$$

ferner: $\tau_u = 0 = \dfrac{h}{3\,EJ_h}\,(2\,M_u + M_0)$

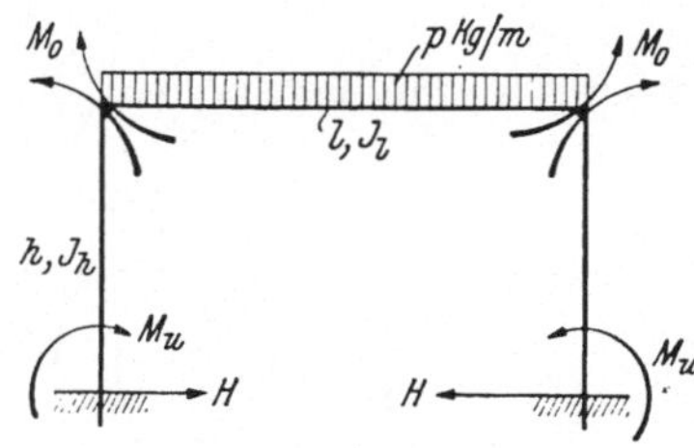

Abb. 70

Daraus:

$$M_u = -\frac{1}{2}\,M_0,$$

so daß:

$$M_u = \frac{H\,h}{3}, \qquad M_0 = -\frac{2\,H\,h}{3}.$$

In den Riegelecken wirkt das elastische Gewicht:

$$\tau_0 = \frac{h}{6\,EJ_h}\,(2\,M_0 + M_u) + \frac{l}{6\,EJ_l}\,(2\,M_0 + M_0) + \frac{p\,l^3}{24\,EJ_l}$$

Aus der Bedingung $\tau_0 = 0$ ergeben sich:

$$H = \frac{p\,l^2}{4\,h\,(2 + \mu)}$$

$$M_u = \frac{p\,l^2}{12\,(2 + \mu)} \qquad (151)$$

$$M_0 = -\frac{p\,l^2}{6\,(2 + \mu)}.$$

10. *Zweigelenkrahmen mit Zugband in Ständermitte (Abb. 71). Riegelbelastung p kg/m. Gefragt ist die im Zugband auftretende Kraft Z.*

α) Unter der Annahme, daß kein Zugband vorhanden ist ($Z = 0$), entsteht ein Zweigelenkrahmen, (linke Hälfte). Lt. Gl. (143) gilt:

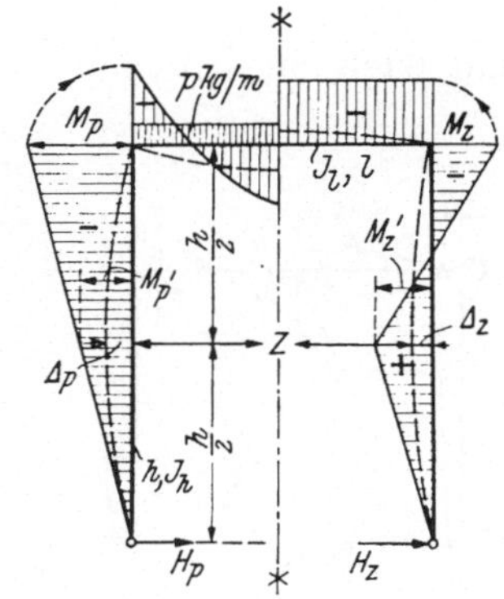

Abb. 71

$$M_p = -\frac{p\,l^2}{4\,\nu}, \qquad H_p = \frac{p\,l^2}{4\,h\,\nu}.$$

Ferner in Zugbandhöhe: $M_p' = -1/2\,M_p$ und das elastische Gewicht:

$$\tau = \frac{\left(\dfrac{h}{2}\right)}{3\,EJ_h}\,M_p' + \frac{\left(\dfrac{h}{2}\right)}{6\,EJ_h}\,(2\,M_p' + M_p) = -\frac{M_p\,h}{4\,EJ_h}.$$

Die Ausbiegung nach Gl. (6) beträgt:

$$\Delta_p = \frac{\left(\dfrac{h}{2}\right)\left(\dfrac{h}{2}\right)}{h}\,\tau = \frac{h}{4}\,\tau = -\frac{M_p\,h^2}{16\,EJ_h}.$$

β) Riegel unbelastet ($p = 0$) (Abb. 71) rechte Hälfte; das Zugband sei durch Z gespannt; hiedurch wird ein Horizontalschub H_Z geweckt; dessen Größe folgt aus Gl. (146), wenn $P/2 = Z$ und $\eta = \frac{1}{2}$ gesetzt werden:

$$H_Z = \frac{Z}{2}\left(1 - \frac{3\,\mu}{4\,\nu}\right)$$

Kopfmoment:

$$M_Z = H_Z\,h - Z\,\frac{h}{2} = -\frac{3}{8}\left(\frac{\mu}{\nu}\right)h\,Z$$

Moment in Zugbandhöhe:

$$M_Z' = H_Z\,\frac{h}{2} = \frac{Z\,h}{4}\left(1 - \frac{3\,\mu}{4\,\nu}\right)$$

Daselbst das elastische Gewicht:

$$\tau_Z = \frac{\left(\frac{h}{2}\right)}{3\,E J_h}\,M_Z' + \frac{\left(\frac{h}{2}\right)}{6\,E J_h}\,(2\,M_Z' + M_Z) = \frac{h}{12\,E J_h}\,(4\,M_Z' + M_Z)$$

Der Ständer biegt sich um $\varDelta_z$ nach innen; man findet wie oben:

$$\varDelta_Z = \frac{h}{4}\,\tau_Z = \frac{h^2\,(4\,M_Z' + M_Z)}{48\,E J_h}$$

Unter Vernachlässigung der Zugbandverlängerung muß bestehen:

$$|\varDelta_p| = |\varDelta_Z|$$

und nach Substitution:

$$3\,M_p = 4\,M_Z' + M_Z$$

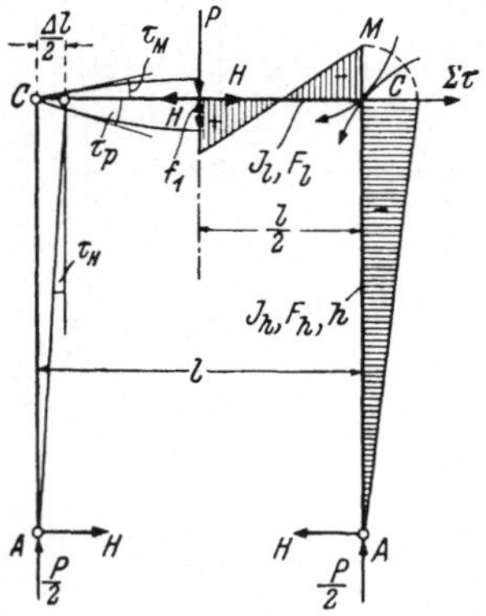

bezw.

$$\frac{3\,p\,l^2}{4\,\nu} = 4\,\frac{Z\,h}{4}\left(1 - \frac{3\,\mu}{4\,\nu}\right) - \frac{3\,\mu\,h}{8\,\nu}\,Z.$$

Sohin die gesuchte Zugkraft:

$$Z = \frac{6\,p\,l^2}{(8\,\nu - 9\,\mu)\,h} = \frac{6\,p\,l^2}{(24 + 7\,\mu)\,h} \qquad (152)$$

in Übereinstimmung mit dem Ergebnis des der Quelle *[1]* entnommenen Beispieles.

11. *Zweigelenkrahmen durch P in Riegelmitte (Abb. 72) belastet. Die Durchbiegung daselbst und der Horizontalschub unter Berücksichtigung des Einflusses der Normalkräfte sind anzugeben. [20].*

Abb. 72

Infolge der Riegelkraft H verkürzt sich die Riegellänge l um:

$$\varDelta l = \frac{H\,l}{E\,F_l},$$

$F_l =$ Querschnittsfläche; bei gelöstem Knoten C verdrehen sich die Ständer um je:

$$\tau_H = \frac{\varDelta l}{2\,h} = \frac{H\,l}{2\,E\,F_l\,h}.$$

Vom Kopfmoment $M = - H h$ entsteht in C das elastische Gewicht:

$$\tau_M = \frac{h}{3\,EJ_h}\,M + \frac{l}{6\,EJ_l}\,3\,M = -\frac{H\,h^2}{2\,EJ_h} - \frac{H\,h\,l}{2\,EJ_l}$$

und durch die Last P, Gl. (12′), bei freigemachtem Riegel:

$$\tau_P = \frac{P\,l^2}{16\,EJ_l}$$

τ_H und τ_M vergrößern, τ_P verkleinert den Knotenwinkel C; die Erhaltung der Rahmenstützweite „l" ist erfüllt, wenn:

$$\Sigma\,\tau = \tau_H + \tau_M - \tau_P = 0$$

oder:

$$\frac{H\,l}{2\,EF_l\,h} + \frac{H\,h^2}{3\,EJ_h} + \frac{H\,h\,l}{2\,EJ_l} - \frac{P\,l^2}{16\,EJ_l}\,.$$

Setzt man: $r_1 = 1 + \dfrac{2}{3}\,\mu + \dfrac{J_l}{F_l\,h^2}$

und mit: $\dfrac{J_l}{F_l} = i_l^2$ (Trägheitsradius), $\dfrac{i_l}{h} = \lambda$ (Schlankheit):

$$r_1 = 1 + \frac{2}{3}\,\mu + \lambda^2\,,$$

findet man:

$$H = \frac{P\,l}{8\,h\,r_1}\,,$$

$$M = -\frac{P\,l}{8\,r_1}\,. \tag{153}$$

Durchbiegung unter dem Lastangriff.
Die Riegelmitte des freigelagert gedachten Trägers senkt sich um:

$$f_1 = \frac{P\,l^3}{48\,EJ_l}\,.$$

Die Endmomente M bewirken daselbst eine Hebung:

$$f_2 = \frac{M\,l^2}{48\,E\,J_l} = -\frac{P\,l^3}{64\,EJ_l\,r_1}\,,$$

endlich entsteht in $l/2$ durch $P/2$ infolge Verkürzung der Ständer eine Senkung: $f_3 = \dfrac{P\,h}{2\,F_h\,E}\,.$

Somit die totale Senkung:

$$f_{tot} = \frac{P\,l^3}{48\,EJ_l}\left(1 - \frac{3}{4\,r_1}\right) + \frac{P\,h}{2\,E\,F_h}\,. \tag{154}$$

Im allgemeinen darf der Einfluß der Normalkräfte vernachlässigt werden.

12. *Horizontalschub eines gelenkig gelagerten Vieleckrahmens (Abb. 73) unter beliebigem Lastangriff.*
Vorerst wird bei beweglicher Lagerung in B ($H = 0$) und für den *tatsächlichen* Kraftangriff die Verlängerung $\Delta\,l_0$ der Stützweite l bestimmt,

sodann für.den Zustand $H = -1$ die Verkürzung Δl_1; die Erhaltung der Stützweite erfordert:

$$\Delta l_0 - H \Delta l_1 = 0$$

Daraus:

$$H = \frac{\Delta l_0}{\Delta l_1}.\qquad (a)$$

Der Zähler ist durch Gl. (137) gegeben. Sind $(n-1)$ Knoten vorhanden, so gilt:

$$\Delta l_0 = \sum_1^{n-1} \tau_m\, y_m + \sum_1^n \frac{\sigma_m}{E}\, s_m \cos \psi_m \pm \varepsilon\, t\, l.$$

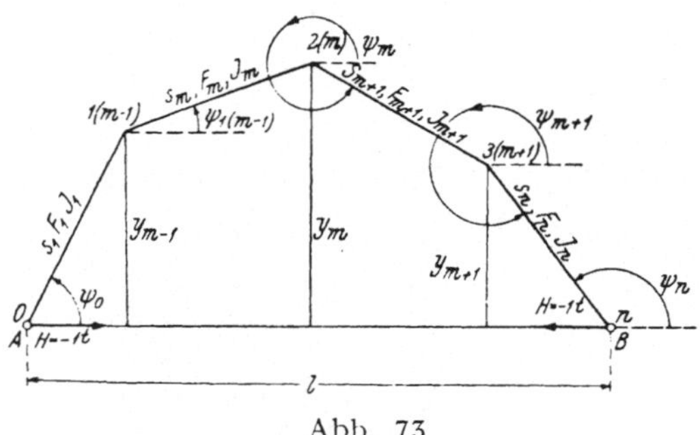

Abb. 73

Der Nenner ergibt sich für $|H| = 1$; die elastischen Gewichte werden mit $\overline{\tau}_m$, die Normalspannungen mit $\overline{\sigma}_m$ bezeichnet; es ist dann:

$$\Delta l_1 = \sum_1^{n-1} \overline{\tau}_m\, y_m + \sum_1^n \frac{\overline{\sigma}_m}{E}\, s_m \cos \psi_m$$

Normalkraft: $N_m = 1 \cos \psi_m$, daher: $|\overline{\sigma}_m| = \dfrac{\overline{N}_m}{F_m} = \dfrac{\cos \psi_m}{F_m}$,

so daß:

$$\frac{\overline{\sigma}_m}{E}\, s_m \cos \psi_m = \frac{s_m \cos^2 \psi_m}{E\, F_m}.$$

Die Summe darf angenähert durch: l/EF' ersetzt werden, wenn F' einen mittleren Querschnitt darstellt. Im übrigen ist der Einfluß dieses Gliedes gering und wird meistens vernachlässigt; Gl. (a) lautet nunmehr:

$$H = \frac{\displaystyle\sum_1^{n-1} \tau_m\, y_m + \sum_1^n \frac{\sigma_m}{E}\, s_m \cos \psi_m \pm \varepsilon\, t\, l}{\displaystyle\sum_1^{n-1} \overline{\tau}_m\, y_m + \frac{l}{EF'}}.\qquad (155)$$

Liegt beispielsweise ein Rahmen mit drei Knoten vor, so findet sich für $|H| = 1\,\mathrm{t}$, wenn die Knoten die Ordinaten y_1, y_2 und y_3 haben:

$$|\overline{M}_1| = y_1, \quad |\overline{M}_2| = y_2, \quad |\overline{M}_3| = y_3.$$

Die elastischen Gewichte betragen:

$$\overline{\tau}_1 = \frac{s_1}{3\,EJ_1}\,\overline{M}_1 + \frac{s_2}{6\,EJ_2}\,(2\,\overline{M}_1 + \overline{M}_2) = \frac{s_1\,y_1}{3\,EJ_1} + \frac{s_2}{6\,EJ_2}\,(2\,y_1 + y_2),$$

$$\overline{\tau}_2 = \frac{s_2}{6\,EJ_2}\,(2\,\overline{M}_2 + \overline{M}_1) + \frac{s_3}{6\,EJ_3}\,(2\,\overline{M}_2 + \overline{M}_3) =$$

$$= \frac{s_2}{6\,EJ_2}\,(2\,y_2 + y_1) + \frac{s_3}{6\,EJ_3}\,(2\,y_2 + y_3),$$

$$\overline{\tau}_3 = \frac{s_3}{6\,EJ_3}\,(2\,\overline{M}_3 + \overline{M}_2) + \frac{s_4}{3\,EJ_4}\,\overline{M}_3 = \frac{s_3}{6\,EJ_3}\,(2\,y_3 + y_2) + \frac{s_4\,y_3}{3\,EJ_4}$$

Nennerglied, Gl. (155):

$$\sum_1^{n-1} \overline{\tau}_m\,y_m = \sum_1^{3} \overline{\tau}_m\,y_m = \frac{s_1\,y_1^2}{3\,EJ_1} + \frac{s_2}{3\,EJ_2}\,[(y_1 + y_2)^2 - y_1\,y_2] +$$

$$+ \frac{s_3}{3\,EJ_3}\,[(y_2 + y_3)^2 - y_2\,y_3] + \frac{s_4\,y_3^2}{3\,EJ_4}. \tag{155'}$$

Für den Fall, daß der Rahmen symmetrisch gestaltet ist, also: $s_1 = s_4$, $s_2 = s_3$, $y_1 = y_3$ und $J_1 = J_4$, $J_2 = J_3$, entsteht:

$$\sum_1^{3} \overline{\tau}_m\,y_m = \frac{2}{3}\left\{\frac{s_1\,y_1^2}{EJ_1} + \frac{s_2}{EJ_2}\,[(y_1 + y_2)^2 - y_1\,y_2]\right\}. \tag{155''}$$

X. Berechnung von Tragwerksverschiebungen mit Hilfe des Sehnensatzes.

Die einer vorgegebenen Belastung zugeordnete Momentenlinie liegt vor; Gelenk am Orte „S“ der zu suchenden Deformationen (Abb. 74).
Zufolge irgend einer Belastung gelangt S nach S_1; hiebei hat sich die Sehne $\overline{AS} = \lambda_l$ um $\Delta \lambda_l$ und $\overline{BS} = \lambda_r$ um $\Delta \lambda_r$ verkürzt; die vertikale Scheitelsenkung beträgt $\overline{SS_2} = f$, die horizontale Verschiebung $\overline{S_2S_1} = \Delta$.
Mit den Bezeichnungen der Abb. (74) und da: $\overline{1\,S_1} = a \perp \overline{A\,S}$, bezw.
$\overline{2\,S_1} = b \perp \overline{B\,S}$, besteht $(a = \overline{1\,S_1},\ b = \overline{2\,S_1})$:

$$f = \Delta \lambda_l \sin \alpha + a \cos \alpha = \Delta \lambda_r \sin \beta + b \cos \beta \tag{156}$$

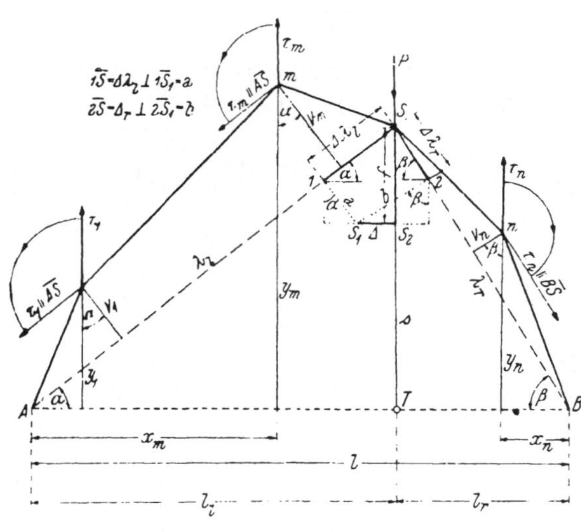

Abb. 74

Daher:

$$\Delta \lambda_l \sin \alpha - \Delta \lambda_r \sin \beta = b \cos \beta - a \cos \alpha \tag{156'}$$

ferner:

$$\Delta \lambda_l \cos \alpha + \Delta \lambda_r \cos \beta = b \sin \beta + a \sin \alpha. \tag{157}$$

Wird Gl. (156') mit $\sin \alpha$, Gl. (157) mit $\cos \alpha$ multipliziert, so ergibt sich durch Addition und Reduktion:

$$b = \frac{\Delta \lambda_l + \Delta \lambda_r \cos (\alpha + \beta)}{\sin (\alpha + \beta)}. \tag{158}$$

Damit aus Gl. (156) die *Scheitelsenkung*:

$$f = \frac{\varDelta \,\lambda_l \cos \beta + \varDelta \,\lambda_r \cos \alpha}{\sin (\alpha + \beta)} \qquad (159)$$

Horizontale Verschiebung:

$$\varDelta = b \sin \beta - \varDelta \,\lambda_r \cos \beta$$

und mit obigem „b" folgt:

$$\varDelta = \frac{\varDelta \,\lambda_l \sin \beta - \varDelta \,\lambda_r \sin \alpha}{\sin (\alpha + \beta)}. \qquad (160)$$

Bei positivem Zähler verschiebt sich der Lastangriffspunkt S nach links, sonst nach rechts; er bleibt in Ruhe, wenn der Zähler in Null übergeht.

Ersichtlich gilt:

$$\varDelta \,\lambda_l = \varSigma \,\tau_m \,v_m, \quad \varDelta \,\lambda_r = \varSigma \,\tau_n \,v_n \qquad (161)$$

wobei die Bedeutung von v_m und v_n der Abbildung zu entnehmen ist. Es empfiehlt sich, die v-Werte durch Koordinaten festzulegen.

$$\varDelta \,\lambda_l = \varSigma \,\tau_m \,(y_m \cos \alpha - x_m \sin \alpha)$$
$$\varDelta \,\lambda_r = \varSigma \,\tau_n \,(y_n \cos \beta - x_n \sin \beta). \qquad (161')$$

Diese Formeln gelten für beliebige Belastung und Veränderlichkeit der Trägheitsmomente.

Beispiele.

1. *Der Zweigelenkrahmen (Abb. 75) ist im mittig angeordneten Gelenk S durch P ergriffen. $J =$ konst. Gefragt f und $\varDelta$.*

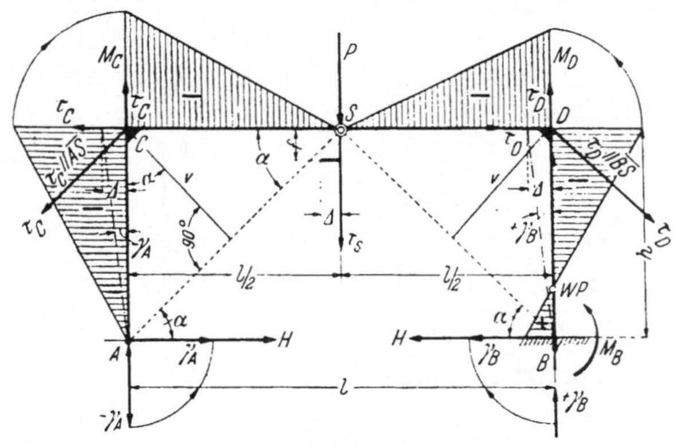

Abb. 75

Das System ist einfach statisch unbestimmt. Die Rechnung liefert mit:
$$v = (8 + h/l)$$

Fußmoment:
$$M_B = \frac{P\,l}{2\,v}$$

Auflagerdrücke:
$$A = \frac{P\,(v+1)}{2\,v}, \quad B = \frac{P\,(v-1)}{2\,v}$$

Eckmomente:

$$M_C = -\frac{P l}{4}\left(\frac{v+1}{v}\right), \quad M_D = -\frac{P l}{4}\left(\frac{v-1}{v}\right)$$

Horizontalschub:

$$H = \frac{P l}{4 h}\left(\frac{v+1}{v}\right)$$

Senkung des Gelenkes „S".   Gl. (159) lautet $(\alpha = \beta)$:

$$f = \frac{\Delta \lambda_l + \Delta \lambda_r}{2 \sin \alpha}$$

und geht über wegen:

$$\Delta \lambda_l = \tau_C\, v = \tau_C \frac{l}{2}\sin \alpha, \quad \Delta \lambda_r = \tau_D\, v = \tau_D \frac{l}{2}\sin \alpha$$

in:

$$f = \frac{l}{4}\left(\tau_C + \tau_D\right)$$

Elastische Gewichte:

$$\tau_C = \frac{h}{6\,E J}\, 2\,M_C + \frac{\frac{l}{2}}{6\,E J}\, 2\,M_C = -\frac{P l\,(2h+l)}{24\,E J}\,\frac{v+1}{v}$$

$$\tau_D = \frac{h}{6\,E J}\,(2\,M_D + M_B) + \frac{\frac{l}{2}}{6\,E J}\, 2\,M_D = -\frac{P l}{24\,E J}\left[(2h+l) - \frac{(4h+l)}{v}\right].$$

Dies berücksichtigt, ergibt sich unter Vernachlässigung der Verkürzung der Ständer durch die Belastung P:

$$f = \frac{P l^3}{48\,E J}\left[1 + 2\frac{h}{l} - \frac{h}{l}\frac{1}{v}\right]$$

Verschiebung des Gelenkes „S".   Gl. (160) vereinfacht sich zu:

$$\Delta = \frac{\Delta \lambda_l - \Delta \lambda_r}{2\cos \alpha} = \frac{l}{4}(\tau_C - \tau_D)\,\operatorname{tg}\alpha = \frac{h}{2}(\tau_C - \tau_D)$$

und ergibt durch Sonderwertung:

$$\Delta = \frac{P l^2 h}{24\,E J\, v}\left(1 + 3\frac{h}{l}\right).$$

Da $\tau_C > \tau_D$, bezw. $\Delta \lambda_l > \Delta \lambda_r$, verschiebt sich der Lastpunkt „S" nach links.

Dieselben Ergebnisse liefert das BPV. Elastisches Gelenkgewicht:

$$\tau_S = (\tau_C + \tau_D)$$

Demnach wieder:

$$f = \frac{\frac{l}{2}\frac{l}{2}}{l}\,\tau_S = \frac{l}{4}(\tau_C + \tau_D).$$

Aus: $\gamma_A\, l + \tau_C\, l - \tau_S\, \dfrac{l}{2} = 0$

folgt der elastische Auflagerdruck:

$$\gamma_A = -\,\frac{\tau_C - \tau_D}{2}\,.$$

Sohin nach Drehung von γ_A um 90^0, wie oben:

$$\varDelta = -\,\gamma_A\, h = \frac{h}{2}\,(\tau_C - \tau_D).$$

2. *Eingelenkrahmen, gestaltet und belastet gemäß Abb. 76. Gefragt werden f und $\varDelta$. $J=konstant$.*
Das System ist zweifach statisch unbestimmt. Durch Rechnung wurde mit den Abkürzungen:

$$\mu = \left(\frac{h}{l}\right),$$

$$\nu = (3 + 26\,\mu + 15\,\mu^2)$$

gefunden:

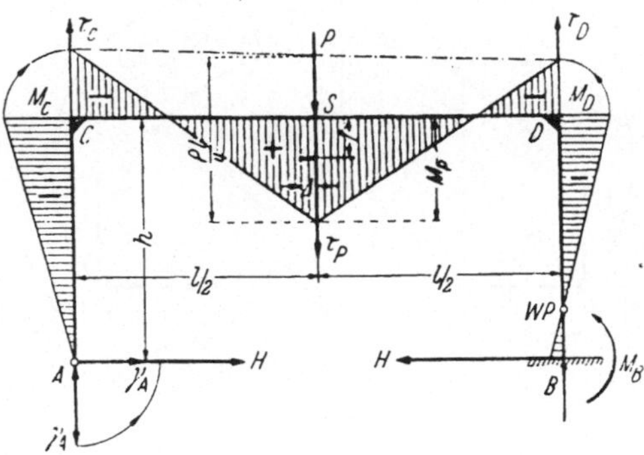

Abb. 76

Auflagerdrücke: $A = \dfrac{P}{4}\left(2 + \dfrac{3\,\mu}{\nu}\right)$ $B = \dfrac{P}{4}\left(2 - \dfrac{3\,\mu}{\nu}\right)$

Horizontalschub: $H = \dfrac{3\,P\,(1 + 9\,\mu)}{8\,\mu\,\nu}$

Fußmoment: $M_B = \dfrac{3\,P\,h}{4\,\nu}$

Eckmomente: $M_C = -\,\dfrac{3\,P\,l\,(1 + 9\,\mu)}{8\,\nu}$, $M_D = -\,\dfrac{3\,P\,l\,(1 + 7\,\mu)}{8\,\nu}$

Feldmoment in Riegelmitte: $M_P = \dfrac{P\,l}{8}\left[2 - \dfrac{3\,(1 + 8\,\mu)}{\nu}\right]$

Elastische Gewichte: $\tau_C = -\,\dfrac{P\,l^2}{96\,EJ}\left[1 + \dfrac{3\,\mu\,(4 + 21\,\mu)}{\nu}\right]$,

$$\tau_D = -\,\frac{P\,l^2}{96\,EJ}\left(1 + \frac{27\,\mu^2}{\nu}\right), \quad \tau_P = \frac{P\,l^2}{48\,EJ}\left[1 + \frac{3\,\mu\,(2 + 15\,\mu)}{\nu}\right]$$

Durchbiegung nach dem BPV:

$$f = \frac{l}{4}\,\tau_P = \frac{P\,l^3}{192\,EJ}\left[1 + \frac{3\,\mu\,(2 + 15\,\mu)}{\nu}\right]$$

Elastischer Auflagerdruck in A (abwärts wirkend):

$$\gamma_A = \tau_C - \frac{1}{2}\,\tau_P = \frac{P\,l^2\,\mu\,(1 + 3\,\mu)}{16\,EJ\,\nu}$$

Verschiebung:

$$\varDelta = -\gamma_A\, h = -\frac{P\, l^2\, h\, \mu\,(1+3\,\mu)}{16\, EJ\, \nu} = -\frac{P\, h^3\,(1+3\,\mu)}{16\, EJ\, \nu\, \mu},$$

wobei γ_A, nach innen wirkend, negativ in Rechnung gestellt wurde. Das (—) besagt, daß die Verschiebung entgegengesetzt zu γ_A sich vollzieht.

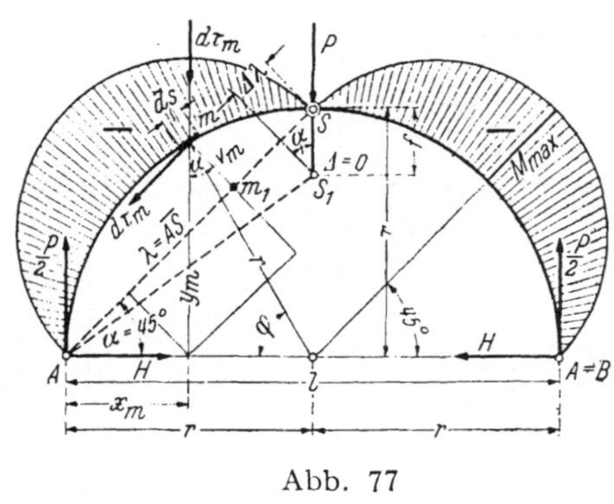

Abb. 77

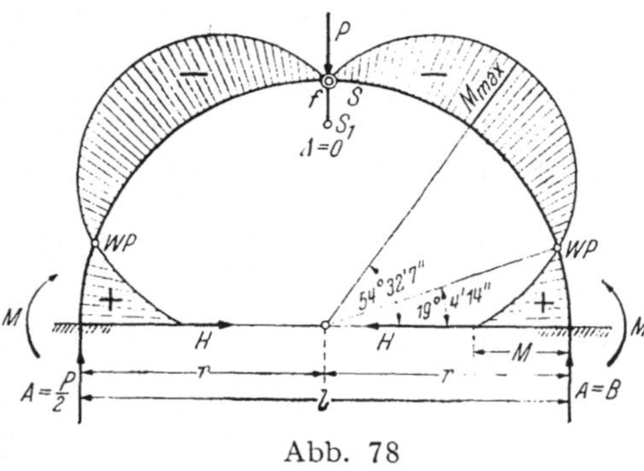

Abb. 78

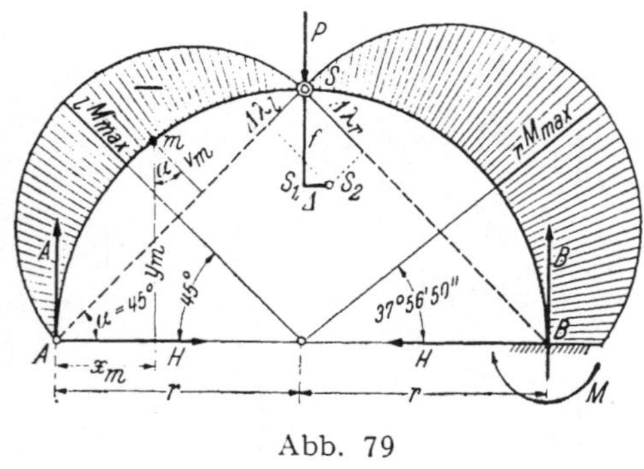

Abb. 79

3. Halbkreisbogenträger.
($J = konst.$)

Die statischen Grundlagen für die in den Abb. 77 bis 82 dargestellten, durch P im Scheitel S belasteten Tragwerke sind in Tab. 18 zusammengestellt, ebenso die Formeln für die Scheitel-Verschiebungen „f“ und „$\varDelta$“. Deren Ableitung wurde nur auf jene in den Abb. 77, 79 und 82 beschränkt. Die Wirkung der Normalkräfte blieb unberücksichtigt.

a) *Der Dreigelenkbogen, Abb. 77.*
Zufolge Symmetrie ist: $\varDelta\,\lambda_l = \varDelta\,\lambda_r = \varDelta\lambda$, $\alpha = \beta = 45^0$; $\varDelta = 0$.
Scheitelsenkung, Gl. (159′):

$$f = \frac{\varDelta\,\lambda}{\sin\alpha}$$

In „m“ besteht ($H = P/2$):

$$M_m = -\frac{P}{2}\,(y_m - x_m);$$

$$d\tau_m = \frac{M_m\, ds}{EJ_m} =$$

$$-\frac{P}{2\, EJ}\,(y_m - x_m)\, ds$$

Sehnenverkürzung in m_1:

$$d\lambda_m = v_m\, d\tau_m = (y_m - x_m)\sin\alpha\, d\tau_m$$

Daher mit $\varDelta\,\lambda = \int d\,\lambda_m$

$$f = \frac{P}{2\, EJ}\int (y_m - x_m)^2\, ds + C$$

Das (—) Vorzeichen wurde unterdrückt; es erscheint durch die Richtung von $d\tau_m \parallel \overline{AS}$ berücksichtigt; die Integration hat sich über eine Bogenhälfte zu erstrecken. Mit den Polarkoordinaten:

$$x_m = r\,(1 - \cos\varphi),\quad y_m = r\sin\varphi,\quad ds = r\, d\varphi.$$

entsteht:

$$f = \frac{P\,r^3}{2\,EJ} \int_0^{\frac{\pi}{2}} [\sin \varphi - (1 - \cos \varphi)]^2 \, d\varphi$$

und durch Auswertung:

$$f = \frac{P\,r^3}{EJ} \cdot \frac{\pi - 3}{2} = 0{\cdot}0708 \, \frac{P\,r^3}{EJ}\,.$$

Der Verlauf der durchwegs (—) Momente ist der Abb. 77 zu entnehmen. Die Lage von M_{max} ist durch den Winkel 45^0 festgelegt.

b) *Kreisbogenträger mit Scheitelgelenk, links gelenkig, rechts eingespannt gelagert*, (*Abb. 79*). Mit den Angaben der Tab. 18 entsteht

links vom Scheitel: $\quad {}_l M_m = A\,x_m - H\,y_m = P/2\,(1 - \varrho)\,(x_m - y_m)$

rechts vom Scheitel: $\quad {}_r M_n = B\,x_n - H\,y_n - M = P/2\,(1 + \varrho)\,x_n - $
$$- P/2\,(1 - \varrho)\,y_n - P\,r\,\varrho.$$

Sie fallen durchwegs (—) aus; ihre Größtwerte sind durch die Winkel von 45^0 (links), bezw. $37^0 56' 50''$ (rechts) festgelegt.

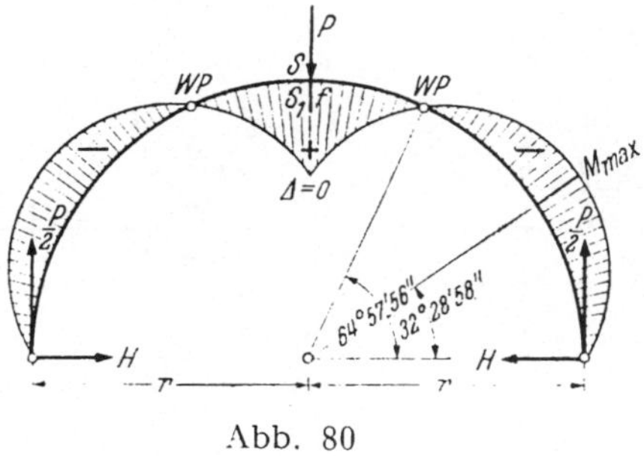

$$\Lambda\,\lambda = \int d\lambda = \int v\,d\tau = \frac{1}{EJ} \int M\,v\,ds =$$

$$= \frac{\sin \alpha}{EJ} \int M\,(x - y)\,ds$$

und im besonderen für die Sehnenverkürzung links vom Scheitel:

$$\Delta\,\lambda_l = \int d\lambda_l = -\frac{P}{2}\,(1 - \varrho)\,\frac{\sin \alpha}{EJ} \int (y_m - x_m)^2\,ds\,.$$

Abb. 80

Nach Einführung der Polarkoordinaten und Integration zwischen den Grenzen $(0 - \pi/2)$ ergibt sich:

$$\Delta\,\lambda_l = -\frac{P\,r^3}{2\,EJ}\,(1 - \varrho)\,(\pi - 3)\,\sin \alpha$$

In ähnlicher Weise findet sich:

$$\Delta\,\lambda_r =$$
$$-\frac{P\,r^3}{2\,EJ}\left[(\pi - 3) + \frac{\varrho}{2}\,(4 - \pi)\right]\sin \alpha\,.$$

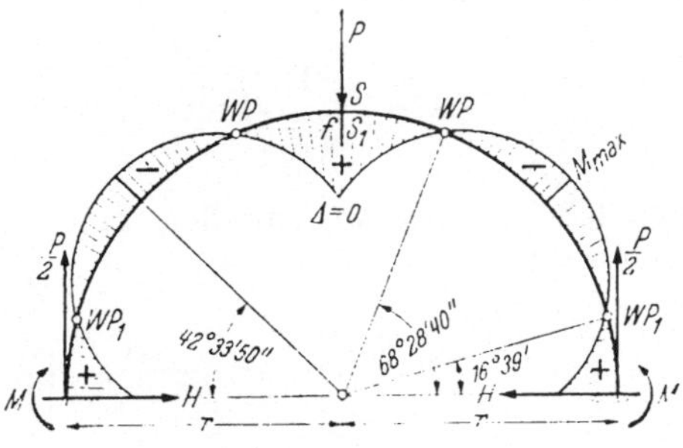

Abb. 81

Für die Bestimmung von f und Δ kommen die Absolutwerte in Betracht; da ersichtlich $\Delta\,\lambda_r > \Delta\,\lambda_l$, verschiebt sich der Scheitel S nach rechts [in der Abb. sind die Deformationsgrößen stark vergrößert verzeichnet]. Gl. (159) geht mit $\alpha = \beta$ über in:

$$f = \frac{|\Delta\,\lambda_l| + |\Delta\,\lambda_r|}{2\sin \alpha}\,.$$

Die Ausrechnung liefert die *Scheitelsenkung*:

$$f = \frac{P\,r^3}{2\,EJ}\left[(\pi - 3) + \varrho^2\,(\pi - 2)\right] \approx 0{\cdot}0775\,\frac{P\,r^3}{EJ}$$

Scheitelverschiebung. Sie ist gegeben durch:

$$\varDelta = \frac{|\varDelta\,\lambda_r| - |\varDelta\,\lambda_l|}{2\cos\alpha}$$

und wegen $\alpha = 45^0$:

$$\varDelta = \frac{(\pi - 2)\,\varrho}{8}\,\frac{P\,r^3}{EJ} = 0{\cdot}01767\,\frac{P\,r^3}{EJ}\,.$$

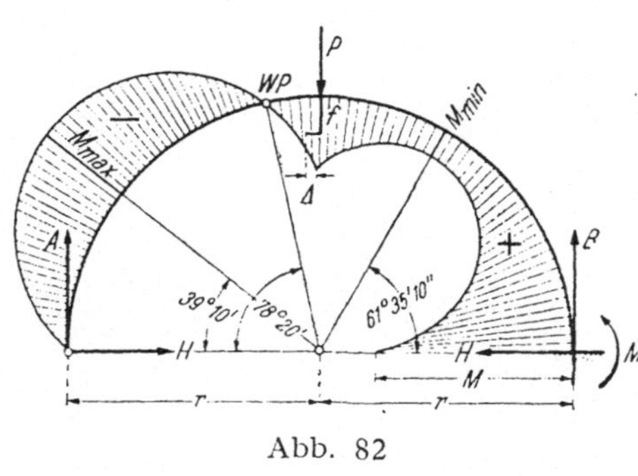

Abb. 82

c) *Wie unter b), jedoch ohne Scheitelgelenk (Abb. 82).* Das System ist zweifach statisch unbestimmt; die statischen Grundwerte sind der Tabelle zu entnehmen, der Momentenverlauf Abb. 82; das (—) M_{max} liegt unter dem Winkel von $39^0 10'$, das (+) M_{min} unter $61^0 35' 10''$; der Wendepunkt W P ($M = 0$) unter $78^0 20'$.

Scheitelsenkung ,,f". Gl. (6) ergibt für die Feldmitte und mit den Bezeichnungen der Abb. 77:

$$f = \frac{1}{2}\left(\int_0^r x_{m\,l}d\tau_m + \int_0^r x_{n\,r}d\tau_n\right).$$

Im besonderen besteht:

$$\int_0^r x_{m\,l}d\tau_m = \frac{1}{EJ}\int_0^r {}_lM_m\,x_m\,ds = \frac{1}{EJ}\int_0^r (A\,x_m - H\,y_m)\,x_m\,ds\,.$$

Nach Einführung der Tabellenwerte und mit Benützung der Polarkoordinaten findet sich:

$$\int_0^r x_{m\,l}d\tau_m = \frac{P\,r^3}{4\,EJ}\left[\frac{\pi}{2} - 2\,\varrho\,(\pi - 1)\right],$$

ferner:

$$\int_0^r x_{n\,r}d\tau_n = \frac{1}{EJ}\int_0^r (B\,x_n - H\,y_n + M)\,x_n\,ds = \frac{P\,r^3}{4\,EJ}\left[\frac{7\,\pi}{6} - \frac{2}{3}\,(5 + \varrho)\right].$$

Durch Summation folgt die Scheitelsenkung:

$$f = \frac{P\,r^3}{24\,EJ}\left[2\,\varrho\,(3\,\pi - 2) - 5\,(\pi - 2)\right] = 0{\cdot}0581\,\frac{P\,r^3}{EJ}\,.$$

Tab. 18. *Statische Grundlagen und Verschiebungsgrößen für Halbkreisbogenträger mit Scheitelbelastung (J = konst.)*

Abbildung Nr.	Scheitelgelenk vorhanden	Lagerung in A	Lagerung in B	Auflagerdruck in A $P\times$	Auflagerdruck in B $P\times$	Horizontalschub $H = P\times$	Kämpfermoment in A $\dfrac{Pr}{2}\times$	Kämpfermoment in B $\dfrac{Pr}{2}\times$	Vertikale Scheitelverschiebung $f = \dfrac{Pr^3}{EJ}\times$	Horizontale $\varDelta = \dfrac{Pr^3}{EJ}\times$	Hilfsgröße „ϱ"
77	ja	gelenkig	gelenkig	$\dfrac{1}{2}$	$\dfrac{1}{2}$	$\dfrac{1}{2}$	—	—	$\dfrac{1}{2}(\pi-3) = 0{\cdot}0708$	—	—
78	ja	fest	fest	$\dfrac{1}{2}$	$\dfrac{1}{2}$	$\dfrac{1}{3\pi-8} = 0{\cdot}7019$	$\left(\dfrac{10-3\pi}{3\pi-8}\right) = 0{\cdot}4037$	—	$\dfrac{1}{2}\left(\dfrac{\pi}{4} - \dfrac{1}{(3\pi-8)}\right) = 0{\cdot}04175$	—	—
79	nein	gelenkig	fest	$\dfrac{1}{2}(1-\varrho) = 0{\cdot}4381$	$\dfrac{1}{2}(1+\varrho) = 0{\cdot}5619$	$\dfrac{1}{2}(1-\varrho) = 0{\cdot}4381$	—	$2\varrho = 0{\cdot}2476$	$\dfrac{1}{2}[(\pi-3)+\varrho^2(\pi-2)] = 0{\cdot}0775$	$\dfrac{1}{8}\varrho(\pi-2) = 0{\cdot}01767$	$\dfrac{(10-3\pi)}{4(\pi-2)} = 0{\cdot}1238$
80	nein	gelenkig	gelenkig	$\dfrac{1}{2}$	$\dfrac{1}{2}$	$\dfrac{1}{\pi} = 0{\cdot}3183$	—	—	$\dfrac{1}{2}\left(\dfrac{3\pi}{4} - \dfrac{2\pi+1}{\pi}\right) = 0{\cdot}01895$	—	—
81	nein	fest	fest	$\dfrac{1}{2}$	$\dfrac{1}{2}$	$\left(\dfrac{4-\pi}{\pi^2-8}\right) = 0{\cdot}4591$	$\left(\dfrac{2(\pi-2)}{(\pi^2-8)} - 1\right) = 0{\cdot}2212$	—	$\dfrac{1}{2}\left(\dfrac{\pi}{4} - \dfrac{(3\pi-8)}{(\pi^2-8)}\right) = 0{\cdot}01165$	—	—
82	nein	gelenkig	fest	$\dfrac{1}{4}(1+\varrho\pi) = 0{\cdot}6054$	$\dfrac{1}{4}(3-\varrho\pi) = 0{\cdot}3946$	$\varrho = 0{\cdot}357$	—	$(\varrho\pi-1) = 0{\cdot}4216$	$\dfrac{1}{24}[2\varrho(3\pi-2)-5(\pi-2)] = 0{\cdot}0581$	$\dfrac{1}{24}[\varrho(3\pi-8) - (7-2\pi)] = 0{\cdot}0288$	$\dfrac{(8-\pi)}{(3\pi^2-16)} = 0{\cdot}357$

Verschiebung Δ. Definitionsgemäß gilt:

$$\Delta = \gamma_A\, r - \int (r - y_m)\, _l d\tau_m = -\gamma_B\, r + \int (r - y_n)\, _r d\tau_n \tag{a}$$

Daraus durch Umformung:

$$(\gamma_A + \gamma_B)\, r = r\left(\int_0^r {}_l d\tau_m + \int_0^r {}_r d\tau_n\right) - \left(\int_0^r y_m\, _l d\tau_m + \int_0^r y_n\, _r d\tau_n\right).$$

Da:

$$\int_0^r y_m\, _l d\tau_m + \int_0^r y_n\, _r d\tau_n = 0 \ \text{(Sehnengleichung)}$$

entsteht die Gleichgewichtsbedingung (Kontrolle):

$$\gamma_A + \gamma_B = \int_0^r {}_l d\tau_m + \int_0^r {}_r d\tau_n.$$

Im besonderen hat man:

$$\int_0^r {}_l d\tau_m = \frac{1}{EJ}\left(A \int_0^r x_m\, ds - H \int_0^r y_m\, ds\right) - \frac{P\, r^2}{12\, EJ}\left[(\pi + 1) - \varrho\,(5\,\pi + 4)\right]$$

$$\int_0^r {}_r d\tau_n = \frac{P\, r^2}{12\, EJ}\left[\varrho\,(3\,\pi - 4) - (5 - \pi)\right]. \tag{b}$$

und:

$$\gamma_A + \gamma_B = \frac{P\, r^2}{6\, EJ}\left[\pi - 2\,(1 + 2\,\varrho)\right]$$

Nun ist:

$$2\, r\, \gamma_B = \int_0^r x_m\, _l d\tau_m + \int_0^r (2\, r - x_n)\, _r d\tau_n$$

$$\gamma_B = \int_0^r {}_r d\tau_n + \frac{1}{2\, r}\left(\int_0^r x_m\, _l d\tau_m - \int_0^r x_n\, _r d\tau_n\right).$$

Die Substitution ergibt $\gamma_B = 0$, da die Biegelinie in B sich tangential an den Bogen anschließt.
Sohin:

$$\gamma_A = -\frac{P\, r^2}{6\, EJ}\left[2\,(1 + 2\,\varrho) - \pi\right].$$

Die Verschiebung beträgt, Gl. (a):

$$\Delta = \int_0^r (r - y_n)\, _r d\tau_n$$

Nun ist:

$$\int y_n\, d\tau_n = \frac{1}{EJ}\left(B \int_0^r x_n\, y_n\, ds - H \int_0^r y_n^2\, ds + M \int_0^r y_n\, ds\right) - \frac{P\, r^3}{8\, EJ}\,(\varrho\,\pi - 1)$$

Damit erhält man mit dem Wert Gl. (b):

$$\varDelta = \frac{P\,r^3}{12\,EJ}\,[\varrho\,(3\,\pi - 4) - (5 - \pi)] - \frac{P\,r^3}{8\,EJ}\,(\varrho\,\pi - 1) =$$

$$= \frac{P\,r^3}{24\,EJ}\,[\varrho\,(3\,\pi - 8) - (7 - 2\,\pi)] = 0\cdot0288\,\frac{P\,r^3}{EJ}.$$

Die Verschiebung vollzieht sich nach links.

4. *Scheitelsenkung eines Dreigelenkbogens.* Der Untersuchung wird ein n-Eckrahmen zugrundegelegt, der durch geeignete Unterteilung erhalten wird; bei veränderlichem Trägheitsmoment sind die einzelnen Bogenstücke so zu wählen, daß innerhalb derselben mit einem mittleren Trägheitsmoment gerechnet werden darf. Für J = konst. ist es vorteilhaft, gleich lange Bogenstücke vorzusehen. Im vorliegenden Fall wurde der Bogen (Abb. 83), in acht gleiche Teile s zerlegt.

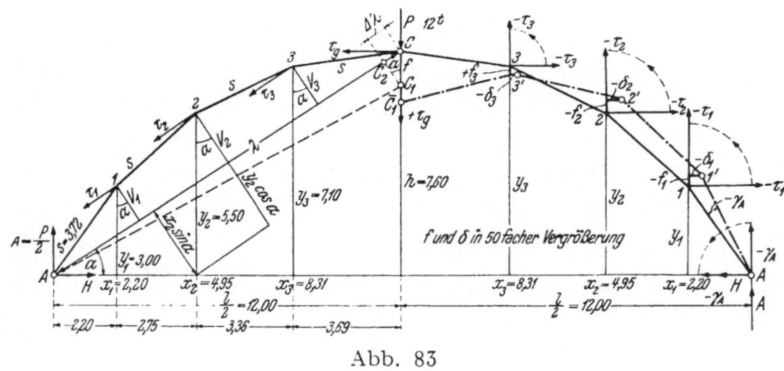

Abb. 83

Annahmen: Scheitellast $P = 12$ t.   Stützweite $l = 24\cdot0$ m,   Pfeilhöhe $h = 7\cdot6$ m, $s = 3\cdot72$ m; dem Winkel $\alpha = 6.4$ m entspricht tg $\alpha = 2\,h/l = 0\cdot633$, cotg $\alpha = 1\cdot579$.

Auflagerdruck $A = P/2 = 6\cdot0$ t;   Horizontalschub $H = A$ cotg $\alpha = 9\cdot474$ t.

Eckmomente: $M_1 = A\,x_1 - H\,y_1 = -1522$ tcm,

$$M_2 = A\,x_2 - H\,y_2 = -2241 \text{ tcm}, \quad M_3 = A\,x_3 - H\,y_3 = -1741 \text{ tcm}.$$

Scheitelmoment: $M_C = A\,l/2 - H\,h = 0$.

Elastische Gewichte: Sie wirken in den Knoten 1, 2 und 3; $J = 160.000$ cm⁴; $E = 2\cdot1\,.\,10^6$ kg/cm².

$$\tau_1 = \frac{s}{3\,EJ}\,M_1 + \frac{s}{6\,EJ}\,(2\,M_1 + M_2) = \frac{s}{6\,EJ}\,(4\,M_1 + M_2) =$$

$$= -8329\,\frac{s}{EJ} = -0\cdot00154,$$

$$\tau_2 = \frac{s}{6\,EJ}\,(2\,M_2 + M_1) + \frac{s}{6\,EJ}\,(2\,M_2 + M_3) = \frac{s}{6\,EJ}\,(M_1 + 4\,M_2 + M_3) =$$

$$= -12227\,\frac{s}{EJ} = -0\cdot00226,$$

$$\tau_3 = \frac{s}{6\,EJ}\,(2\,M_3 + M_2) + \frac{s}{3\,EJ}\,M_3 = \frac{s}{6\,EJ}\,(4\,M_3 + M_2) =$$

$$= -\,9205\,\frac{s}{EJ} = -\,0{\cdot}00170$$

Scheitelsenkung:

$$f = \frac{\varDelta\,\lambda}{\sin\,\alpha} \tag{a}$$

Da:

$$\varDelta\,\lambda = \Sigma\,\tau\,v$$

besteht:

$$f = \frac{\Sigma\,\tau\,v}{\sin\,\alpha},$$

bezw. mit:

$$v = y\cos\alpha - x\sin\alpha$$

$$f = \Sigma\,\tau\,(y\cot g\,\alpha - x)\,. \tag{b}$$

Das negative Vorzeichen der τ-Werte darf unterdrückt werden; es deutet lediglich darauf hin, daß sich λ verkürzt. Nunmehr hat man:

$$\tau_1\,(y_1\cot g\,\alpha - x_1) = 0{\cdot}00154\;.\;2{\cdot}537 = 0{\cdot}00391\;\mathrm{m}$$
$$\tau_2\,(y_2\cot g\,\alpha - x_2) = 0{\cdot}00226\;.\;3{\cdot}735 = 0{\cdot}00844\;\mathrm{m}$$
$$\tau_3\,(y_3\cot g\,\alpha - x_3) = 0{\cdot}00170\;.\;2{\cdot}901 = 0{\cdot}00493\;\mathrm{m}.$$

Die Senkung lt. Gl. (6) beträgt sohin: $f = 0{\cdot}01728\;\mathrm{m} = \underline{1{\cdot}73\;\mathrm{cm}}$. Nach dem üblichen rechnerisch-graphischen Verfahren [4] wurde $\overline{f' = 1{\cdot}82}\;\mathrm{cm}$ gefunden, also um $5{\cdot}2\,\%$ mehr.

XI. Deformation von Rahmentragwerken.

Der Stabzug (Abb. 84) besitzt starre Knoten; er ist in A und B gelenkig gelagert; eine etwaige Einspannung ist zu berücksichtigen. Infolge irgend einer Belastung verformt er sich und die Knoten 1, 2, 3.... gelangen nach $1'$, $2'$, $3'$....; sie erfahren eine horizontale und eine vertikale Verschiebung. Da die ursprünglichen Knotenwinkel erhalten bleiben müssen, treten Knotendrehungen ein; deren Maß hängt von der Größe der in den Knoten wirkenden Momente ab und von *allenfalls vorhandenen Feldbelastungen*. Die Summe der Verdrehungswinkel τ, welche in einem im Knoten

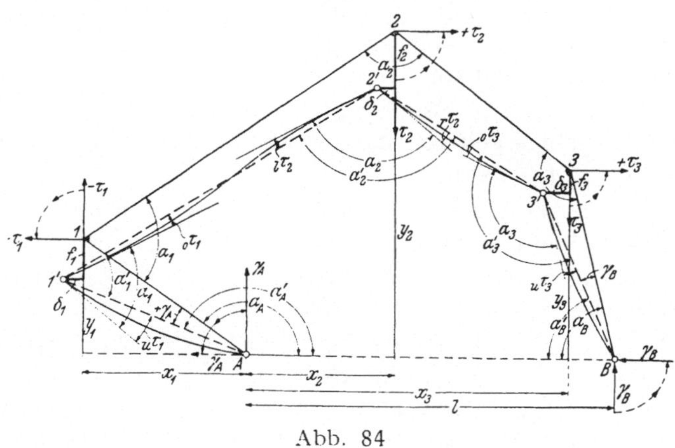

Abb. 84

angenommenen Gelenk auftreten, werde wieder als elastisches Gewicht bezeichnet. Positiven Momenten zugeordnete τ, falls es sich um *vertikale* Knotenverschiebungen handelt, wirken nach abwärts. Zwischen den Knotenwinkeln „a" im unverformten und jenen a' im verformten Traggebilde, also den von den Stabsehnen eingeschlossenen Winkeln, besteht die rein geometrische Beziehung

$$a_A + a_1 + a_2 + a_3 + \ldots + a_B = a_A' + a_1' + a_2' + a_3' + \ldots + a_B' \ldots \quad \text{(a)}$$

Die Sehnen $\overline{A\,1}$ und $\overline{B\,3}$ haben sich um $\sphericalangle\,1\,A\,1' = \pm\,\gamma_A$, $\sphericalangle\,3\,B\,3' = \pm\,\gamma_B$ verdreht.

Das negative Vorzeichen gilt, wenn die Endsehne, z. B.: $\overline{A\,1}$, aus dem Stabzug hinausfällt; bei überhängendem Knoten „1" bleibt γ_A positiv. Den Eintragungen der (Abb. 84) entnimmt man, wenn das in einem Knoten „k" auftretende elastische Gewicht mit: $\tau_k = ({}_l\tau_k + {}_r\tau_k)$ bezeichnet wird, die Beziehungen:

$$a_A = (a_A' + \gamma_A), \quad a_1 = (a_1' + \tau_1), \quad a_2 = (a_2' + \tau_2), \quad a_3 = (a_3' + \tau_3),$$
$$a_B = a_B' + \gamma_B.$$

Diese in Gl. (a) eingesetzt, ergibt unmittelbar:

$$\gamma_A + \gamma_B = \Sigma\,\tau \qquad\qquad\qquad\qquad\qquad\qquad (162)$$

also wieder die erste Grundgleichung des BPV; sinngemäß gelten alle übrigen Beziehungen und die aus ihnen gezogenen Schlüsse. Das BPV besitzt demnach *allgemeine Gültigkeit;* es dient nicht nur zur Berechnung von Trägerdurchbiegungen, sondern einheitlich auch zur Bestimmung vertikaler und horizontaler Verschiebungen.

Vertikale Verschiebung der Knotenpunkte. In Abb. 84 sind die einem gegebenen Belastungszustand entsprechenden elastischen Gewichte τ der Richtung nach eingezeichnet. Die elastischen Auflagerdrücke betragen, Gl. (4):

$$\gamma_B = \frac{\Sigma \tau x}{l} = \frac{1}{l}(\tau_1 x_1 + \tau_2 x_2 + \tau_3 x_3) \tag{a}$$

und mit:

$$\Sigma \tau = (-\tau_1 + \tau_2 + \tau_3)$$
$$\gamma_A = \Sigma \tau - \gamma_B.$$

Nunmehr ergeben sich die Verschiebungen „f" gemäß dem BPV, Gl. (6), als Momente der elastischen Gewichte bezüglich jenes Knotens, dessen Verschiebung berechnet werden soll.

Für den Knoten „1" erhält man z. B.:

$$f_1 = -\gamma_A x_1.$$

Zu demselben Ergebnis gelangt man, wenn die Rechnung auf den Stabzug 1, 2, 3, B bezogen wird:

$$f_1 = \gamma_B (x_1 + l) - \tau_2 (x_1 + x_2) - \tau_3 (x_1 + x_3),$$

und mit Rücksicht auf Gl. (a):

$$f_1 = \gamma_B x_1 + (\tau_1 - \tau_2 - \tau_3) x_1 = (\gamma_B - \Sigma \tau) x_1 = -\gamma_A x_1.$$

Ebenso ergibt sich:

$$f_2 = \gamma_A x_2 + \tau_1 (x_1 + x_2) = \gamma_B (l - x_2) - \tau_3 (x_3 - x_2) \tag{163}$$
$$f_3 = \gamma_B (l - x_3).$$

Horizontale Verschiebung der Knotenpunkte. Die elastischen Gewichte, ebenso die elastischen Auflagerdrücke sind horizontal wirkend zu denken, und zwar durch Drehung um 90^0 entgegen dem Sinne der Uhrzeigerbewegung. Die Verschiebungen „δ" ergeben sich wieder als Momente bezüglich jener Knoten, deren Verschiebung gefragt ist. Es bestehen folgende Ansätze:

Knoten „1":　$\delta_1 = \gamma_A y_1 = -\gamma_B y_1 - \tau_3 (y_3 - y_1) - \tau_2 (y_2 - y_1)$
Knoten „2":　$\delta_2 = \gamma_A y_2 + \tau_1 (y_2 - y_1) = -\gamma_B y_2 + \tau_3 (y_2 - y_3)$ 　(164)
Knoten „3":　$\delta_3 = \gamma_A y_3 + \tau_1 (y_3 - y_1) + \tau_2 (y_2 - y_3)$ bezw.: $\delta_3 = -\gamma_B y_3$

Dem Gelenkpunkt A, bezw. B entspricht ($\delta = 0$) die Sehnengleichung:

$$0 = -\tau_1 y_1 + \tau_2 y_2 + \tau_3 y_3.$$

Die Identität je zweier zugeordneten Gleichungen läßt sich leicht nachweisen. Z. B. gilt für „δ_3" wegen: $\gamma_A = (\Sigma \tau - \gamma_B)$:

$$\delta_3 = (\Sigma \tau - \gamma_B) y_3 + \tau_1 y_3 - \tau_1 y_1 + \tau_2 y_2 - \tau_2 y_3 =$$
$$= -\gamma_B y_3 + (-\tau_1 y_1 + \tau_2 y_2 + \tau_3 y_3) = -\gamma_B y_3.$$

Der Verschiebungsplan für f wird gewöhnlich von einer Horizontalen und für „δ" von einer Vertikalen aus abgetragen; das so erhaltene Bild ist weder übersichtlich noch aufschlußreich. Vorteilhafter ist es, die Verschiebungsgrößen auf die Tragwerksachse zu beziehen. Der Verlauf der Stabsehnen stellt definitionsgemäß das Biegelinien-Polygon dar.

XII. Rahmen-(Tragwerks-)Verformungen infolge von Normalkräften.

Die durch eine Normalkraft N und eine Temperaturänderung von t^0 hervorgerufene Verlängerung $\varDelta s$ eines Stabes s beträgt, wenn $\sigma = N/F$:

$$\varDelta s = \frac{s}{E}\,(\pm\,\sigma \pm \varepsilon\,t\,E) = \frac{s\,\overline{\sigma}}{E}. \tag{a}$$

Wir betrachten den in Abb. 85 dargestellten Teil eines Mehreckrahmens. Zufolge obiger Einflüsse tritt gegenüber dem festliegend gedachten Knotenpunkt $(m-1)$ eine Lageverschiebung des Knotens „m" ein. Durch Verkürzung von s_m um $\varDelta s_m$ gelangt der Knoten nach „1"; sodann verdreht sich der Stab um den Winkel $\varDelta\,_1\psi_m$, und „1" beschreibt einen Bogen bis zur Endlage (m); dieser Weg darf durch eine auf $\overline{(m-1)\,m}$ senkrechte Gerade $\overline{(1-p)}$ ersetzt werden. „m" hat sich dabei um $\varDelta h_m = \overline{m\,3}$ ge-

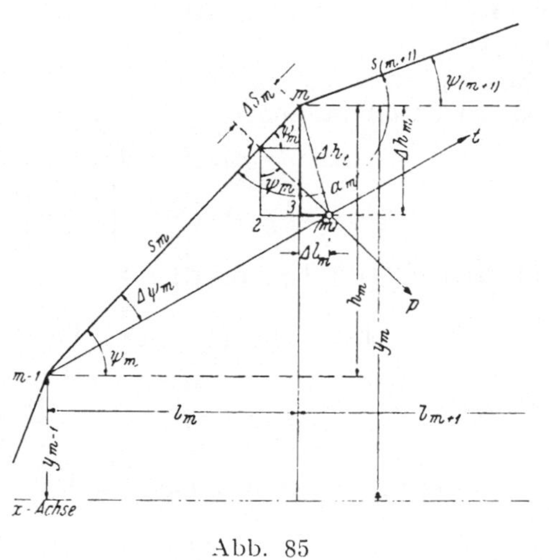

Abb. 85

senkt und um $\varDelta l_m = \overline{(m)\,3}$ nach innen verschoben. Die totale Verschiebung beträgt $\varDelta h_t = \overline{m\,(m)}$.

Abb. 85, bezw. die Differentiation der Gleichungen:

$$h_m = s_m \sin\psi_m,$$
$$l_m = s_m \cos\psi_m$$

liefert:

$$\varDelta h_m = s_m\,\varDelta\psi_m \cos\psi_m + \varDelta s_m \sin\psi_m \tag{b}$$
$$\varDelta l_m = -\,s_m\,\varDelta\psi_m \sin\psi_m + \varDelta s_m \cos\psi_m \tag{b'}$$

Gl. (b) ergibt:

$$\varDelta\psi_m = \frac{\varDelta h_m}{l_m} - \frac{\varDelta s_m}{s_m}\,\mathrm{tg}\,\psi_m \approx -\,\frac{\varDelta s_m}{s_m}\,\mathrm{tg}\,\psi_m$$

und sinngemäß: $\tag{c}$

$$\varDelta\psi_{(m-1)} \approx -\,\frac{\varDelta s_{(m+1)}}{s_{(m+1)}}\,\mathrm{tg}\,\psi_{(m+1)}$$

Der Knotenwinkel in „m" beträgt:

$$a_m = [\pi - \psi_m + \psi_{(m+1)}]$$

Daraus das zusätzliche elastische Gewicht:

$$\Delta \tau_m = \Delta a_m = - \Delta \psi_m + \Delta \psi_{(m+1)} = \frac{\Delta s_m}{s_m} \operatorname{tg} \psi_m - \frac{\Delta s_{(m+1)}}{s_{(m+1)}} \operatorname{tg} \psi_{(m+1)}$$

und wegen Gl. (a):

$$\Delta \tau_m = \frac{\overline{\sigma_m}}{E} \operatorname{tg} \psi_m - \frac{\overline{\sigma_{(m+1)}}}{E} \operatorname{tg} \psi_{(m+1)}. \tag{165}$$

Der Einfluß von N_m/F_m tritt meist gegenüber jenem der Wärmewirkung zurück und darf vernachlässigt werden, da bei richtiger Dimensionierung sich je zwei benachbarte Glieder fast aufheben.

Von Vorteil ist es, die Verschiebungen der Knoten nicht für die totalen elastischen Gewichte ($\tau_m + \Delta \tau_m$) anzugeben, sondern die Deformationsgrößen gesondert festzustellen. Sie dürfen meist unterdrückt werden. Zwecks Orientierung genügt es, die Verschiebungen einzelner Knoten anzugeben.

Totale Verschiebung Δh_t.
Abb. 85 entnimmt man:

$$\Delta h_t^2 = \Delta s_m^2 + s_m^2 \Delta \psi_m^2$$

$$\Delta h_t = s_m \left[\left(\frac{\Delta s_m}{s_m}\right)^2 + \Delta \psi_m^2\right]^{1/2}$$

und mit dem Wert $\Delta \psi_m$ aus Gl. (c):

$$\Delta h_t = \Delta s_m (1 + \operatorname{tg}^2 \psi_m)^{1/2} = \frac{\Delta s_m}{\cos \psi_m} = \frac{\overline{\sigma_m} s_m}{E \cos \psi_m},$$

$$\Delta h_t = \frac{\overline{\sigma_m}}{E} \frac{s_m^2}{l_m}. \tag{166}$$

Für die seitliche Verschiebung bestehen folgende Ansätze:

$$\Delta l_m = \frac{\overline{\sigma_m} s_m}{E l_m} h_m = \Delta h_t \frac{h_m}{s_m} \tag{166'}$$

und die Senkung:

$$\Delta h_m = \frac{\overline{\sigma_m}}{E} \frac{s_m}{l_m} l_m = \Delta h_t \frac{l_m}{s_m}. \tag{166''}$$

Ähnliche Beziehungen können für jeden Knoten aufgestellt werden; es darf nicht übersehen werden, daß diese Werte unter der Annahme gelten, daß der Knoten ($m - 1$) in Ruhe ist, es sich daher um relative Größen handelt; die Gesamtverschiebungen sind demnach durch Summierung der vorhergehenden Teilverschiebungen zu bestimmen.

XIII. Rahmen-(Tragwerks-)Verformungen infolge von Schubkräften.

Allgemeines.

Das Trägerstück dx (Abb. 86) sei durch die Querkraft Q_x beansprucht; hiedurch verschieben sich die zu einander parallel bleibenden Nachbarquerschnitte F um df_s. Nach *Föppl* [10] findet sich die Verschiebung (Gleitung) auf die Länge „1" *annähernd* aus:

$$\gamma = \frac{df_s}{dx} = \frac{\varkappa Q_x}{G F}. \tag{a}$$

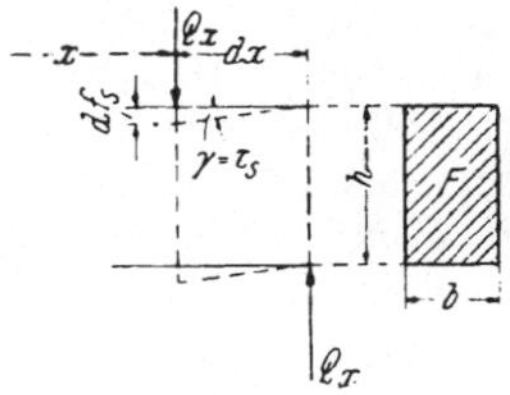

Der Zahlenwert $\varkappa$ (> 1) hängt von der Querschnittsform ab; er beträgt für den Kreisquerschnitt 10/9 (*Föppl*), bezw. 32/27 (*Müller-Breslau*). Der allgemeine Ausdruck für $\varkappa$ lautet (*Föppl*):

$$\varkappa = \frac{F}{J^2} \int \left(\frac{S}{b_y}\right)^2 df. \tag{167}$$

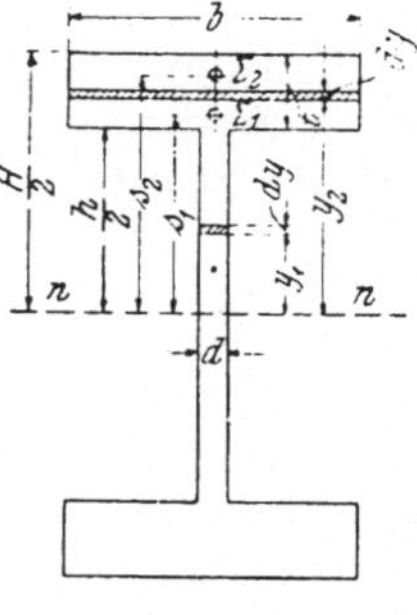

Abb. 86

Darin bedeuten (Abb. 87): $F =$ Gesamtquerschnitt, $J =$ dessen Trägheitsmoment, $S = \mathfrak{F} s =$ $=$ statisches Moment der über y_1 (y_2) liegenden Teilflächen $\mathfrak{F}_1, \mathfrak{F}_2$, bezogen auf die Schwerachse $n - n$. Für symmetrischen Querschnitt besteht, wenn $0 < y_1 \leqq h/2 : b_y = d$, bezw. für $h/2 \leqq y_2 \leqq H/2 : b_y = b$. Das Integral ist über den ganzen Querschnitt, bei vorhandener Symmetrie über den halben Querschnitt zu erstrecken und doppelt zu nehmen.

Wird die Untersuchung auf die I-Form beschränkt, so kommt die Summe zweier Integrale in Betracht, und zwar:

Abb. 87

$$y_1 \leqq \frac{h}{2} :$$

$$2 \int_0^{\frac{h}{2}} \left(\frac{S}{b_y}\right)^2 d\mathfrak{F} = 2 \int_0^{\frac{h}{2}} \left(\frac{\mathfrak{F}_1 s_1}{d}\right)^2 d.dy = \frac{1}{2} \int_0^{\frac{h}{2}} \left[\frac{b}{4d}(H^2 - h^2) + \left(\frac{h^2}{4} - y_1^2\right)^2\right] d.dy$$

$$\frac{h}{2} \leqq y_2 \leqq \frac{H}{2}:$$

$$2 \int_{\frac{h}{2}}^{\frac{H}{2}} \left(\frac{S}{b_y}\right)^2 d\,\mathfrak{F} = 2 \int_{\frac{h}{2}}^{\frac{H}{2}} \left(\frac{\mathfrak{F}_2\,S_2}{b}\right)^2 b\,dy = \frac{1}{2} \int_{\frac{h}{2}}^{\frac{H}{2}} \left(\frac{H^2}{4} - y_2^2\right)^2 b\,dy.$$

Endlich besteht:

$$\frac{F}{J^2} = \frac{b\,H - (b-d)\,h}{\dfrac{1}{144}\,[b\,H^3 - (b-d)\,h^3]^2}$$

Die Einführung der Verhältnisse: $(d/b) = \delta$, $(h/H) = \eta$ ergibt:

$$\varkappa = 1{\cdot}2\,\frac{[1 - (1-\delta)\,\eta]}{[1 - (1-\delta)\,\eta^3]^2}\left[1 - (1-\delta)\,\eta^5 + \frac{15}{8\,\delta}(1 - \eta^2)^2\,(1 - \delta\,\eta)\right]. \qquad (168)$$

Daraus für den Rechteckquerschnitt ($\eta = 1$, $\delta = 1$): $\varkappa = 1{\cdot}2$.
In Tab. 19 sind für einzelne I-Profile aus Stahl und Holz die zugeordneten $\varkappa$ zusammengestellt; auf die Flanschneigungen und Abrundungen der I-Nr. 8 und 50 wurde keine Rücksicht genommen; die Abweichungen gegenüber den nach *Föppl* angegebenen $\varkappa_8 = 2{\cdot}4$ und $\varkappa_{50} = 2{\cdot}0$ betragen $+5\,\%$, bezw. $10\,\%$ zu Gunsten der Sicherheit. Die $\varkappa$-Werte des I-Profiles Nr. 100 für verschiedene Flanschenbreiten „b“ und -dicken „t“ lassen folgendes erkennen: Bei gleichem t nähert sich die Querschnittsfläche mit abnehmendem „b“ dem Rechteckquerschnitt ($d\,H$) und $\varkappa_{lim} = 1{\cdot}2$; bei gleicher Höhe H und Breite b nimmt mit wachsender Stärke t die Querschnittsfläche zu und ebenso auch $\varkappa$; während jedoch die $\varkappa$ ziemlich weit auseinanderliegen (bis zu $50\,\%$), schwankt das Verhältnis ($\varkappa/F$) in engen Grenzen ($3{\cdot}5\,\%$); das Gleitmaß γ und damit auch die Durchbiegungen sind demnach gegen Verstärkungen oder Verschwächungen fast unempfindlich, d. h. das Maß der Schubdeformationen wird hiedurch fast nicht berührt.
Zwischen dem Gleitmodul G und dem Elastizitätsmodul E besteht für isotrope Stoffe:

$$G = \frac{m\,E}{2\,(1 + m)},$$

wobei m (*Poissonsche* Zahl) $\geqq 2$ ist; sie beträgt für Stahl $10/3$, für Beton als grobes Mittel 6, so daß sich der Reihe nach $G = 0{\cdot}4\,E$, bezw. $G = 0{\cdot}45\,E$ ergeben.
Für Holz (anisotrop) wird immer noch $G = 0{\cdot}3\,E$ empfohlen [27].
Nach neueren Untersuchungen von *Hohenemser* [13] ist diese Annahme unzutreffend. Genaue, durch Torsionsversuche nachgeprüfte Biegeversuche an vier aus Pechtanne und Rottanne gefertigten Balken von $4/4$ cm Querschnitt und 100 cm Stützweite ergaben einen Mittelwert: $G \approx 0{\cdot}05\,E$. Für Balken mit Sperrholzstegen (I-Profile) wird $(G/E) > 0{\cdot}05$, besonders wenn die äußere Faser des Sperrholzes unter 45^0 zur Längsrichtung verläuft. Bis zur versuchsmäßigen Lösung dieser Frage wird empfohlen, mit $(G/E) \approx 0{\cdot}10$ bis $0{\cdot}15$ zu rechnen. Die Schubdeformationen sind jedenfalls beträchtlich, worauf bei Untersuchung statisch unbestimmter Tragwerke Rücksicht zu nehmen ist.

Durch Schubkräfte werden die Biegerandspannungen nicht berührt, da jene lediglich Winkeländerungen, nicht aber Kantendehnungen hervorrufen.

Tab. 19. $\varkappa$-*Werte für* I-*Profile aus Stahl und Holz.*

Material	H	t	h	η	b	d	δ	F	J	$\varkappa$	$\dfrac{\varkappa}{F}$
		cm			cm			cm²	cm⁴		
Stahl	8	0·59	6·82	0·853	4·2	0·39	0·093	7·58	77·80	2·52	0·332
	50	2·70	44·60	0·892	18·5	1·80	0·0972	180·00	68.740	2·22	0·0123
	100	3·60	92·80	0·928	30·0	1·90	0·063	392·00	627.500	2·26	0·0058
	100	3·60	92·80	0·928	20·0	1·90	0·095	320·00	462.000	1·82	0·0057
	100	5·00	90·00	0·900	30·0	1·90	0·063	470·00	792.500	2·74	0·0058
	100	5·00	90·00	0·900	20·0	1·90	0·095	371·00	567.000	2·20	0·0059
Holz	100	10·0	80·0	0·800	33·0	3·0	0·091	900·00	1,470.000	3·49	0·00388
	100	10·0	80·0	0·800	23·0	3·0	0·130	700·00	1,070.000	2·83	0·00404

Durchbiegungen Aus Gl. (a) folgt:

$$d\,f_s = \frac{\varkappa\,Q_x\,dx}{F\,G} = \frac{\varkappa\,dM_x}{F\,G}.$$

Daher Durchbiegung in x ($F = \text{konst.}$):

$$f_s = \frac{\varkappa}{F\,G}\int dM_x = \frac{\varkappa\,M_x}{F\,G} \tag{169}$$

$$f_{smax} = \frac{\varkappa\,M_{max}}{F\,G}. \tag{169'}$$

Der Gleichlast q kg/m entspricht:

$$_q f_s = \frac{\varkappa\,q\,x\,(l-x)}{2\,F\,G}, \qquad _q f_{smax} = \frac{\varkappa\,q\,l^2}{8\,F\,G} \tag{170}$$

und mittiger Belastung durch P:

$$_p f_s = \frac{\varkappa\,P\,x}{2\,F\,G}, \qquad _p f_{smax} = \frac{\varkappa\,P\,l}{4\,F\,G} \tag{170'}$$

Totaler Durchbiegungsgrößtwert:

$$f_{tot} = f_{max} + f_{smax} = f_{max}\left(1 + \frac{f_{smax}}{f_{max}}\right) = f_{max}\,(1 + \varPhi). \tag{171}$$

Darin ist zu setzen:

$$_q f_{max} = \frac{5\,l^2}{48\,E\,J}\,_q M_{max}, \qquad _p f_{max} = \frac{l^2}{12\,E\,J}\,_p M_{max}.$$

Der Einfluß der Schubkräfte stellt sich mit: $\lambda^2 = \dfrac{J}{F\,l^2} = \left(\dfrac{i}{l}\right)^2$, ($\lambda = $ Schlankheitsgrad) auf:

$$_q\varPhi = 9.6\,\varkappa\,\frac{E}{G}\,\lambda^2, \qquad \text{bezw.} \quad _p\varPhi = 12\,\varkappa\,\frac{E}{G}\,\lambda^2 = 1\cdot 25\,_q\varPhi \tag{172}$$

Die i-, bezw. λ-Werte für diverse Profile sind aus Tab. 20 zu entnehmen; im besonderen besteht für den Rechteckquerschnitt mit der Höhe h:

$$\lambda_r{}^2 = \frac{1}{12}\left(\frac{h}{l}\right)^2,\ \text{ für den Kreisquerschnitt vom Durchmesser } d:\ \lambda_k{}^2 = \frac{1}{16}\left(\frac{d}{l}\right)^2,$$

und damit für Holz: $\ _q\Phi_r = 19{\cdot}2\left(\frac{h}{l}\right)^2,\ \ _q\Phi_k = 13{\cdot}3\left(\frac{d}{l}\right)^2.$

Tab. 20 enthält eine Zusammenstellung der $_q\Phi$ für die extremen Verhältnisse $\dfrac{h}{l} = \dfrac{1}{5}$ (kurze hohe Träger), $\dfrac{1}{10}$, bezw. $\dfrac{1}{15}$ (lange schlanke Träger).

Tab. 20. Übersicht der $_q\Phi$-Werte.

Profil	Baustoff	Höhe in cm	$\frac{h}{l}\left(\frac{d}{l}\right)$	l cm	$i=\left(\sqrt{\frac{J}{F}}\right)$	$\lambda^2=\left(\frac{i}{l}\right)^2$	$\varkappa$	$\left(\frac{G}{E}\right)$	$_q\Phi$	Anmerkung Abb. 87
Nr. 8		8	1/5	40	3·20	0·0064	2·5	0·4	0·383	
„ 8		8	1/10	80	3·20	0·0016	2·5	0·4	0·096	b cm t cm
„ 50		50	1/5	250	19·60	0·00615	2·2	0·4	0·325	¹ 30 3·6
„ 50		50	1/10	500	19·60	0·00154	2·2	0·4	0·081	² 50 5·0
„ 100¹		100	1/5	500	40·0	0·0064	2·26	0·4	0·347	³ 20 3·6
„ 100	Stahl	100	1/10	1000	40·0	0·0016	2·26	0·4	0·087	⁴ 20 5·0
„ 100²		100	1/5	500	41·1	0·00674	2·74	0·4	<u>0·443</u>	
„ 100		100	1/10	1000	41·1	0·00168	2·74	0·4	0·111	
„ 100³		100	1/5	500	38·0	0·00577	1·82	0·4	0·252	
„ 100		100	1/10	1000	38·0	0·00144	1·82	0·4	0·063	$d=1{\cdot}9$ cm
„ 100⁴		100	1/5	500	39·1	0·00613	2·20	0·4	0·323	
„ 100		100	1/10	1000	39·1	0·00153	2·20	0·4	0·081	
I-Quer-schnitt		100¹	1/5	500	40·4	0·0065	3·5	0·1(0·15)	<u>2·184</u> (1·463)	b cm t cm
			1/10	1000	40·4	0·00162	3·5	0·1(0·15)	0·546 (0·368)	
			1/15	1500	40·4	0·00072	3·5	0·1(0·15)	0·243 (0·163)	¹ 33 10
		100²	1/5	500	39·0	0·0061	2·83	0·1(0·15)	1·657 (1·110)	² 23 10
	Holz		1/10	1000	39·0	0·0015	2·83	0·1(0·15)	0·414 (0·277)	
			1/15	1500	39·0	0·00068	2·83	0·1(0·15)	0·184 (0·123)	
Rechteck-Querschnitt			1/5	5h		1/300	1·2	0·05(0·3)	0·768 (0·128)	
			1/10	10h	$\left.\right\}\left(\frac{h}{12}\right)^{1/2}$	1/1200	1·2	0·05(0·3)	0·192 (0·032)	$d=3$ cm
			1/15	15h		1/2700	1·2	0·05(0·3)	0·085 (0·014)	
Kreis-Querschnitt			1/5	5d		1/400	10/9	0·05(0·3)	0·532 (0·089)	
			1/10	10d	$\left.\right\}\frac{d}{4}$	1/1600	10/9	0·05(0·3)	0·133 (0·022)	
			1/15	15d		1/3600	10/9	0·05(0·3)	0·059 (0·010)	

Die für einzelne Profile berechneten $_q\Phi$ sind bei gleichem Material hauptsächlich vom Schlankheitsgrad λ abhängig; bei I-Trägern aus Stahl darf Φ gegenüber der Einheit, in Gl. (171), unterdrückt werden, solange $(h/l) \gtreqless 1/10$, nicht aber bei solchen aus Holz, selbst wenn $(h/l) < 1/15$; weniger empfindlich gegen Schubdeformationen sind Holzträger mit Rechteck- oder Kreisquerschnitt, so daß es meist zulässig ist $_q\Phi = 0$ zu setzen, falls $(h/l) \gtreqless 1/15$. Das für den Kreisquerschnitt ermittelte Φ wird in Wirklichkeit kleiner sein, denn „das Verhalten eines Balkens mit *natür-lichen Baumkanten* ist völlig abweichend von dem des künstlich herge-stellten, weil bei jenem die äußeren, besonders tragfähigen Holzfasern er-halten sind"[1]; demnach ist anzunehmen, daß das maßgebende Verhältnis (G/E) größer ausfallen wird als $0·05$. Würde mit dem bisher empfohlenen $(G/E) = 0·3$ gerechnet werden, so könnte der Einfluß der Schubdeformation unberücksichtigt bleiben ($\Phi = 0$), wenn $h/l \gtreqqless 1/10$ (Klammerwerte), eine Annahme, die offensichtlich mit den Erfahrungen der Praxis in Wider-spruch steht. I-Profile in Stahl erfahren verhältnismäßig geringere Schubdeformationen als solche in Holz, wie aus dem Vergleich der be-züglichen $h = 100$ cm hohen Profile zu entnehmen ist, deren zugeordnete Höchstwerte $_q\Phi = 0·443$, bezw. $2·184$ betragen; im letzteren Fall ist die Durchbiegung zufolge der Schubkräfte mehr als doppelt so groß wie jene aus den Momenten. Jedenfalls ist es angezeigt, selbst bei schlankeren Holz-trägern mit I-Querschnitt die Durchbiegung unter Berücksichtigung der Schubkräfte zu bestimmen.

Beispiele.

1. *Ein freiaufliegender Träger aus Holz mit Rechteckquerschnitt, Stütz-weite $l = 2.6$ m, ist durch $P = 4.2$ t mittig belastet. Die größte Durchbiegung unter Berücksichtigung der Schubverformung ist anzugeben;* $\sigma_{zul} = 120$ kg/cm^2, $E = 110.000$ kg/cm^2.

$$\text{Maximales Moment:} \quad M_{max} = \frac{P\,l}{4} = 273.000 \text{ kgcm.}$$

Querschnittsfunktionen: $b = 20$ cm, $h = 26$ cm, $J = 29250$ cm^4, $\tilde{W} = 2250$ cm^3.
Tatsächliche Inanspruchnahme: $\sigma_{eff} \approx 121$ kg/cm^2.
Aus Tab. 20 erhält man für $(h/l) = 0.1$: $\Phi = 0.192$, daher, Gl. (172):

$$_p\Phi = 1·25\,_q\Phi = 0·24; \text{ ferner ist:} \frac{P\,l^3}{48\,E\,J} = 0·478 \text{ cm und schließlich lt. Gl. (171):}$$

$$f_{tot} = \frac{P\,l^3}{48\,E\,J}\,(1 + {}_p\Phi) = 0·478 \cdot 1·24 = 0·593 \text{ cm} \approx 5·9 \text{ mm.}$$

2. *Der über drei Stützen durchlaufende Holzträger, Stützweite $2 \times l/2$, ist durch End-momente M belastet, Abb. 88. Die statisch unbestimmte Stützenreaktion X ist unter Be-rücksichtigung der Schubreaktion bei Vernach-lässigung der Eigenlast zu berechnen.*

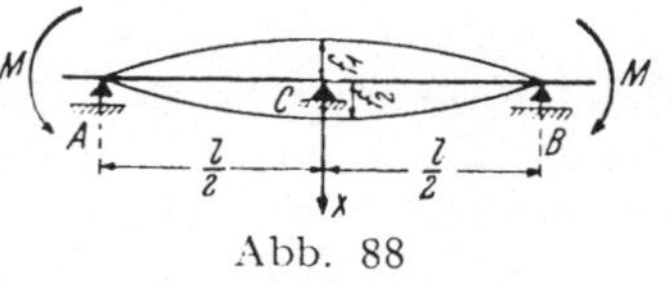

Abb. 88

Zufolge M treten bei Fortfall der Mittelstütze keine Auflagerdrücke auf; der Träger ist querkraftfrei, die Aufbiegung f_1 von Schubdeformationen unabhängig.
Nach Gl. (26) gilt:

$$f_1 = \frac{M\,l^2}{8\,E\,J}$$

und für die Durchbiegung durch die abwärts wirkende Stützkraft X:

$$f_2 = \frac{X\,l^3}{48\,E\,J}\,(1 + {}_p\Phi).$$

[1] *Fonrobert:* „Grundzüge des Holzbaues im Hochbau", S. 75. Berlin: Ernst u. Sohn 1942.

Aus $f_1 = f_2$ findet sich:

$$X = \frac{6\,M}{(1 + {}_P\Phi)\,l}\,.$$

Dem üblichen Rechnungsgang entsprechen $({}_P\Phi = 0)$

$$X_0 = \frac{6\,M}{l}, \quad \text{so daß:} \quad X = \frac{X_0}{(1 + {}_P\Phi)}\,.$$

Angewendet auf den Rechteckträger aus Holz, erhält man:

$$\frac{h}{l} \;=\; 1/5, \quad 1/10, \quad 1/15$$

$$_P\Phi \;=\; 0{\cdot}96, \quad 0{\cdot}25, \quad 0{\cdot}106$$

$$\frac{X}{X_0} \;=\; 0{\cdot}51, \quad 0{\cdot}80, \quad 0{\cdot}90.$$

Der Einfluß der Schubkräfte ist wesentlich und hat selbst für schlanke Konstruktionen eine Abminderung des Stützendruckes um $10\,\%$ zur Folge.
Bestimmung des Verhältnisses E/G.
f_1 wird aus der Momentbelastung $M = P\,l/2$ bestimmt, f_2 aus der Belastung durch die mittige Last P; sohin:

$$\frac{f_2}{f_1} = \frac{1}{3}\,(1 + {}_P\Phi)\,.$$

Nun ist, Gl. (172)

$$_P\Phi = 12\,\varkappa\,\frac{E}{G}\,\frac{1}{12}\left(\frac{h}{l}\right)^2.$$

Daher:

$$\frac{f_2}{f_1} = \frac{1}{3}\left[1 + \varkappa\frac{E}{G}\left(\frac{h}{l}\right)^2\right]$$

Daraus:

$$\frac{E}{G} = \frac{1}{\varkappa}\left(\frac{l}{h}\right)^2\left[3\,\frac{f_2}{f_1} - 1\right]. \tag{173}$$

Diese Beziehung benützt *Hohenemser* zur direkten Ermittlung von (E/G). Die Durchbiegungen f_1 und f_2 wurden durch geeignete Meßvorrichtungen genauestens festgestellt.
Das elastische Knotengewicht infolge Schubverformung. Das Teilgewicht in irgend einem gelenkig zu denkenden Knoten ist nach Gl. (a) durch γ bestimmt; um dieses Maß ist das von den Momenten herrührende τ zu vermehren.
Bezeichnet man die rechts, bezw. links vom bezüglichen Knoten auftretenden Querkräfte mit Q_r, bezw. Q_l, die zugeordneten Stabflächen mit F_r und F_l, so lautet der Ausdruck für das zusätzliche elastische Gewicht:

$$(\gamma_r + \gamma_l) = \varDelta\,\tau = \frac{\varkappa}{G}\left(\frac{Q_r}{F_r} + \frac{Q_l}{F_l}\right). \tag{174}$$

Die Querkräfte sind mit dem entsprechenden Vorzeichen zu versehen. Der Einfluß von $\varDelta\,\tau$ ist meist gering und darf bei Rahmentragwerken, bei welchen $(d/l) < 1/10$, unterdrückt werden. Im übrigen erfordert die Berücksichtigung von $\varDelta\,\tau$ keine wesentliche Mehrarbeit.

XIV. Tragwerksdeformationen infolge ungleichmäßiger Durchwärmung.

Ein freigelagerter Träger unterliege einer im Querschnitt linear zunehmenden Durchwärmung. Gegenüber einer Bautemperatur von t^0 erwärme sich die unterste Querschnittsfaser um Δt_u^0 auf $t_u^0 = t^0 + \Delta t_u^0$, die oberste um Δt_0^0 auf $t_0^0 = t^0 + \Delta t_0^0$.

Temperaturunterschied: $\Delta t^0 = t_u^0 - t_0^0 = \Delta t_u^0 - \Delta t_0^0$ (a)

Ursprünglich parallele, um dx von einander abstehende Querschnitte verdrehen sich um [12 f]:

$$d\tau = \pm \frac{\varepsilon \, \Delta t^0 \, dx}{d}$$

gegeneinander (d = Trägerhöhe, ε = Wärmedehnmaß); $d\tau$ gibt auch schon die Neigungsänderung der Biegelinie in x an; da $d\tau/dx$ = konstant, verläuft die Biegelinie kreisförmig. Die Endverdrehung findet sich aus:

$$\tau = \int_0^{\frac{l}{2}} d\tau = \pm \frac{\varepsilon \, \Delta t^0 \, l}{2 \, d}. \tag{175}$$

Der Temperaturänderung der Mittelfaser $\Delta t_m = 1/2 \, (\Delta t_0^0 + \Delta t_u^0)$ zugeordnet ist die Stablängenänderung:

$$\Delta l = \varepsilon \, \Delta t_m \, l = \frac{1}{2} \varepsilon \, l \, (\Delta t_0^0 + \Delta t_u^0) \tag{176}$$

und der Werfungspfeil in a/b, Gl. (27):

$$f = \frac{b}{l} \int_0^a x \, d\tau + \frac{a}{l} \int_0^b x \, d\tau = \frac{\varepsilon \, \Delta t^0 \, a \, b}{2 \, d} \tag{177}$$

und in Trägermitte ($a = b = l/2$):

$$f' = \frac{\varepsilon \, \Delta t^0 \, l^2}{8 \, d}. \tag{177'}$$

Elastisches Gewicht.

Zwei in einem Knoten zusammenstoßende Trägerteile l_1 und l_2 erfahren die bezüglichen Wärmeänderungen Δt_1^0 und Δt_2^0; daher das zusätzliche elastische Gewicht, Gl. (175):

$$\Delta \tau = \frac{1}{2} \varepsilon \left[\frac{l_1}{d_1} \Delta t_1^0 + \frac{l_2}{d_2} \Delta t_2^0 \right]. \tag{178}$$

Bei veränderlicher Trägerhöhe „d" wird es genügen, mit einer mittleren Höhe zu rechnen, umsomehr als schon die Voraussetzung einer linearen

Wärmedurchleitung im Querschnitt nur näherungsweise zutrifft. Über die Berücksichtigung einer gesetzmäßig verlaufenden Höhenänderung sei auf *Herzka [12, f]* hingewiesen.

Beispiel.

Der Reservoirrahmen (Abb. 64) erfahre eine ungleichmäßige Durchwärmung. Gefragt sind die hiedurch geweckten zusätzlichen Eckmomente ΔM.

Die Temperaturänderungen betragen $\pm \Delta t_h^0$, bezw. $\pm \Delta t_l^0$, die Trägerhöhen d_h und d_l; das elastische Gewicht ist gegeben durch:

$$\tau = \frac{h}{6\,EJ_h}\,(3\,\Delta M) + \frac{l}{6\,EJ_l}\,(3\,\Delta M) \pm \frac{1}{2}\,\varepsilon\left[\frac{h}{d_h}\Delta t_h^0 + \frac{l}{d_l}\Delta t_l^0\right]$$

Da $\tau = 0$, folgt z. B. mit: $\Delta t_h^0 = \Delta t_l^0 = \Delta t$

$$\Delta M = \mp \frac{\varepsilon\,EJ_l\Delta t^0}{d_l}\,\frac{\left[1 + \dfrac{h}{l}\cdot\dfrac{d_l}{d_h}\right]}{\left[1 + \dfrac{h}{l}\cdot\dfrac{J_l}{J_h}\right]}. \tag{179}$$

Einem quadratischen Reservoir ($h = l$, $d_l = d_h = d$, $J_l = J_h = J$) entspricht:

$$\Delta M = \mp \frac{\varepsilon\,EJ}{d}\,\Delta t^0. \tag{179'}$$

Symmetrischen Querschnitt vorausgesetzt: $W = 2\,J/d$ (Widerstandsmoment), beträgt die zusätzliche Inanspruchnahme:

$$\Delta \sigma = \frac{\Delta M}{W} = \mp \frac{1}{2}\,\varepsilon\,E\,\Delta t^0$$

und für $\varepsilon = 0\cdot000015$, $E = 2,100.000$ kg/cm² und $\Delta t^0 = 20^0$

$$\Delta \sigma = -\,157\cdot5 \text{ kg/cm}^2.$$

XV. Beispiele zu den Abschnitten XI—XIV.

1. *Auf den in B beweglichen Rahmen (Abb. 89) wirkt $H = 1$ t. Anzugeben sind die horizontalen und vertikalen Verschiebungen der Knotenpunkte.*
Nach Quelle [11], der dieses Beispiel entnommen ist, gelten außer den aus der Abbildung zu entnehmenden Maßen folgende Angaben:

$$J_1 = 33700 \text{ cm}^4, \quad \frac{J_1}{J_2} = 0\cdot7,$$

$$E = 200 \text{ t/cm}^2, \quad EJ_1 = 674 \text{ tm}^2,$$
$$F_1 = 450 \text{ cm}^2, \quad F_2 = 510 \text{ cm}^2.$$

Eckmomente: $M_1 = H\, y_1 = 2\cdot5$ tm,

$$M_2 = H\, y_2 = 3\cdot5 \text{ tm}$$

Elastische Gewichte ($s_1 = 2\cdot915$ m,

$$s_2 = 3\cdot162 \text{ m}):$$

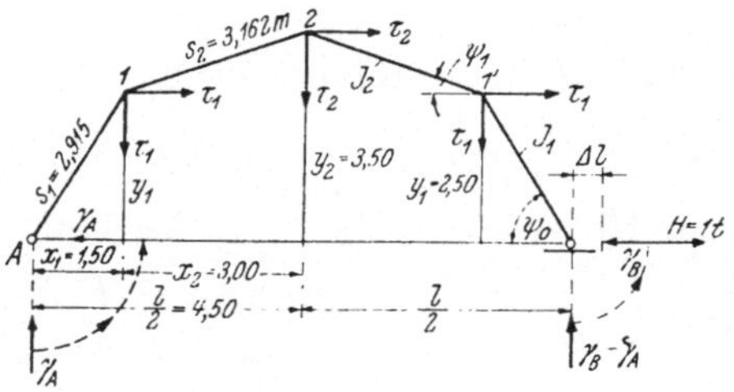

Abb. 89

$$\tau_1 = \frac{s_1}{3\,EJ_1}\, M_1 + \frac{s_2}{6\,EJ_2}\,(2\,M_1 + M_2) = 0\cdot00826$$

$$\tau_2 = 2\,\frac{s_2}{6\,EJ_2}\,(2\,M_2 + M_1) = 0\cdot0104$$

Infolge Symmetrie ergeben sich die elastischen Auflagerkräfte mit:

$$\gamma_A = \gamma_B = \tau_1 + \frac{1}{2}\,\tau_2 = 0\cdot01346$$

Knotenverschiebungen:

Senkungen, Gl. (163):

Knoten „1"…. $f_1 = \gamma_A\, x_1 = 0\cdot01346 \cdot 1\cdot5 \cdot 1000 = \underline{20\cdot2 \text{ mm}}$

Knoten „2"…. $f_2 = \gamma_A\, \dfrac{l}{2} - \tau_1\, x_2 = (0\cdot01346 . 4\cdot5 - 0\cdot00826 . 3\cdot0)\,1000 =$

$$= \underline{35\cdot8 \text{ mm}}$$

Mit den durch Umklappen der Gewichte um 90^0 sich ergebenden Kraftrichtungen erhält man nach Gl. (164) nachstehende *horizontale Verschiebungen*:

Knoten „1": $\delta_1 = \gamma_A\, y_1 = \underline{33\cdot65 \text{ mm}}$

Knoten „2": $\delta_2 = \gamma_A\, y_2 - \tau_1\,(y_2 - y_1) = \underline{38\cdot85 \text{ mm}}$

Knoten „1'": $\delta_1' = \gamma_A\, y_1 + \tau_2\,(y_2 - y_1) = \underline{44\cdot05 \text{ mm}}.$

Die Verschiebung des Lagers „B" folgt unmittelbar aus der Sehnenformel, Gl. (136):

$$\Delta l = (2\,\tau_1\,y_1 + \tau_2\,y_2) = \underline{77{\cdot}7 \text{ mm}}$$

$\delta_1{'}$ und Δl lassen sich wegen des symmetrischen Verlaufes des Deformationsbildes unmittelbar aus δ_1 und δ_2 berechnen; ersichtlich besteht:

$$(\delta_2 - \delta_1) = (\delta_1{'} - \delta_2) \text{ und } \delta_1{'} = (2\,\delta_2 - \delta_1) = 44{\cdot}05 \text{ mm}$$
$$\Delta l = (\delta_1{'} - \delta_1) = 2\,\delta_2 = 77{\cdot}7 \text{ mm}.$$

Die *Endverdrehung* am Auflager A ergibt sich aus γ_A und die zusätzliche Verdrehung infolge M_1; sohin:

$$\tau_A = \gamma_A + \frac{s_1}{6\,E\,J_1}\,M_1 = 0{\cdot}01346 + \frac{2{\cdot}915\,.\,2{\cdot}5}{6{\cdot}674} = \underline{0{\cdot}0153}.$$

Die in der benützten Quelle gefundenen Werte f_2, δ_2 und τ_A stimmen mit den berechneten überein.

Einfluß der Normalkräfte. Durch $H = 1$ t entsteht im Stab s_1 die Normalkraft $N_1 = \dfrac{H}{\cos\psi_0} = \dfrac{H\,s_1}{x_1}$, im Stab s_2 eine solche von $N_2 = \dfrac{H\,s_2}{x_2}$; nach Gl. (166) ergeben sich folgende zusätzliche Verschiebungen:

Knoten „1": $\Delta h_{t_1} = \dfrac{\sigma_1\,s_1{}^2}{E\,x_1} = \dfrac{H\,s_1{}^3}{E\,F_1\,x_1{}^2} = \dfrac{1{\cdot}0\,.\,2{\cdot}915^3}{200{.}450{.}1{\cdot}5^2}\,1000 = \underline{0{\cdot}12 \text{ mm}}$

Knoten „2": $\Delta h_{t_2} = \dfrac{\sigma_2\,s_2{}^2}{E\,x_2} = \dfrac{H\,s_2{}^3}{E\,F_2\,x_2{}^2} = \dfrac{1{\cdot}0\,.\,3{\cdot}162^3}{200\,.\,510\,.\,3{\cdot}0^2}\,1000 = \underline{0{\cdot}03 \text{ mm}}.$

Diese Werte sind zu vernachlässigen.

2. *Für den einhüftigen Zweigelenkrahmen (Abb. 68) ist der Horizontalschub H_t infolge einer Temperaturänderung von $\pm \Lambda\,t^0$ anzugeben.*
Nach Beispiel 6, Abschnitt IX entspricht dem Moment $M_t = - H_t\,h$ das elastische Gewicht:

$$\tau_t = - \frac{H_t\,h\,l}{3\,E\,J_t}\,(1 + \mu).$$

Das zusätzliche elastische Gewicht infolge $\pm\,t^0$ beträgt, wenn auf den Einfluß von H_t als Normalkraft verzichtet wird, laut Gl. (165):

$$\Delta\tau_t = \mp\,\varepsilon\,t\,(\text{tg } a - \text{tg } a_1)$$

$a_1 = (270 + a)$, $\text{tg } a_1 = -\text{cotg } a$, somit:

$$\Delta\tau_t = \mp\,\varepsilon\,t\,(\text{tg } a + \text{cotg } a) = \mp\,\varepsilon\,t\left(\frac{h}{l} + \frac{l}{h}\right) = \mp\,\frac{\varepsilon\,t\,L^2}{h\,l}.$$

Die Richtung von $(\tau_t + \Delta\tau_t)\;\|\;\overline{AB}$ angenommen, folgt bei vorausgesetzter Unverschieblichkeit der Auflagergelenke:

$$(\tau_t + \Delta\tau_t)\,v = 0,$$
$$\underline{\tau_t = -\Delta\tau_t,}$$

und daraus wieder der Ausdruck für H_t gemäß Gl. (149).

3. *Der symmetrische Dachrahmen mit gelenkiger Lagerung (Abb. 90) ist im Scheitel durch P belastet. Gefragt sind der Horizontalschub H und das Scheitelmoment M_0.*

α) Der Einfluß der Normalkräfte bleibt unberücksichtigt.
Scheitelmoment:

$$M_0 = \frac{P\,l}{4} - H_0\,h$$

Elastisches Gewicht: $\tau_0 = 2\,\dfrac{s}{3\,EJ}\left(\dfrac{P\,l}{4} - H_0\,h\right) = 0$ (a)

Daher: $H_0 = \dfrac{P\,l}{4\,h}$ und $M_0 = 0$.

Der Rahmen wirkt demnach wie ein Dreigelenkrahmen.

β) Berücksichtigung der Normalkräfte N.

Rechnungsgang: $N =$

$$= -\left(\frac{P}{2}\sin\psi + H\cos\psi\right) = -\frac{P\,h + H\,l}{2\,s},$$

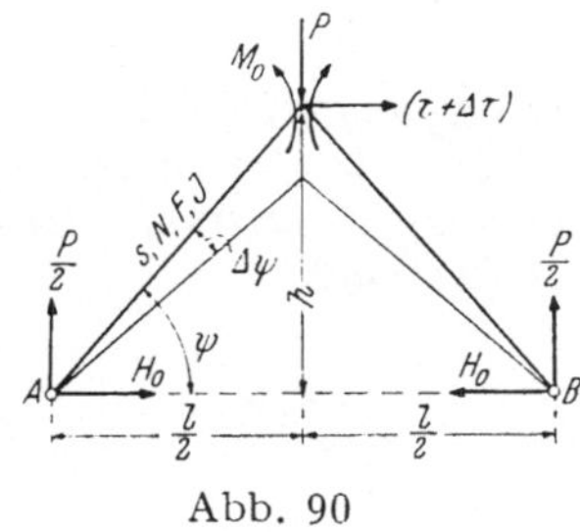

Abb. 90

zusätzliches elastisches Gewicht, Gl. (165):

$$\Delta\tau = \frac{\sigma}{E}\frac{l}{h} = -\frac{(P\,h + H\,l)\,l}{2\,EF\,s\,h},$$ (b)

Scheitelmoment: $M = \dfrac{P\,l}{4} - H\,h$

Zugeordnetes elastisches Scheitelgewicht: $\tau = \dfrac{2\,s}{3\,EJ}\left(\dfrac{P\,l}{4} - H\,h\right)$ (a')

Aus: $(\tau + \Delta\tau) = 0$ folgt:

$$\frac{2\,s}{3\,EJ}\left(\frac{P\,l}{4} - H\,h\right) = \frac{(P\,h + H\,l)\,l}{2\,EF\,s\,h}$$

daraus mit: $\dfrac{J}{F} = i^2$

$$H = \frac{P\,l}{4\,h}\cdot\frac{1 - 6\left(\dfrac{i}{s}\right)^2}{1 + \dfrac{3}{2}\left(\dfrac{h}{l}\right)^2\left(\dfrac{i}{s}\right)^2}$$

(180)

$$M = \frac{3\,P\,l}{2}\cdot\frac{\left(\dfrac{i}{h}\right)^2}{1 + \dfrac{3}{2}\left(\dfrac{h}{l}\right)^2\left(\dfrac{i}{s}\right)^2}.$$

Im allgemeinen dürfen die von $(i/s)^2$ und $(i/h)^2$ abhängigen Glieder unterdrückt werden.

γ) Einfluß einer Temperaturänderung.
Dieselbe betrage $\pm\,t^0$ und erzeuge den Horizontalschub $\mp\,H_t$, bezw. das
Moment: $M_t = -\,H_t\,h$.

Die Stützweite habe sich hiebei um $\Delta\,l = \pm\,\varepsilon\,t^0\,l$ verlängert.

Im Scheitel beträgt das elastische Gewicht: $\tau_t = \dfrac{2\,s}{3\,EJ}\,M_t$

Unverschiebliche Gelenke vorausgesetzt, muß: $h\,\tau_t + \varDelta\,l = 0$, so daß

$$-\frac{2\,s\,h}{3\,EJ}\,H_t\,h = \mp\,\varepsilon\,t^0\,l;$$

daraus der Horizontalschub: $\quad H_t = \pm\,\dfrac{3\,\varepsilon\,EJ\,t^0\,l}{2\,h^2\,s}$. $\hfill$ (181)

4. *Der symmetrische Dachträger (Abb. 91) ist in A gelenkig, in B beweglich gelagert. Die Verschiebung von B ist anzugeben, wenn der Träger entweder durch p kg/m vertikal oder einseitig horizontal durch ω kg/m (z. B. Winddruck) belastet ist.*

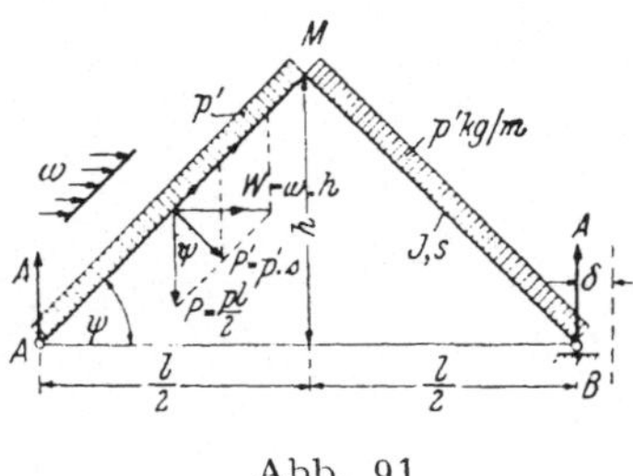

Abb. 91

Mit den gewählten Bezeichnungen und mit der senkrecht zum Schenkel wirkenden Belastung p' kg/m besteht:

$$P' = p'\,s = P\cos\psi$$

Damit:

$$P = \frac{p\,l}{2} = \frac{p'\,s}{\cos\psi} = \frac{p'\,l}{2\cos^2\psi}$$

und:

$$p = \frac{p'}{\cos^2\psi} \tag{a}$$

ferner:

$$P' = p'\,s = \omega\,h\sin\psi$$

$$\omega = \frac{p'\,s}{h\sin\psi} = \frac{p'}{\sin^2\psi} \tag{b}$$

endlich:

$$p = \omega\,\mathrm{tg}^2\,\psi \tag{c}$$

Verschiebung „δ_p" infolge „p".

Auflagerdruck: $A = \dfrac{p\,l}{2}$, Moment im Scheitel: $M = A\dfrac{l}{2} - \dfrac{p\,l^2}{8} = \dfrac{p\,l^2}{8}$

Dort herrscht das elastische Gewicht:

$$\tau = 2\left(\frac{s}{3\,EJ}\,M + \frac{s^3\,p'}{24\,EJ}\right) = \frac{p\,s}{12\,EJ}\left(l^2 + s^2\cos^2\psi\right)$$

$$\tau = \frac{5\,p\,l^2\,s}{48\,EJ}.$$

Die gesuchte Verschiebung von B stellt sich auf:

$$\delta_p = \tau\,h = \frac{5\,p\,l^2\,s\,h}{48\,EJ}. \tag{182}$$

Verschiebung infolge „ω" bei einseitigem Angriff (Wind).
Ersetzt man in Gl. (182) p durch ω gemäß Gl. (c) und bedenkt, daß bei einseitiger Belastung die Verschiebung die Hälfte jener bei Vollast beträgt,

so erhält man mit: $\operatorname{tg}\psi = \dfrac{2\,h}{l}$ sofort:

$$\delta_\omega = \frac{5\,\omega\,h^3\,s}{24\,EJ}. \tag{183}$$

5. *Der in Abb. 92 dargestellte symmetrische Dachträger mit starrem Scheitel-
knoten und beiderseitiger Fußeinspannung trägt die Scheitellast P. Zu bestimmen sind die Momente M_u und M_0 und der Horizontalschub H.*
Mit den gewählten Eintragungen besteht:

$$M_u + \frac{P\,l}{4} - H\,h - M_0 = 0 \tag{a}$$

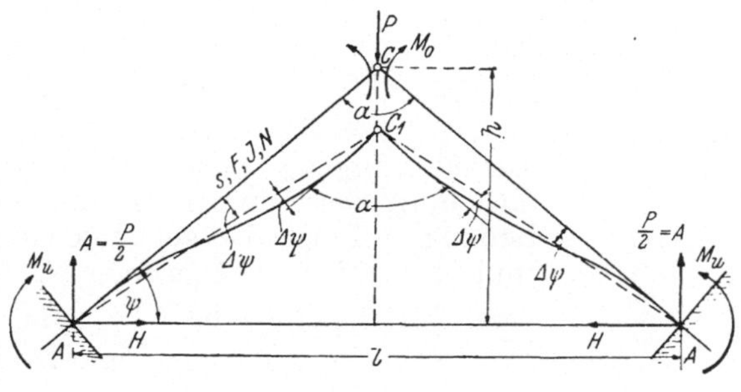

Abb. 92

Infolge der Normalkräfte gelangt der Scheitel C nach C_1; die Stabsehne $\overline{A\,C_1}$
hat sich um $\varDelta\,\psi$ verdreht.
An der Einspannung wirkt das elastische Gewicht:

$$\tau_u = \frac{s}{6\,EJ}\,(2\,M_u + M_0) - \varDelta\,\psi \tag{b}$$

und im Scheitel:

$$\tau_0 = \frac{2\,s}{6\,EJ}\,(2\,M_0 + M_u) + 2\,\varDelta\,\psi. \tag{c}$$

Feste Fußeinspannung erfordert: $\tau_u = 0$, die Erhaltung der Stützweite:
$\tau_0 = 0$. Werden Normalkräfte nicht berücksichtigt, dann wird auch:
$\varDelta\,\psi = 0$; aus Gl. (b) und (c) folgt für diesen Fall:

$$M_0' = M_u' = 0 \quad \text{und} \quad H_0 = \frac{P\,l}{4}.$$

Der Dachrahmen wirkt wie ein Dreigelenkträger.
Berücksichtigung der Normalkräfte. Durch Eliminierung von $\varDelta\,\psi$ aus
Gl. (b) und (c) entsteht:

$$M_u = -\,M_0$$

Dies in Gl. (a) eingeführt, ergibt:

$$H = \frac{1}{h}\left(2\,M_u + \frac{P\,l}{4}\right), \tag{d}$$

$$M_u = \frac{1}{2}\,H\,h - \frac{P\,l}{8}. \tag{e}$$

Zusätzliches elastisches Scheitelgewicht aus Gl. (c):

$$\Delta\tau = 2\,\Delta\psi = \frac{s\,M_u}{3\,EJ} \tag{f}$$

und mit Bezug auf Gl. (b) des dritten Beispieles:

$$\Delta\tau = -\frac{(P\,h + H\,l)\,l}{2\,EF\,h\,s}. \tag{f'}$$

Die Gleichsetzung liefert, wenn noch Gl. (d) berücksichtigt wird, und mit: $i^2 = (J/F)$:

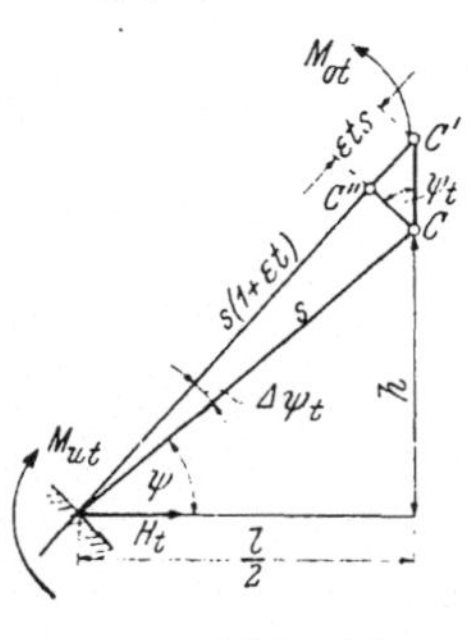

Abb. 93

$$M_u = -M_0 = -\frac{P\,l}{2}\frac{\left(\frac{s}{l}\right)^2}{\left[1 + \frac{1}{3}\left(\frac{s}{l}\right)^2\left(\frac{h}{i}\right)^2\right]}. \tag{184}$$

Berücksichtigung der Temperaturänderung. Erhöhung der Temperatur um t^0 hat Scheitelhebung zur Folge; bei gelöst gedachtem Scheitel und gelenkiger Lagerung (Abb. 93) hebt sich der Scheitel um $\overline{CC'}$; da $\overline{C'C''} = \varepsilon\,t\,s$, $\overline{CC''} = s\,\Delta\psi_t$, folgt aus dem Dreieck: $CC'C''$:

$$s\,\Delta\psi_t = \frac{\varepsilon\,t\,s}{\operatorname{tg}\psi} = \frac{\varepsilon\,t\,s\,l}{2\,h},$$

$$\Delta\psi_t = \frac{\varepsilon\,t\,l}{2\,h},$$

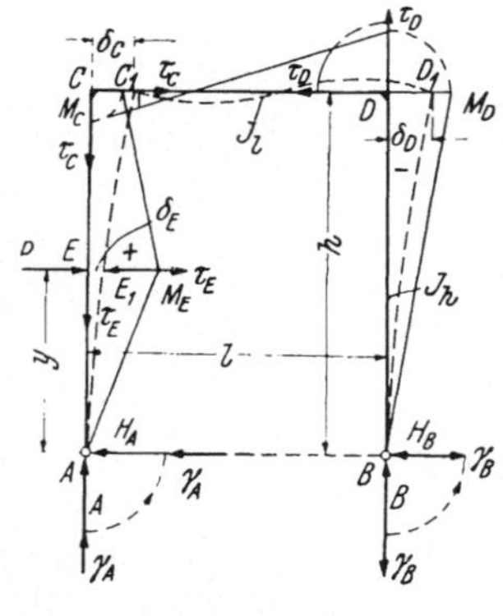

damit Gl. (f):

$$\frac{s\,M_{ut}}{3\,EJ} = 2\,\Delta\psi_t - \frac{\varepsilon\,t\,l}{h};$$

daher das Fußmoment:

$$M_{ut} = \pm\frac{3\,\varepsilon\,EJ\,t\,l}{s\,h}. \tag{185}$$

Abb. 94

Das — Zeichen gilt für Temperaturabfall. Aus Gl. (d) findet sich mit $P = 0$ der Horizontalschub:

$$H_t = \frac{2\,M_{ut}}{h}. \tag{186}$$

6. *Der Zweigelenkrahmen (Abb. 94) ist im Abstand $y = h\,\eta$ vom Fußgelenk A durch die Kraft P horizontal beansprucht. Gefragt sind die Verschiebungen der Rahmenecken und des Lastangriffspunktes.*

Nach Abschnitt IX, 5. Beispiel, besteht mit: $\mu = \dfrac{h}{l}\dfrac{J_l}{J_h}$, $\nu = (3 + 2\,\mu)$:

$$\left.\begin{matrix}H_A\\B\end{matrix}\right\} = \frac{P}{2}\left\{\pm\,1 + (1-\eta)\left[1 - \eta\,(1+\eta)\,\frac{\mu}{\nu}\right]\right\} \tag{146}$$

$$M_{\substack{C\\D}} = -\frac{Ph}{2}\,\eta\left[\mp 1 + (1-\eta^2)\frac{\mu}{\gamma}\right] \tag{147}$$

Moment im Lastangriffspunkt E:

$$M_E = H_A\,y = H_A\,h\,\eta = \frac{Ph}{2}\,\eta\left\{1 + (1-\eta)\left[1-\eta\,(1+\eta)\frac{\mu}{\gamma}\right]\right\}. \tag{187}$$

Elastische Gewichte. Sie wirken an den Orten der zu suchenden Verschiebungen und betragen mit Rücksicht auf den Momentenverlauf:

$$\tau_E = \frac{y}{3\,EJ_h}\,M_E + \frac{(h-y)}{6\,EJ_h}\,(2\,M_E + M_C)$$

$$\tau_C = \frac{(h-y)}{6\,EJ_h}\,(2\,M_C + M_E) + \frac{l}{6\,EJ_l}\,(2\,M_C + M_D) \tag{a}$$

$$\tau_D = \frac{l}{6\,EJ_l}\,(2\,M_D + M_C) + \frac{h}{3\,EJ_h}\,M_D.$$

Elastische Auflagerdrücke: $\gamma_A = (\tau_E + \tau_C)$, $\gamma_B = -\tau_D$.
Bedingung für die *Unverschieblichkeit der Auflagergelenke*:

$$\tau_E\,y + \tau_C\,h + \tau_D\,h = 0. \tag{b}$$

Als maßgebend wurde der in der Abb. 94 eingezeichnete Richtungssinn der γ- und τ-Gewichte angenommen.
Verschiebungen. $(\delta_E = \overline{EE_1},\ \delta_C = \overline{CC_1},\ \delta_D = \overline{DD_1}).$
Nach Gl. (164) betragen sie im
Punkt „E": $\quad\delta_E = \gamma_A\,y = (\tau_E + \tau_C)\,y$
Punkt „C": $\quad\delta_C = \gamma_A\,h - \tau_E\,(h-y) = (\tau_E\,y + \tau_C\,h) = -\tau_D\,h$ $\qquad$ (c)
Punkt „D": $\quad\delta_D = +\gamma_B\,h = -\tau_D\,h = \delta_C.$

Die Ausrechnung ergibt:

$$\tau_D = -\frac{Phl}{12\,EJ_l}\,\eta\left[1 + (3-\eta^2)\,\mu\right]$$

und damit die Verschiebung der Rahmenecken:

$$\delta_D = \delta_C = \frac{Ph^2l}{12\,EJ_l}\,\eta\left[1 + (3-\eta^2)\,\mu\right] \tag{188}$$

P in Riegelhöhe ($\eta = 1$) entspricht·

$$\delta_C' = \delta_D' = \frac{Ph^2l}{12\,EJ_l}\,(1 + 2\,\mu). \tag{188'}$$

7. *Auf den linken Ständer des Zweigelenkrahmens (Abb. 95) wirkt im Abstande y das Moment $\mathfrak{M} = P\,a$. Zu berechnen ist der Horizontalschub $H_\mathfrak{m}$, die Verschiebungen der Rahmenecken und der Momentangriffsstelle.*

a) Allgemeines Verfahren.
Horizontalschub nach innen positiv. Mit den Eintragungen in der Abbildung gelten folgende Ansätze:

Momente: $M_E = -H_\mathfrak{m}\,y$, bezw. $M_E' = (-H_\mathfrak{m}\,y + \mathfrak{M})$
$\qquad M_C = (-H_\mathfrak{m}\,h + \mathfrak{M}),\quad M_D = -H_\mathfrak{m}\,h \tag{a}$

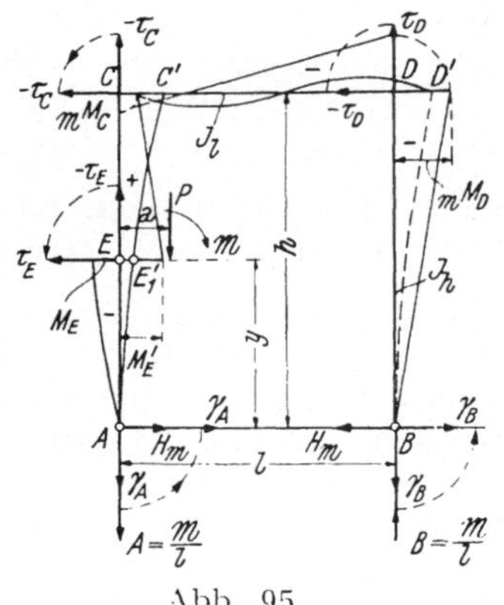

Abb. 95

Elastische Gewichte:

$$\tau_E = \frac{y}{3\,E\,J_h}\,M_E + \frac{(h-y)}{6\,E\,J_h}\,(2\,M_{E'} + M_C) = -\frac{1}{6\,E\,J_h}[H\mathfrak{m}\,h\,(h+y) - 3\mathfrak{M} - (h-y)]$$

$$\tau_C = \frac{(h-y)}{6\,E\,J_h}\,(2\,M_C + M_{E'}) + \frac{l}{6\,E\,J_l}\,(2\,M_C + M_D) =$$

$$= -\frac{(h-y)}{6\,E\,J_h}\,[H\mathfrak{m}\,(2\,h+y) - 3\mathfrak{M}] - \frac{l}{6\,E\,J_l}\,(3\,H\mathfrak{m}\,h - 2\,\mathfrak{M})$$

$$\tau_D = \frac{l}{6\,E\,J_l}\,(2\,M_D + M_C) + \frac{h}{3\,E\,J_h}\,M_D = -\frac{h^2}{3\,E\,J_h}\,H\mathfrak{m} - \frac{l}{6\,E\,J_l}\,(3\,H\mathfrak{m}\,h - \mathfrak{M})$$

Unverschiebliche Lagerung erfordert (Sehnengleichung):

$$\tau_E\,y + \tau_C\,h + \tau_D\,h = 0$$

Nach Substitution entsteht:

$$H\mathfrak{m} = \frac{3\,\mathfrak{M}}{2\,h\,\nu}\left\{1 + \mu\left[1 - \left(\frac{y}{h}\right)^2\right]\right\}. \tag{189}$$

Verschiebungsgrößen.　　Nach Einzeichnung der zutreffenden Richtungen der elastischen Gewichte in Abb. 95, negativ nach oben, folgt, daß der elastische Auflagerdruck $\gamma_A = (\tau_E + \tau_C)$ abwärts wirkt, $\gamma_B = -\tau_D$ aufwärts. Durch Umklappen um 90^0 sind die entsprechenden Richtungen der elastischen Kräfte festgelegt. Man findet mit Gl. (164):

$$\mathfrak{m}\,\delta_E = \overline{E\,E}_1 = -\gamma_A\,y = -(\tau_E + \tau_C)\,y$$

$$\mathfrak{m}\,\delta_C = \overline{C\,C}_1 = -\gamma_A\,h + \tau_E\,(h-y) \tag{b}$$

$$\mathfrak{m}\,\delta_D = \overline{D\,D}_1 = \gamma_B\,h = -\tau_D\,h = \mathfrak{m}\,\delta_C$$

Eckverschiebung $(y = h\,\eta)$:

$$\mathfrak{m}\,\delta_C = \mathfrak{m}\,\delta_D = -\frac{\mathfrak{M}\,h\,l}{12\,E\,J_l}\,[1 + 3\,\mu\,(1 - \eta^2)] \tag{190}$$

Sie vollzieht sich nach rechts, in entgegengesetzter Richtung von τ_D ; daher das negative Vorzeichen:

β) *Das Drehmomentenverfahren.*　　Voraussetzung ist die Kenntnis der Horizontalkräfte H_A und H_B, Gl. (146) und M_C, bezw. M_D, Gl. (147) infolge der in „y" angreifenden Kraft P. Gl. (51) liefert unmittelbar die durch $\mathfrak{M}$ geweckten Kräfte. Gemäß Gl. (146) besteht:

$$\left.\begin{array}{c}H_A\\B\end{array}\right\} = \frac{P}{2}\,\varphi\,(\eta) = \frac{P}{2}\,\varphi\,\frac{y}{h},$$

wobei:

$$\varphi\,\frac{y}{h} = \varphi\,(\eta) - \left\{\pm\,1 + (1-\eta)\left[1 - \eta\,(1+\eta)\,\frac{\mu}{\nu}\right]\right\}$$

Demnach:

$$\varphi'\,\frac{y}{h} = \varphi'\,(\eta)\,\frac{d\eta}{dy} = \varphi'\,(\eta)\,\frac{1}{h} = -\left[1 + (1 - 3\,\eta^2)\,\frac{\mu}{\nu}\right]\frac{1}{h}$$

Gl. (59) lautet daher:

$$\mathrm{m}H_A = \mathrm{m}H_B = \frac{1}{2}\,\mathfrak{M}\,\varphi'\,\frac{y}{h}$$

und nach Substitution die Fußreaktionen, Gl. (189):

$$\mathrm{m}H_A = \mathrm{m}H_B = -\frac{3\,\mathfrak{M}}{2\,h\,v}\,[1 + (1 - \eta^2)\,\mu]\,.$$

Sie wirken nach innen, also in entgegengesetzter Richtung wie in Abb. 95; daher das negative Vorzeichen.

Eckmomente nach Gl. (147):

$$M^C_D\} = -\frac{P\,h}{2}\,\varphi_1\,(\eta) = -\frac{P\,h}{2}\,\varphi_1\,\frac{y}{h}\,,$$

wenn:

$$\varphi_1\,\frac{y}{h} = \varphi_1\,(\eta) = \eta\left[\mp 1 + (1 - \eta^2)\frac{\mu}{\gamma}\right].$$

Die Differentiation ergibt mit: $\dfrac{d\eta}{dy} = \dfrac{1}{h}$:

$$\text{für } M_C \ \ldots c\varphi_1'\,\frac{y}{h} = -\frac{(3 + \mu) + 3\,\mu\,\eta^2}{v\,h}\,,$$

$$\text{für } M_D \ \ldots {}_D\varphi_1'\,\frac{y}{h} = \frac{3\,[(1 + \mu) - \mu\,\eta^2]}{v\,h}$$

Eckmomente (aus Gl. (51):

$$\mathrm{m}M_C = \frac{\mathfrak{M}}{2\,v}\,[(3 + \mu) + 3\,\mu\,\eta^2]\,,$$

$$\mathrm{m}M_D = -\frac{3\,\mathfrak{M}}{2\,v}\,[(1 + \mu) - \mu\,\eta^2]$$

$$(191)$$

Knotenverschiebung bei C, bezw. D.

Unter horizontalem Lastangriff wurde gefunden, Gl. (188):

$$\delta_C = \delta_D = \frac{P\,h^2\,l}{12\,E\,J_l}\,\varphi_2(\eta)\,,$$

wobei:

$$\varphi_2\,(\eta) = \varphi_2\,\frac{y}{h} = \eta\,[1 + (3 - \eta^2)\,\mu]\,,$$

$$\varphi_2'\,\frac{y}{h} = \frac{1}{h}\,[1 + 3\,\mu\,(1 - \eta^2)]$$

Demnach aus Gl. (51):

$$\mathrm{m}\delta_C = \mathrm{m}\delta_D = \frac{\mathfrak{M}\,h\,l}{12\,E\,J_l}\,[1 + 3\,\mu\,(1 - \eta^2)]\,,$$

also wieder Gl. (190).

8. a) *Rahmen mit Fußeinspannung* (*Abb. 96*), *Kraftangriff in Riegelhöhe.*
Zu bestimmen sind: *Horizontalschub, Eckmomente und Größe der Riegel-
verschiebung.*

P wird in eine symmetrische (→ $P/2$, $P/2$ ←) und eine polarsymmetrische
(→ $P/2$, → $P/2$) Lastgruppe zerlegt, Abb. 96 b) und 96 c).   Unter
Vernachlässigung der Riegelverkürzung durch $P/2$ (Abb. 90 b) bleiben
die Ständer spannungslos; die gefragten Größen sind sohin aus dem Belastungszustand, Abb. 96 c), abzuleiten, in der bei gelösten Knoten die

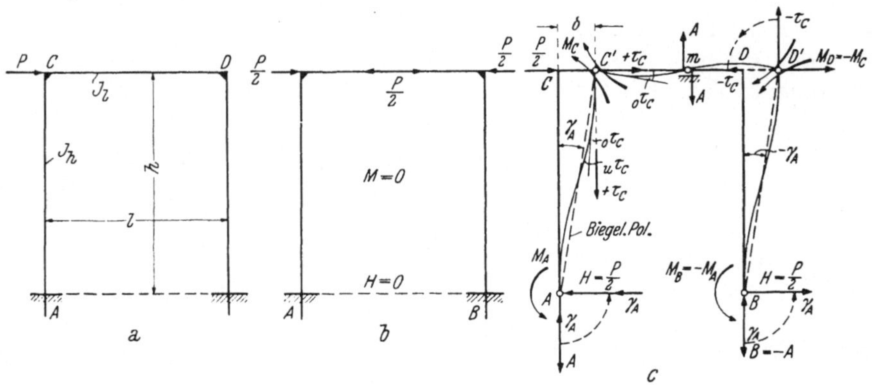

Abb. 96 a—c

Fuß- und Eckmomente, das Biegelinien-Polygon $A C' D' B$, die zugeordnete Deformationslinie mit dem in Riegelmitte *m* entstehenden Wendepunkt (Gelenk) eingezeichnet sind, endlich die elastischen Gewichte und
Auflagerkräfte.
Rechnungsgang: Zwischen den Eck- und Fußmomenten $M_C = - M_D$
und $M_A = - M_B$ besteht:

$$M_A + M_C - \frac{1}{2} P h = 0 \qquad\qquad (a)$$

und der Auflagerdruck:

$$A = P \frac{h}{l} - \frac{2 M_A}{l} . \qquad\qquad (b)$$

In Riegelmitte wirkt die Querkraft $\pm A$.
Der Rahmen habe sich um $\overline{C C_1} = \overline{D D_1} = \delta$ verschoben, das Biegelinien-
Polygon um den elastischen Auflagerdruck γ_A; zwischen diesem und τ_C
besteht die Gleichgewichtsbedingung:

$$- \gamma_A l + \tau_C (l - \delta) = 0.$$

Da aber „δ" gegenüber l zu vernachlässigen ist, wird: $\gamma_A = \tau_C$. Zu diesem
Ergebnis führt auch folgende Überlegung: Die Tangenten an die Biege-
linien, z. B. im Knoten C, müssen nach der Deformation miteinander
90^0 einschließen.   Nun ist $\tau_C = ({}_0\tau_C + {}_u\tau_C)$; daher:

$$90^0 + \gamma_A - {}_0\tau_C - {}_u\tau_C = 90^0$$

und:

$$\gamma_A = {}_0\tau_C + {}_u\tau_C = \tau_C$$

Dem Fußpunkt A entspricht:

$$- \tau_A = \gamma_A = \tau_C \qquad\qquad (c)$$

Elastische Gewichte:

$$\tau_C = \frac{h}{6\,EJ_h}\,(2\,M_C - M_A) + \frac{\frac{l}{2}}{3\,EJ_l}\,M_C$$

$$\tau_A = \frac{h}{6\,EJ_h}\,(-2\,M_A + M_C)$$

Nach Einführung in Gl. (c) ergibt sich:

$$M_A = M_C\,\frac{1+3\,\mu}{3\,\mu}$$

und durch Verknüpfung mit Gl. (a):

$$M_C = - M_D = -\frac{3\,P\,h\,\mu}{2\,(1+6\,\mu)}$$

$$M_A = - M_B = -\frac{P\,h\,(1+3\,\mu)}{2\,(1+6\,\mu)} \qquad\qquad (192)$$

Die Gelenkreaktionen betragen: $H_A = - H_B = P/2$. Die Riegelver-
schiebung ergibt sich nach Umklappen von γ_A um 90^0 aus Gl. (164):

$$\overline{CC'} = \overline{DD'} = \delta = \gamma_A\,h = |\tau_A|\,h$$

und nach Ausrechnung:

$$\delta = \frac{P\,h^3}{6\,EJ_h}\left[1 - \frac{4\cdot5\,\mu}{(1+6\,\mu)}\right] \qquad\qquad (193)$$

Auf einigermaßen umständlicherem Wege
kommt *Elwitz* zum gleichen Ergebnis
[,,Beton und Eisen", 1936, Nr. 10].

8. b) *Der in Abb. 97 dargestellte Rahmen
mit Fußeinspannung erfahre eine Temperaturänderung von $\pm t^0$. Wie groß sind die Fuß-
und Eckmomente und der Horizontalschub?*

Bei vorausgesetzter Gelenkigkeit ändert
sich die Riegellänge um je $\pm 1/2\,\varepsilon\,t\,l$ auf
jeder Seite; die Eckwinkel um

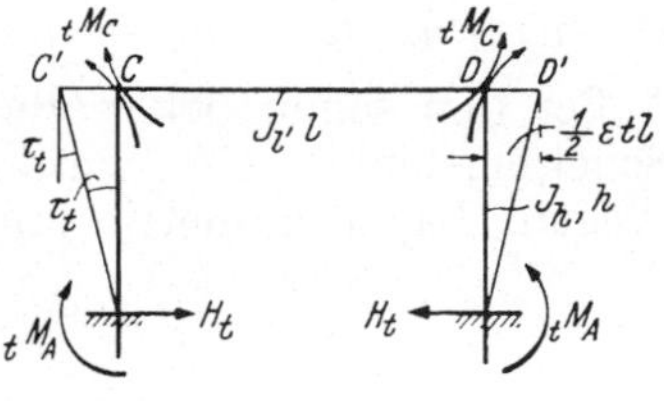

Abb. 97

$$\tau_t = \pm\,\frac{1}{2}\,\varepsilon\,t\,\frac{l}{h}$$

$\tau_t =$ elastisches Gewicht; ferner besteht:

$${}_tM_C = {}_tM_A - H_t\,h$$

An den Einspannstellen wirken:

$${}_t\tau_A = \frac{h}{6\,EJ_h}\,(2\,{}_tM_A + {}_tM_C) = \frac{h}{6\,EJ_h}\,(3\,{}_tM_A - H_t\,h)$$

In den Knoten:

$$_t\tau_C = \frac{h}{6\,EJ_h}\,(2\,_tM_C + _tM_A) + \frac{l}{6\,EJ_l}\,3\,_tM_C =$$

$$= \frac{h}{6\,EJ_h}\,(3\,_tM_A - 2\,H_t\,h) + \frac{l}{2\,EJ_l}\,(_tM_A - H_t\,h)$$

Feste Fußeinspannung bedingt:

$$_t\tau_A - \tau_t = 0 \tag{a}$$

und Unverschieblichkeit der Ständerfüße:

$$2\left(_t\tau_C\,h \pm \frac{1}{2}\,\varepsilon\,t\,l\right) = 0 \tag{b}$$

Gl. (a) liefert nach Substitution:

$$3\,_tM_A - H_t\,h = \pm\,\frac{3\,\varepsilon\,E\,t\,J_h\,l}{h^2}$$

und Gl. (b):

$$_tM_A\,(1 + \mu) - H_t\,h\left(1 + \frac{2}{3}\,\mu\right) = \mp\,\frac{\varepsilon\,E\,t\,J_l}{h}.$$

Die Auflösung ergibt:

$$H_t = \pm\,\frac{3\,\varepsilon\,E\,t\,J_l}{h^2}\,\frac{(1 + 2\,\mu)}{(2 + \mu)\,\mu}$$

$$_tM_A = \pm\,\frac{3\,\varepsilon\,E\,t\,J_l}{h}\,\frac{(1 + \mu)}{(2 + \mu)\,\mu} \tag{194}$$

$$_tM_C = \mp\,\frac{3\,\varepsilon\,E\,t\,J_l}{h}\,\frac{1}{(2 + \mu)}.$$

9. *Für den im 4. Beispiel, X. Abschnitt, untersuchten Dreigelenkbogen sind in 1, 2 und 3 die vertikalen und horizontalen Deformationen zu berechnen. Der Einfluß der Schubkräfte ist anzugeben (Abb. 83).*

Außer den schon bekannten τ_1, τ_2 und τ_3 ist noch die Kenntnis des im Scheitelgelenk „C" wirkenden elastischen Gewichtes τ_g erforderlich. Wegen Bogensymmetrie lautet der Sehnensatz:

$$2\,\Sigma\,\tau\,y + \tau_g\,h = 0$$

woraus folgt:

$$\tau_g = -\,\frac{2\,\Sigma\,\tau\,y}{h}$$

Elastischer Auflagerdruck:

$$\gamma_A = \gamma_B = \Sigma\,\tau + \frac{1}{2}\,\tau_g$$

Mit den im bezogenen Beispiel ermittelten Werten findet sich:

$$y_1 = 3{\cdot}0\,\text{m},\ \tau_1 = -\,0{\cdot}00154;\ \text{daher:}\ \tau_1\,y_1 = -\,0{\cdot}00462$$
$$y_2 = 5{\cdot}5\,\text{m},\ \tau_2 = -\,0{\cdot}00226;\ \text{daher:}\ \tau_2\,y_2 = -\,0{\cdot}01243$$
$$\underline{y_3 = 7{\cdot}1\,\text{m},\ \tau_3 = -\,0{\cdot}00170};\ \text{daher:}\ \underline{\tau_3\,y_3 = -\,0{\cdot}01207}$$
$$\Sigma\,\tau = -\,0{\cdot}0055 \qquad\qquad \Sigma\,\tau\,y = -\,0{\cdot}02912$$

damit $(h = 7.6\,\text{m})$:

$$\tau_g = + 0{\cdot}00766$$

und: $\gamma_A = - 0{\cdot}00550 + \dfrac{1}{2}\, 0{\cdot}00766 = - 0{\cdot}00167.$

In die rechte Seite der Abb. 83 sind die elastischen Kräfte eingetragen (positiv abwärts wirkend).

Vertikale Verschiebungen, Gl. (163); die elastischen Werte sind mit den absoluten Maßen einzusetzen.

Bogenpunkt „1": $f_1 = - \gamma_A\, x_1 = - 0{\cdot}00167 \,.\, 2{\cdot}2 \,.\, 1000 = - 3{\cdot}67\,\text{mm}$

Bogenpunkt „2": $f_2 = - \gamma_A\, x_2 + \tau_1\,(x_2 - x_1) =$
$$= (- 0{\cdot}00167 \,.\, 4{\cdot}95 + 0{\cdot}00154 \,.\, 2{\cdot}75)\, 1000 =$$
$$= - 4{\cdot}03\,\text{mm}$$

Bogenpunkt „3": $f_3 = - \gamma_A\, x_3 + \tau_1\,(x_3 - x_1) + \tau_2\,(x_3 - x_2) =$
$$= (- 0{\cdot}00167 \,.\, 8{\cdot}31 + 0{\cdot}00154 \,.\, 6{\cdot}11 +$$
$$+ 0{\cdot}00226 \,.\, 3{\cdot}36)\, 1000 = + 3{\cdot}13\,\text{mm}.$$

Die Bogenpunkte „1" und „2" steigen auf, Punkt „3" verschiebt sich nach abwärts.

Scheitelsenkung. $\quad f = - \gamma_A\, \dfrac{l}{2} + \tau_1\left(\dfrac{l}{2} - x_1\right) + \tau_2\left(\dfrac{l}{2} - x_2\right) +$
$$+ \tau_3\left(\dfrac{l}{2} - x_3\right) = 17{\cdot}3\,\text{mm}.$$

Horizontale Verschiebungen, Gl. (164). Die maßgebende Richtung der elastischen Kräfte erhält man durch Drehung um 90^0. Auch hier sind die τ- und γ-Werte mit ihren absoluten Maßen einzusetzen.

Bogenpunkt „1": $\delta_1 = - \gamma_A\, y_1 = - 0.00167 \,.\, 3{\cdot}0 \,.\, 1000 = - 5{\cdot}0\,\text{mm}$

Bogenpunkt „2": $\delta_2 = - \gamma_A\, y_2 + \tau_1\,(y_2 - y_1) =$
$$= (- 0{\cdot}00167 \,.\, 5{\cdot}5 + 0{\cdot}00154 \,.\, 2{\cdot}5)\, 1000 = - 5{\cdot}34\,\text{mm}$$

Bogenpunkt „3": $\delta_3 = - \gamma_A\, y_3 + \tau_1\,(y_3 - y_1) + \tau_2\,(y_3 - y_2) =$
$$= (- 0{\cdot}00167 \,.\, 7{\cdot}1 + 0{\cdot}00154 \,.\, 4{\cdot}1 + 0{\cdot}00226 \,.\, 1{\cdot}6) =$$
$$= - 1{\cdot}93\,\text{mm}.$$

Die negativen Vorzeichen besagen, daß die Verschiebungen von der Mitte weg nach außen erfolgen.
Für den Scheitel besteht (Kontrolle):

$$\delta_g = - \gamma_A\, h + \tau_1\,(h - y_1) + \tau_2\,(h - y_2) + \tau_3\,(h - y_3) = 0.$$

In Abb. 82, rechte Seite, sind die Verschiebungsmaße, bezogen auf die Bogenpunkte, in 50facher Vergrößerung aufgetragen.

Einfluß der Normalkraft auf die Scheitelsenkung. Gl. (159) lautet $(\alpha = \beta)$:

$$f_N = \frac{\Delta \lambda_N}{\sin x}$$

$\Delta \lambda_N = $ Verkürzung der Sehne $\overline{AC} = \lambda$ zufolge der in Richtung von λ wirkenden Auflagerreaktion:

$$K = A \sin \alpha + H \cos \alpha,$$

daher mit $\lambda = \dfrac{l}{2 \cos a}$ und $F = $ konstant:

$$f_N = \frac{K\lambda}{EF \sin a} = \frac{(A \sin a + H \cos a)\, l}{2\, E\, F \sin a \cos a} = \frac{(A \operatorname{tg} a + H)\, l}{2\, E\, F \sin a}.$$

Mit $l = 24$ m $= 24000$ mm, $A = 6000$ kg, $H \approx 9500$ kg, $F = 210$ cm^2 und wegen $a = 32^0 20'$, bezw. $\sin a = 0.535$, $\operatorname{tg} a = 0.633$ wird:

$$f_N = \frac{24000\,(6000\,.\,0{\cdot}633 + 9500)}{2\,.\,2100{,}000\,.\,210\,.\,0{\cdot}535} \approx 0{\cdot}68 \text{ mm}$$

Totale Senkung des Scheitels:

$$f_{tot} \approx 18 \text{ mm}$$

Der Einfluß der Normalkräfte darf vernachlässigt werden.
Einfluß der Querkräfte auf die Scheitelsenkung. Man erhält denselben aus Gl. (b), Absch. X, 4. Beispiel.

$$f_1 = \Sigma\,(\tau + \varDelta\,\tau)\,(y \cot g\, a - x),$$

wobei $\varDelta\,\tau$ das zusätzliche elastische Gewicht gemäß Gl. (174) darstellt:

$$\varDelta\,\tau = \frac{\varkappa}{G}\left(\frac{Q_r}{F_r} + \frac{Q_l}{F_l}\right)$$

Q_r, bezw. Q_l sind die unmittelbar rechts, bezw. links vom Knoten auftretenden Querkräfte, F_r, bezw. F_l die Querschnittsflächen der bezüglichen Stäbe. Mit den Eintragungen in Abb. 82 findet sich:

$$Q = A \cos \psi \left(1 - \frac{H}{A} \operatorname{tg} \psi\right)$$

$\psi = $ Neigung des bezüglichen Stabes. Mit dem schon bekannten Auflagerdruck: $A = 6{\cdot}0$ t und dem Horizontalschub $H = 9{\cdot}474$ t erhält man für die Stäbe: $\overline{0-1} \ldots Q_{0,\,1} = -4{\cdot}091$ t, $\overline{1-2} \ldots Q_{1,\,2} = -1{\cdot}932$ t, $\overline{2-3} \ldots Q_{2,\,3} = +1{\cdot}344$ t, $\overline{3-C} \ldots Q_{3,\,C} = +4{\cdot}678$ t.
Die mittlere Querschnittsfläche sei $F = 210$ cm^2; ferner werde angenommen, daß $\varkappa = 2{\cdot}4$, $G = 0{\cdot}4\,E$, so daß: $1000\,\varkappa/G\,F = 0{\cdot}000014$.
Damit die zusätzlichen Gewichte:
Im Bogenpunkt „1“: $\varDelta\,\tau_1 = (-4{\cdot}091 - 1{\cdot}932)\,0{\cdot}000014 \approx -8\,.\,10^{-5}$
　　Bogenpunkt „2“: $\varDelta\,\tau_2 = (-1{\cdot}932 + 1{\cdot}344)\,0{\cdot}000014 \approx -8\,.\,10^{-6}$
　　Bogenpunkt „3“: $\varDelta\,\tau_3 = (+1{\cdot}344 + 4{\cdot}678)\,0{\cdot}000014 \approx +8\,.\,10^{-5}$
Diese Beträge dürfen gegenüber den τ-Werten vernachlässigt werden.

10. *Der symmetrische Dreigelenkrahmen ist laut Abb. 98 belastet. Wann tritt Hebung des Scheitels ein? Der Einfluß der Schubverformung ist festzustellen. $J = $ konstant.*
Die Aufgabe vereinfacht sich durch Lastaufspaltung in einen symmetrischen (Abb. 97 a) und einen polarsymmetrischen (Abb. 97 b) Lastangriff. $P_1 > P_2$.

a) Polarsymmetrische Belastung. Knotenlast: $P_{sp} = \pm \dfrac{P_1 - P_2}{2}$,

Scheitellast: $P_m = 0$, Auflagerdruck:

$$A_{sp} = \pm\,(P_1 - P_2)\,\frac{a_2}{l}$$

Querkraft im Scheitelgelenk:

$$V_{sp} = A_{sp} - P_{sp} = \mp (P_1 - P_2)\frac{a_1}{l}$$

Horizontalschub $H_{sp} = 0$, ebenso das Scheitelmoment.
Moment im Knoten „1":

$$M_{sp} = A_{sp}\,a_1 = \pm \frac{a_1 a_2}{l}(P_1 - P_2)$$

Elastisches Gewicht: $\quad \tau_{sp} = \pm \dfrac{2\,s}{3\,EJ}\,M_{sp}$

Sehnengleichung. Für die horizontal wirkenden „τ" besteht:

$$\tau_{sp}\,h_1 + \tau_z\,h_m - \tau_{sp}\,h_1 = 0,$$

sohin: $\tau_z = 0$.

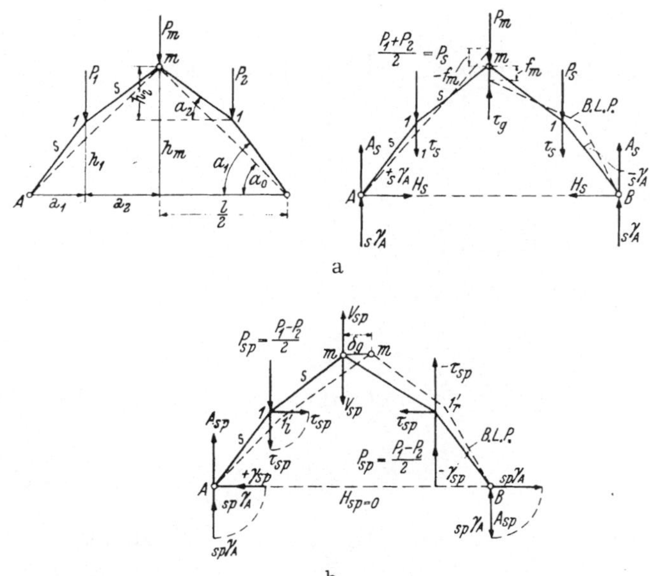

Abb. 98 a, b

Elastischer Auflagerdruck: Aus

$$_{sp}\gamma_A\,l - \tau_{sp}\,(l - a_1) + \tau_{sp}\,a_1 = 0$$

folgt:

$$_{sp}\gamma_A = \pm \frac{2\,a_2}{l}\,\tau_{sp}.$$

Bei Vernachlässigung der Wirkung der Normalkräfte tritt keine Senkung des Scheitels ein.

Scheitelverschiebung δ_z *im horizontalen Sinn.* Nach Drehung der elastischen Kräfte um 90° ergibt sich Gl. (164):

$$\delta_z = {}_{sp}\gamma_A\,h_m - \tau_{sp}\,h_2 = \frac{2\,(h_1 a_2 - h_2 a_1)}{l}\,\tau_{sp} \tag{a}$$

und nach Substitution:

$$\delta_g = \frac{4\,a_1\,a_2\,s\,(h_1\,a_2 - h_2\,a_1)}{3\,EJ\,l^2}\,(P_1 - P_2)\,. \tag{a_1}$$

Wenn $P_1 = P_2$ wird $\delta_g = 0$.

β) *Symmetrische Belastung* (*Abb. 98 a*).

Scheitellast: P_m, Knotenlast: $P_s = \dfrac{P_1 + P_2}{2}$

Auflagerreaktion: $A_s = \left(\dfrac{1}{2}\,P_m + P_s\right)$

Horizontalschub: $H_s = \dfrac{1}{h_m}\left(\dfrac{1}{4}\,P_m\,l + P_s\,a_1\right)$

Moment im Knoten „1":

$$M_s = A_s\,a_1 - H_s\,h_1 = \frac{1}{h_m}\left[\frac{1}{2}\,P_m\,(a_1\,h_2 - a_2\,h_1) + P_s\,a_1\,h_2\right]$$

$$M_s \gtreqless 0$$

je nachdem:

$$P_s \gtreqless \frac{1}{2}\,P_m\left(\frac{a_2\,h_1}{a_1\,h_2} - 1\right) = \frac{1}{2}\,P_m\left(\frac{\mathrm{tg}\,a_1}{\mathrm{tg}\,a_2} - 1\right)$$

Elastisches Gewicht im Knoten „1".

$$\tau_s = \frac{2\,s}{3\,EJ}\,M_s$$

Die Scheitelsenkung läßt sich mit Hilfe der Gl. (b) (S. 150) berechnen; daher:

$$f_m = \tau_s\,(h_1\,\mathrm{cotg}\,a_0 - a_1) = \tau_s\,\frac{h_1\,a_2 - h_2\,a_1}{h_m} = \frac{2\,s}{3\,EJ}\,(h_1\,\mathrm{cotg}\,a_0 - a_1)\,M_s \tag{b}$$

Hebung tritt ein, wenn τ_s, bezw. M_s positiv sind, Senkung bei negativem Vorzeichen; der Scheitel bleibt in Ruhe, wenn: $h_1\,\mathrm{cotg}\,a_0 = a_1$, bezw.: $h_1 = a_1\,\mathrm{tg}\,a_0$, d. h. wenn der Rahmen in einen Dachrahmen (ohne Knick) übergeht.

Zahlenbeispiel.

$s = 5{\cdot}0$ m, $a_1 = 3{\cdot}0$ m, $a_2 = 4{\cdot}0$ m, $h_1 = 4{\cdot}0$ m, $h_2 = 3{\cdot}0$ m; $l = 14{\cdot}0$ m, $h_m = 7{\cdot}0$ m.

$$\mathrm{tg}\,a_0 = \frac{2\,h_m}{l} = 1{\cdot}0,\ \ \mathrm{tg}\,a_1 = \frac{4}{3},\ \ \ \mathrm{tg}\,a_2 = \frac{3}{4}\,.$$

$$P_m = 5{\cdot}6\,\text{t},\ \ P_1 = 4{\cdot}2\,\text{t},\ \ P_2 = 1{\cdot}4\,\text{t};\ \ P_s = \frac{P_1 + P_2}{2} = 2{\cdot}8\,\text{t},$$

$$P_{sp} = 1{\cdot}4\,\text{t}.$$

Horizontale Verschiebung des Scheitels, Gl. (a_1):

$$\delta_g = \frac{4\cdot3\cdot4\cdot5\cdot(4\cdot4 - 3\cdot3)\,2{\cdot}8}{3\,EJ\,14^2} = \frac{8}{EJ}$$

Aus:

$$P_s \gtreqless \frac{1}{2} P_m \left(\frac{\operatorname{tg} a_1}{\operatorname{tg} a_2} - 1 \right)$$

folgt:

$$2{\cdot}8 > \frac{1}{2}\, 5{\cdot}6 \left(\frac{16}{9} - 1 \right) \approx 2{\cdot}19,$$

d. h. M_s ist positiv; der Scheitel *hebt* sich.

$$M_s = \frac{1}{7} \left[2{\cdot}8 \cdot 3 \cdot 3 + \frac{1}{2}\, 5{\cdot}6\,(3{\cdot}0 \cdot 3{\cdot}0 - 4{\cdot}0 \cdot 4{\cdot}0) \right] = 0{\cdot}8 \text{ tm.}$$

Die Hebung, Gl. (b) beträgt:

$$f_m{}' = \frac{2 \cdot 5}{3\,EJ}\,(4{\cdot}0 \cdot 1{\cdot}0 - 3{\cdot}0)\,0{\cdot}8 = \frac{8}{3\,EJ}.$$

Schubverformung. Es genügt die infolge der Schubkräfte hervorgerufenen zusätzlichen elastischen Gewichte zu bestimmen.

a) Polarsymmetrische Belastung: Gl. (174) ergibt:

$$\Delta\,\tau_{sp} = \frac{\varkappa}{G} \left(\frac{Q_r}{F_r} + \frac{Q_l}{F_l} \right).$$

Über die Bedeutung der einzelnen Buchstaben siehe 9. Beispiel.
Im besonderen ist:

$$Q_l = A_{sp} \cos a_1 = (P_1 - P_2)\,\frac{a_2}{l}\,\frac{a_1}{s},$$

$$Q_r = V_{sp} \cos a_2 = -(P_1 - P_2)\,\frac{a_1}{l}\,\frac{a_2}{s}.$$

Die Querkräfte sind demnach entgegengesetzt gleich; sohin mit:
$$|Q_r| = |Q_l| = |Q|$$

$$\Delta\,\tau_{sp} = \frac{\varkappa\,Q}{G\,F_l} \left(1 - \frac{F_l}{F_r} \right).$$

Mit der stets zulässigen Annahme, daß $F_l \approx F_r$ wird, $\Delta\,\tau_{sp} = 0$.
Der Einfluß der Schubkräfte ist unbedeutend.

β) Symmetrische Belastung (Abb. 98 a). Zusätzliches elastisches Gewicht:

$$\Delta\,\tau_s = \frac{\varkappa}{G} \left(\frac{Q_r{}'}{F_r} + \frac{Q_l{}'}{F_l} \right)$$

Mit: $\quad A_s = \left(P_s + \frac{1}{2} P_m \right), \quad H_s = \frac{1}{h_m} \left(\frac{1}{4} P_m l + P_s a_1 \right) \quad$ erhält man:

$$Q_l{}' = A_s \cos a_1 - H_s \sin a_1 = \left(P_s + \frac{1}{2} P_m \right) \frac{a_1}{s} - \frac{1}{h_m} \left(\frac{1}{4} P_m l + P_s a_1 \right) \frac{h_1}{s}$$

Rechts vom Knoten „1" ist zu setzen:

$$Q_r{}' = \frac{1}{2} P_m \cos a_2 - H_s \sin a_2 = \frac{1}{2} P_m \frac{a_2}{s} - H_s \frac{h_2}{s}.$$

Man überzeugt sich, daß auch hier: $Q_l' = - Q_r' = Q'$; daher:

$$\Delta \tau_s = \frac{\varkappa Q'}{G F_l}\left(1 - \frac{F_l}{F_r}\right)$$

Der Einfluß der Schubkräfte ist belanglos.

11. *Der aus Stahl hergestellte Zweigelenkrahmen (Abb. 99a) ist im Scheitel mit $P = 2{\cdot}0$ t belastet. Zu bestimmen sind der Horizontalschub und die Verschiebungen sämtlicher Knoten.*
Vorausgesetzt wird konstantes Trägheitsmoment; der Rechnungsgang ändert sich nicht, wenn die einzelnen Stäbe verschiedene J aufweisen oder innerhalb eines Stabes sich z. B. sprungweise ändern; in diesem Falle

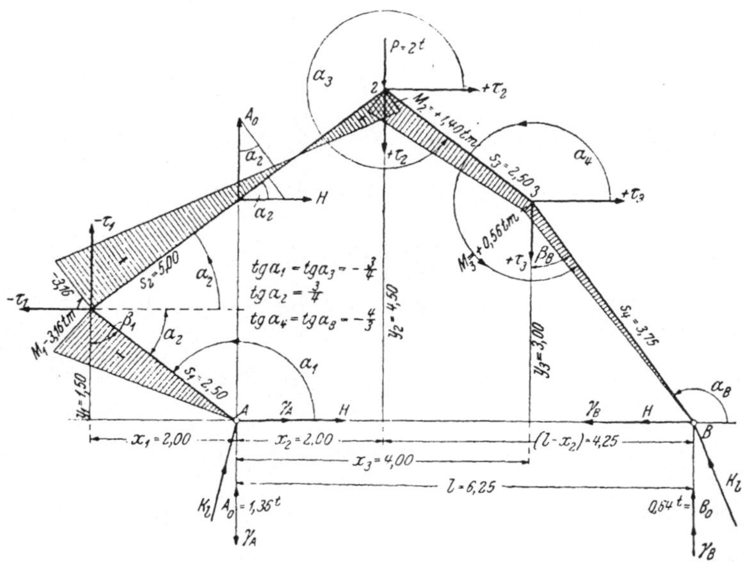

Abb. 99 a

treten an den Stellen der Unstetigkeit zusätzliche elastische Gewichte auf. *Der Horizontalschub.* In „B" wird vorerst ein bewegliches Auflager angenommen, ($H = 0$). Daher:

$$A_0 = \frac{P(l - x_2)}{l} = \frac{2{\cdot}0\,(6{\cdot}25 - 2{\cdot}0)}{6{\cdot}25} = 1{\cdot}36 \text{ t}, \quad B_0 = 0{\cdot}64 \text{ t}$$

Eckmomente: $_0m_1 = - A_0 x_1 = -1{\cdot}36 \cdot 2{\cdot}0 = -2{\cdot}72$ tm,
$_0m_2 = A_0 x_2 = 1.36 \cdot 2.0 = +2.72$ tm, $\quad _0m_3 = B_0(l - x_3) = 0.64 \cdot 2.25 = +1.44$ tm

Stablängen $s_1 = 250$ cm, $\quad s_2 = 500$ cm, $\quad s_3 = 250$ cm, $\quad s_4 = 375$ cm.
Elastische Gewichte:

$$_0\tau_1 = \frac{s_1}{3\,EJ}\,_0m_1 + \frac{s_2}{6\,EJ}\,(2\,_0m_1 + _0m_2) = -\frac{136000}{3\,EJ},$$

$$_0\tau_2 = \frac{s_2}{6\,EJ}\,(2\,_0m_2 + _0m_1) + \frac{s_3}{6\,EJ}\,(2\,_0m_2 + _0m_3) = +\frac{154000}{3\,EJ}, \quad \text{(a)}$$

$$_0\tau_3 = \frac{s_3}{6\,EJ}\,(2\,_0m_3 + _0m_2) + \frac{s_4}{3\,EJ}\,_0m_3 = +\frac{124.000}{3\,EJ}$$

Verlängerung der Stützweite:

$$\Delta\,l^{\mathrm{cm}} = \Sigma\,_0\tau\,y.$$

Nun besteht:

$$y_1 = 150\ \mathrm{cm}, \quad 3\,EJ\,_0\tau_1\,y_1 = -\,204\,.\,10^5,$$
$$y_2 = 450\ \mathrm{cm}, \quad 3\,EJ\,_0\tau_2\,y_2 = +\,693\,.\,10^5,$$
$$y_3 = 300\ \mathrm{cm}, \quad 3\,EJ\,_0\tau_3\,y_3 = +\,372\,.\,10^5$$

Daher:

$$\Delta\,l^{\mathrm{cm}} = \frac{287\,.\,10^5}{EJ}\,.$$

Zustand $H = 1$:

$$_1m_1 = -\,1\,y_1 = -\,1{\cdot}5\ \mathrm{tm}; \quad _1\tau_1 = -\,\frac{75000}{EJ}\,; \quad EJ\,_1\tau_1\,y_1 = -\,112{\cdot}5\,.\,10^5$$

$$_1m_2 = -\,1\,y_2 = -\,4{\cdot}5\ \mathrm{tm}; \quad _1\tau_2 = -\,\frac{137.500}{EJ}\,; \quad EJ\,_1\tau_2\,y_2 = -\,618{\cdot}75\,.\,10^5$$

$$_1m_3 = -\,1\,y_3 = -\,3.0\ \mathrm{tm}; \quad _1\tau_3 = -\,\frac{81250}{EJ}\,; \quad EJ\,_1\tau_3\,y_3 = -\,243{\cdot}75\,.\,10^5$$

$$\overline{\qquad EJ\,\Sigma_1\tau\,y = -\,975{\cdot}0\,.\,10^5\qquad}$$

Die Stützweite verkürzt sich um:

$$\Delta\,l_1^{\mathrm{cm}} = \Sigma_1\tau\,y = -\,\frac{975\,.\,10^5}{EJ}\,.$$

Aus:

$$\Delta\,l + H\,.\,\Delta\,l_1 = 0$$

findet sich $(l = 6{\cdot}25\ \mathrm{m})$:

$$H = -\,\frac{\Delta\,l}{\Delta\,l_1} = +\,0{\cdot}2943\ \mathrm{t}\ (\text{nach innen wirkend}).$$

Tatsächliche Eckmomente:

$$M_1 = _0m_1 + _1m_1\,H = -\,2{\cdot}72 - 1{\cdot}50\,.\,0{\cdot}2943 = -\,3{\cdot}16145\ \mathrm{tm}$$
$$M_2 = _0m_2 + _1m_2\,H = +\,2{\cdot}72 - 4{\cdot}50\,.\,0{\cdot}2943 = +\,1{\cdot}39565\ \mathrm{tm}$$
$$M_3 = _0m_3 + _1m_3\,H = +\,1{\cdot}44 - 3{\cdot}00\,.\,0{\cdot}2943 = +\,0{\cdot}55710\ \mathrm{tm}$$

Zugeordnete elastische Gewichte [analog laut Gl. (a)]:

$$\tau_1 = -\,\frac{67.400}{EJ}\,, \quad \tau_2 = +\,\frac{10,870}{EJ}\,, \quad \tau_3 = +\,\frac{17.420}{EJ}$$

$$\Sigma\,\tau = -\,\frac{39.100}{EJ}$$

Ferner besteht:

$$\tau_1\,y_1 = -\,\frac{101.100}{EJ}\,; \quad \tau_1\,x_1 = +\,\frac{13,480.000}{EJ}$$

$$\tau_2\, y_2 = + \frac{48.915}{EJ}\ ; \qquad \tau_2\, x_2 = + \frac{2,174.000}{EJ}$$

$$\tau_3\, y_3 = + \frac{52.265}{EJ}\ ; \qquad \tau_3\, x_3 = + \frac{6,968.000}{EJ}\ ,$$

daher:

$$\Sigma\,\tau\,y \approx 0 \ \text{(Kontrolle)}$$

$$\Sigma\,\tau\,x = \frac{22,622.000}{EJ}\ .$$

Elastische Auflagerdrücke. Sie berechnen sich aus Abb. 99 a:

$$\gamma_A + \gamma_B = \Sigma\,\tau = -\,\frac{39.100}{EJ}\ ,$$

$$\gamma_A\, l + \tau_1\,(x_1 + l) - \tau_2\,(l - x_2) - \tau_3\,(l - x_3) = 0$$

und betragen:

$$\gamma_A = \Sigma\,\tau - \frac{\Sigma\,\tau\,x}{l} = -\,\frac{75.305}{EJ}\ ,$$

$$\gamma_B = \Sigma\,\tau - \gamma_A = +\,\frac{36.195}{EJ}\ .$$

Vertikale Verschiebungen. Gl. (163) ergibt in cm für:

$$\text{Knoten ,,1`` ..... } f_1 = \gamma_A\, x_1 = \frac{75.305 \cdot 200}{EJ} = +\,\frac{15,060.000}{EJ}$$

$$\text{Knoten ,,2`` ..... } f_2 = -\,\gamma_A\, x_2 + \tau_1\,(x_1 + x_2) = +\,\frac{11,900.000}{EJ}$$

$$\text{Knoten ,,3`` ..... } f_3 = \gamma_B\,(l - x_3) = +\,\frac{8,145.000}{EJ}\ .$$

Demnach durchwegs Senkungen.

Horizontale Verschiebungen. Gemäß Gl. (164) gelten folgende Ansätze, wobei der maßgebende Richtungssinn für γ_A, γ_B und die τ-Werte durch Drehung um 90^0 entsteht und mit absoluten Größen zu rechnen ist.

$$\text{Für den Knoten ,,1`` ..... } \delta_1^{\text{cm}} = -\,\gamma_A\, y_1 = -\,\frac{11,295.000}{EJ}$$

$$\text{Für den Knoten ,,2`` ..... } \delta_2^{\text{cm}} = -\,\gamma_A\, y_2 + \tau_1\,(y_2 - y_1) = -\,\frac{13,665.000}{EJ}$$

$$\text{Für den Knoten ,,3`` ..... } \delta_3^{\text{cm}} = -\,\gamma_B\, y_3 = -\,\frac{10,858.000}{EJ}\ .$$

Die Deformation vollzieht sich in Richtung der negativen τ, also durchwegs nach links.

Gesamtverschiebungen. Diese erhält man allgemein aus:

$$r = (f^2 + \delta^2)^{\frac{1}{2}}$$

Besonders einfach stellt sich „r" für den ersten und letzten Knoten; denn es ist:

$$r_1 = (f_1{}^2 + \delta_1{}^2)^{1/2} = \gamma_A (x_1{}^2 + y_1{}^2)^{1/2} = \underline{\gamma_A\, s_1},$$

$$r_3 = (f_3{}^2 + \delta_3{}^2)^{1/2} = \gamma_B [(l - x_3)^2 + y_3{}^2]^{1/2} = \underline{\gamma_B\, s_4},$$

d. h. der Verschiebungsweg ist ersichtlich ein Kreisbogen; da aber die γ-Werte sehr klein sind, darf die Verschiebungsrichtung senkrecht zur jeweiligen Stabrichtung angenommen werden; für die übrigen Knoten gelten dieselben Grundsätze, wenn auch die Formeln nicht so einfach sind. Interessant sind noch folgende Relationen:

$$\frac{f_1}{\delta_1} = \frac{\gamma_A\, x_1}{\gamma_A\, y_1} = \frac{x_1}{y_1} = \operatorname{tg} \beta_1; \text{ daher: } \delta_1 = \underline{f_1 \operatorname{cotg} \beta_1}.$$

$$\frac{f_3}{\delta_3} = \frac{\gamma_B\,(l - x_3)}{\gamma_B\, y_3} = \frac{(l - x_3)}{y_3} = \operatorname{tg} \beta_3; \text{ daher: } \delta_3 = f_3 \operatorname{cotg} \beta_3.$$

Um ein Urteil über das Maß der Deformationen zu gewinnen, werde angenommen, daß der Rahmen durchwegs aus 2-][Nr. 16 bestehe; dann ist $J = 1850\,\mathrm{cm^4}$ und $EJ = 1850 \cdot 2{\cdot}1 \cdot 10^3 = 3885 \cdot 10^3\,\mathrm{tcm^2}$; damit erhält man folgende Deformationen:

$$f_1 = 3.88\,\mathrm{cm}, \qquad f_2 = 3.06\,\mathrm{cm}, \qquad f_3 = 2.09\,\mathrm{cm}$$
$$\delta_1 = -2.91\,\mathrm{cm}, \qquad \delta_2 = -3.54\,\mathrm{cm}, \qquad \delta_3 = -2.59\,\mathrm{cm}.$$

Damit z. B. die Verschiebung infolge f_2 und δ_2:

$$r_2 = (f_2{}^2 + \delta_2{}^2)^{1/2} = \underline{46.8\,\mathrm{mm}}.$$

In Abb. (99 b) ist der Verschiebungsplan in 20-facher Vergrößerung dargestellt.

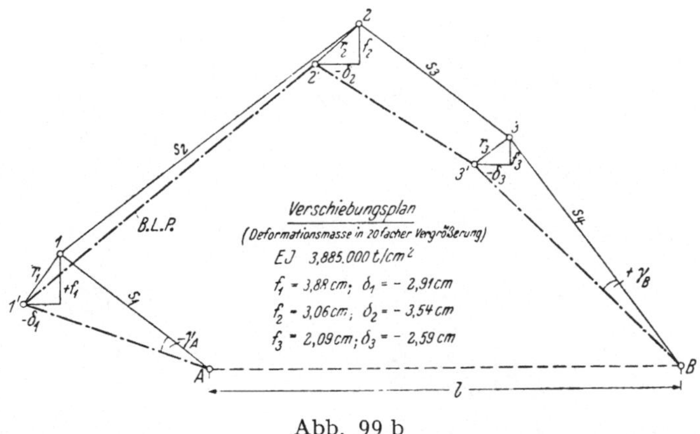

Abb. 99 b

Einfluß der Normal-(Stab-)Kräfte. Sie ergeben sich durchwegs als Druck und können entweder aus den Kämpferdrücken K_l, K_r oder direkt aus den Auflagerdrücken und dem Horizontalschub gewonnen werden. Z. B. gilt für den Stab s_2:

$$N_2 = -(A_0 \sin \alpha_2 + H \cos \alpha_2) = -1{\cdot}05\,\mathrm{t}.$$

Im besonderen ergibt die Rechnung:

$$N_1 = -0{\cdot}58\,\mathrm{t}, \quad N_2 = -1{\cdot}05\,\mathrm{t}, \quad N_3 = -0{\cdot}62\,\mathrm{t}, \quad N_4 = -0{\cdot}689\,\mathrm{t}.$$

Für eine Querschnittsfläche von $F = 48$ cm² betragen die Normalspannungen (ohne Rücksicht auf den Wärmeeinfluß):

$$\sigma_1 = -\,12{\cdot}1 \text{ kg/cm}^2, \qquad \sigma_2 = -\,21{\cdot}3 \text{ kg/cm}^2, \qquad \sigma_3 = -\,12{\cdot}5 \text{ kg/cm}^2,$$
$$\sigma_4 = -\,14{\cdot}3 \text{ kg/cm}^2.$$

Die zusätzliche Verschiebung wurde mit:

$$\Delta h_t = \frac{\sigma_m}{E}\,\frac{s_m^{\,2}}{l_m}$$

bestimmt Gl. (166) und beträgt für den Knoten „1":

$$\Delta h_{t_1} = \frac{\sigma_1}{E}\,\frac{s_1^{\,2}}{x_1}\,1000 = \frac{12{\cdot}1\,.\,2{\cdot}5^2\,.\,1000}{2{\cdot}1\,.\,10^6\,.\,2{\cdot}0} = \underline{0{\cdot}018 \text{ mm}}$$

für Knoten „2"

$$\Delta h_{t_2} = \Delta h_{t_1} + \frac{\sigma_2}{E}\,\frac{s_2^{\,2}}{(x_1 + x_2)}\,1000 = 0{\cdot}018 + \frac{21{\cdot}3\,.\,5^2\,.\,1000}{2{\cdot}1\,.\,10^6\,.\,4{\cdot}0} = \underline{0{\cdot}081 \text{ mm}}.$$

Der Einfluß der Normalkräfte darf meist vernachlässigt werden.

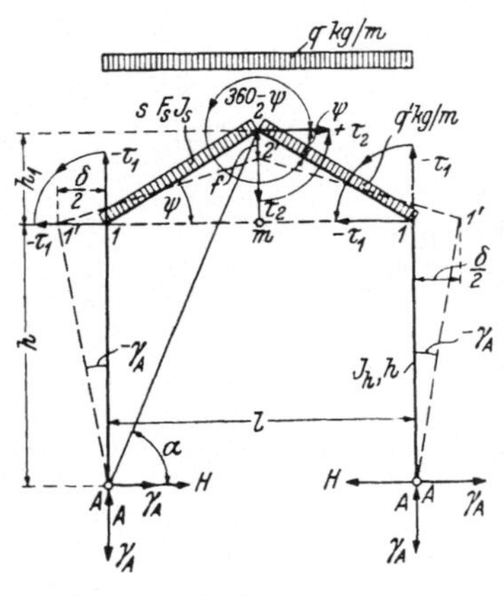

Abb. 100

12. *Der gesattelte Zweigelenkrahmen (Abb. 100) ist gleichmäßig mit q kg/m Grundriß belastet. Die Scheitelsenkung ist anzugeben.*

Mit den gewählten Bezeichnungen findet sich der Horizontalschub mit $[1]$:

$$H = \frac{q l^2}{12}\,\frac{(8\,h + 5\,h_1)}{[h^2\,(3 + \mu) + h_1\,(3\,h + h_1)]}, \qquad (\text{a})$$

wenn:

$$\mu = \frac{h}{s}\,\frac{J_s}{J_h}$$

Eckmomente:

$$M_1 = -\,H\,h,$$
$$M_2 = \frac{q l^2}{8} - H\,(h + h_1)$$

Elastische Gewichte:

$$\tau_1 = \frac{h}{3\,E J_h}\,M_1 + \frac{s}{6\,E J_s}\,(2\,M_1 + M_2) + \frac{q l^2 s}{96\,E J_s},$$

$$\tau_2 = 2\left[\frac{s}{6\,E J_s}\,(2\,M_2 + M_1) + \frac{q l^2 s}{96\,E J_s}\right].$$

Das jeweils letzte Glied rührt von der Feldbelastung her. Zwischen q und der senkrecht zum Schenkel s wirkenden Belastung q' besteht [XV. Abschnitt, 4. Beispiel, Gl. (a)] die Relation:

$$q' = q \cos^2 \psi = \frac{q l^2}{2\,s}.$$

Demnach die zusätzliche Endverdrehung:

$$\frac{q' s^3}{24\,E J_s} = \frac{q l^2 s}{96\,E J_s}$$

Elastische Auflagerdrücke:

$$\gamma_A = \tau_1 - \frac{1}{2}\tau_2 = \gamma_B \tag{b}$$

Scheitelsenkung:

$$f = -\gamma_A \frac{l}{2} + \tau_1 \frac{l}{2} = \frac{l}{4}\tau_2 \tag{c}$$

Sie ist von τ_1 unabhängig.

Durch Umklappen der elastischen Kräfte um 90^0 folgt die seitliche Verschiebung der Ständerköpfe:

$$\frac{1}{2}\delta = -\gamma_A h = -\left(\tau_1 - \frac{1}{2}\tau_2\right)h \tag{d}$$

Für die Scheitelverschiebung in horizontalem Sinn, Gl. (164), besteht wegen Symmetrie:

$$\delta_2 = -\gamma_A (h + h_1) + \tau_1 h_1 = -\tau_1 h + \frac{1}{2}\tau_2 (h + h_1) = 0.$$

Sonderwertung. Setzt man in Gl. (c) den Ausdruck für τ_2 ein, so erhält man mit der Abkürzung:

$$\varrho = \frac{2h(3 + 5\mu) - h_1}{h^2(3 + \mu) + h_1(3h + h_1)} \tag{e}$$

die Scheitelsenkung:

$$f = \frac{q\,l^4}{384\,EJ_s}\frac{s}{l}\,h\,\varrho \tag{f}$$

und die Ständerverschiebung, Gl. (d), mit $\operatorname{tg}\psi = 2h_1/l$:

$$\frac{1}{2}\delta = -\frac{q\,l^2}{192\,EJ_s}\,s\,h\,h_1\,\varrho = -f\operatorname{tg}\psi. \tag{g}$$

Gleichung (g) folgt übrigens unmittelbar aus dem Vergleich des Dreieckes 1, 2, m mit dem Verschiebungsdreieck 1', 2', m; ohne Rücksicht auf die Wirkung der Normalkräfte gilt daher:

$$s = \overline{1,2} \approx \overline{1',2'}$$

d. h.:

$$s^2 = \left(\frac{1}{2}\delta + \frac{l}{2}\right)^2 + (h_1 - f)^2 = \frac{l^2}{4} + h_1{}^2.$$

Die Ausrechnung ergibt bei Vernachlässigung von $1/4\,\delta^2$ und f^2 wieder Gl. (g). Die Scheitelsenkung f läßt sich auch aus Gl. (b), S. 150, bestimmen, nur muß bei Aufstellung von τ_1 auch der Einfluß des Scheitelmomentes M_2 berücksichtigt werden; demnach:

$$f = \tau_1 (y \cot g\,\alpha - x)$$

Mit: $y = h$, $x = 0$, $\cot g\,\alpha = \dfrac{l}{2(h + h_1)}$ findet man:

$$f = \tau_1 \frac{h\,l}{2(h + h_1)}. \tag{h}$$

Durch Gleichsetzung von (c) und (h) entsteht:

$$\frac{1}{2}\tau_2 = \frac{h}{(h + h_1)}\tau_1,$$

bezw.:

$$-\tau_1 h + \frac{1}{2}\tau_2 (h + h_1) = 0,$$

also wieder der Sehnensatz für unverschiebliche Lagerung.

Einfluß der Normalkräfte auf die Scheitelsenkung. In den Schenkeln „s" treten nur Druckkräfte auf. (Die Verkürzungen in den Ständern bleiben unberücksichtigt.) Sie betragen mit dem Auflagerdruck: $A = q\,l/2$:

$$N = -(A \sin \psi + H \cos \psi) = -\frac{l\,h_1}{2\,s}\left(q + \frac{H}{h_1}\right). \tag{i}$$

Bei Vernachlässigung der Temperaturänderung ergibt sich das zusätzliche elastische Scheitelgewicht laut Gl. (165) und Abb. 100:

$$\Delta\tau_2 = \frac{\sigma}{E}\,\mathrm{tg}\,\psi - \frac{\sigma}{E}\,\mathrm{tg}\,(2\pi - \psi) = 2\frac{\sigma}{E}\,\mathrm{tg}\,\psi = \frac{2\,N}{E\,F_s}\frac{2\,h_1}{l} = \frac{4\,N\,h_1}{E F_s\,l}$$

und die zusätzliche Scheitelsenkung gemäß Gl. (c):

$$\Delta f = \Delta\tau_2\frac{l}{4} = -\frac{h_1{}^2\,l}{2\,E F_s\,s}\left(q + \frac{H}{h_1}\right). \tag{i}$$

Zahlenbeispiel.

Annahmen: $h = l$, $\mu = \frac{h}{l}\frac{J_l}{J_s} = 1$, $h_1 = \frac{3}{4}\frac{l}{2} = \frac{3\,l}{8}$, $s = \frac{5}{4}\frac{l}{2} = \frac{5}{8}\,l$,

sohin:

$$\varrho\,h = \frac{1000}{337}, \qquad H = \frac{79}{1348}\,q\,l, \qquad f \approx 1\cdot855\,\frac{q\,l^4}{384\,E\,F_s}, \qquad \frac{\delta}{2} = -\frac{3}{4}\,f,$$

und die zusätzliche Senkung:

$$\Delta f = -26\cdot93\,\frac{J_s}{F_s\,l^2}\,f.$$

Um ein Urteil über die Größe des Einflusses der Normalkräfte auf die Durchbiegung zu gewinnen, werde ein Rahmen mit Rechteckquerschnitt, letzterer von der Breite „1" und der Dicke „d", untersucht; es entsteht daher:

$$\Delta f = 2\cdot244\left(\frac{d}{l}\right)^2 f.$$

Den Verhältnissen

$$\frac{d}{l} = 1/5, \quad 1/10, \quad 1/15$$

entspricht:

$$\frac{\Delta f}{f} = 0\cdot09,\ 0\cdot0224,\ 0\cdot01.$$

Man erkennt, daß der Einfluß des praktisch kaum in Frage kommenden Verhältnisses $(d/l) = 1/5$ nur rund 9% beträgt; von da ab fällt (d/l) rasch ab und ist für normale Fälle belanglos.

XVI. Durch Anläufe (Vouten, Schrägen) verstärkte Träger.

A. Endverdrehungsmaß und Schrägehochzahl.

Für Träger (Abb. 101), deren Anläufe nach der von *Ritter* empfohlenen Beziehung [24]:

$$y = 1 - i\,(1 - \varphi)^{2r} \tag{195}$$

bezw.

$$y = 1 - i\,\varphi_1^{2r} \tag{195'}$$

durchgebildet sind, lassen sich für jede beliebige Belastungsart übersichtliche und einfache Formeln ableiten, worauf schon in zahlreichen Arbeiten hingewiesen wurde [12, c bis i]. Der Untersuchung sei ein symmetrisch verstärkter Träger mit *Rechteckquerschnitt* veränderlicher Höhe „d" zugrundegelegt. Gemäß Abb. werde gesetzt:

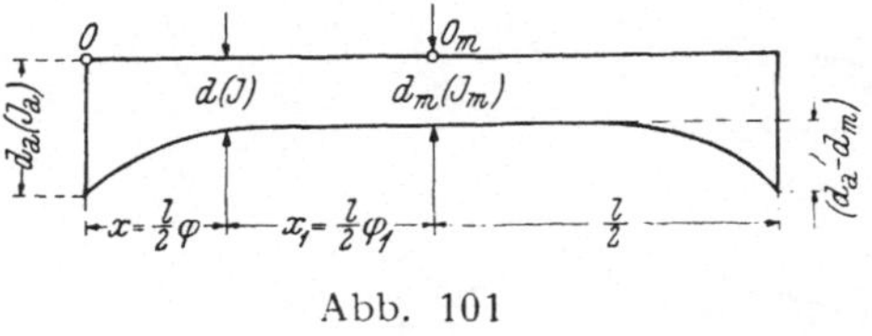

Abb. 101

$$y' = \frac{J_m}{J} = \left(\frac{d_m}{d}\right)^3$$

und

$$\frac{J_m}{J_a} = \left(\frac{d_m}{d_a}\right)^3 = \Delta^3 = (1 \mp i),$$

wobei für gegen die Feldmitte verstärkte Träger das $(+)$ Zeichen gilt. Gl. (195) mit $\varphi = \dfrac{2\,x}{l}$ bezieht sich auf den Trägeranfang „0" und Gl. (195')

mit $\varphi_1 = \dfrac{2\,x_1}{l}$ auf die Trägermitte „0_m".

φ schwankt zwischen 0 und 2, φ_1 zwischen ± 1; das Trägheitsmoment J_m in Feldmitte ist dem Verhältnis $\varphi = 1$, bezw. $\varphi_1 = 0$ zugeordnet, das Trägheitsmoment J_a hingegen $\varphi = 0$ und $\varphi = 2$, bezw. $\varphi_1 = \pm 1$. Die Anlaufform hängt bei gegebenem Δ wesentlich vom Exponenten „$2\,r$" ab, der für konstantes J, d. h. für $y = \Delta = 1$ in die Null übergeht. Die unter einer bestimmten Belastung auftretenden Endverdrehungen τ_a, τ_β lassen sich aus:

$$\left.\tau_\beta^a\right\} = \int \frac{M\,M'}{EJ}\,dx = \frac{1}{EJ_m}\int \frac{J_m}{J_a}\,M\,M'\,dx - \frac{1}{EJ_m}\int M\,M'\,y\,dx \tag{196}$$

Tab. 21. *Zusammenstellung der*

Nummer	Belastungsart	Trägerform 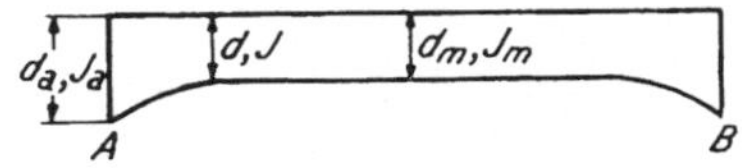		
		τ_a	τ_β	τ_γ
		a	b	c
1	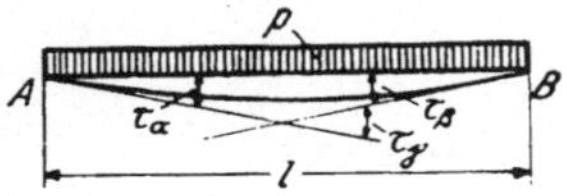	$\dfrac{p\,l^2}{8}\,a\,K_2$	$\dfrac{p\,l^2}{8}\,a\,K_2$	$\dfrac{p\,l^2}{4}\,a\,K_2$
2	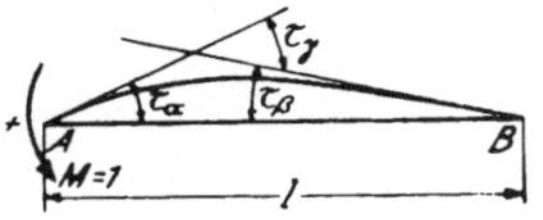	$a\,K_1$	$\beta\,K_2$	$\gamma\,K_3$
3	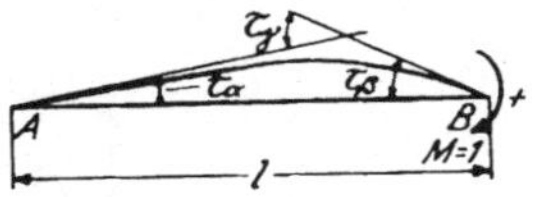	$\beta\,K_2$	$a\,K_1$	$\gamma\,K_3$
4a	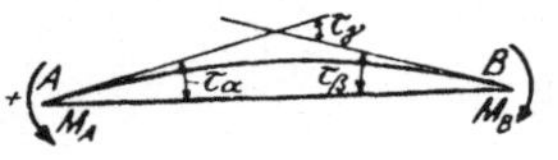	$\beta(2M_A K_1 + M_B K_2)$	$\beta(M_A K_2 + 2M_B K_1)$	$\gamma\,K_3\,(M_A \pm M_B)$
4b	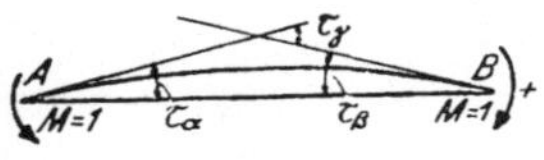	$\gamma\,K_3$	$\gamma\,K_3$	$2\,\gamma\,K_3$
4c	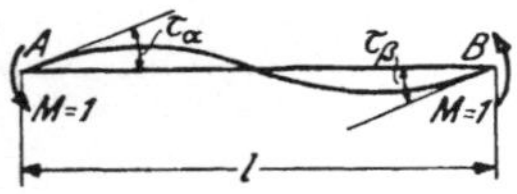	$\beta\,K_4$	$-\beta\,K_4$	0
5	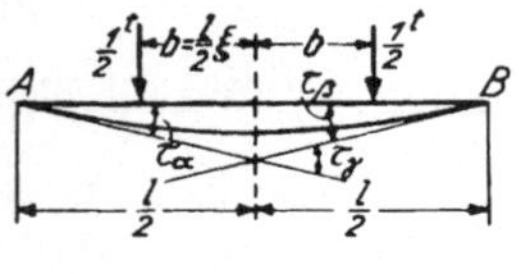	$\gamma\,\dfrac{l}{8}\,(1-\xi^2)\,K_5$	$\gamma\,\dfrac{l}{8}\,(1-\xi^2)\,K_5$	$\gamma\,\dfrac{l}{4}\,(1-\xi^2)\,K_5$
6	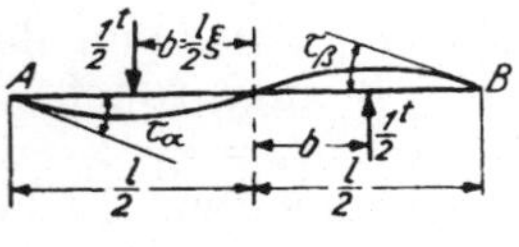	$\beta\,\dfrac{l}{8}\,\xi\,(1-\xi^2)\,K_6$	$-\beta\,\dfrac{l}{8}\,\xi\,(1-\xi^2)\,K_6$	0
7	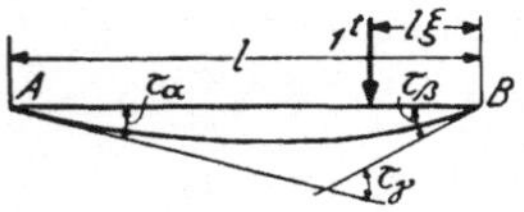	—	—	—

Endverdrehungen τ_a und τ_β.

<table>
<tr><td colspan="3">Trägerform</td><td>Festwerte</td></tr>
</table>

τ_a	τ_β	τ_γ
d	e	f
$\dfrac{pl^2}{8} a K_6$	$\dfrac{pl^2}{8} a K_{11}$	$\dfrac{pl^2}{8} a K_8$
$a K_4$	βK_8	γK_{10}
βK_8	$a K_7$	γK_9
$\beta (2 M_A K_4 + M_B K_8)$	$\beta (M_A K_8 + 2 M_B K_7)$	$\gamma (M_A K_{10} + M_B K_9)$
γK_{10}	γK_9	$2 \gamma K_3$
βK_{12}	$-\beta K_{13}$	—
—	—	—
—	—	—
$\beta l \xi (1-\xi^2) K_6$	$\beta l \xi (1-\xi)(2-\xi) K_{11}$	—

Festwerte:

$$\Delta = \frac{d_m}{d_a} \; ; \quad 1 - \Delta^3 = i$$

$$a = \frac{l}{3 E J_m}, \quad \beta = \frac{l}{6 E J_m}, \quad \gamma = \frac{l}{2 E J_m}$$

$$K_1 = \frac{(3 K_3 + K_4)}{4} = 1 - \frac{3 i (r+1)}{(2 r + 1)(2 r + 3)}$$

$$K_2 = K_5 = \frac{(3 K_3 - K_4)}{2} =$$

$$= 1 - \frac{3 i}{(2 r + 1)(2 r + 3)} = \frac{1}{2} (K_7 + K_8)$$

$$K_3 = \frac{K_9 + K_{10}}{2} = 1 - \frac{i}{2 r + 1} =$$

$$= \frac{1}{3} (2 K_1 + K_2)$$

$$K_4 = 1 - \frac{3 i}{2 r + 3} = (2 K_1 - K_2)$$

$$K_5 = K_2$$

$$K_6 = \frac{r + 2 K_4}{r + 2} = 1 - \frac{6 i}{(r + 2)(2 r + 3)}$$

$$K_7 = \frac{2 r + K_8}{2 r + 1} =$$

$$= 1 - \frac{3 i}{(r + 1)(2 r + 1)(2 r + 3)}$$

$$K_8 = \frac{r + K_4}{r + 1} = 1 - \frac{3 i}{(r + 1)(2 r + 3)} =$$

$$= \frac{(K_6 + K_{11})}{2}$$

$$K_9 = \frac{2 K_7 + K_8}{3} = 1 - \frac{i}{(r + 1)(2 r + 1)} =$$

$$= \frac{(2 K_2 + K_7)}{3}$$

$$K_{10} = \frac{2 K_4 + K_8}{3} = 1 - \frac{i}{r + 1}$$

$$K_{11} = \frac{r + K_6}{r + 1} = 1 - \frac{6 i}{(r + 1)(r + 2)(2 r + 3)}$$

$$K_{12} = 2 K_4 - K_8 = 1 - \frac{3 i (2 r + 1)}{(r + 1)(2 r + 3)}$$

$$K_{13} = 2 K_7 - K_8 =$$

$$= 1 + \frac{3 i (2 r - 1)}{(r + 1)(2 r + 1)(2 r + 3)}$$

$$K_{14} = 1 - \frac{2 i}{(r + 2)}$$

berechnen und auf folgende allgemeine Form bringen:

$$\tau_\beta^a\} = \tau_0 \, [1 - i \, f(r)] = \tau_0 \, K \tag{197}$$

$f(r)$ stellt eine algebraische Verknüpfung von „r" dar; für $r = 0$ wird $K = 1$ und $\tau_\beta^a\} = \tau_0$, wenn τ_0 die Endverdrehung für konstantes Trägheitsmoment darstellt; die Ableitung der $\tau_\beta^a\}$, bezw. K ist einfach und wird hier übergangen; sie kann in den oben erwähnten Quellen nachgelesen werden; eine übersichtliche Zusammenstellung der τ-Werte für die in Betracht kommenden Belastungsfälle enthält Tab. 21; hiedurch ist es möglich, unmittelbar die zur Berechnung statisch unbestimmter Tragwerke und die zur Bestimmung von Durchbiegungen und sonstiger Deformationen erforderlichen elastischen Gewichte anzugeben.

Durch geeignete Wahl der Hochzahl „r" hat man es in der Hand, die Gl. (195), bezw. (195') auf den in der Praxis wichtigsten Fall eines *gradlinigen Anlaufes, die Schräge*, abzustimmen. Unter der fast immer gestatteten Annahme, daß die Schräge in *halber Länge* ($\varphi_1 = \frac{1}{2}$) eine mittlere Dicke $d_0 = 1/2 \, (d_m + d_a)$ besitze, welche Voraussetzung recht gut der Wirklichkeit entspricht, lautet Gl. (195') in sinngemäßer Schreibweise:

$$\left(\frac{d_m}{d_0}\right)^3 = \varDelta_0^3 = (1 - i_0)$$

und Gl. (195'):

$$\varDelta_0^3 = 1 - i \, \varphi_1^{2r_s} = 1 - i \left(\frac{1}{2}\right)^{2r_s},$$

$$(1 - i_0) = 1 - \frac{i}{2^{2r_s}} \tag{195''}$$

r_s werde als *Schrägehochzahl* bezeichnet; da: $i_0 = i/2^{2r_s}$, gewinnt man:

$$\underline{r_s} = \frac{\log \dfrac{i}{i_0}}{2 \log 2} = \underline{1 \cdot 661 \, \log \dfrac{i}{i_0}}. \tag{198}$$

Vielfach empfiehlt sich folgende Umformung:

$$\frac{i}{i_0} = \frac{(1 - \varDelta^3)}{(1 - \varDelta_0^3)} = \frac{(1 - \varDelta^3)}{1 - \left(\dfrac{2 \, d_m}{d_m + d_a}\right)^3} = \frac{1 - \varDelta^3}{1 - \left(\dfrac{2 \, \varDelta}{1 + \varDelta}\right)^3}. \tag{199}$$

Diese Relation erspart die Berechnung des Trägheitsmomentes in Schrägemitte; Grenzwert für $\varDelta = 1$:

$$\left(\frac{i}{i_0}\right)_{lim} = \frac{\dfrac{d \, (1 - \varDelta^3)}{d \, \varDelta}}{\dfrac{d \left[1 - \left(\dfrac{2 \, \varDelta}{1 + \varDelta}\right)^3\right]}{d \, \varDelta}} = 2 \, ,$$

dem nach Gl. (198) die Hochzahl $r_s = 1/2$ zugeordnet ist; für $\varDelta^3 = 0$, d. h. $J = \smallsmile$ ist $i = 1$, $i_0 = 1$ und $r_s = 0$. Tab. 22 enthält die zu verschiedenen $\varDelta$ gehörenden i, (i/i_0) und r_s; sie gilt streng genommen nur

Tabelle 22.

Δ	0·0	1/8	2/8	3/8	4/8	5/8	6/8	7/8	8/8
i	1·0	0·998	0·984	0·947	0·875	0·756	0·578	0·330	0·0
$\left(\dfrac{i}{i_0}\right)$	1·0	1·009	1·052	1·131	1·243	1·387	1·561	1·765	2·0
r_s	0·0	0·0065	0·0364	0·089	0·157	0·237	0·323	0·410	0·50

für den Rechteckquerschnitt, darf aber, wie weiter unten an einzelnen Beispielen nachgewiesen wird, auf beliebige Querschnittformen mit aus-ausreichender Genauigkeit angewendet werden. In Abb. 102 sind die Tabellenwerte graphisch dargestellt. In Abb. 103 ist ein Voutenzwickel zu Abb. 101 in fünffacher Dickenverzerrung eingetragen; man ersieht daraus die sehr gute Anpassung der gradlinig verlaufenden Schräge an die der Schrägehochzahl $r_s = 0{\cdot}157$ ($\Delta = 1/2$) entsprechende theoretische Anlaufform und den Einfluß des Exponenten „r" auf die Voutengestaltung.

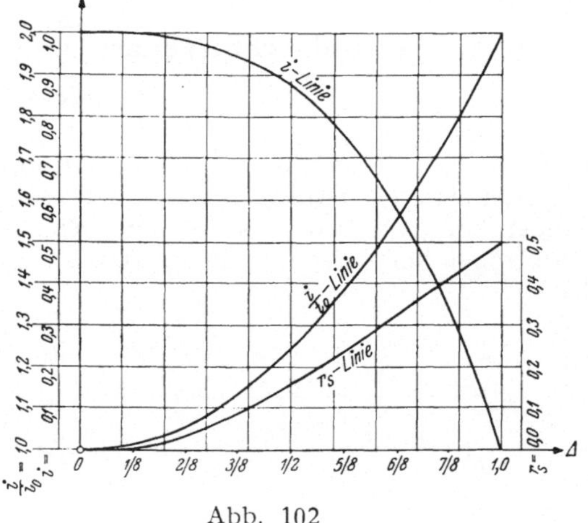

Abb. 102

Horizontal ausladende Endverstärkungen, (Abb. 104), werden vorgesehen, wenn ebene Trägeruntersicht verlangt wird; sie setzen an einer entsprechend gewählten Stelle des Trägers ein. Die Verbreiterung vollzieht sich gradlinig von der Trägerbreite b_m bis auf b_a am Trägerende; ihre

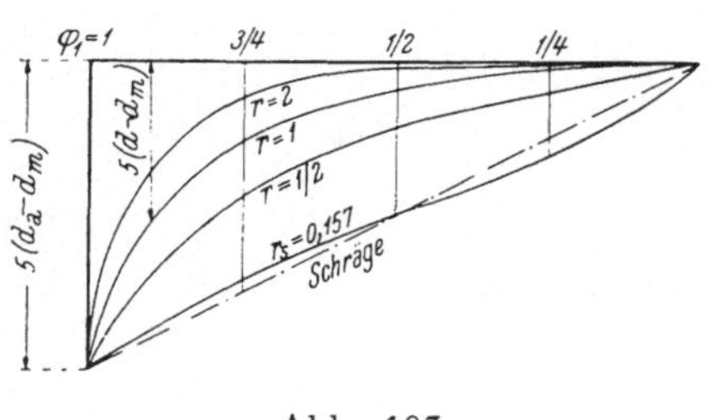

Abb. 103

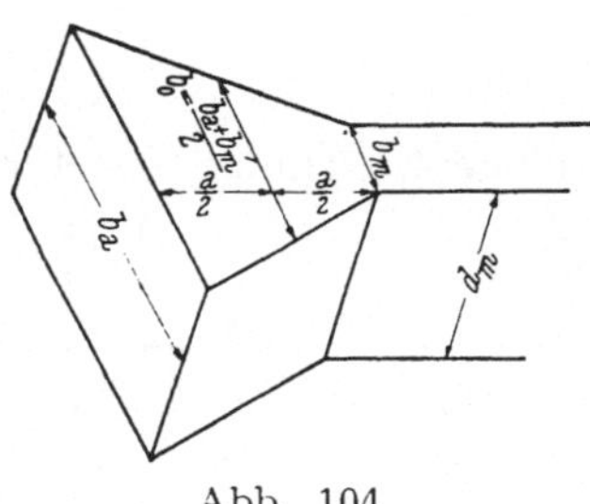

Abb. 104

statische Berücksichtigung geschieht auch hier durch Festlegung einer Hochzahl, die sich gleichfalls aus Gl. (195') berechnen läßt; wegen konstanter Trägerhöhe ergibt sich: $\Delta' = \dfrac{b_m}{b_a}$ und $i' = 1 - \Delta' = 1 - \dfrac{b_m}{b_a}$;

ferner sinngemäß:

$$i_0' = 1 - \frac{b_m}{\frac{1}{2}(b_m + b_a)} = \frac{b_a - b_m}{b_a + b_m}, \quad \text{bezw.:} \; \frac{i'}{i_0'} = 1 + \frac{b_m}{b_a} \qquad (199')$$

Die Hochzahl bestimmt sich aus:

$$r_h = \frac{\log\left(1 + \dfrac{b_m}{b_a}\right)}{2 \log 2} = 1{\cdot}661 \; \log \frac{i'}{i_0'} \qquad (198')$$

Grenzwerte: für $b_m = b_a$ wird $i' = 0$ und $r_h = 1/2$; $b_a = \infty$ entspricht $r_h = 0$.

B. Tragwerksdurchbiegungen und Rahmendeformationen.

Beispiele.

Es genügt die Kenntnis der Deformationselemente für den einseitig verstärkten Träger (Abb. 105). Liegt ein beiderseits beliebig verstärkter Träger vor (Abb. 109), so ist nur der statische Zusammenschluß zweier Halbträger herzustellen; dies geschieht in einfacher Weise mit Hilfe des BPV.

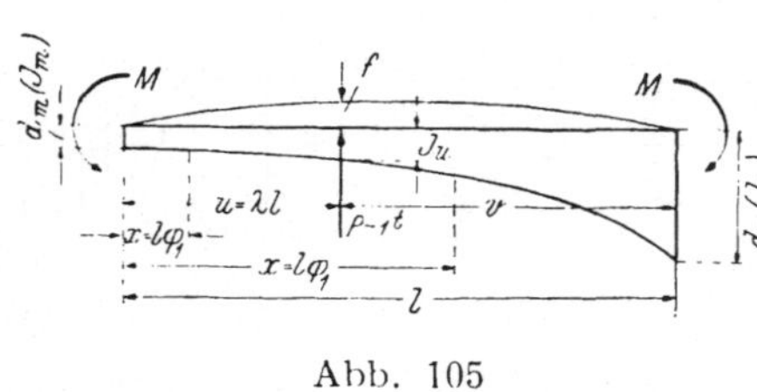

Abb. 105

1. Der Halbträger (Abb. 105) ist durch gleichwirkende Endmomente M belastet. Die Aufbiegung „f" an der Stelle u/v ist anzugeben.
Ausgangsgleichung:

$$f = \int \frac{M \, M'}{E J} \, dx = -\frac{1}{E J_m} \int M M' y \, dx,$$

wobei $y = (1 - i \varphi_1^{2r})$; $M' = $ Feldmoment in $x = l \varphi_1$, hervorgerufen durch die in $u = \lambda l$ wirkende Last $P = 1$ t:

$$\varphi_1 \lessgtr \lambda \; \dots \; M' = (1 - \lambda) \varphi_1 l,$$
$$\varphi_1 \gtrless \lambda \; \dots \; M' = \lambda (1 - \varphi_1) l.$$

In obige Gleichung eingeführt und mit $dx = l \, d\varphi_1$ erhält man:

$$f = \frac{M \, l^2}{2 E J_m} \lambda \{[1 - \lambda^{(2r+1)}] K_9 - \lambda (1 - \lambda^{2r})\}. \qquad (200)$$

Hierin bedeutet (Tab. 21):

$$K_9 = 1 - \frac{i}{(r + 1)(2r + 1)}$$

f_{max} liegt in $u_0 = \lambda_0 \, l$; aus $\dfrac{df}{d\lambda} = 0$ findet sich:

$$\lambda_0^{(2r+1)} - \frac{\lambda_0}{(1 - K_9)(r + 1)} + \frac{K_9}{2(1 - K_9)(r + 1)} = 0 \qquad (201)$$

$J_m = $ konstant ($r = 0$, $i = 0$, $K_9 = 1$, $\lambda = 1/2$) entspricht:

$$f_0 = \frac{M\,l^2}{8\,E J_m}$$

Damit aus Gl. (200) und Gl. (201):

$$f_{max} = f_0\left[1 + 2\,r\,(1 - \lambda_0) - \frac{i}{(r+1)}\right]\frac{2\,\lambda_0}{(r+1)} \qquad (200')$$

Die Berechnung von λ_0 ist, wenn nicht $r = 1/2$ oder 1 ist, unbequem; nun weicht λ_0 nicht viel von $1/2$ ab; setzt man in Gl. (201): $\lambda_0 = (1/2 - \Delta\lambda_0)$, entwickelt $(1/2 - \Delta\lambda_0)^{(2r+1)}$ in eine Reihe und vernachlässigt Glieder höheren als zweiten Grades, so gewinnt man:

$$\Delta\lambda_0{}^2 + a\,\Delta\lambda_0 = b \qquad (201')$$

Darin bedeuten:

$$a = \frac{1}{2\,r}\left(\frac{2^{2r}}{i} - 1\right), \qquad b = \frac{1}{4\,r\,(2\,r+1)}\left[\frac{2^{2r}}{(r+1)} - 1\right]. \qquad (202)$$

Zahlenbeispiel.

$r = 3/2$, $i = 1/3$; daher: $a = 23/3$, $b = 11/120$ und:

$$\Delta\lambda^2 + \frac{23}{3}\,\Delta\lambda = \frac{11}{120}.$$

Der Wurzel $\Delta\lambda_0 = 0{\cdot}012$ entspricht $\lambda_0 \approx 0{\cdot}488$ und $f_{max} = 0{\cdot}938\,f_0$. λ_0 deckt sich vollständig mit dem aus Gl. (201) gefundenen genauen Wert. Aus Gl. (200) folgt für $\lambda = (1/2)$ und mit $K_9 = 29/30$: $f_{max}' = 0{\cdot}9375\,f_0 = f_{max}$; daher darf für den behandelten Belastungsfall angenommen werden, daß das Durchbiegungsmaximum in Feldmitte auftritt.

Gl. (201) läßt sich vereinfachen, wenn man von Haus aus $\lambda_0{}^{2r} \approx \left(\frac{1}{2}\right)^{2r}$ annimmt; daher:

$$\lambda_0\left[\left(\frac{1}{2}\right)^{2r} - \frac{1}{(1 - K_9)\,(r+1)}\right] + \frac{K_9}{2\,(1 - K_9)\,(r+1)} = 0$$

Daraus:

$$\lambda_0 = \frac{K_9\,2^{(2r-1)}}{2^{2r} - (r+1)\,(1 - K_9)} \qquad (201'')$$

Unter Zugrundelegung obiger Annahmen findet sich (wie oben):

$$\lambda_0 = \frac{\dfrac{29}{30}\,4}{8 - \dfrac{5}{2}\dfrac{1}{30}} = 0{\cdot}4884.$$

Vereinfachung der Gl. (200). Vorausgesetzt wird, daß das Trägheitsmoment J_u in u/v bekannt ist.

Es besteht dann:

$$v_u = \frac{J_m}{J_u} = (1 - i_u) = \Lambda_u{}^3$$

und Gl. (195′):

$$y_u = 1 - i \left(\frac{u}{l}\right)^{2r} = 1 - i\,\lambda^{2r},$$

$$\lambda^{2r} = \frac{i_u}{i}. \tag{203}$$

In Gl. (200) eingeführt, ergibt sich:

$$f = \frac{M\,l^2}{2\,E\,J_m}\,\lambda \left\{\left[1 - \frac{i_u}{i}\,\lambda\right] K_9 - \lambda \left[1 - \frac{i_u}{i}\right]\right\}$$

und mit der sinngemäßen Bezeichnung:

$$_uK_9 = \left[1 - \frac{i_u}{(r+1)\,(2\,r+1)}\right]$$

der einfache Ausdruck:

$$f = \frac{M\,l^2}{2\,E\,J_m}\,\lambda\,(K_9 - \lambda \cdot {}_uK_9). \tag{204}$$

Auf unser Zahlenbeispiel angewendet und für $\lambda = 1/2$ folgt:

$$i_u = i\,\lambda^{2r} = \frac{1}{3}\left(\frac{1}{2}\right)^3 = \frac{1}{24}, \quad _uK_9 = \frac{239}{240}, \quad K_9 = \frac{29}{30}; \text{ sohin wie oben:}$$

$$f = \frac{M\,l^2}{2\,E\,J_m}\,\frac{1}{2}\left(\frac{29}{30} - \frac{1}{2}\,\frac{239}{240}\right) = 0{\cdot}9375\,f_0.$$

Berechnung der Durchbiegung nach dem BPV. In $u = \lambda\,l$ wird ein Gelenk eingelegt, in dem das Moment M wirkt; das dort auftretende elastische Gewicht betrage „τ" und die Durchbiegung:

$$f = \frac{u\,v}{l}\,\tau = \lambda\,(1 - \lambda)\,l\,\tau$$

τ setzt sich aus der Summe der beiden im Gelenk zusammenstoßenden, einseitig verstärkten Trägerteile u und v zusammen; sie besitzen das Trägheitsmoment J_u; i und i_u sind bekannt. i_v findet sich wie folgt:

$$i_v = 1 - \frac{J_u}{J_a} = 1 - \frac{J_u}{J_m}\,\frac{J_m}{J_a} = \frac{(i - i_u)}{(1 - i_u)}.$$

Nunmehr gehen wir in Tab. 21, rechten Teil, ein, der sich auf den einseitig verstärkten Träger bezieht. Für die gegenständliche Momentbelastung kommt Zeile 4 a) in Betracht.

Linker Trägerteil „u". Für diesen am rechten Ende verstärkten Träger beträgt der Endverdrehungswinkel laut Kolonne „d":

$$\tau_a = \beta_u\,M\,(2\,_uK_4 + {}_uK_8)$$

Aus der Anmerkung zur Tabelle entnimmt man: $\beta_u = \dfrac{u}{6\,E\,J_m}$ und

$$(2\,_uK_4 + {}_uK_8) = 3\,_uK_{10}$$

Die Fußzeiger „u" weisen auf den behandelten Trägerteil hin.

Nach Substitution folgt schließlich (siehe auch Zeile 4 b, Kolonne d)

$$\tau_a = \frac{M\,u}{2\,E\,J_m}\,{}_uK_{10}.$$

Rechter Trägerteil „v". Für diesen kommt das linke unverstärkte Ende und hiezu Kolonne „e" in Frage; demnach:

$$\tau_\beta = \beta_v\, M\, (_vK_8 + 2\,_vK_7)$$

Nun ist laut Tab. 21:

$$\beta_v = \frac{v}{6\,EJ_u} = \frac{(l-u)}{6\,EJ_u} \text{ und } (_vK_8 + 2\,_vK_7) = 3\,_vK_9$$

und sohin:

$$\tau_\beta = \frac{(l-u)}{2\,EJ_u}\, M\,_vK_9 = \frac{(l-u)}{2\,EJ_m}\,\frac{J_m}{J_u}\, M\,_vK_9,$$

$$\tau_\beta = \frac{(l-u)}{2\,EJ_m}\,(1-i_u)\,_vK_9\, M\,.$$

Das elastische Gewicht stellt sich auf:

$$\tau = (\tau_a + \tau_\beta).$$

damit die Durchbiegung:

$$f = \frac{M\,l}{2\,EJ_m}\,\lambda\,(1-\lambda)\,[u\,_uK_{10} + (l-u)\,(1-i_u)\,_vK_9]. \tag{205}$$

Zahlenbeispiel: Annahmen wie oben: $r = 3/2$, $i = 1/3$, $u = l/2$ $(\lambda = 1/2)$;

$i_u = i\,\lambda^{2r} = 1/24$; ferner: $i_v = \dfrac{i-i_u}{1-i_u} = 7/23$, weiter lautet Tab. 21:

$$_uK_{10} = 1 - \frac{i_u}{r+1} = \frac{59}{60}, \quad _vK_9 = 1 - \frac{i_v}{(r+1)\,(2\,r+1)} = \frac{223}{230}$$

Daher:

$$f = \frac{M\,l}{2\,EJ_m}\,\frac{1}{2}\,\frac{1}{2}\left(\frac{l}{2}\,\frac{59}{60} + \frac{l}{2}\,\frac{23}{24}\,\frac{223}{230}\right) = \underline{0{\cdot}956\,f_0}$$

Die Abweichung gegenüber dem genauen Wert beträgt $+1{\cdot}9\%$, ist also belanglos; durch Zuschaltung eines zweiten Gelenkes im rechten Trägerteil läßt sich der Genauigkeitsgrad steigern.

2. *Der Halbträger (Abb. 105) ist am verstärkten Ende durch das Moment M belastet. Gefragt ist die Durchbiegung in u/v?*
Der gesetzmäßige Anlauf folgt der *Ritterschen* Beziehung, Gl. (195'). Die Rechnung ergibt:

$$f = \frac{M\,l^2}{6\,EJ_m}\,\lambda\,\{[1 - \lambda^{(2r+2)}]K_8 - \lambda^2\,(1 - \lambda^{2r})\} \tag{206}$$

Wegen $i_u = i\,\lambda^{2r}$ laut Gl. (203) entsteht (Tab. 21, Anmerkung) mit:

$$K_8 = \left[1 - \frac{3\,i}{(r+1)\,(2\,r+3)}\right]$$

$$f = \frac{M\,l^2}{6\,EJ_m}\,\lambda\,(K_8 - \,_uK_8\,\lambda^2) \tag{206'}$$

$_uK_8$ erhält man aus K_8, wenn i durch i_u ersetzt wird. $J_m = $ konst. ist $K_8 = \,_uK_8 = 1$ zugeordnet; daher:

$$f_1 = \frac{M\,l^2}{6\,EJ_m}\,\lambda\,(1 - \lambda^2), \tag{206''}$$

13*

bezw. für die Trägermitte ($\lambda = 1/2$):

$$f_0 = \frac{M\,l^2}{16\,EJ_m} \qquad\qquad (206''')$$

f_{max} tritt in $\lambda_0\,l$ auf; $df/d\lambda = 0$ liefert:

$$\lambda_0^{(2r+2)} - \frac{r+1}{i}\,\lambda_0{}^2 + \frac{r+1}{3\,i}\,K_8 = 0 \qquad\qquad (207)$$

Setzt man: $\lambda_0{}^{2r} \approx \left(\dfrac{1}{2}\right)^{2r}$, so entsteht die brauchbare Annäherung:

$$\lambda_0 = \left\{ \frac{2^{2r}\,(r+1)\,K_8}{3\,[(r+1)\,2^{2r} - i]} \right\}^{\!\frac{1}{2}} \qquad\qquad (207')$$

Für $J = $ konst. entsteht wegen $r = 0$, $i = 0$ und $K_8 = 1$ der bekannte maximale Wert $\lambda_0 = \dfrac{\sqrt{3}}{3} = \underline{0{\cdot}5773}$.

Zahlenbeispiele.
a) $r = 1/2$, $i = 1/4$; damit $K_8 = 7/8$ und $\underline{\lambda_0 \approx 0{\cdot}564}$ (der genaue Wert, Gl. (207), beträgt: $\lambda_0 = 0{\cdot}568$); ferner ist $i_u = i\,\lambda_0{}^{2r} = 0{\cdot}141$ und $_uK_8 = 0{\cdot}9295$. Der Durchbiegungsgrößtwert folgt aus Gl. (206') mit: $\underline{f_{max} = 0{\cdot}872\,f_0}$.
Für die Trägermitte gilt: $\lambda = 1/2$, $i_u = i\,\lambda^{2r} = 1/8$, $_uK_8 = 15/16$; Gl. (206') ergibt: $\underline{f_m = 0{\cdot}854\,f_0}$. Der Unterschied ist belanglos.
β) $r = 1$, $J_a = 8\,J_m$, $\varDelta^3 = J_m/J_a = 1/8$, $i = 7/8$; $K_8 = 0{\cdot}7375$; aus Gl. (207') findet sich: $\lambda_0 = 0{\cdot}5254$; $i_u = i\,\lambda_0{}^{2r} = i\,\lambda_0{}^2 = 0{\cdot}2415$; endlich $_uK_8 = 0{\cdot}9276$ und $\underline{f_{max} = 0{\cdot}6745\,f_0}$.
In Feldmitte besteht:
$\lambda = 1/2$, $i_u = i\,\lambda^{2r} = 7/32 = 0{\cdot}2188$, $_8K_u = 0{\cdot}9344$; daher aus Gl. (206'): $\underline{f_m = 0{\cdot}6719\,f_0}$; Abweichung $0{\cdot}4\,\%$.

Berechnung nach dem BPV.
Dem Lastort $u = \lambda\,l$ entspricht: $M_1 = \lambda\,M$ und die elastischen Teilgewichte τ_a und τ_β; sie werden mit Hilfe Tab. 21 berechnet.
Trägerteil „u".
Der verstärkte Teil liegt an der Gelenkstelle $u = \lambda\,l$; daher kommt 2. Zeile, Kolonne „d" zur Anwendung und „a" laut Anmerkung „Festwerte":

$$\tau_a = a\,{}_uK_4\,M_1 = \frac{u}{3\,EJ_m}\,{}_uK_4\,\lambda\,M = \frac{M\,l\,\lambda^2}{3\,EJ_m}\,{}_uK_4.$$

Trägerteil „v". Schwächerer Teil an der Gelenkstelle. In Frage kommt Zeile 4 a, Kolonne e; β ist der Anmerkung „Festwerte" zu entnehmen.

$$\tau_\beta = \beta\,(2\,\lambda\,M\,{}_vK_7 + M\,{}_vK_8) = \frac{l\,(1-\lambda)\,M}{6\,EJ_u}\,(2\,\lambda\,{}_vK_7 + {}_vK_8)$$

Im besonderen gilt:

$$_uK_4 = \left[1 - \frac{3\,i_u}{(2\,r+3)}\right], \quad _vK_7 = \left[1 - \frac{3\,i_v}{(r+1)(2\,r+1)(2\,r+3)}\right]$$

$$_vK_8 = \left[1 - \frac{3\,i_v}{(r+1)(2\,r+3)}\right].$$

Die Durchbiegung berechnet sich aus:

$$f = \frac{u\,v}{l}(\tau_a + \tau_\beta) = \lambda\,(1 - \lambda)\,(\tau_a + \tau_\beta)\,l,$$

bezw. mit $i_u = \left(1 - \dfrac{J_m}{J_u}\right)$ aus:

$$f = \frac{M\,l^2}{6\,E\,J_m}\,\lambda\,(1 - \lambda)\,[2\,\lambda^2\,{}_uK_4 + (1 - \lambda)\,(1 - i_u)\,(2\,\lambda\,{}_vK_7 + {}_vK_8)] \qquad (208)$$

Durchbiegung in Trägermitte ($\lambda = 1/2$) mit dem Wert laut Tab. 21, „Festwerte": $K_7 + K_8 = 2\,K_2$ erhält man schließlich:

$$f = \frac{M\,l^2}{48\,E\,J_m}\,[{}_uK_4 + 2\,(1 - i_u)\,{}_vK_2] \qquad (208')$$

Zu setzen ist:

$${}_vK_2 = \left[1 - \frac{3\,i_v}{(2\,r + 1)(2\,r + 3)}\right]$$

und nach früherem:

$$i_v = \frac{(i - i_u)}{(1 - i_u)}.$$

Zahlenbeispiele. (Annahmen wie oben.)

Durchbiegung in Trägermitte ($\lambda = 1/2$).

$\alpha)\ r = 1/2,\ i = 1/4;\ i_u = i\,\lambda^{2r} = 1/8,\ i_v = 1/7;\ {}_uK_4 = 29/32,\ {}_vK_2 = 53/56;$
dies berücksichtigt, findet man:

$$f = \frac{M\,l^2}{16\,E\,J_m}\,\frac{1}{3}\left[\frac{29}{32} + 2\left(1 - \frac{1}{8}\right)\frac{53}{56}\right] = \underline{0\cdot854\,f_0}$$

in voller Übereinstimmung mit der genauen Rechnung.

$\beta)\ r = 1,\ J_a = 8\,J_m,\ \lambda^3 = 1/8,\ i = 7/8$ (kräftiger Anlauf); $i_u = 7/32,$
$i_v = 21/25;\ {}_uK_4 = 139/160,\ {}_vK_2 = 104/125.$
Somit, Gl. (208'):

$$f = f_0\,\frac{1}{3}\left[\frac{139}{160} + 2\left(1 - \frac{7}{32}\right)\frac{104}{125}\right] = \underline{0\cdot723\,f_0}.$$

Gegenüber der genauen Rechnung ergibt sich eine um $7\cdot6\%$ größere Einsenkung; wir bewegen uns auf Seite der größeren Sicherheit. Ersichtlich fallen die Ergebnisse umso zutreffender aus, je flacher die Voute (Schräge, Anlauf) verläuft ($r < 1$), bezw. je schwächer die Endverstärkung ist (i nahe der Einheit); diese Voraussetzungen treffen in den meisten Fällen der Praxis zu.

Berechnung mit Hilfe mittlerer (konstanter) Trägheitsmomente. Eine Vereinfachung des Rechnungsganges erzielt man durch Einführung konstanter J innerhalb der durch die Gelenke begrenzten Trägerteile, wodurch alle K-Werte in die Einheit übergehen.

Beispiele.
$\alpha_1)$ *Die Durchbiegung des unter $\alpha)$ behandelten Trägers (Abb. 105 und 106) ist unter Annahme mittlerer Trägheitsmomente zu berechnen.*

Wegen $r = 1/2$ handelt es sich um einen flachen Verlauf der Voute; außerdem ist $i = 1/4$, die Endverstärkung daher nicht groß; aus $(1 - i) = J_m/J_a$ folgt: $J_a = 4/3\,J_m$. Es genügt die Einführung zweier mittlerer Trägheitsmomente $_mJ_u$ und $_mJ_v$; die Stufe liegt in Trägermitte, wofür die Durchbiegung zu berechnen ist. $\lambda = 1/2$. $i_u = i\,\lambda^{2r} = i/2 = 1/8$ und $J_m/J_u = 1 - i_u = 7/8$; $J_u = 8/7\,J_m$.
Mittlere Trägheitsmomente:

$$_mJ_u = \frac{1}{2}\,(J_u + J_m) = \frac{1}{2}\left(\frac{8}{7}\,J_m + J_m\right) = \frac{15}{14}\,J_m,$$

$$_mJ_v = \frac{1}{2}\,(J_u + J_a) = \frac{1}{2}\left(\frac{8}{7}\,J_m + \frac{4}{3}\,J_m\right) = \frac{26}{21}\,J_m$$

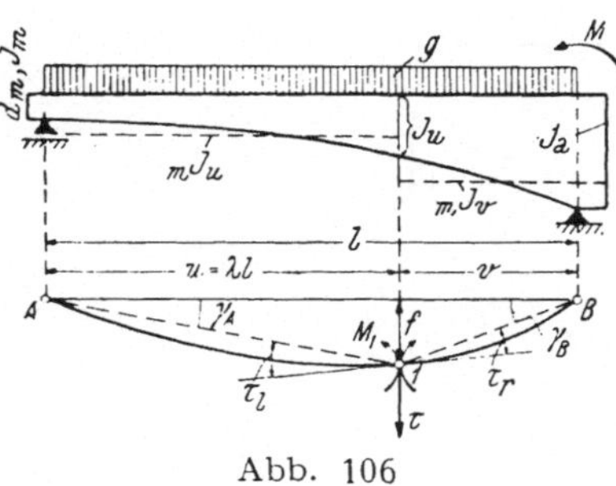

Abb. 106

Moment in Feldmitte: $M_1 = 1/2\,M$,

$$\tau_l = \frac{\dfrac{l}{2}}{3\,E\,_mJ_u}\,\frac{M}{2} = \frac{M\,l}{12\,E\,_mJ_u} = \frac{7\,M\,l}{90\,E\,J_m},$$

$$\tau_r = \frac{\dfrac{l}{2}}{6\,E\,_vJ_m}\left[2\,\frac{M}{2} + M\right] =$$

$$= \frac{M\,l}{6\,E\,_mJ_v} = \frac{7\,M\,l}{52\,E\,J_m}.$$

Durchbiegung:

$$f_m \approx \frac{l}{4}\,(\tau_l + \tau_r) = 0\cdot8495\,f_0.$$

Sie weicht vom genauen Wert $(0\cdot854\,f_0)$ um $0\cdot5\%$ ab.

β_1) *Die mittige Durchbiegung des unter β) behandelten und durch das Endmoment M belasteten Trägers ist unter Verwendung mittlerer Trägheitsmomente zu berechnen (Abb. 107).* Berechnungsgrundlagen: $r = 1$, $\Delta^3 = J_m/J_a = 1/8$, $i = 1 - \Delta^3 = 7/8$.

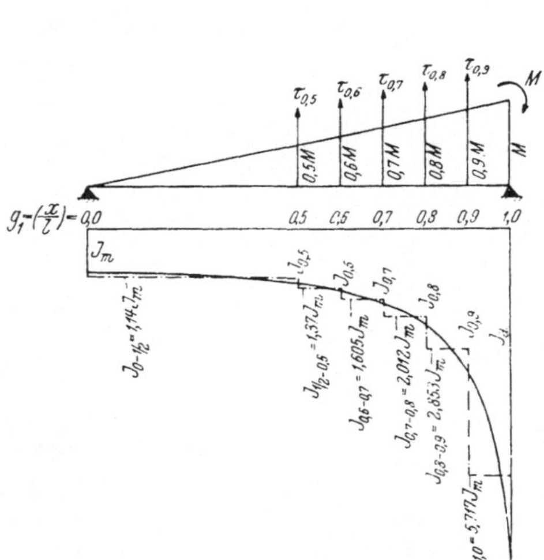

Abb. 107

Da $J_a = 8\,J_m$, nehmen die Trägheitsmomente gegen das verstärkte Ende rasch zu, weshalb ab Feldmitte fünf Gelenke vorgesehen wurden. Ihre Größe folgt aus Gl. (195'):

$$J_{\varphi_1} = \frac{J_m}{1 - i\,\varphi_1^{2r}} = \frac{J_m}{1 - \dfrac{7}{8}\,\varphi_1^{2}}$$

und beträgt für:

$$\varphi_1 = 0 \;\; \ldots \ldots J_0 = 1\,J_m \qquad\qquad \varphi_1 = 0{\cdot}8 \;\; \ldots \ldots J_{0.8} = 2{\cdot}273\,J_m$$
$$= 0{\cdot}5 \;\; \ldots \ldots J_{0.5} = 1{\cdot}28\,J_m \qquad\qquad = 0{\cdot}9 \;\; \ldots \ldots J_{0.9} = 3{\cdot}433\,J_m$$
$$= 0{\cdot}6 \;\; \ldots \ldots J_{0.6} = 1{\cdot}46\,J_m \qquad\qquad = 1{\cdot}0 \;\; \ldots \ldots J_{1.0} = 8{\cdot}00\,J_m.$$
$$= 0{\cdot}7 \;\; \ldots \ldots J_{0.7} = 1{\cdot}75\,J_m$$

Der aus der Abb. zu entnehmenden Gelenkanordnung entsprechen nachstehende, am Stufenfuß eingetragene mittlere Trägheitsmomente:

$$J_{0.0-0.5} = 1{\cdot}14\,J_m, \quad J_{0.5-0.6} = 1{\cdot}37\,J_m, \quad J_{0.6-0.7} = 1{\cdot}605\,J_m,$$
$$J_{0.7-0.8} = 2{\cdot}012\,J_m, \quad J_{0.8-0.9} = 2{\cdot}853\,J_m, \quad J_{0.9-1.0} = 5{\cdot}717\,J_m.$$

Elastische Gewichte, und zwar an den Stellen der Unstetigkeit:

$$\tau_{0.5} = \frac{\dfrac{l}{2}}{3\,EJ_{0-\frac{1}{2}}}\; 0{\cdot}5\,M + \frac{\dfrac{l}{10}}{6\,EJ_{\frac{1}{2}-0.6}}\; (2\cdot 0{\cdot}5\,M + 0{\cdot}6\,M) = 0{\cdot}5554\,\frac{M\,l}{6\,EJ_m}$$

$$\tau_{0.6} = \frac{\dfrac{l}{10}}{6\,EJ_{\frac{1}{2}-0.6}}\; (2\cdot 0{\cdot}6\,M + 0{\cdot}5\,M) + \frac{\dfrac{l}{10}}{6\,EJ_{0.6-0.7}}\; (2\cdot 0{\cdot}6\,M + 0{\cdot}7\,M) =$$
$$= 0{\cdot}2425\,\frac{M\,l}{6\,EJ_m}$$

$$\tau_{0.7} = \frac{\dfrac{l}{10}}{6\,EJ_{0.6-0.7}}\; (2\cdot 0{\cdot}7\,M + 0{\cdot}6\,M) + \frac{\dfrac{l}{10}}{6\,EJ_{0.7-0.8}}\; (2\cdot 0{\cdot}7\,M + 0{\cdot}8\,M) =$$
$$= 0{\cdot}2296\,\frac{M\,l}{6\,EJ_m}$$

$$\tau_{0.8} = \frac{\dfrac{l}{10}}{6\,EJ_{0.7-0.8}}\; (2\cdot 0{\cdot}8\,M + 0{\cdot}7\,M) + \frac{\dfrac{l}{10}}{6\,EJ_{0.8-0.9}}\; (2\cdot 0{\cdot}8\,M + 0{\cdot}9\,M) =$$
$$= 0{\cdot}2019\,\frac{M\,l}{6\,EJ_m}.$$

$$\tau_{0.9} = \frac{\dfrac{l}{10}}{6\,EJ_{0.8-0.9}}\; (2\cdot 0{\cdot}9\,M + 0{\cdot}8\,M) + \frac{\dfrac{l}{10}}{6\,EJ_{0.9-1.0}}\; (2\cdot 0{\cdot}9\,M + 1{\cdot}0\,M) =$$
$$= 0{\cdot}1401\,\frac{M\,l}{6\,EJ_m}.$$

Durchbiegung in Feldmitte:

$$f_m = \frac{\dfrac{l}{2}\,\dfrac{l}{2}}{l}\;\tau_{0.5} + \frac{\dfrac{l}{2}\,0{\cdot}4\,l}{l}\;\tau_{0.6} + \frac{\dfrac{l}{2}\,0{\cdot}3\,l}{l}\;\tau_{0.7} +$$
$$+ \frac{\dfrac{l}{2}\,0{\cdot}2\,l}{l}\;\tau_{0.8} + \frac{\dfrac{l}{2}\,0{\cdot}1\,l}{l}\;\tau_{0.9},$$

bezw.:

$$f_m = \frac{l}{2}\left(0{\cdot}5\,\tau_{0\cdot5} + 0{\cdot}4\,\tau_{0\cdot6} + 0{\cdot}3\,\tau_{0\cdot7} + 0{.}2\,\tau_{0\cdot8} + 0{\cdot}1\,\tau_{0\cdot9}\right)$$

und nach Ausrechnung:

$$f_m = 0{\cdot}498\,\frac{M\,l^2}{16\,EJ_m} = 0{\cdot}664\,\frac{M\,l^2}{12\,EJ_m} = \underline{0{\cdot}664\,f_0}.$$

Die Übereinstimmung mit dem theoretischen Wert (0·672) ist durchaus zufriedenstellend; die Abweichung beträgt $-1{\cdot}2\%$.

3. *Der Träger (Abb. 107) ist mit q kg/m gleichmäßig belastet. Gefragt Durchbiegung f in u/v.*

Durch Auswertung der Gl. (195′) entsteht in $u = \lambda\,l$:

$$f = \frac{q\,l^4}{24\,EJ_m}\,\lambda\left\{K_{11} - (2-\lambda)\,\lambda^2 + \frac{6\,i\,\lambda^{(2\,r+2)}}{(2\,r+3)}\left[\frac{1}{(r+1)} - \frac{\lambda}{(r+2)}\right]\right\}$$

Laut Tab. 21 ist:

$$K_{11} - \left[1 - \frac{6\,i}{(r+1)\,(r+2)\,(2\,r+3)}\right],$$

$$_uK_{11} = \left[1 - \frac{6\,i_u}{(r+1)\,(r+2)\,(2\,r+3)}\right], \qquad _uK_6 = \left[1 - \frac{6\,i_u}{(r+2)\,(2\,r+3)}\right]$$

Daher mit $\lambda^{2r} = (i_u/i)$:

$$f = \frac{q\,l^4}{24\,EJ_m}\,\lambda\left\{K_{11} - \lambda^2\left[_uK_{11} + (1-\lambda)\,_uK_6\right]\right\} \tag{209}$$

$J_m =$ konstant $(K_{11} = {}_uK_{11} = {}_uK_6 = 1)$ ist zugeordnet:

$$f_k = \frac{q\,l^4}{24\,EJ_m}\,\lambda\,(1-\lambda)\,(1 + \lambda - \lambda^2) \tag{209'}$$

und für Feldmitte: $_0f_k = \dfrac{5\,q\,l^4}{384\,EJ_m}.$

Zahlenbeispiel.

$$\lambda = 1/2, \quad r = 1/2, \quad i = 1/2, \quad i_u = i\,\lambda = 1/4, \quad i_v = 1/3, \quad K_{11} = 4/5,$$
$$_uK_{11} = 9/10, \quad _uK_6 = 17/20$$

$$f = \frac{7{\cdot}62\,q\,l^4}{768\,EJ_m} = 0{\cdot}762\,_0f_k$$

BPV.-Verfahren: Moment im Gelenk „1": $M = 1/2\,u\,v\,q$.

Die Polygonseiten $\overline{A1}$, bezw. $\overline{1B}$ sind durch die Momentgrößtwerte:

$$M_u = \frac{1}{8}\,q\,u^2, \qquad M_v = \frac{1}{8}\,q\,v^2$$

belastet.

Elastisches Gewicht τ. Die den Momenten zugeordneten Faktoren sind der Tab. 21 zu entnehmen.

Linker Teil „u": Dem Gelenkmoment M_1 ist die 2. Zeile, Kolonne „d", dem Feldmoment M_u die 1. Zeile, Kolonne „d" zugeordnet.

$$\tau_l = \frac{u}{3\,EJ_m}\,_uK_4\,M_1 + \frac{u}{3\,EJ_m}\,_uK_6\,M_u = \frac{q\,u^2}{24\,EJ_m}\,(u\,_uK_6 + 4\,v\,_uK_4)$$

Rechter Teil „v": Diesem entsprechen 3. Zeile, Kolonne „e", bezw. 1. Zeile, Kolonne „e"

$$\tau_r = \frac{v}{3\,EJ_u}\,{}_vK_7\,M_1 + \frac{v}{3\,EJ_u}\,{}_vK_{11}\,M_v = \frac{q\,v^2}{24\,EJ_u}\,(v\,{}_vK_{11} + 4\,u\,{}_vK_7)$$

Durchbiegung:

$$f = \frac{u\,v}{l}\,(\tau_l + \tau_r)$$

Die Auswertung ergibt:

$$f = \frac{u\,v\,q}{24\,EJ_m}\left[u^2\,(u\,{}_uK_6 + 4\,v\,{}_uK_4) + v^2\,\frac{J_m}{J_u}\,(v\,{}_vK_{11} + 4\,u\,{}_vK_7)\right] \qquad (210)$$

Feldmitte ($u = v = l/2$):

$$f_m = \frac{q\,l^4}{768\,EJ_m}\left[({}_uK_6 + 4\,{}_uK_4) + \frac{J_m}{J_u}\,({}_vK_{11} + 4\,{}_vK_7)\right].$$

Zahlenbeispiel.

Mit den Annahmen: $\lambda = 1/2$, $r = 1/2$, $i = 1/2$, $i_u = 1/4$, $i_v = 1/3$ und $J_m/J_u = 3/4$ findet sich laut Tab. 21, Festwerte:

$${}_uK_4 = 1 - \frac{3\,i_u}{(2\,r + 3)} = \frac{13}{16}, \qquad {}_uK_6 = 1 - \frac{6\,i_u}{(r + 2)\,(2\,r + 3)} = \frac{17}{20},$$

$${}_vK_7 = 1 - \frac{3\,i_v}{(r + 1)\,(2\,r + 1)\,(2\,r + 3)} = \frac{11}{12},$$

$${}_vK_{11} = 1 - \frac{6\,i_v}{(r + 1)\,(r + 2)\,(2\,r + 3)} = \frac{13}{15}$$

Damit:

$$f_m = \frac{q\,l^4}{768\,EJ_m}\left[\frac{17}{20} + 4\,\frac{13}{16} + \frac{3}{4}\left(\frac{13}{15} + 4\,\frac{11}{12}\right)\right] = 0{\cdot}75\,{}_0/_k,$$

also nur um rund $1{\cdot}6\%$ kleiner als der theoretisch genaue Wert.

Die Berechnung unter Anwendung mittlerer Trägheitsmomente erfordert wegen der reichlicheren Verstärkung die Vorkehrung zweier Gelenke, da bei Annahme eines Gelenkes in Feldmitte eine zu kleine Durchbiegung ($f_m = 0{\cdot}729\,f_0$) entstünde; das zweite Gelenk wird in einer Entfernung von $l/4$, gerechnet von B (Abb. 108 a und b) eingelegt. Die mittleren Trägheitsmomente sind die arithmetischen Mittel der aus der *Ritter*'schen Gleichung bestimmten Trägheitsmomente.

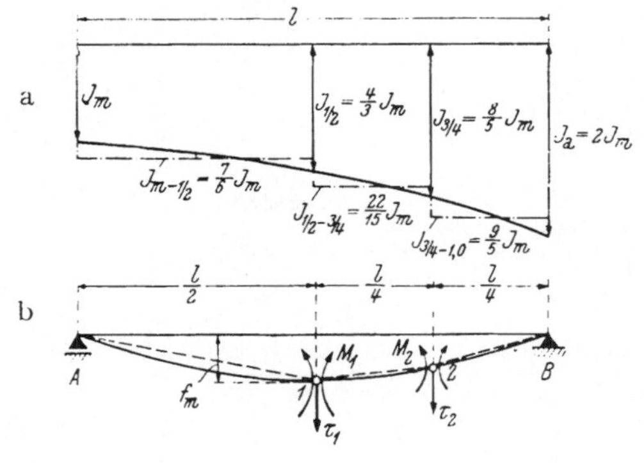

Abb. 108 a, b

Die tatsächlichen J betragen:

$$J_m = 1\,J_m, \quad J_{1/2} = 4/3\,J_m, \quad J_{3/4} = 8/5\,J_m, \quad J_a = 2\,J_m$$

Daraus die gemittelten J:

$$J_{m-\frac{1}{2}} = 7/6\,J_m, \quad J_{\frac{1}{2}-\frac{3}{4}} = 22/15\,J_m, \quad J_{\frac{3}{4}-1\cdot0} = 9/5\,J_m.$$

In den Gelenken wirken:

$$M_1 = \frac{q\,l^2}{8}, \quad \text{bezw.} \quad M_2 = \frac{3\,q\,l^2}{32}.$$

Elastische Gewichte.

$$\tau_1 = \frac{\dfrac{l}{2}}{3\,E\,\dfrac{7}{6}\,J_m}\,\frac{q\,l^2}{8} + \frac{q\left(\dfrac{l}{2}\right)^3}{24\,E\,\dfrac{7}{6}\,J_m} + \frac{\dfrac{l}{4}}{6\,E\,\dfrac{22}{15}\,J_m}\left(2\,\frac{q\,l^2}{8} + \frac{3}{32}\,q\,l^2\right) +$$

$$+ \frac{q\left(\dfrac{l}{4}\right)^3}{24\,E\,\dfrac{22}{15}\,J_m},$$

$$\tau_2 = \frac{\dfrac{l}{4}}{6\,E\,\dfrac{22}{15}\,J_m}\left(2\,\frac{3}{32}\,q\,l^2 + \frac{1}{8}\,q\,l^2\right) + \frac{q\left(\dfrac{l}{4}\right)^3}{24\,E\,\dfrac{22}{15}\,J_m} +$$

$$+ \frac{\dfrac{l}{4}}{3\,E\,\dfrac{9}{5}\,J_m}\,\frac{3}{32}\,q\,l^2 + \frac{q\left(\dfrac{l}{4}\right)^3}{24\,E\,\dfrac{9}{5}\,J_m}$$

In diesen Gleichungen geben die ersten und dritten Glieder den Einfluß der Gelenkmomente an; die zweiten und vierten Glieder rühren von der Belastung der Polygonseiten her.

Durchbiegung in Feldmitte:

$$f_m = \frac{\dfrac{l}{2}\,\dfrac{l}{2}}{l}\,\tau_1 + \frac{\dfrac{l}{2}\,\dfrac{l}{4}}{l}\,\tau_2 = \frac{l}{4}\left(\tau_1 + \frac{1}{2}\,\tau_2\right)$$

Die Ausrechnung ergibt:

$$f_m = \frac{7 \cdot 59\,q\,l^4}{768\,E\,J_m} = 0 \cdot 759\,_0f_k$$

Die Übereinstimmung mit dem genauen Wert ist fast vollkommen. In der Praxis wird man sich nicht sklavisch an die genauen Werte der mittleren Trägheitsmomente halten, diese vielmehr nach unten abrunden; hiedurch ergeben sich etwas größere Durchbiegungen.

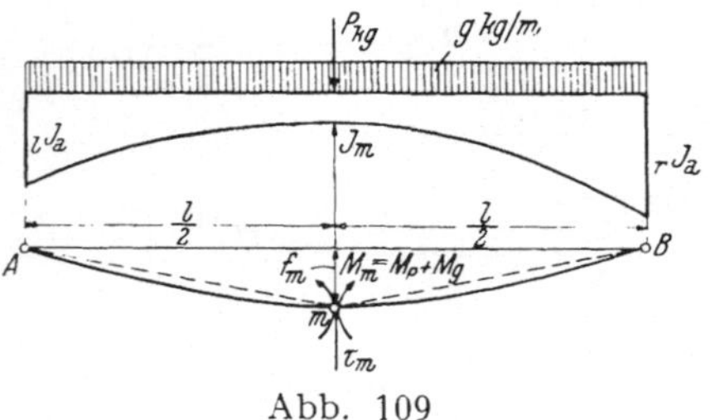

Abb. 109

4. *Der mit verschieden starken Anläufen versehene Träger auf zwei Stützen (Abb. 109) ist mit g kg/m verteilt und mit P kg mittig belastet. Gefragt die Durchbiegung in Feldmitte.*

Es genügt ein Gelenk „m" in Feldmitte; mit dem elastischen Gewicht τ_m ergibt sich: $f_m = l\,\tau_m/4$.

Die Anläufe entsprechen der *Ritter*schen Gleichung (195'). Der Träger ist aus zwei unsymmetrischen Halbträgern zusammengesetzt; deren Unterscheidung geschieht durch den unteren (linken) Fußzeiger bei den K-Werten. Das elastische Gewicht τ_m ist eine Funktion der Gelenkmomente $M_P = Pl/4$ und $M_g = gl^2/8$, bezw. der Belastung „g" der Polygonseiten $\overline{A\,m}$ und $\overline{m\,B}$. Mit Hilfe der Tab. 21 findet sich aus den Gelenkmomenten gemäß 3. Zeile, Kolonne „e":

$$_1\tau_m = \frac{\dfrac{l}{2}}{3\,EJ_m}\,(_lK_7 + _rK_7)\left(\frac{P\,l}{4} + \frac{g\,l^2}{8}\right)$$

und das zusätzliche Teilgewicht aus der Belastung der Polygonseiten zufolge 1. Zeile, Kolonne „e":

$$_2\tau_m = \frac{\dfrac{l}{2}}{3\,EJ_m}\,(_lK_{11} + _rK_{11})\frac{g\,l^2}{32}.$$

Bei symmetrischer Gestaltung fallen die Fußzeiger weg; mit:

$$\tau_m = (_1\tau_m + _2\tau_m)$$

entsteht für die Durchbiegung der allgemeine Ausdruck:

$$f_m = \frac{l^3}{384\,EJ_m}\,[8\,K_7\,P + g\,l\,(4\,K_7 + K_{11})] \tag{221}$$

Darin bedeuten:

$$K_7 = 1 \mp \frac{3\,i}{(r+1)\,(2\,r+1)\,(2\,r+3)}, \quad K_{11} = 1 \mp \frac{6\,i}{(r+1)\,(r+2)\,(2\,r+3)},$$

wobei das untere Vorzeichen für gegen die Feldmitte *zunehmende* Verstärkungen gilt ($i > 1$). Für Näherungsrechnungen genügt es, mit $r = 1$ zu rechnen; die Gebrauchsformel lautet (s. *Bleich, [3]*):

$$f_{m,1} = \frac{l^3}{48\,EJ_m}\left[\left(1 \mp \frac{i}{10}\right)P + \left(1 \mp \frac{3\,i}{25}\right)\frac{5\,g\,l}{8}\right]. \tag{221'}$$

5. *Der beiderseits eingespannte, symmetrisch verstärkte Träger (Abb. 110 a) ist mit g kg/m belastet. Das Einspannmoment M_0 und die Durchbiegung in Feldmitte sind anzugeben. Die Anläufe folgen der Ritter'schen Beziehung.*

a) *Bestimmung von M_0.* Wir legen der Untersuchung die Biegelinie, bezw. das Biegelinien-Polygon $A\,11\,A$ sowohl für den freiaufliegenden, durch g kg/m belasteten Träger (Abb. 110 b) als auch für den durch $M_0 = 1$ ergriffenen zugrunde, und zwar bei Annahme von Gelenken an der Stelle der Unstetigkeit; dort wirken die elastischen Gewichte τ_1 und $\overline{\tau}_1$.

Mit den gewählten Bezeichnungen besteht feste Einspannung, wenn:

$$M_0 = \frac{\gamma_A + \tau_A}{\gamma_A + \overline{\tau}_A} \tag{222}$$

Zufolge Symmetrie genügt die Kenntnis nur *eines* elastischen Gewichtes: $\gamma_A = \tau_1$, bezw. $\overline{\gamma}_A = \overline{\tau}_1$.

Die vom belasteten Träger l_0 herrührenden Teilgewichte betragen mit
$$M_1 = g\,a\,(l-a)\,1/2:$$

$${}_r\tau_{1,M_1} = \frac{l_0}{6\,EJ_m}\,(2\,M_1 + M_1) = \frac{g\,a\,(l-a)\,l_0}{4\,EJ_m}, \qquad {}_r\tau_{1,g} = \frac{g\,l_0^3}{24\,EJ_m}$$

so daß:

$${}_r\tau_{1,M_1} + {}_r\tau_{1,g} = {}_r\tau_1 = \frac{1}{24\,EJ_m}\,g\,(l^3 - 6\,l\,a^2 + 4\,a^3). \qquad (\text{a})$$

Die elastischen Teilgewichte, bedingt durch die Deformation der Vouten,
ergeben sich laut Tab. 21:

1. Zeile, Kolonne „e":

$${}_l\tau_{1,g} = \frac{a}{3\,EJ_{m,1}}\,\frac{g\,a^2}{8}\,K_{11} = \frac{g\,a^3}{24\,EJ_{m,1}}\,K_{11}$$

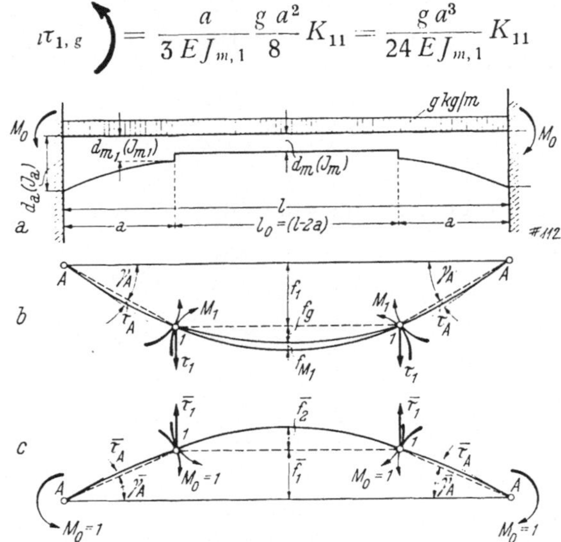

Abb. 110 a—c

3. Zeile, Kolonne „e":

$${}_l\tau_{1,M_1} = \frac{a}{3\,EJ_{m,1}}\,M_1\,K_7 = \frac{g\,a^2\,(l-a)}{6\,EJ_{m,1}}\,K_7$$

Durch Zusammenlegung entsteht:

$${}_l\tau_1 = \frac{g\,a^2}{24\,EJ_{m,1}}\,[a\,K_{11} + 4\,(l-a)\,K_7] \qquad (\text{b})$$

Totales elastisches Gewicht:

$$\tau_1 = \gamma_A = \frac{g}{24\,EJ_m}\left\{(l^3 - 6\,l\,a^2 + 4\,a^3) + \frac{J_m}{J_{m,1}}\,a^2\,[a\,K_{11} + 4\,(l-a)\,K_7]\right\} \qquad (\text{c})$$

Endverdrehungswinkel der Polygonseiten $\overline{A-1}$. Sie setzen sich wie folgt
zusammen:

1. Zeile, Kolonne „d":

$$\tau_{A,g} = \frac{a}{3\,EJ_{m,1}}\,\frac{g\,a^2}{8}\,K_6 = \frac{g\,a^3}{24\,EJ_{m,1}}\,K_6,$$

3. Zeile, Kolonne d":

$$\tau_{A,\,M_1} = \frac{a}{6\,EJ_{m,\,1}}\,M_1\,K_8 = \frac{g\,a^2\,(l-a)}{12\,EJ_{m,\,1}}\,K_8$$

und durch Addition:

$$\tau_A = \frac{g\,a^2}{24\,EJ_{m,\,1}}\,[a\,K_6 + 2\,(l-a)\,K_8] \tag{d}$$

Unter der Annahme: $J_m = J_{m,\,1}$ lautet der Zähler der Gl. (222):

$$\gamma_A + \tau_A =$$

$$= \frac{g}{24\,EJ_m}\,[l^3 + (K_{11} + K_6 - 2\,K_8)\,a^3 - 2\,l\,a^2\,(3 - 2\,K_7 - K_8) + 4\,a^3\,(1 - K_7)]$$

Nun besteht laut Tab. 21, Festwerte:

$$K_{11} + K_6 - 2\,K_8 = 0,$$
$$(3 - 2\,K_7 - K_8) = 3\,(1 - K_9),$$

daher:

$$\gamma_A + \tau_A = \frac{g}{24\,EJ_m}\,[l^3 - 6\,l\,a^2\,(1 - K_9) + 4\,a^3\,(1 - K_7)] \tag{e}$$

Dem Zustand $M_0 = 1$ entsprechen mit Bezug auf Abb. 110 c nachstehende Ansätze, wobei vorausgesetzt wird, daß $J_m = J_{m,\,1}$:

Mittelfeld: Zeile 4 b, Kolonne b ($K_3 = 1$):

$$_r\overline{\tau}_1 = \frac{(l - 2\,a)}{2\,EJ_m}\,1$$

Anlauf: Zeile 4 b, Kolonne „e":

$$_l\overline{\tau}_1 = \frac{a}{2\,EJ_m}\,1 \cdot K_9$$

Daher:

$$\overline{\gamma}_A = \overline{\tau}_1 = \frac{1}{2\,EJ_m}\,[(l - 2\,a) + a\,K_9] \tag{f}$$

Verdrehung der Endpolygonseite $\overline{(A - 1)}$ in A ergibt laut Zeile 4 b, Kolonne „d":

$$\overline{\tau}_A = \frac{a}{2\,EJ_m}\,1 \cdot K_{10}$$

Damit der Nenner der Gl. (222):

$$\overline{\gamma}_A + \overline{\tau}_A = \frac{1}{2\,EJ_m}\,[(l - 2\,a) + a\,(K_9 + K_{10})]$$

Mit: $(K_9 + K_{10}) = 2\,K_3$:

$$\overline{\gamma}_A + \overline{\tau}_A = \frac{1}{2\,EJ_m}\,[l - 2\,a\,(1 - K_3)] \tag{g}$$

Mit $M_k = g\,l^2/12$ (Einspannungsmoment für $J = $ konst.) und $a = n\,l$ lautet Gl. (222):

$$M_0 = \frac{1}{12}\,g\,l^2\,\chi = M_k\,\chi \tag{223}$$

wobei:

$$\chi = \frac{1 - 6\,n^2\,(1 - K_9) + 4\,n^3\,(1 - K_7)}{1 - 2\,n\,(1 - K_3)},$$

$$\chi = 1 + 2\,n\,\frac{(1 - K_3) - 3\,n\,(1 - K_9) + 2\,n^2\,(1 - K_7)}{1 - 2\,n\,(1 - K_3)}. \tag{224}$$

Nach Einführung der Sonderwerte (Tabelle 21):

$$K_3 = 1 - \frac{i}{(2\,r + 1)}, \qquad K_7 = 1 - \frac{3\,i}{(r + 1)\,(2\,r + 1)\,(2\,r + 3)},$$

$$K_9 = 1 - \frac{i}{(r + 1)\,(2\,r + 1)}$$

entsteht schließlich:

$$\chi = 1 + \frac{2\,n\,i}{[(2\,r + 1) - 2\,n\,i]}\left\{1 - \frac{3\,n}{(r + 1)}\left[1 - \frac{2\,n}{(2\,r + 3)}\right]\right\}. \tag{224'}$$

Durchbiegung in Trägermitte. Vorerst wird die Durchbiegung (in Feldmitte) für den freigelagerten und mit g kg/m belasteten Träger (Abb. 110 b) bestimmt und hierauf die Hebung des von M_0 ergriffenen Trägers (Abb. 110 c). Die Differenz liefert die gesuchte Senkung f_{tot}.
Mit den gewählten Eintragungen besteht:

$$f\downarrow = f_1 + f_g + f_{M_1} \qquad \text{(Abb. 110 b)},$$

$$M_0\,\overline{f}\,{}^\wedge = (\overline{f}_1 + \overline{f}_2)\,M_0 \qquad \text{(Abb. 110 c)}.$$

Im besonderen ist (Abb. 110 b): $f_1 = a\,\gamma_A$.
Der eingehängte Trägerteil l_0 biegt sich in der Mitte um:

$$f_g = \frac{5\,g\,(l - 2\,a)^4}{384\,E\,J_m}$$

durch; hiezu kommt eine zusätzliche Senkung infolge der Gelenkmomente M_1:

$$f_{M_1} = \frac{(l - 2\,a)^2}{8\,E\,J_m}\,M_1 = \frac{g\,a\,(l - a)\,(l - 2\,a)^2}{16\,E\,J_m},$$

ferner (Abb. 110 c) für $M_0 = 1$:

$$\overline{f}_1 = \overline{\gamma}_A\,a\,; \qquad \overline{f}_2 = \frac{(l - 2\,a)^2}{8\,E\,J_m}\,1$$

und schließlich:

$$f_{tot} = f\downarrow - \overline{f}\,{}^\wedge\,M_0 =$$

$$= \frac{5\,g\,l^4}{384\,E\,J_m}\{1 - 3\cdot2\,n^3\,[4\,(1 - n)\,(1 - K_7) + n\,(1 - K_{11})]\} -$$

$$- \frac{M_0\,l^2}{8\,E\,J_m}\,[1 - 4\,n^2\,(1 - K_9)] \tag{225}$$

Kontrolle: $J_m = \text{konst}$ ($n = 0$, $K = 1$, $\chi = 1$) entspricht:

$$f_{tot} = \frac{5\,g\,l^4}{384\,E\,J_m} - \frac{g\,l^4}{96\,E\,J_m} = \frac{g\,l^4}{384\,E\,J_m}.$$

Zahlenbeispiel.
Angenommen gradlinige Anläufe (Schrägen). Nachstehende Angaben siehe
Quelle *[16]*.

$$\Delta = \frac{dm}{da} = 2/3, \quad i = (1 - \Delta^3) = 19/27, \quad a = l/3, \quad n = 1/3.$$

Schrägehochzahl, Gl. (198): $r_s = 1{\cdot}661\, lg\,(i/i_0) = \underline{0{\cdot}264}$,

wobei Gl. (199): $\dfrac{i}{i_0} = \dfrac{1 - \Delta^3}{1 - \left(\dfrac{2\,\Delta}{1 + \Delta}\right)^3} = 1{\cdot}443$

Schrägegleichung, Gl (195′):

$$\left(\frac{dm}{d}\right)^3 = y = 1 - \frac{19}{27}\,\varphi_1^{\,0{\cdot}5\,28}$$

Laufende Schrägedicke:

$$d = \frac{d_m}{\left(1 - \dfrac{19}{27}\,\varphi_1^{\,0{\cdot}5\,28}\right)^{1/3}}$$

Die Auswertung ergibt:

$$\varphi_1 = 0{\cdot}0, \quad 0{\cdot}25, \quad 0{\cdot}5, \quad 0{\cdot}75, \quad 1{\cdot}0$$

$$\frac{d}{d_m} = 1.0, \quad 1{\cdot}142, \quad 1{\cdot}25, \quad 1{\cdot}362, \quad 1{\cdot}50$$

Der tatsächlichen
Schräge entsprechen: $\dfrac{d_t}{d_m} = 1{\cdot}0, \quad 1{\cdot}125, \quad 1{\cdot}25, \quad 1{\cdot}375, \quad 1{\cdot}50$

Abweichung: $\left(1 - \dfrac{d}{d_t}\right)100 = 0, \quad -1{\cdot}5\%, \quad 0, \quad +0{\cdot}95\%, \quad 0$

Die flachverlaufende S-förmige *d*-Linie (Abb. 103) schmiegt sich recht gut
an die tatsächliche Schräge an. Die Hochzahl $r = 0{\cdot}264$ erfüllt demnach
in ausreichendem Maß ihren Zweck.
Mit Hilfe der in Tab. 23 eingetragenen $(1 - K)$ - Werte ergibt sich:
$\chi = 1.1598$; *Mann* findet hiefür $1{\cdot}1676$; die Übereinstimmung ist befriedigend $(0{\cdot}7\%)$. Die Durchbiegung ergibt sich mit:

Tabelle 23.

$(1 - K)$	$r =$		
	$r_s = 0{\cdot}264$	$r = \frac{1}{2}$	$r_h = 0{\cdot}187$
$(1 - K_3) = \dfrac{i}{(2\,r + 1)}$	$0{\cdot}4605$	$0{\cdot}352$	$0{\cdot}5121$
$(1 - K_7) = \dfrac{3\,i}{(r + 1)\,(2\,r + 1)\,(2\,r + 3)}$	$0{\cdot}3098$	$0{\cdot}176$	$0{\cdot}3836$
$(1 - K_9) = \dfrac{i}{(r + 1)\,(2\,r + 1)}$	$0{\cdot}3641$	$0{\cdot}235$	$0{\cdot}4315$
$(1 - K_{11}) = \dfrac{6\,i}{(r + 1)\,(r + 2)\,(2\,r + 3)}$	$0{\cdot}4182$	$0{\cdot}282$	$0{\cdot}4821$

$f_{tot} = 0{\cdot}5498 \dfrac{q\, l^4}{384\, EJ_m}$. Der Einfluß der über 1/3 der Trägerlänge reichen-

den Schräge ist recht bedeutend; das Einspannungsmoment hat sich um 15 % vergrößert, die Durchbiegung um 45 % verringert.

Setzt man $r = 1/2$, welcher Annahme ein gradliniger Verlauf der Trägheitsmomente entspricht, so gehen die Gleichungen (224') und (225) über in:

$$\chi' = 1 + \frac{n\, i\, (1 - n)^2}{(1 - n\, i)} \qquad (224'')$$

$$f_{tot}' = \frac{g\, l^4}{384\, EJ_m}\left[5 - 16 n^3\, i\, (1 - 0{\cdot}6\, n) - 4\, \chi'\left(1 - \frac{4}{3}\, n^2\, i\right)\right]. \qquad (225')$$

Den Zahlenwerten unseres Beispieles entspricht: $\underline{\chi' = 1{\cdot}1362}$ und

$f_{tot}' = 0{\cdot}601 \dfrac{g\, l^4}{384\, EJ_m}$, demnach gegenüber der genauen Rechnung eine

um 2 % kleinere Einspannung und eine um 9 % größere Durchbiegung. Man bewegt sich daher hinsichtlich letzterer auf Seite der größeren Sicherheit. In den meisten Fällen der Praxis darf mit den vereinfachten Formeln gerechnet werden.

Der Größtwert χ_{max}' wird bei einem bestimmten Verhältnis n_0 auftreten; $d\chi'/dn = 0$ ergibt:

$$2\, n_0^2\, i - 3\, n_0 + 1 = 0$$

Mit $n_0 = 0{\cdot}414$ und für $i = 19/27$ entsteht $\chi_{max}' = 1{\cdot}141$; das Einspannungsmoment hat sich um $0{\cdot}4$ % vergrößert, die Durchbiegung $f_{tot}' = 0{\cdot}567 \dfrac{g\, l^4}{384\, EJ_m}$ um $5{\cdot}6$ % vermindert.

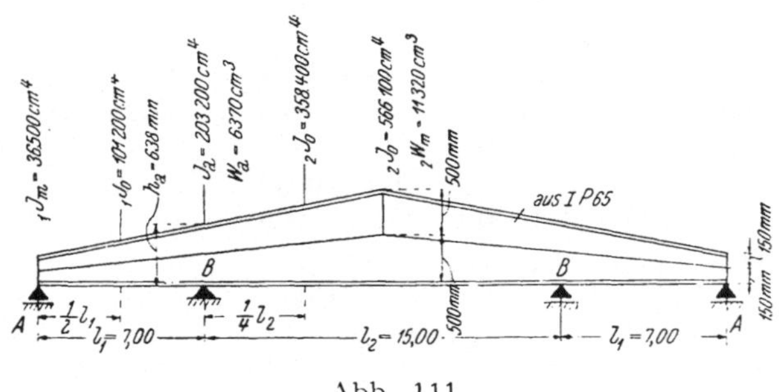

Abb. 111

6. *Aus einem Peineträger I-P 65 werde durch geeignete Spaltung, Zusammenlegung und nachherige Verschweißung der in Abb. 111 dargestellte Durchlaufträger von 7·0—15·0—7·0 m Stützweite mit gegen die Mitte ansteigender Schräge hergestellt. Belastung: g = 2·35 t/m, Verkehrslast: φ p = 4·7 t/m (φ = Stoßzahl). Der Sicherheitsgrad gegen Abheben der Trägerenden bei belastetem Mittelfeld ist anzugeben* [7].

Stützenmomente M_s. Zufolge symmetrischer Tragwerksgestaltung und Belastung besteht einfache statische Unbestimmtheit, z. B. nach M_s über B. Denkt man sich über den entfernt angenommenen Zwischenstützen Gelenke angeordnet, so entstehen in diesen infolge der Belastung und der Stützenmomente M_s die Endverdrehungen τ (elastische Gewichte). Die

Erhaltung der gemeinsamen Tangente wird durch die Bedingung $\tau = 0$ erfüllt. Die Belastung der Endfelder l_1 werde mit q_1, jene des Mittelfeldes l_2 mit q_2 bezeichnet.

Elastische Gewichte. Mit Hilfe der Tab. 21 erhält man, wenn die linken Fußzeiger bei den K-Werten auf das betrachtete Feld hinweisen:

Endfeld l_1. Zeile 1, Kolonne d:

$$_{q_1}\tau_1 = -\frac{q_1\,l_1{}^2}{8}\,\frac{l_1}{3\,E_{\,1}J_m}\,{}_1K_6,$$

Zeile 2, Kolonne d:

$$_{M_s}\tau_1 = -\frac{l_1}{3\,E_{\,1}J_m}\,M_s\,{}_1K_4,$$

Mittelfeld l_2. Zeile 1, Kolonne a:

$$_{q_2}\tau_2 = \frac{q_2\,l_2{}^2}{8}\,\frac{l_2}{3\,E_{\,2}J_m}\,{}_2K_2,$$

Zeile 4a, Kolonne a und da: $(_2K_2 + 2\,{}_2K_1) = 3\,{}_2K_3,$

$$_{M_s}\tau_2 = -\frac{l_2}{6\,E_{\,2}J_m}\,(2\,{}_2K_1 + {}_2K_2)\,M_s = -\frac{l_2}{2\,E_{\,2}J_m}\,{}_2K_3\,M_s$$

Mit: $n = \dfrac{l_2}{l_1}$, $q_1 = g$, $q_2 = (g + q\,p)$ und ${}_1M_1 = \dfrac{1}{8}\,g\,l_1{}^2$

und aus: $\tau = (_{q_1}\tau_1 + {}_{M_s}\tau_1 + {}_{q_2}\tau_2 + {}_{M_s}\tau_2) = 0$

entsteht:

$$\frac{g\,l_1{}^2}{24\,E_{\,1}J_m}\,{}_1K_6 + \frac{(g + q\,p)\,l_2{}^2}{24\,E_{\,2}J_m}\,{}_2K_2 = -M_s\left(\frac{l_1}{3\,E_{\,1}J_m}\,{}_1K_4 + \frac{l_2}{2\,E_{\,1}J_m}\,{}_2K_3\right)$$

daraus:

$$M_s = -\frac{{}_1K_6 + \left(1 + \dfrac{q\,p}{g}\right)\dfrac{{}_1J_m}{{}_2J_m}\,n^3\,{}_2K_2}{{}_1K_4 + \dfrac{3}{2}\dfrac{{}_1J_m}{{}_2J_m}\,n\,{}_2K_3}\,{}_1M_1 \qquad (226)$$

Sicherheitsgrad S *gegen Abheben der freien Trägerenden.*

Aus: $A - \dfrac{g\,l_1}{2} - \dfrac{S\,|M_s|}{l_1} = 0$

folgt:

$$S \gtreqless 1 - \frac{g\,l_1{}^2}{2\,|M_s|} = \frac{4\,{}_1M_1}{|M_s|} = \frac{4\left[{}_1K_4 + \dfrac{3}{2}\dfrac{{}_1J_m}{{}_2J_m}\,n\,{}_2K_3\right]}{\left[{}_1K_6 + \left(1 + \dfrac{q\,p}{g}\right)\dfrac{{}_1J_m}{{}_2J_m}\,n^3\,{}_2K_2\right]} \cdot \qquad (227)$$

Die Schrägehochzahlen. Dieselben werden gesondert für die Endfelder, bezw. für das Mittelfeld bestimmt.

Endfeld. Nach Gl. (198) besteht: ${}_1r_s = 1\!\cdot\!661\,\log\dfrac{{}_1i_1}{{}_0{}^l 1}.$

Mit Bezug auf Abb. 111 ergibt sich:

$$\Delta_1{}^3 = \frac{_1J_m}{J_a} = \frac{36{,}500}{203{,}200} = 0{\cdot}180; \quad i_1 = 0{\cdot}820,$$

$$_0\Delta_1{}^3 = \frac{_1J_m}{_1J_0} = \frac{36{,}500}{101{,}200} = 0{\cdot}361; \quad _0i_1 = 0{\cdot}639.$$

Daher: $_1r_s = 0{\cdot}180$.
Die auf das Trägerende A bezogene Schrägegleichung lautet $(x_1/l_1 = \varphi_1)$:

$$y = \frac{_1J_m}{J} = 1 - 0{\cdot}82\,\varphi_1{}^{0{\cdot}36}. \tag{195$'_1$}$$

Mittelfeld:

$$_2r_s = 1{\cdot}661 \log \frac{i_2}{_0i_2},$$

$$\Delta_2{}^3 = \frac{_2J_m}{J_a} = \frac{566{,}100}{203{,}200} = 2{\cdot}786; \quad i_2 = -1{\cdot}786,$$

$$_0\Delta_2{}^3 = \frac{_2J_m}{_2J_0} = \frac{566{,}100}{358{,}400} = 1{\cdot}579; \quad _0i_2 = -0{\cdot}579,$$

$$\underline{_2r_s = 0{\cdot}8125}$$

Schrägegleichung, wenn von der Mitte des Feldes l_2 aus gerechnet wird $(2\,x_2/l_2 = \varphi_2)$

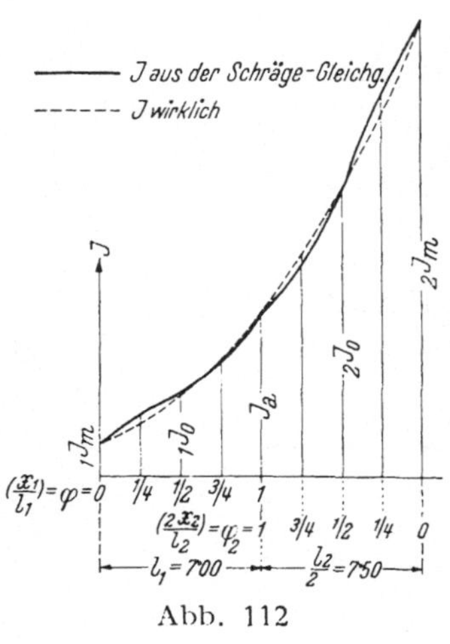

Abb. 112

$$y = \left(\frac{_2J_m}{J}\right) = 1 + 1{\cdot}786^{1{\cdot}625}. \tag{195$'_2$}$$

Die Zuverlässigkeit der Schrägehochzahlen erhellt daraus, daß die Linie der aus den Schrägegleichungen errechneten theoretischen Trägheitsmomente sich dem Kurvenverlauf der wirklichen J weitestgehend anschmiegt (Abb. 112). Die Überschneidung erfolgt voraussetzungsgemäß in $1/2\,l_1$ $(\varphi_1 = 1/2)$, bezw. $1/4\,l_2$ $(\varphi_2 = 1/2)$; zwischen den Überschneidungsflächen besteht innerhalb eines Feldes ein gewisser Flächenausgleich. Vergleicht man die beiden zwischen der φ-Achse und den J-Linien entstehenden Flächen, so überzeugt man sich mit Hilfe der folgenden Tabellenwerte, daß deren Inhalte mathematisch fast übereinstimmen.

Auswertung der Gl. (226), bezw. (227):

$$\frac{_1J_m}{_2J_m} = \frac{36{,}500}{566{,}100} = 0{\cdot}0645, \quad n = \frac{l_2}{l_1} = \frac{15}{7} = 2{\cdot}143, \quad \frac{q\,p}{g} = \frac{4{\cdot}70}{2{\cdot}35} = 20.$$

$$_1K_4 = 1 - \frac{3\,i_1}{(2\,_1r_s + 3)} = 0{\cdot}268, \quad _1K_6 = 1 - \frac{6\,i_1}{(2\,_1r_s + 3)(_1r_s + 2)} = 0{\cdot}328$$

$$_2K_2 = 1 - \frac{3\,i_2}{(2\,_2r_s + 3)(2\,_2r_s + 1)} = 1{\cdot}441, \quad _2K_3 = 1 - \frac{i_2}{(2\,_2r_s + 1)} = 1{\cdot}680.$$

Tabelle 24.

φ-Werte		$J\,dm^3$		Unterschied in Proz. gegenüber $\dfrac{J}{}$ tatsächlich
	tatsächlich	aus Gl. (195′)	aus Gl. (195′$_2$)	
$\varphi_1 = \begin{cases} 0 \\ \tfrac{1}{4} \\ \tfrac{1}{2} \\ \tfrac{3}{4} \\ 1 \end{cases}$	36·50 64·66 101·08 147·60 203·—	36·50 72·68 101·08 140·— 203·—	— — — — —	— + 12·3 — — 5·2 —
$\varphi_2 = \begin{cases} 0 \\ \tfrac{1}{4} \\ \tfrac{1}{2} \\ \tfrac{3}{4} \\ 1 \end{cases}$	203·— 275·— 358·50 454·80 566·10	— — — — —	203·— 267·20 358·50 467·70 566·10	— — 2·8 — + 4·8 —

Damit wurde gefunden:

$$M_s = - 4{\cdot}987\,\frac{g\,l_1{}^2}{8}\,, \qquad S \approx 0{\cdot}802 < 1 \ \text{(Abheben)}$$

Daher der Auflagerdruck:

$$A = \frac{g\,l_1{}^2}{8}\,(4 - 4{\cdot}987) = - 0{\cdot}987\,\frac{g\,l_1{}^2}{8}.$$

An Stelle des von den Trägheitsmomenten abhängigen Verhältnisses $\dfrac{{}_1J^m}{{}_2J^m}$ kann entweder das Verhältnis der mittleren Trägheitsmomente:

$$\frac{{}_1J^m + J_a}{{}_2J^m + J_a} = \frac{1 + \dfrac{{}_1J^m}{J_a}}{1 + \dfrac{{}_2J^m}{J_a}} = \frac{1 + \varDelta_1{}^3}{1 + \varDelta_2{}^3} = \frac{1{\cdot}180}{3{\cdot}786} = \underline{0{\cdot}311}$$

oder aber das Verhältnis

$$\frac{{}_1J_0}{{}_2J_0} = \frac{101{,}200}{358{,}400} = \underline{0{\cdot}282}$$

gesetzt werden, wobei ${}_1J_0$ das tatsächliche Trägheitsmoment in $l_{1/2}$, ${}_2J_0$ jenes in $l_{2/4}$ ist.

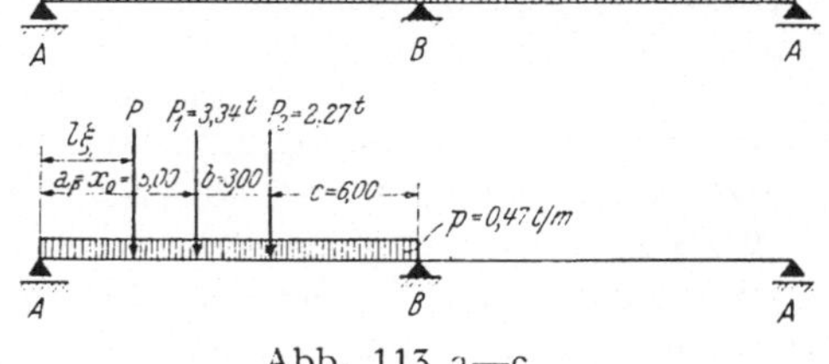

Abb. 113 a—c

Die Auswertung ergibt im ersten Falle $S_1 = 0{\cdot}79$, im zweiten $S_2 = 0{\cdot}82$, also durchaus in befriedigender Übereinstimmung mit der genauen Rechnung. Für ähnlich liegende Verhältnisse ist es zulässig, von der getroffenen Vereinfachung Gebrauch zu machen. Konstantes Trägheitsmoment vorausgesetzt, ergäbe sich nur $S_3 = 0{\cdot}55$.

7. *Der dachförmige Zweifeldbalken von* $2 \times 15\cdot0$ m *Stützweite (Abb. 113 a) ist durch* $g = 2\cdot16$ t/m, *die Nutzlast* $p = 0\cdot47$ t/m *und zwei wandernde Einzellasten* $P_1 = 3\cdot34$ t, $P_2 = 2\cdot27$ t, *Abstand* $b = 3\cdot0$ m, *belastet (Abb. 113 a). Das maximale Stützmoment, der Ort und das Maß der größten Durchbiegung sind anzugeben. Stoßzahl* $\varphi = 1\cdot28$.

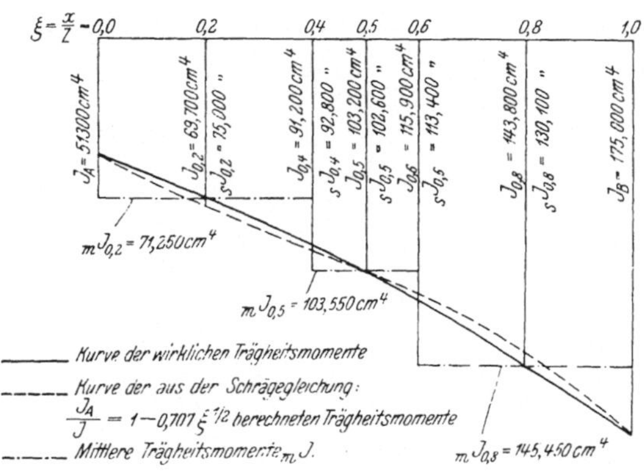

Abb. 114

Das Beispiel ist einer Veröffentlichung von *Brandt [5]* entnommen. Mit den eingetragenen Maßen erhält man (Abb. 114): $J_A = 51.300$ cm⁴, $J_B = 175.000$ cm⁴, ferner die in Abständen von $0\cdot2\,l$ errechneten J laut Tab. 25 und deren zeichnerischen Verlauf. Die Schrägehochzahl $r_s = 1\cdot661 \log (i/i_0) = 0\cdot246 \approx 0\cdot25$ ergibt sich aus:

$$i_0 = 1 - \frac{J_A}{J_{0\cdot5}} = 1 - \frac{51.300}{103.200} = 0\cdot503, \qquad i = 1 - \frac{J_A}{J_B} = 1 - \frac{51.300}{175.000} = 0\cdot707$$

Die Schrägegleichung, bezogen auf das Auflager A, lautet mit $x = \xi\,l$:

$$y = \frac{J_A}{sJ} = 1 - 0\cdot707\,\xi^{1/2}.$$

Die daraus berechneten Trägheitsmomente sJ sind in Tab. 25 eingetragen, Abb. 114 zeigt ihren Verlauf. Die Abweichungen gegenüber der genauen J-Kurve sind belanglos.

Maximales Stützenmoment. Der Träger werde über der Stütze durchschnitten und durch ein Gelenk verbunden; daselbst wirke das elastische Gewicht τ; aus der Bedingung, daß $\tau = 0$, wird das statisch unbestimmte Stützenmoment berechnet. Die maßgebende Belastung ist in Abb. 113 b dargestellt.

a) Stützenmoment $_qM_s$ *für die Gleichlast* q t/m. Die elastischen Teilgewichte ergeben sich aus Tab. 21:
Zeile 1, Kolonne d:

$$\tau_q = \frac{1}{8}\,q\,l^2\,\frac{l}{3EJ_A}\,K_6,$$

Zeile 2, Kolonne d:

$$\tau_M = \frac{l}{3EJ_A}\,{_q}M_s\,K_4.$$

Die Bedingung:

$$\tau = (\tau_q + \tau_M) = 0$$

liefert

$$_q M_s = -\frac{1}{8}\, q l^2 \frac{K_6}{K_4}. \tag{228}$$

Nun ist:

$$K_4 = 1 - \frac{3\,i}{(2\,r_s + 3)} = 0{\cdot}394, \qquad\qquad K_6 = 1 - \frac{6\,i}{(r_s + 2)\,(2\,r_s + 3)} = 0{\cdot}461$$

und:

$$_q M_s = -\,1{\cdot}17 \frac{q\,l^2}{8}\,.$$

Im besonderen findet sich für $q = g = 2{\cdot}16$ t/m: $_g M_s = -\,71{\cdot}078$ tm und für $q = \varphi\, p = 1{\cdot}28 \,.\, 0{\cdot}47$ t/m: $_p M_s = -\,19{\cdot}796$ tm.

$\beta)$ *Stützenmoment $_p M_s$ bei Belastung durch P_1 und P_2.* Der in $x = l\,\xi$ stehenden Einzellast P (Abb. 113 c) entspricht nach Tab. 21, Kolonne „d", Zeile 7, das über der Stütze wirkende elastische Gewicht:

$$\tau_P = \frac{l^2}{6\,E J_A}\,\xi\,(1 - \xi^2)\,K_6\,P.$$

Das unbelastete Feld liefert zu τ_P keinen Beitrag. Infolge $_p M_s$ entsteht (Zeile 2):

$$\tau_M = 2\,\frac{l}{3\,E J_A}\,K_4\,_p M_s.$$

Der Faktor „2" rührt daher, daß zur Endverdrehung der im Gelenke zusammenstoßenden Trägerteile beide Felder den gleichen Beitrag liefern. $(\tau_P + \tau_M) = 0$ liefert den *Einflußwert*:

$$_p M_s = -\,\frac{P\,l}{4}\,\frac{K_6}{K_4}\,(1 - \xi^2)\,\xi\,. \tag{229}$$

$\gamma)$ *Stützenmoment für halbseitige Belastung.*
$P = q\,l\,\xi$ gesetzt, folgt:

$$_q M_s{}' = -\,\frac{q l^2}{4}\,\frac{K_6}{K_4}\int_0^1 (1 - \xi^2)\,\xi\,d\xi = -\,\frac{1}{16}\,q l^2 \frac{K_6}{K_4}. \tag{228'}$$

$\delta)$ Stehen auf dem Träger die Lasten P_1 und P_2 im Abstand $b = \beta\,l$, so stellt sich das Stützenmoment ($\varphi = $ Stoßzahl) auf:

$$_p M_{s_1} = -\,\frac{l}{4}\,\frac{K_6}{K_4}\,\varphi\,\{P_1\,(1 - \xi^2)\,\xi + P_2\,[1 - (\beta + \xi)^2]\,(\beta + \xi)\} \tag{229'}$$

Der Größtwert tritt ein, wenn P_1 in $l\,\xi_0 = x_0$ steht; $\dfrac{d_p M_{s_1}}{d\xi} = 0$ entspricht:

$$\xi_0{}^2 + \frac{2\,\beta\,P_2}{(P_1 + P_2)}\,\xi_0 = \frac{1}{3} - \frac{\beta^2\,P_2}{(P_1 + P_2)}$$

ξ_0 ist von der Trägerform unabhängig. Für $P_1 = 3{\cdot}34$ t, $P_2 = 2{\cdot}27$ t und $\beta = 0{\cdot}2$ wird $\xi_0 = 0{\cdot}488$, bezw. $x_0 = 0{\cdot}488 \cdot 15 = 7{\cdot}32$ m und:

$$_PM_{s,max} = -\frac{15}{4}\,1{\cdot}17 \cdot 1{\cdot}28\,[3{\cdot}34\,(1 - 0{\cdot}488^2)\,0{\cdot}488 +$$

$$+ 2{\cdot}27\,(1 - 0{\cdot}688^2)\,0{\cdot}688]$$

$$_PM_{s,max} = -\underline{11{\cdot}594 \text{ tm}}$$

Totales Stützenmoment:

$$M_{stot} = {}_qM_s + {}_PM_{s,max} = -\underline{102{\cdot}468 \text{ tm}.}$$

Das von jeder Versuchsrechnung freie Verfahren liefert gegenüber dem Ergebnis der *Brandt*schen Methode *[5]* einen um rund $1{\cdot}2\%$ kleineren Betrag, wobei die größere Genauigkeit auf Seite der entwickelten Methode liegt. *Der Durchbiegungsgrößtwert.* Derselbe möge, wie bei Belastungsproben von Brücken, ohne Rücksicht auf die Durchbiegung infolge des Eigengewichtes und unter Voraussetzung ruhender Last (Stoßzahl $\varphi = 1$) berechnet werden. Maßgebend ist die Lastenkombination (Abb. 113 c).

Tab. 25. *Zusammenstellung der Trägheitsmomente für den in Abb. 113a dargestellten Träger.*

Querschnitts-Lage: $x = l\xi$ ξ	Höhe h mm	Bezeichnung	Tatsächliche Rechnungswerte	Aus der Schrägegleichung berechnet sJ	Gemittelte Trägheitsmomente mJ
0·0	400	J_A	$51.300 = 1{\cdot}000\,J_A$	51.300	$\frac{1}{2}(J_A + J_{0\cdot4}) =$
0·2	460	$J_{0\cdot2}$	$69.700 = 1{\cdot}358\,J_A$	75.000	$= {}_mJ_{0\cdot2} = 71250 = 1{\cdot}389\,J_A$
0·4	520	$J_{0\cdot4}$	$91.200 = 1{\cdot}778\,J_A$	92.800	
0·5	550	$J_{0\cdot5}$	$103.200\;\;2{\cdot}012\,J_A$	102.600	$\frac{1}{2}(J_{0\cdot4} + J_{0\cdot6}) =$
0·6	580	$J_{0\cdot6}$	$115.900 = 2{\cdot}259\,J_A$	113.400	$= {}_mJ_{0\cdot5} = 103.550 = 2{\cdot}018\,J_A$
0·8	640	$J_{0\cdot8}$	$143.800 = 2{\cdot}803\,J_A$	139.100	$\frac{1}{2}(J_{0\cdot6} + J_B) =$
1·0	700	J_B	$175.000 = 3{\cdot}411\,J_A$	175.000	$= {}_mJ_{0\cdot8} = 145.450 = 2{\cdot}835\,J_A$

Das maximale Feldmoment.
a) *Belastung durch Gleichlast* $p = 0{\cdot}47$ t/m im linken Feld. Stützenmoment, Gl. (228):

$$_PM_s' = -\frac{1}{16}\,p\,l^2\,\frac{K_6}{K_4}$$

aus: $_PA\,l - \frac{1}{2}\,p\,l^2 + \frac{1}{16}\,p\,l^2\,\frac{K_6}{K_4} = 0$

folgt der *Auflagerdruck* mit:

$$_PA = \frac{1}{2}\,p\,l\left[1 - \frac{1}{8}\,\frac{K_6}{K_4}\right]. \tag{230}$$

Der Momentgrößtwert tritt in $_px_0 = l \,_p\xi_0$ auf; aus der Bedingung:

$$_pA - p \,_px_0 = 0$$

entsteht:

$$_px_0 = \frac{_pA}{p} = \frac{1}{2}\,l\left[1 - \frac{1}{8}\frac{K_6}{K_4}\right],$$

bezw.:

$$_p\xi_0 = \frac{1}{2}\left[1 - \frac{1}{8}\frac{K_6}{K_4}\right] \tag{231}$$

Momentgrößtwert:

$$_pM_{max} = {}_pA \,_px_0 - p\,\frac{_px_0{}^2}{2} = \frac{1}{8}\,p\,l^2\left[1 - \frac{1}{8}\frac{K_6}{K_4}\right]^2. \tag{232}$$

Durch Sonderwertung findet man der Reihe nach:

$$_pM_s' = -\frac{1}{16}\,1{\cdot}17\,p\,l^2 = -7{\cdot}733\,\text{tm},\quad _p\xi_0 = 0{\cdot}427,\quad _px_0 = 6{\cdot}405\,\text{m}$$

$$_pM_{max} = 9{\cdot}635\,\text{tm},\quad _pA = 3{\cdot}01\,\text{t}.$$

β) *Belastung durch die wandernde Lastgruppe* P_1, P_2.

P_1 habe vom Auflager A den Abstand $x = l\,\xi$, P_2 einen solchen von $(x + b) = l\,(\xi + \beta)$, wobei $b = 3{\cdot}0$ m, $\beta = 0{\cdot}2$. Stützenmoment gemäß Gl. (229'):

$$_pM_{s_1} = -\frac{l}{4}\frac{K_6}{K_4}\{P_1\,(1 - \xi^2)\,\xi + P_2\,[1 - (\xi + \beta)^2]\,(\xi + \beta)\}$$

und der Auflagerdruck:

$$_pA = P_1\,(1 - \xi) + P_2\,[1 - (\xi + \beta)] - \frac{1}{l}\,_pM_{s_1}$$

Feldmoment unter P_1:

$$_{P_1}M = {}_pA\,l\,\xi = l\,\xi\,\{P_1\,(1 - \xi) + P_2\,[1 - (\xi + \beta)]\} - \xi\,_pM_{s_1} \tag{233}$$

Sein Größtwert liegt in $_px_0 = {}_p\xi_0\,l = a$; aus $\dfrac{d_PM}{d\xi} = 0$ zieht sich:

$$_p\xi_0{}^3 + 0{\cdot}18214\,_p\xi_0{}^2 - 2{\cdot}191\,_p\xi_0 + 0{\cdot}764 = 0$$

mit der Wurzel $_p\xi_0 = 0{\cdot}39 \approx 0{\cdot}40$; daher: $a = 0{\cdot}4 \cdot 15 = 6{\cdot}0$ m. Der ungünstigsten Laststellung sind zugeordnet:

$_pA = 2{\cdot}327$ t, $\qquad _pM_{s_1} = -8{\cdot}773$ tm, $\qquad _{P_1}M_{max} = 13{\cdot}962$ tm; $\qquad$ unter P_2 wirkt: $_{P_2}M = 10{\cdot}923$ tm.

Totales Größtmoment (Abb. 115):

$$M_I = ({}_pA + {}_pA)\,a - \frac{1}{2}\,p\,a^2 = 23{\cdot}562\,\text{tm},$$

$$M_{II} = ({}_pA + {}_pA)\,(a + b) - \frac{1}{2}\,p\,(a + b)^2 - P_1\,b = 18{\cdot}978\,\text{tm}.$$

Totales Stützenmoment:

$$M_s = {}_pM_s{}' + {}_pM_{s_1} = -16{\cdot}506 \text{ tm}.$$

Abstand des Momentnullpunktes von B : $2{\cdot}45$ m.

Durchbiegung. Gelenke in den Lastangriffspunkten, in denen die bezüglichen elastischen Gewichte τ_1 und τ_2 wirken.

$$\tau_1 = ({}_l\tau_1 = {}_r\tau_1)$$

Zeile 2 und 1, Kolonne „d", bezw. Zeile 4 a und 1 ergeben:

$$_l\tau_1 = \frac{a}{3\,EJ_A}\,{}_aK_4\,M_I + \frac{p\,a^2}{8}\,\frac{a}{3\,EJ_A}\,{}_aK_6,$$

$$_r\tau_1 = \frac{b}{6\,EJ_{0\cdot4}}\,(2\,M_I\,{}_bK_7 + M_{II}\,{}_bK_8) + \frac{p\,b^2}{8}\,\frac{b}{3\,EJ_{0\cdot4}}\,{}_bK_{11},$$

$$\tau_2 = ({}_l\tau_2 + {}_r\tau_2)$$

und Zeile 4 a und 1, Kolonne d, bezw. e.

$$_l\tau_2 = \frac{b}{6\,EJ_{0\cdot4}}\,(2\,M_{II}\,{}_bK_4 + M_I\,{}_bK_8) + \frac{p\,b^2}{8}\,\frac{b}{3\,EJ_{0\cdot4}}\,{}_bK_6,$$

$$_r\tau_2 = \frac{c}{6\,EJ_{0\cdot6}}\,(2\,M_{II}\,{}_cK_7 - M_s\,{}_cK_7) + \frac{p\,c^2}{8}\,\frac{c}{3\,EJ_{0\cdot6}}\,{}_cK_{11}.$$

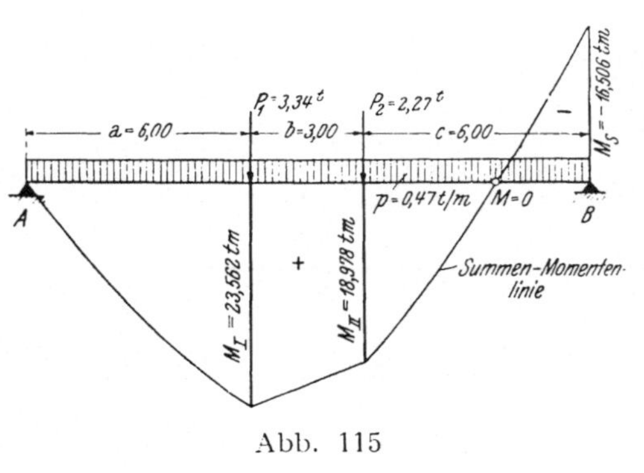

Abb. 115

Darin bedeuten: $a = c = 0{\cdot}4\,l$, $b = 0{\cdot}2\,l$; die Trägheitsmomente werden auf J_A am Auflager A bezogen. (Tab. 25.) $J_{0\cdot4} = 1{\cdot}778\,J_A$, $J_{0\cdot6} = 2{\cdot}259\,J_A$. Jedem K ist ein bestimmtes i zugeordnet; dasselbe beträgt sinngemäß für den Trägerteil a, b, bezw. c:

$$i_a = 1 - \frac{J_A}{J_{0\cdot4}} = 0{\cdot}4375,$$

$$i_b = 1 - \frac{J_{0\cdot4}}{J_{0\cdot6}} = 0{\cdot}213,$$

$$i_c = 1 - \frac{J_{0\cdot6}}{J_B} = 0{\cdot}338.$$

K-Werte $(r_s = 0{\cdot}25)$.

$$_aK_4 = 1 - \frac{i_a}{(2\,r_s + 3)} = 0{\cdot}625, \quad {}_bK_4 = 0{\cdot}817,$$

$$_aK_6 = 1 - \frac{6\,i_a}{(r_s + 2)\,(2\,r_s + 3)} = 0{\cdot}667, \quad {}_bK_6 = 0{\cdot}834,$$

$$_bK_7 = 1 - \frac{3\,i_b}{(r_s + 1)\,(2\,r_s + 1)\,(2\,r_s + 3)} = 0{\cdot}903, \quad {}_cK_7 = 0{\cdot}846,$$

$$_bK_8 = 1 - \frac{3\,i_b}{(r_s + 1)\,(2\,r_s + 3)} = 0{\cdot}854, \quad {}_cK_8 = 0{\cdot}768.$$

$$_b K_{11} = 1 - \frac{6\, i_b}{(r_s + 1)\,(r_s + 2)\,(2\,r_s + 3)} = 0\cdot870, \quad _c K_{11} = 0\cdot794$$

Ferner ist: $M_p = \dfrac{1}{8}\, p\, l^2 = \dfrac{1}{8}\, 0\cdot47 \cdot 15^2 \cdot 100 = 1322\ \text{tcm}.$

Die Gleichungen der elastischen Gewichte lassen sich auf folgende Form bringen:

$$\left.\begin{aligned}
E J_A\,{}_l\tau_1 &= \frac{(0\cdot4\, l)}{3}\,(_a K_4\, M_I + 0\cdot16\,_a K_6\, M_p)\\[2ex]
E J_A\,{}_r\tau_1 &= \frac{(0\cdot2\, l)}{6\,.\,1\cdot778}\,(2\,_b K_7\, M_I + _b K_8\, M_{II} + 0\cdot08\,_b K_{11}\, M_p)\\[2ex]
E J_A\,{}_l\tau_2 &= \frac{(0\cdot2\, l)}{6\,.\,1\cdot778}\,(2\,_b K_4\, M_{II} + _b K_8\, M_I + 0\cdot08\,_b K_6\, M_p)\\[2ex]
E J_A\,{}_r\tau_2 &= \frac{(0\cdot4\, l)}{6\,.\,2\cdot259}\,(2\,_c K_7\, M_{II} - _c K_8\, M_s + 0\cdot32\,_c K_{11}\, M_p)
\end{aligned}\right\} \quad \text{(a)}$$

$E J_A\,{}_l\tau_1 = 322{,}700\ \text{tcm}^2, \quad E J_A\,{}_r\tau_1 = 167{,}800\ \text{tcm}^2, \quad E J_A\,\tau_1 = 490{,}500\ \text{tcm}^2$

$E J_A\,{}_l\tau_2 = 146{,}200\ \text{tcm}^2, \quad E J_A\,{}_r\tau_2 = 100{,}900\ \text{tcm}^2, \quad E J_A\,\tau_2 = 247{,}100\ \text{tcm}^2$

Durchbiegungen, Gl. (6), (Abb. 116).

$$l = 1500\ \text{cm}, \quad E = 2100\ \text{t/cm}^2, \quad E J_A = 107\cdot9\,.\,10^6.$$

$$f_1 = \frac{(0\cdot4\, l)\,(0\cdot6\, l)}{l}\,\tau_1 + \frac{(0\cdot4\, l)\,(0\cdot4\, l)}{l}\,\tau_2 = 120\,(3\,\tau_1 + 2\,\tau_2) = \underline{2\cdot185\ \text{cm}.}$$

$$f_2 = \frac{(0\cdot4\, l)\,(0\cdot4\, l)}{l}\,\tau_1 + \frac{(0\cdot6\, l)\,(0\cdot4\, l)}{l}\,\tau_2 = 120\,(2\,\tau_1 + 3\,\tau_2) = \underline{1\cdot915\ \text{cm}.}$$

Durchbiegungsgrößtwert. Nach Abb. 116 besteht:

$$\gamma_A = \frac{f_1}{0\cdot4\, l} = \frac{2\cdot185}{600} = 0\cdot00364$$

ferner:

$$\tau_1 = \frac{322{,}700}{107\cdot9\,.\,10^6} = 0\cdot003.$$

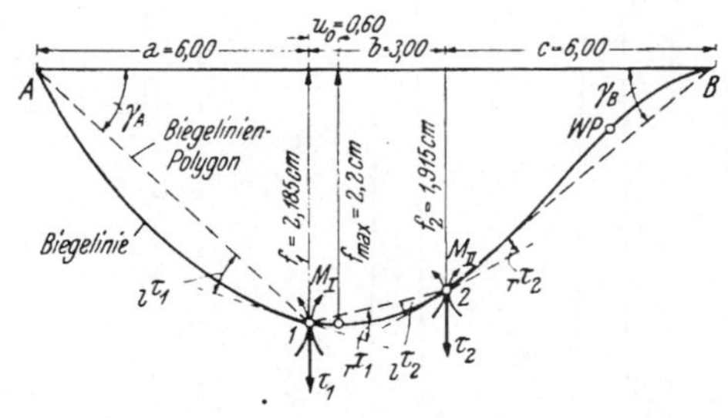

Abb. 116

Da $(_l\tau_1 - \gamma_A) < 0$, liegt der Durchbiegungsgrößtwert zwischen f_1 und f_2; die laufende Abszisse in dem Trägerteil $b = \beta\, l = 0\cdot2\, l = 3\cdot0$ m werde wieder mit u bezeichnet; dann gilt nach Gl. (25) für den Ort u_0 der größten Durchbiegung, wenn der Berechnung das mittlere Trägheitsmoment $J_{½} = 103{,}200\ \text{cm}^4$ zugrundegelegt wird:

$$u_0{}^2 - 2\,u_0\,\frac{b\, M_I}{(M_I - M_{II})} = \frac{1}{3\,(M_I - M_{II})}\,[6\, E J_{½}\,(f_1 - f_2) - b^2\,(2\, M_I + M_{II})]$$

Nach Substitution erhält man:

$$u_0{}^2 - 2\,u_0\,15\cdot42 = -17\cdot73$$

$$\underline{u_0 = 0\cdot585\ \text{m} = 58\cdot5\ \text{cm} \approx 60\ \text{cm}}$$

Gl. (20) ergibt, mit: $l_i = b$, $M_{i-1} = M_I$ und $M_i = M_{II}$

$$f_{max} = 2\cdot2 \text{ cm.}$$

Der Unterschied gegenüber f_1 ist belanglos ($+ 0\cdot7\%$).
Wesentlich rascher gelangt man bei Verwendung *mittlerer Trägheitsmomente* zum Ziel; ihre Größe ist aus der Tab. 25 zu entnehmen. Die Stufen liegen unter den Lastangriffspunkten (Abb. 114). Da die K-Werte in die Einheit übergehen, entsteht:

$$EJ_{A\,l}\bar{\tau}_1 = \frac{(0\cdot4\,l)}{3\,.\,1\cdot389}\,(M_I + 0\cdot16\,M_p),$$

$$EJ_{A\,r}\bar{\tau}_1 = \frac{(0\cdot2\,l)}{6\,.\,2\cdot018}\,(2\,M_I + M_{II} + 0\cdot08\,M_p),$$

$$EJ_{A\,l}\bar{\tau}_2 = \frac{(0\cdot2\,l)}{6\,.\,2\cdot018}\,(M_I + 2\,M_{II} + 0\cdot08\,M_p),$$

$$EJ_{A\,r}\bar{\tau}_2 = \frac{(0\cdot4\,l)}{6\,.\,2\cdot259}\,(2\,M_{II} - M_s + 0\cdot32\,M_p).$$

(b)

Die Ausrechnung liefert:

$EJ_{A\,l}\bar{\tau}_1 = 369{,}700 \text{ tcm}^2$, $EJ_{A\,r}\bar{\tau}_1 = 166{,}000 \text{ tcm}^2$; $EJ_{A}\bar{\tau}_1 = \underline{535{,}700 \text{ tcm}^2}$

$EJ_{A\,l}\bar{\tau}_2 = 155{,}100 \text{ tcm}^2$, $EJ_{A\,r}\bar{\tau}_2 = 90{,}600 \text{ tcm}^2$; $EJ_{A}\bar{\tau}_2 = \underline{245{,}700 \text{ tcm}^2}$

Somit wie früher:

$$\bar{f}_1 = 120\,(3\,\bar{\tau}_1 + 2\,\bar{\tau}_2) = \underline{2\cdot334 \text{ cm}},$$

$$\bar{f}_2 = 120\,(2\,\bar{\tau}_1 + 3\,\bar{\tau}_2) = \underline{2\cdot011 \text{ cm}}.$$

Die Abweichung von den genauen Werten beträgt $+ 6\cdot8\%$, bezw. 5%, ist also geringfügig; die Genauigkeit läßt sich durch Zuschaltung eines Gelenkes, z. B. im Trägerteil „a" erhöhen. Im Allgemeinen wird man sich mit vorliegendem Ergebnis zufrieden geben.

8. *Auf den zweistieligen Brückenpfeiler mit Fußeinspannung (Abb. 117) wirkt in Riegelhöhe eine Horizontalkraft H. Gefragt sind die Eckmomente und die Verschiebung des Riegels.*

Abb. 117

Die Verjüngung der Ständerstiele vollzieht sich nach einer Geraden. Der Quelle *[8]* sind die nachstehenden Angaben entnommen:

Ständerhöhe $h = 16\cdot0$ m,   Stielabstand $l = 7\cdot2$ m.

Riegelquerschnitt: $2\cdot1/1\cdot2$ m; $J_l = \dfrac{1}{12}\,1\cdot2\,.\,2\cdot1^3 = 0\cdot935 \text{ m}^4$

Stielquerschnitt: am Kopf: $1\cdot2/1\cdot2$ m; $J_m = \dfrac{1}{12}\,1\cdot2^4 = 0\cdot173 \text{ m}^4$

Stielquerschnitt: am Fuß: $1\cdot8/1\cdot8$ m; $\qquad J_a = \dfrac{1}{12}\, 1\cdot8^4 = 0\cdot875\ \text{m}^4$

$$\text{in der Mitte: } 1\cdot5/1\cdot5\ \text{m}; \quad J_0 = \dfrac{1}{12}\, 1\cdot5^4 = 0\cdot422\ \text{m}^4$$

Daher:

$$\varDelta^3 = \frac{J_m}{J_a} = 0\cdot1975 = 0\cdot2; \quad i = 1 - \varDelta^3 = 0\cdot8;$$

$$\varDelta_0^{\,3} = \frac{J_m}{J_0} = 0\cdot41; \quad i_0 = 1 - \varDelta_0^{\,3} = 0\cdot59;$$

Schrägehochzahl:

$$r = 1\cdot661 \log\left(\frac{i}{i_0}\right) = 0\cdot22.$$

Unter Bezugnahme auf Beispiel 8. des XIV. Abschnittes und Abb. 96 besteht für die elastischen Gewichte (Tab. 21):

am Ständerkopf:

Zeile 4 a, bezw. 4 c, Kolonne e, bezw. d:

$$\tau_C = \frac{h}{6\,E J_m}\,(2\,K_7\,M_C - K_8\,M_A) + \frac{l}{6\,E J_l}\,M_C,$$

am Ständerfuß (elastischer Auflagerdruck):

Zeile 4 a, Kolonne d:

$$\gamma_A = \frac{h}{6\,E J_m}\,(-\,2\,K_4\,M_A + K_8\,M_C).$$

Nach den Entwicklungen des bezogenen Beispieles muß sein:

$$\tau_C + \tau_A = 0.$$

Die Substitution ergibt:

$$\frac{h}{6\,E J_m}\,|(2\,K_7 + K_8)\,M_C - (2\,K_4 + K_8)\,M_A] + \frac{l}{6\,E J_l}\,M_C = 0 \qquad \text{(a)}$$

Da: $(2\,K_7 + K_8) = 3\,K_9, \quad (2\,K_4 + K_8) = 3\,K_{10}, \quad (K_9 + K_{10}) = 2\,K_3$ und
$\mu = \dfrac{h}{l}\,\dfrac{J_l}{J_m}$, entsteht:

$$M_C\,(1 + 3\,\mu\,K_9) = 3\,\mu\,K_{10}\,M_A \qquad \text{(a}_1\text{)}$$

und in Verbindung mit

$$M_A + M_C = \frac{1}{2}\,H\,h:$$

$$M_A = \frac{1}{2}\,H\,h\,\frac{1 + 3\,\mu\,K_9}{1 + 6\,\mu\,K_3},$$

$$M_B = \frac{3}{2}\,H\,h\,\frac{\mu\,K_{10}}{1 + 6\,\mu\,K_3}. \qquad \text{(234)}$$

Für konstantes Trägheitsmoment ($K = 1$) gehen obige Gleichungen in jene der Gl. (192) über.

Verschiebung δ des Riegels.

$$\delta = \tau_C\,h = -\,\gamma_A\,h = -\,\frac{h^2}{6\,EJ_m}(-\,2\,K_4\,M_A + K_8\,M_C),$$

bezw. mit den Werten, Gl. (234):

$$\delta = -\,\frac{H\,h^3}{12\,EJ_m}\,\frac{[-2\,K_4 + 3\,\mu\,(K_8\,K_{10}-2\,K_9\,K_4)]}{(1 + 6\,\mu\,K_3)}$$

und mit:

$$K_8 = (3\,K_{10} - 2\,K_4), \quad K_9 = (2\,K_3 - K_9)$$

$$\delta = \frac{H\,h^3}{6\,EJ_m}\left(K_4 - \frac{4\cdot5\,\mu\,K_{10}^2}{1 + 6\,\mu\,K_3}\right). \tag{235}$$

Dieser Ausdruck geht für konstantes Trägheitsmoment ($K = 1$) über in die Formel Gl. (193).

Zahlenbeispiel: $h = 16\cdot0\,\text{m}, \quad l = 7\cdot2\,\text{m}, \quad \mu = \frac{h}{l}\frac{J_l}{J_m} \approx 12\cdot0, \quad i = 0\cdot80,$

$r_s = 0\cdot22.$

$$K_3 = 1 - \frac{i}{(2\,r_s + 1)} = 0\cdot45, \quad K_4 = 1 - \frac{3\,i}{(2\,r_s + 3)} = 0\cdot30,$$

$$K_9 = (2\,K_3 - K_{10}) = 0\cdot56, \quad K_{10} = 1 - \frac{i}{(r_s + 1)} = 0.34$$

$$\underline{M_A = 5\cdot07\,H}, \quad \underline{M_C = 2\cdot93\,H}, \quad \underline{\delta = 0\cdot11\,\frac{H\,h^3}{6\,EJ_m}}.$$

Die Rechnung wurde mit $r_s \approx 0\cdot25$ durchgeführt. Diese Vereinfachung ist zulässig.

Schreibt man nämlich Gl. (234):

$$M_A = \frac{H\,h}{2}\,\psi,$$

so entsteht für: $\mu = 12\cdot0, \ i = 0\cdot8$:

$$\psi = \frac{1 + 36\,K_9}{1 + 72\,K_3} = \frac{8\cdot2 + 37\,r_s\,(2\,r_s + 3)}{2\,(r_s + 1)\,(7\cdot7 + 73\,r_s)}$$

und daraus:

$r_s =$	$0\cdot0,$	$0\cdot1,$	$0\cdot2,$	$\underline{0\cdot22,}$	$\underline{0\cdot25,}$	$\underline{0\cdot3,}$	$0\cdot35$
$\psi =$	$0\cdot507,$	$0\cdot607,$	$0\cdot623,$	$\underline{0\cdot625,}$	$\underline{0\cdot626,}$	$\underline{0\cdot626,}$	$0\cdot620$

Innerhalb der Grenzen $r_s = 0\cdot2$ bis $0\cdot3$ ist ψ nahezu konstant.

XVII. Kragträger mit Anlauf.

Die Endverdrehungen τ, bezw. die Auslenkung f für den in Abb. 118 dargestellten Träger werden mit Benützung der Gl. (195′)

$$y = \frac{J_m}{J_x} = 1 - i\,q^{2r}$$

bestimmt; berücksichtigt man, daß $x = l\,\varphi$, $dx = l\,d\varphi$, so erhält man die Deformationen aus:

$$\frac{1}{E\,J_m} \int M_x\,M'\,y\,dx =$$

$$= \frac{l}{E\,J_m} \int_0^1 M_x\,M'\,(1 - i\,q^{2r})\,d\varphi$$

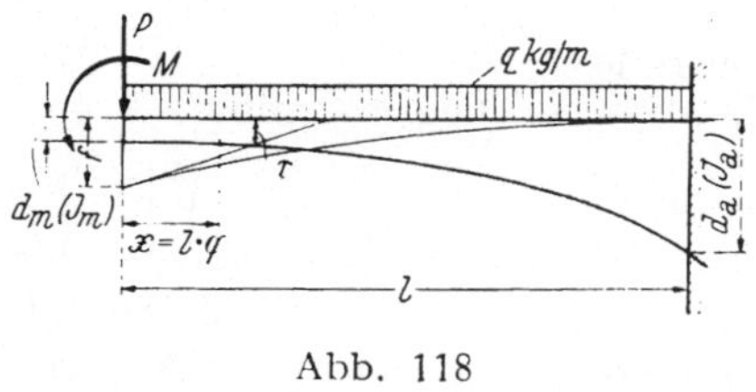

Abb. 118

Z. B. beträgt die Auslenkung infolge P, $M_x = P\,x$ und $M' = 1 \cdot x$:

$$f_P = \frac{l}{E J_m} \int_0^l P\,x^2\,(1 - i\,q^{2r})\,d\varphi = \frac{P\,l^3}{E J_m} \int_0^1 (1 - i\,q^{2r})\,\varphi^2\,d\varphi$$

und nach Ausrechnung:

$$f_P = \frac{P\,l^3}{3\,E J_m}\left(1 - \frac{3\,i}{2\,r + 3}\right) = \frac{P\,l^3}{3\,E J_m}\,K_4 \tag{236}$$

Tab. 26 enthält für die wichtigsten Belastungsfälle die zugeordneten Endverdrehungen τ, Durchbiegungen f und Festwerte K.

Tabelle 26.

Belastung	Moment M_x	M' für Endverdrehung zufolge $M = 1$	M' für Enddurchbiegung zufolge $P = 1$	Endverdrehung τ	Enddurchbiegung f	K-Werte
M	M	1	x	$\dfrac{M\,l}{E J_m}\,K_3$	$\dfrac{M\,l^2}{2\,E J_m}\,K_{10}$	$K_3 = \left(1 - \dfrac{i}{(2\,r + 1)}\right)$
P	$P\,x$	1	x	$\dfrac{P\,l^2}{2\,E J_m}\,K_{10}$	$\dfrac{P\,l^3}{3\,E J_m}\,K_4$	$K_4 = \left(1 - \dfrac{3\,i}{(2\,r + 3)}\right)$
q	$\dfrac{1}{2}q\,x^2$	1	x	$\dfrac{q\,l^3}{6\,E J_m}\,K_4$	$\dfrac{q\,l^4}{8\,E J_m}\,K_{11}$	$K_{10} = \left(1 - \dfrac{i}{(r + 1)}\right)$
						$K_{11} = \left(1 - \dfrac{2\,i}{(r + 2)}\right)$

Beispiele.

1. *Kragträger aus Holz*; $l = 1·35$ m, *Belastung* $P = 1000$ kg. *Querschnitt*: *Breite* $b = 10$ cm, *Höhe am freien Ende* $d_m = 14$ cm, *an der Einspannung* $d_a = 28$ cm; *Verjüngung gradlinig (Schräge). Gefragt Auslenkung unter* P *[29].*

Rechnungsgang: $\Delta^3 = \left(\dfrac{d_m}{d_a}\right)^3 = \dfrac{1}{8}$, $i = \dfrac{7}{8}$;   Tab. 22 liefert für $\Delta = \dfrac{1}{2}$

unmittelbar: $r_s = 0·157$; $f_0 = \dfrac{P\,l^3}{3\,EJ_m} = 3·5864$ cm, $K_4 = 1 - \dfrac{3\,i}{(2\,r_s + 3)} =$

$= 0·2078$ und endlich:

$$\underline{f_P} = \frac{P\,l^3}{3\,EJ_m}\,K_4 = 3·5864 \cdot 0·2078 = \underline{0·745\ \text{cm}}.$$

Kontrolle.

Die strenge Theorie ergibt:

$$\underline{f_P{'}} = 24\,f_0 \left(\frac{d_m}{d_a - d_m}\right)^3 \left[l\,g\left(\frac{d_a}{d_m}\right) - \frac{(3\,d_a - d_m)\,(d_a - d_m)}{2\,d_a{}^2}\right] =$$
$$= 3·5864 \cdot 0·2045 = \overline{0·733}.$$

Der Unterschied beträgt 1.63 % zu Gunsten der Sicherheit.

Kreisquerschnitt:

Durchmesser: $d_m = 14$ cm, $d_a = 28$ cm. $\Lambda^3 = \left(\dfrac{d_m}{d_a}\right)^4 = \dfrac{1}{16}$, $i = \dfrac{15}{16}$;

mittlerer Durchmesser $d_0 = \dfrac{d_m + d_a}{2} = 21$ cm; $\Lambda_0 = \left(\dfrac{d_m}{d_0}\right)^4 = \dfrac{16}{81}$,

$i_0 = \dfrac{65}{81}$; Schrägehochzahl: $r_s = 1·661 \log \dfrac{i}{i_0} \approx 0·11$; $K_4 = 1 - \dfrac{3\,i}{(2\,r_s + 3)} =$

$= 0·126$, sohin:

$$f_P = 0·126\,\frac{P\,l^3}{3\,EJ_m}. \tag{236'}$$

Theoretisch besteht:

$$f_P = \frac{d_m}{d_a}\,\frac{P\,l^3}{3\,EJ_m} = 0·125\,\frac{P\,l^3}{3\,EJ_m}. \tag{236''}$$

2. *Es liege ein geschweißter Träger mit durchlaufender Gurtplatte 320/8 mm und mit Schräge im Ausleger vor. Stegdicke 11 mm. Gefragt ist die Größe der Durchbiegung am freien Ende für die in Abb. 119 eingetragene Belastung [26].*

Der Verdrehungswinkel τ in A infolge der Feldlast P und des Auslegermomentes $M = - P_1\,l_1$ beträgt: $\tau = \tau_P - \tau_M$; mit den bekannten Formeln für konstantes J_a, Gl. (9) und (16) findet man:

$$\tau = \frac{P\,a\,b}{6\,EJ_a}\left(1 + \frac{b}{l}\right) - \frac{P_1\,l_1\,l}{3\,EJ_a}.$$

Die Hebung (Senkung) am freien Ende stellt sich sohin auf: $f_1 = \tau\,l_1$. Nach der bezogenen Quelle ist: $J_m = 40{,}900$ cm⁴, $J_a = 110{,}500$ cm⁴ und in Auslegermitte (rechnungsmäßig) $J_0 = 65{,}850$ cm⁴,

$$\varDelta^3 = \frac{J_m}{J_a} = 0{\cdot}37; \quad i = 0{\cdot}63,$$

$$\varDelta_0 = \frac{J_m}{J_0} = 0{\cdot}62; \quad i_0 = 0{\cdot}38$$

und damit:

$$r_s = \frac{\log \dfrac{0{\cdot}63}{0{\cdot}38}}{2 \log 2} = \underline{0{\cdot}366.}$$

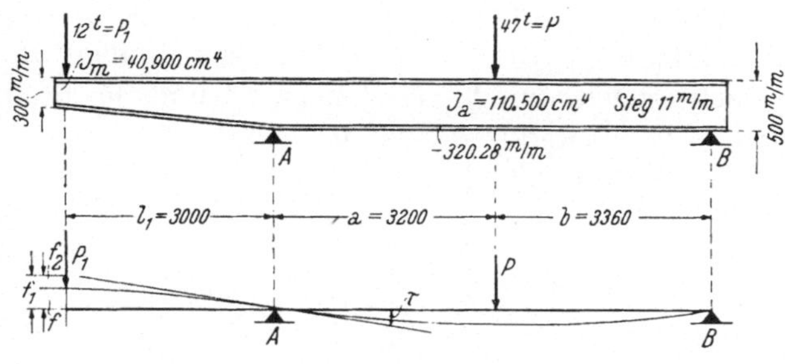

Abb. 119

Gemäß Tab. 26 senkt sich das Auflagerende infolge P_1 um:

$$\delta_2 = \frac{P_1 l_1^3}{3 E J_m}\left[1 - \frac{3\,i}{(2\,r_s + 3)}\right].$$

Wenn $f_1 > f_2$, entsteht eine Hebung:

$$f = f_1 - f_2 = \frac{l_1}{6 E J_m}\left\{\left[P\,a\,b\left(1 + \frac{b}{l}\right) - 2\,P_1 l_1 l\right]\varDelta^3 - 2\,P_1 l_1^2\left(1 - \frac{3\,i}{2\,r_s + 3}\right)\right\}$$

Mit den Sonderwerten laut Abb. 119 folgt ($E = 2100$ t/qcm): $f = 0.035$ cm; der Unterschied gegenüber dem in obiger Quelle recht umständlich ermittelten $f = 0.034$ cm ist belanglos.

3. *Die Verschiebung des Mastendes des im IV. Abschnitt, G untersuchten Stahlmastes ist unter der Annahme eines gradlinigen Anlaufes zu berechnen (Abb. 50).*
Gegeben sind: $J_m = 30{,}600$ cm⁴, $J_a = 343{,}000$ cm⁴, $l = 10{\cdot}0$ m,

ferner: $\varDelta^3 = \dfrac{J_m}{J_a} = 0{\cdot}089$, $\varDelta = 0{\cdot}447$, $i = 0{\cdot}911$. $P = 1000$ kg.

Schrägehochzahl: $r_s = 1{\cdot}661 \log \dfrac{i}{i_0} = 0{\cdot}126$, wobei nach Gl. (199) besteht:

$$\frac{i}{i_0} = 1 - \frac{(1 - \varDelta^3)}{\left(\dfrac{2\,\varDelta}{1 + \varDelta}\right)^3}$$

Demnach die Durchbiegung·

$$f' = \frac{P\,l^3}{3 E J_m}\left[1 - \frac{3\,i}{(2\,r_s + 3)}\right] = 0{\cdot}16\,\frac{P\,l^3}{3 E J_m} = 0{\cdot}82 \text{ cm} = \underline{8{\cdot}2 \text{ mm}.}$$

Sie ist gegenüber dem genauen Rechnungsergebnis von 7 mm um 18%
zu groß; dies war zu erwarten, da die Voraussetzungen für die Anwendung
einer über die ganze Mastlänge einheitlich verlaufenden Schräge nur annähernd zutreffen; denn das aus der Schrägegleichung:

$$y = 1 - i\,\varphi^{2rs} = 1 - 0.911\,\varphi^{0.252}$$

berechnete Trägheitsmoment in Masthöhenhälfte: $J_{l/2}' \approx 130{,}000$ cm⁴ ist
gegenüber dem dort tatsächlich vorhandenen $J_{l/2} = 157.000$ cm⁴ um 17%
zu klein.

Um zutreffendere Rechnungsgrundlagen zu gewinnen, werde der Mast
aus zwei Schrägen zusammengesetzt gedacht, die in halber Masthöhe bei C
aneinanderstoßen. Daselbst bringen wir zwei Gegenkräfte P an (Abb. 121);
auf die untere Masthälfte l_u wirkt außer P noch das Moment $M = 1/2\,P\,l$;
hiedurch verschiebt sich C um $f_u = \overline{b\,b_1}$ nach C' und die Stabachse verdreht sich um τ; der Mastkopf gelangt nach b_2.

Endlich erzeugt die in b angreifende Kraft P eine Teilverschiebung $\overline{b_2 b_3} = f_0$;
Gesamtverschiebung:

$$f_{tot} = f_u + \frac{1}{2}\,l\,\tau + f_0. \tag{237}$$

Die einzelnen Glieder ergeben sich laut Tab. 26 wie folgt:

$$\tau = \tau_M + \tau_P = \frac{\frac{1}{2}\,P\,l\,\frac{l}{2}}{E\,J_{l/2}}\,{_u}K_3 + \frac{P\left(\frac{l}{2}\right)^2}{2\,E\,J_{l/2}}\,{_u}K_{10}, \tag{a}$$

$$f_u = f_{uM} + f_{uP} = \frac{\frac{1}{2}\,P\,l\left(\frac{l}{2}\right)^2}{2\,E\,J_{l/2}}\,{_u}K_{10} + \frac{P\left(\frac{l}{2}\right)^3}{3\,E\,J_{l/2}}\,{_u}K_4,$$

$$f_0 = \frac{P\left(\frac{l}{2}\right)^3}{3\,E\,J_m}\,{_o}K_4.$$

Die linken Fußzeiger der K weisen auf das obere (o), bezw. untere (u)
Trägerstück hin. Mit $\Lambda_o^3 = \dfrac{J_m}{J_{l/2}}$ erhält man schließlich für die *totale*
Verschiebung:

$$f_{tot} = \frac{P\,l^3}{24\,E\,J_m}\left\{{_o}K_4 + \Lambda_o^3\left[{_u}K_4 + 3\left({_u}K_3 + {_u}K_{10}\right)\right]\right\} \tag{238}$$

Hilfsgrößen:

$$\Lambda_o^3 = \frac{J_m}{J_{l/2}} = \frac{30.600}{157.500} = 0.194, \qquad i_o = 0.806, \qquad r_{so} = 0.206$$

$$\Lambda_u^3 = \frac{J_{l/2}}{J_a} = \frac{157.500}{343.000} = 0.459, \qquad i_u = 0.541, \qquad r_{su} = 0.338$$

K-Werte:

$${_o}K_4 = 1 - \frac{3\,i_o}{(2\,r_{so} + 3)} = 0.292, \qquad {_u}K_4 = 1 - \frac{3\,i_u}{(2\,r_{su} + 3)} = 0.559,$$

$${_u}K_3 = 1 - \frac{i_u}{(2\,r_{su} + 1)} = 0.672, \qquad {_u}K_{10} = 1 - \frac{i_u}{(r_{su} + 1)} = 0.596;$$

damit:

$$f_{tot} = \frac{P\,l^3}{24\,EJ_m}\{0{\cdot}292 + 0{\cdot}194\,[0{\cdot}559 + 3\,(0{\cdot}672 + 0{\cdot}596)]\} = 0{\cdot}1424\,\frac{P\,l^3}{3\,EJ_m}$$

Mit $P = 1000$ kg, $l = 1000$ cm, $J_m = 30{,}600$ cm⁴ wird:

$$f_{tot} = 0{\cdot}74\ \text{cm} = 7{\cdot}4\ \text{mm}.$$

Die Abweichung gegenüber dem genauen Ergebnis beträgt nur 6 %; das entwickelte Verfahren ist demnach durchaus brauchbar.

4. *Der 13·3 m hohe Gittermast aus Stahl (Abb. 120) ist einem Spitzenzug P = 2300 kg ausgesetzt. Die Größen der Auslenkung und Verdrehung der Mastspitze sind anzugeben.*[1]

Nach der bezogenen Quelle wurden die Deformationen durch Auswertung der Arbeitsgleichung, jedoch ohne Rücksicht auf den entlastenden Einfluß der Ausfachung bestimmt; demnach kommt den Ergebnissen lediglich die Bedeutung von Näherungswerten zu. Mit den in der Abbildung eingetragenen Maßen und $E = 2{\cdot}15\ .\ 10^6$ wurde für die Mastspitze eine Verschiebung von $_Pf = 9{\cdot}52$ cm und eine Verdrehung von $_P\widehat{\tau} = 0{\cdot}01368$ ($_P\tau = 47'$) ermittelt; die Annahme eines konstanten J_m (Abb. 120 a) ergäbe: $_Pf_k = 53{\cdot}2$ cm und $_P\widehat{\tau}_k = 0{\cdot}06$ ($_P\tau_k = 3^0 26' 15''$).

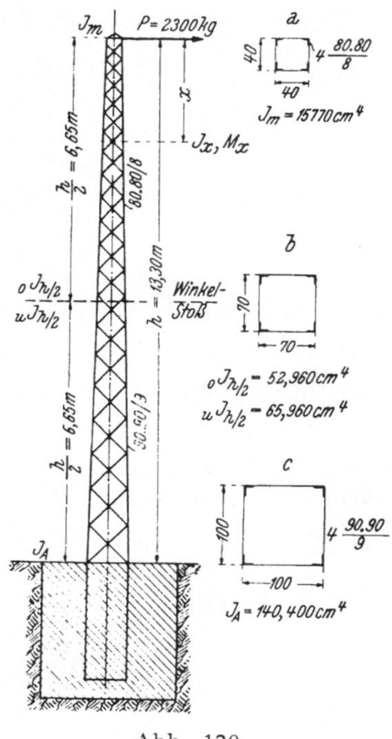

Abb. 120

a) Mast mit durchlaufender Schräge. Die in halber Masthöhe bestehende Unstetigkeit (sprungweise Änderung des Querschnittes) laut Abb. 120 b wurde durch Einführung eines mittleren Trägheitsmomentes $\bar{J}_{h/_2}$ beseitigt. *Spitzenverschiebung.*

$$_Pf_1 = \frac{P\,h^3}{3\,EJ_m}\,K_4 = {}_Pf_k\,K_4 = {}_Pf_k\left(1 - \frac{3\,i}{3 + 2\,r_3}\right) \tag{236}$$

Laut Tab. 27, Sonderwerte und Abb. 120, ist zu setzen:

$$\varDelta^3 = \frac{J_m}{J_A} = \frac{15.770}{140.400} = 0{\cdot}1123, \qquad i = (1 - \varDelta^3) = 0{\cdot}888,$$

ferner:

$$\bar{J}_{h/_2} = \frac{1}{2}\,({}_oJ_{h/_2} + {}_uJ_{h/_2}) = 59.460\ \text{cm}^4$$

und:

$$\varDelta_o{}^3 = \frac{J_m}{\bar{J}_{h/_2}} = 0{\cdot}265, \qquad i_o = (1 - \varDelta_o{}^3) = 0{\cdot}735$$

---

[1] Siehe: *Foerster:* „Taschenbuch für Bauingenieure." 5. Aufl. I. Bd., S. 71/72.

Schrägehochzahl, Gl. (198):

$$r_s = 1\!\cdot\!661 \log \frac{i}{i_0} = 1\!\cdot\!661 \cdot 0\!\cdot\!08212 = \underline{0\!\cdot\!136.}$$

Die Spitzenverschiebung $\underline{(K_4 = 0\!\cdot\!1858)}$:

$$\underline{{}_P f_1} = 53\!\cdot\!2 \cdot 0\!\cdot\!1858 = \underline{9\!\cdot\!88\ \text{cm}.}$$

Der Unterschied gegenüber ${}_P f$ ist belanglos $(+ 3\!\cdot\!7\,\%)$.

Endverdrehung. Tab. 26 entnimmt man:

$$_P \widehat{\tau}_1 = \frac{P\,l^2}{2\,E\,J_m}\,K_{10}.$$

Mit: $\qquad \dfrac{P\,l^2}{2\,E\,J_m} = {}_P\widehat{\tau}_k = 0\!\cdot\!06 \quad$ und $\quad K_{10} = 1 - \dfrac{i}{1 + r_s} = 0\!\cdot\!2183$

ist $\qquad\qquad\qquad {}_P\widehat{\tau}_1 = 0\!\cdot\!06 \cdot 0\!\cdot\!2183 = \underline{0\!\cdot\!0131.}$

Dieses Maß weicht von ${}_P\widehat{\tau}$ um nur: $-4\!\cdot\!2\,\%$ ab.

β) *Mast mit zwei Schrägen.* Jeder Masthälfte wird eine den Querschnittsverhältnissen besser angepaßte Schrägehochzahl zugewiesen; in $h/2$ ist $\overline{J}_{h/2}$ in Rechnung zu stellen.

Spitzenverschiebung. Für diese gilt Gl. (238).
K-Werte. Obere Masthälfte:

Tab. 27 ergibt: $\quad {}_o\varDelta^3 = \dfrac{J_m}{\overline{J}_{h/2}} = 0\!\cdot\!265; \quad$ daher $\quad {}_o\varDelta = 0\!\cdot\!6425, \quad {}_o i = 0\!\cdot\!735$

und laut Gl. (199):

$$\frac{{}_o i}{{}_o i_o} = \frac{{}_o i}{1 - \dfrac{8\,{}_o\varDelta^3}{(1 + {}_o\varDelta)^3}} = \frac{0\!\cdot\!735}{0\!\cdot\!5215}$$

Schrägehochzahl:

$$_o r_s = 1\!\cdot\!661 \log \frac{{}_o i}{{}_o i_o} = 1\!\cdot\!661 \cdot 0\!\cdot\!1489 = \underline{0\!\cdot\!247}$$

$$_o K_4 = 1 - \frac{3\,{}_o i}{3 + 2\,{}_o r_s} = \underline{0\!\cdot\!369}, \quad {}_o K_{10} = 1 - \frac{{}_o i}{1 + {}_o r_s} = \underline{0\!\cdot\!411.}$$

Untere Masthälfte. $\quad {}_u\varDelta^3 = \dfrac{\overline{J}_{h/2}}{J_A} = 0\!\cdot\!423, \quad {}_u\varDelta = 0\!\cdot\!751, \quad {}_u i = 0\!\cdot\!577$

$$\frac{{}_u i}{{}_u i_o} = \frac{{}_o i}{1 - \dfrac{8\,{}_u\varDelta^3}{(1 + {}_u\varDelta)^3}} = \frac{0\!\cdot\!577}{0\!\cdot\!369}$$

$$_u r_s = 1\!\cdot\!661 \log \frac{{}_u i}{{}_u i_o} = 1\!\cdot\!661 \cdot 0\!\cdot\!1937 = \underline{0\!\cdot\!322}$$

$$_u K_4 = 1 - \frac{3\,{}_u i}{3 + 2\,{}_u r_s} = \underline{0\!\cdot\!525}, \quad {}_u K_3 = 1 - \frac{{}_u i}{1 + 2\,{}_u r_s} = \underline{0\!\cdot\!649,}$$

$$_u K_{10} = 1 - \frac{{}_u i}{1 + {}_u r_s} = \underline{0\!\cdot\!564}$$

Gl. (238) ergibt:

$$_P f_2 = \frac{1}{8}\, _P f_k \{0{\cdot}369 + 0{\cdot}265\,[0{\cdot}525 + 3\,(0{\cdot}649 + 0{\cdot}564)]\} =$$

$$= 53{\cdot}2 \cdot 0{\cdot}184 = 9{\cdot}79\,\text{cm}.$$

Dieses Ergebnis weicht von $_P f$ nur um $+\,2{\cdot}8\%$ ab; das entwickelte Verfahren ist durchaus entsprechend. *Endverdrehung.* Nach Abb. 121 besteht $(_u\widehat{\tau} = \tau)$:

$$_P\widehat{\tau}_2 = (_u\widehat{\tau} + {_o\widehat{\tau}})$$

Nun ist (Abschn. XXVII, 3. Beispiel, Gl. (a):

$$\widehat{\tau}_u = \frac{P h^2}{4\,E\bar{J}_{h/2}}\,_uK_3 + \frac{P h^2}{8\,E\bar{J}_{h/2}}\,_uK_{10}$$

und laut Tab. 26, Zeile 2:

$$_o\widehat{\tau} = \frac{P h^2}{8\,E J_m}\,_oK_{10},$$

daher:

$$_P\widehat{\tau}_2 = \frac{1}{4}\,_P\widehat{\tau}_k\,[_oK_{10} + {_o\varLambda^3}\,(2\,_uK_3 + {_uK_{10}})], \qquad (239)$$

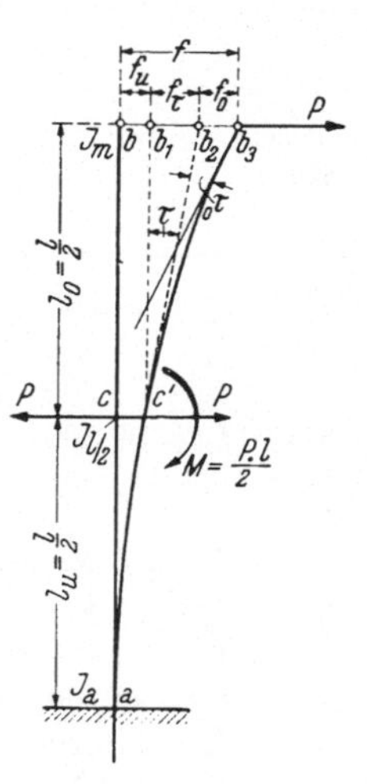

Abb. 121

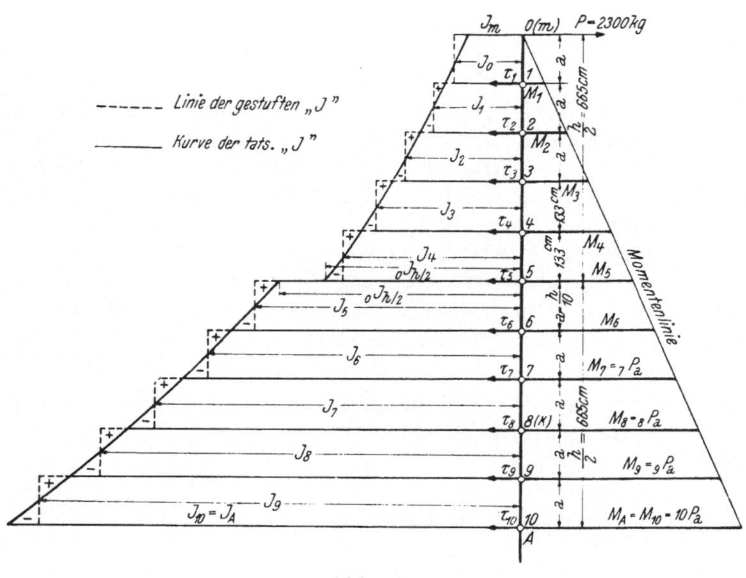

Abb. 122

bezw.

$$_P\widehat{\tau}_2 = \frac{1}{4}\,0{\cdot}06\,[0{\cdot}411 + 0{\cdot}265\,(2 \cdot 0{\cdot}649 + 0{\cdot}564)] = \underline{0{\cdot}01356}.$$

Die Übereinstimmung mit $_P\widehat{\tau}_k$ ist fast vollkommen $(-\,0{\cdot}88\%)$.

Tabelle 27.

Mittlere Trägheitsmomente J_k *und Übertragungswerte* $\hat{\mu}$, bezw. Δ.

Abb. 120, 122.

Obere Masthälfte			Sonderwerte		
Stufe	J_k cm⁴	$\hat{\mu}_k = \frac{J_m}{J_k}$	Querschnitt	Trägheitsmoment cm⁴	Übertragungswert
0—1	$J_0 = 18.500$	$\hat{\mu}_0 = 0{\cdot}853$	Scheitel	$J_m = 15.770$	$\Delta^3 = \frac{J_m}{J_A} = 0{\cdot}1123$
1—2	$J_1 = 24.600$	$\hat{\mu}_1 = 0{\cdot}641$			
2—3	$J_2 = 31.600$	$\hat{\mu}_2 = 0{\cdot}500$			
3—4	$J_3 = 39.500$	$\hat{\mu}_3 = 0{\cdot}400$			
4—5	$J_4 = 48.300$	$\hat{\mu}_4 = 0{\cdot}328$	Mastfuß	$J_A = 140.400$	${}_o\Delta^3 = \frac{J_m}{\bar{J}_{h/2}} = 0{\cdot}265$
Untere Masthälfte			Mastmitte:		
5—6	$J_5 = 72.200$	$\hat{\mu}_5 = 0{\cdot}218$	oben	${}_oJ_{h/2} = 52.960$	${}_u\Delta^3 = \frac{\bar{J}_{h/2}}{J_A} = 0{\cdot}423$
6—7	$J_6 = 85.400$	$\hat{\mu}_6 = 0{\cdot}185$	unten	${}_uJ_{h/2} = 65.960$	
7—8	$J_7 = 99.700$	$\hat{\mu}_7 = 0{\cdot}158$			
8—9	$J_8 = 115.200$	$\hat{\mu}_8 = 0{\cdot}137$		$J_{h/4} = J_2$	
9—10	$J_9 = 131.700$	$\hat{\mu}_9 = 0{\cdot}120$		$J_{3h/4} = J_7$	
				$\bar{J}_{h/2} = \frac{1}{2}({}_oJ_{h/2} + {}_uJ_{h/2}) = 59.460$	

γ) *Anwendung des BPV für mittlere Trägheitsmomente.* Mit den für einzelne Mastquerschnitte berechneten J wurde die stark ausgezogene J-Linie (Abb. 122) aufgetragen. Die Stufenlängen des gebrochenen Linienzuges stellen — entsprechend der Unterteilung der Masthöhe in zehn gleiche Teile $a = h/10$ — mittlere J_k dar; ihre Größen sind in Tab. 27 eingetragen, ebenso die Übertragungswerte $\hat{\mu}_k = (J_m/J_k)$.

Die ($\pm$) Zwickel beeinflussen bei genügend enger Unterteilung die Endergebnisse im günstigen Sinn, da sie, wie leicht einzusehen ist, die nach der genauen Theorie errechneten Deformationen mehr oder weniger überschreiten.

Spitzenverschiebung. In den Teilungspunkten „k", die auch Angriffsstellen der elastischen Gewichte τ_k sind, herrschen die Momente $M_k = P\,a\,k$; allgemein gilt:

$$\tau_k = \frac{a}{6EJ_{(k-1)}}[2\,M_k + M_{(k-1)}] + \frac{a}{6EJ_k}[2\,M_k + M_{(k+1)}]$$

und nach Sonderwertung:

$$\tau_k = \frac{P\,a^2}{6EJ_m}[(3\,k - 1)\,\hat{\mu}_{(k-1)} + (3\,k + 1)\,\hat{\mu}_k]\,. \tag{240}$$

Am Mastfuß besteht:

$$\tau_n = 2\frac{P\,a^2}{6EJ_m}(3\,n - 1)\,\hat{\mu}_{(n-1)}. \tag{240'}$$

In den Punkten k (1, 2 ... n) betragen die $\dfrac{6\,EJ_m}{Pa^2}$ fachen elastischen Gewichte $\tau_k{'}$:

Punkt 1....$\tau_1{'} = (2\,\hat\mu_0 + 4\,\hat\mu_1)$ Punkt 6....$\tau_6{'} = (17\,\hat\mu_5 + 19\,\hat\mu_6)$

,,   2....$\tau_2{'} = (5\,\hat\mu_1 + 7\,\hat\mu_2)$,,   7....$\tau_7{'} = (20\,\hat\mu_6 + 22\,\hat\mu_7)$

,,   3....$\tau_3{'} = (8\,\hat\mu_2 + 10\,\hat\mu_3)$,,   8....$\tau_8{'} = (23\,\hat\mu_7 + 25\,\hat\mu_8)$

,,   4....$\tau_4{'} = (11\,\hat\mu_3 + 13\,\hat\mu_4)$,,   9....$\tau_9{'} = (26\,\hat\mu_8 + 28\,\hat\mu_9)$

,,   5....$\tau_5{'} = (14\,\hat\mu_4 + 16\,\hat\mu_5)$,,   10(n)..$\tau_{10(n)}{'} = 2 \cdot 29\,\hat\mu_9$

Spitzenverschiebung: Mit $\bar a_k = a\,k$ folgt, Gl. (94):

$$p f_3 = a\,(\tau_1 + 2\,\tau_2 + 3\,\tau_3 + \ldots\ldots + 9\,\tau_9 + 5\,\tau_{10})$$

Wegen: $p f_k = \dfrac{P\,h^3}{3\,EJ_m} = \dfrac{P\,(10\,a)^3}{3\,EJ_m}$ entsteht schließlich:

$$p f_3 = p f_k \frac{1}{10^3}\,(\hat\mu_0 + 7\,\hat\mu_1 + 19\,\hat\mu_2 + 37\,\hat\mu_3 + \ldots + 271\,\hat\mu_9) \tag{241}$$

Konstantes J vorausgesetzt ($\hat\mu = 1$) muß $p f_3 = p f_k$ sein; dies trifft zu, wenn:

$$10^3 = 1 + 7 + 19 + 37 + \ldots + 271 =$$
$$= (1^3 - 0^3) + (2^3 - 1^3) + (3^3 - 2^3) + \ldots + (10^3 - 9^3)$$

Demnach allgemein:

$$n^3 - \sum_{k=1}^{k=n} (k^3 - [k-1]^3) \tag{242}$$

Gl. (242) lautet sohin:

$$p f_3 = p f_k \frac{1}{n^3}\,\{(1^3 - 0^3)\,\hat\mu_0 + (2^3 - 1^3)\,\hat\mu_1 + (3^3 - 2^3)\,\hat\mu_2 +$$
$$+ \ldots + [k^3 - (k-1)^3]\,\hat\mu_{(k-1)} + \ldots + [n^3 - (n-1)^3]\,\hat\mu_{(n-1)}\} \tag{243}$$

bezw.:

$$p f_3 = p f_k \frac{1}{n^3} \sum_{k=1}^{k=n} [k^3 - (k-1)^3]\,\hat\mu_{(k-1)}. \tag{243'}$$

Durch Sonderwertung (Tab. 27) erhält man aus Gl. (241):

$$p f_3 = p f_k \frac{1}{10^3}\,(0{\cdot}853 + 4{\cdot}487 + 9{\cdot}500 + 14{\cdot}800 + 20{\cdot}008 + 19{\cdot}838 +$$
$$+ 23{\cdot}495 + 26{\cdot}702 + 29{\cdot}729 + 32{\cdot}520)$$
$$\underline{p f_3 = 0{\cdot}182\,p f_k = 9{\cdot}68\ \text{cm}}$$

Der Unterschied gegenüber $p f$ ist belanglos ($+ 1{\cdot}68\%$).
Die für $n = 4$ und $n = 2$ berechneten Spitzenverschiebungen sind in Tab. 28 eingetragen; aus dem Vergleich mit $n = 10$ ist zu erkennen, daß die Genauigkeit mit abnehmendem „n“ fällt, für $n = 4$ schon den Bedürfnissen der Praxis entspricht.

Tab. 28. *Verschiebungen der Mastspitze.*

	Angewendete Methode					
	Arbeitsgleichung	Gradliniger Trägeranlauf		Mittlere Trägheitsmomente		
		1	2	$n =$		
		Schrägen		10	4	2
Verschiebung in cm	9·52	9·88	9·79	9·68	9·75	10·16
Genauigkeit in %	—	3·78	2·83	1·68	2·42	6·72

Endverdrehung.

Sie ist gleich dem elastischen Auflagerdruck γ, des symmetrisch mit τ_k belasteten Trägers

$$\gamma = {}_P\widehat{\tau}_3 = \sum_1^n \tau_k$$

Nach Sonderwertung, Hälftung von $\tau_{n(10)}$ und mit: ${}_P\widehat{\tau}_k = \dfrac{Ph^2}{2EJ_m}$ folgt:

$$_P\widehat{\tau}_3 = {}_P\widehat{\tau}_k \frac{1}{10^2} (\hat{\mu}_0 + 3\,\hat{\mu}_1 + 5\,\hat{\mu}_2 + \ldots + 19\,\hat{\mu}_9) \qquad (245)$$

Allgemein ist:

$$1 + 3 + 5 + \ldots = (1^2 - 0^2) + (2^2 - 1^2) + (3^2 - 2^2) + \ldots [n^2 - (n - 1)^2] = n^2$$

Damit die Summenformel:

$$_P\widehat{\tau}_3 = {}_P\widehat{\tau}_k \frac{1}{n^2} \sum_{k=1}^{k=n} [k^2 - (k - 1)^2]\,\hat{\mu}_{(k-1)} \qquad (245')$$

und für $n = 10$, den $\hat{\mu}$-Werten der Tab. 27 und ${}_P\widehat{\tau}_k = 0·06$:

$$_P\widehat{\tau}_3 = 0·06 \cdot 0·2281 = \underline{0·01369}$$

in Übereinstimmung mit ${}_P\widehat{\tau}$. Wie eine durchgeführte Rechnung für verschiedene n ergibt, beeinflußt die Teilungszahl „n" das Maß der Endverdrehung fast gar nicht.

Literaturverzeichnis.

1. *Abeles Paul*, Dr. Ing.: „Die Durchbiegung statisch unbestimmter Rahmen-Tragwerke." Beton und Eisen. 1929, H. 19.
2. *Andrée W. L.*: „Zur Berechnung statisch unbestimmter Systeme." Der Brückenbau. 1915, H. 5.
3. *Bleich F.*, Dr. Ing.: „Theorie und Berechnung eiserner Brücken." Verlag Julius Springer, Berlin 1924.
4. *Bleich F.*, Dr. Ing.: Der Stahlbau. I. Teil. 1932.
5. *Brandt A.*, Dipl.-Ing.: „Symmetrische dachförmige Zweifeldbalken." Der Bauingenieur. 1936, H. 15/16.
6. *Cassens J.*: „Durchbiegung schlanker Stäbe bei außermittigem Kraftangriff." Der Bauingenieur. 1931, H. 17.
7. *Chmelka F.*, Dr. Ing.: „Näherungsformeln zur Berechnung der Winkelgewichte für biegungssteife Träger, sowie die Bestimmung ihrer Fehler." Der Stahlbau. 1940, H. 23/24.
8. *Dernedde*, Dr. Ing.: „Verwendung von P-Trägern in geschweißten Konstruktionen." Der P-Träger. 1935, Nr. 4.
9. *Fischer G.*, Dipl.-Ing.: „Die Berücksichtigung stetig veränderlicher Trägheitsmomente bei der Behandlung statisch unbestimmter Systeme." Beton und Eisen. 1938, H. 7.
10. *Föppl A.*: „Vorlesungen über technische Mechanik." III. Festigkeitslehre. 4. Aufl. Verlag B. G. Teubner. 1909.
11. *Hartmann F.*, Dr. Ing.: „Statisch unbestimmte Systeme." 2. Aufl. Verlag Ernst und Sohn. 1922.
12. *Herzka L.*, Ing.:
    a) „Der dreifeldrige Rahmen mit gleichen Endfeldern." Der Eisenbau. 1915. H. 2.
    b) „Die Berechnung des zweistieligen, symmetrischen Stockwerksrahmens für beliebigen Kraftangriff." Zeitschrift für Betonbau. 1916, H. 7 bis 9.
    c) „Balken mit stetig veränderlicher Höhe." Der Bauingenieur. 1920, H. 12.
    d) „Berechnung von Rahmenträgern aus Elementen stetig veränderlicher Höhe." Schweiz. Bauzeitung. 1921, Bd. 77, Nr. 19.
    e) „Eisenbetonmaste mit Rechteckquerschnitt." Schweiz. Bauzeitung. 1922, Bd. 80, Nr. 2.
    f) „Grundlagen für die Berechnung von Rahmen bei ungleichmäßiger Durchwärmung." Der Bauingenieur. 1926, H. 24, 25.
    g) „Berechnung von unter dem Einflusse von Drehmomenten stehenden Tragwerken." Der Bauingenieur. 1928, H. 28.
    h) „Das statische Verhalten der unter Schwindeinfluß stehenden Rahmentragwerke aus Eisenbeton." Beton und Eisen. 1929, H. 12 bis 16.
    i) „Der gradlinige Trägeranlauf (Schräge)." Der Bauingenieur. 1936. H. 47/48; Stahlbautechnik. 1937, H. VI.
    k) *„Berechnung der Durchbiegung beliebig belasteter und gelagerter Balkenträger mit veränderlicher Höhe. (Das Biegelinien-Polygonverfahren.)* Der Stahlbau. 1937, H. 23.
    l) „Das wirkliche elastische Gewicht streckenbelasteter Vollwandtragwerke." Österr. Bauzeitschrift. 1946, H. 1.
13. *Hohenemser K.*, Dr. Ing.: „Der Einfluß der Schubverformung auf die Durchbiegung und auf die Biegungsschwingungen von Stäben." Der Bauingenieur. 1930, H. 36.
14. *Hütte*: 25. Auflage. 1931, Bd. I. S. 645.
15. *Janser Karl*, Ing.: „Durchbiegung schlanker Stäbe bei außermittigem Kraftangriff." Der Bauingenieur. 1930, H. 45.
16. *Kammer E.*, Dr. Ing.: „Durchbiegungsgleichungen." Armierter Beton. 1919, H. 8.

232   Literaturverzeichnis.

17. *Kriwoschein:* „Anwendung der *Simpson*schen Regel zur Ermittlung der Biege- und Einflußlinien." Der Stahlbau. 1940, H. 4/5.
18. *Mann L.*, Dr. Ing.: „Theorie der Rahmentragwerke auf neuer Grundlage." Verlag Springer. 1927.
19. *Mehrtens:* Vorlesungen. 1. Teil, II. Bd., 2. Auflage, 1910, S. 321.
20. *Müller-Breslau:* „Die neueren Methoden der Festigkeitslehre." Verlag Alfred Kröner.
21. — „Die graphische Statik der Baukonstruktionen." II. Bd., 1. Abteilung. Verlag Alfred Kröner, 1922.
22. *Pasternak*, Dr. Ing.: „Berechnung vielfach statisch unbestimmter biegefester Stab- und Flächentragwerke." Verlag A. G. Gebr. Leemann u. Co. Zürich und Leipzig. 1927.
23. *Petroni V.:* „Die Verwendung eines Schleuderbetonmastes für eine Kabelüberführung und als Abspannmast für ein Tragseil." Zeitschrift des österr. Ing.- und Arch.-Vereines. 1937, H. 29/30.
24. *Ritter M.*, Dr.: „Über die Berechnung elastisch eingespannter und kontinuierlicher Balken mit veränderlichem Trägheitsmoment." Schweiz. Bauzeitung. 1909, Bd. LIII, Nr. 18/19.
25. *Schroeter:* „Durchbiegungskoeffizienten für Balken und Kragträger mit abgestuften Verstärkungen. Neue Formeln, Berechnungsbeispiele und Tabellen." Der Bauingenieur. 1928, H. 47.
26. *Schwätzer*, Dr.: „Statische Berechnung der eingespannten Bogenträger." Österr. Wochenschrift f. d. öffentlichen Baudienst. 1912.
27. *Stahl im Hochbau.* 10. Auflage. 1938. Verlag Julius Springer, Berlin.
28. *Stahlbau-Kalender* 1936 bis 1943, Verlag Ernst und Sohn, Berlin.
29. *Vincenz J.*, Dr. techn.: „Eine neue Methode zur Bestimmung der Durchbiegung vollwandiger Träger." Armierter Beton. 1919, H. 1.
30. *Wanke J.*, Dr. Ing.: a) „Die günstigste Form des eingespannten Gewölbes und die Bestimmung seiner Eigengewichtsspannungen." Techn. Blätter. 1920. Nr. 42—45; b) „Zur Berechnung der Formänderungen vollwandiger Tragwerke mit veränderlichem Querschnitt." Der Stahlbau. 1939. H. 23/24.
31. *Winkel (Lachmann):* „Festigkeitslehre für Ingenieure. Verlag Julius Springer, Berlin 1927.
32. *Worch*, Dr. Ing.: „Beispiele zur Anwendung des Reduktionssatzes." Beton und Eisen. 1924, H. 4.